U0316010

普通高等教育"十一五"国家级规划教材

自动检测和过程控制

（第 5 版）

Automatic Measurement and Process Control

（5th Edition）

主编　刘玉长　黄学章　宋彦坡
主审　孙志强

扫一扫输入刮刮卡密码
查看本书数字资源

北　京

冶金工业出版社

2023

内 容 提 要

全书分上下两篇。上篇共 9 章，在介绍测量与仪表、误差及其处理的基础上，系统阐述温度、压力、流量、物位、机械量与成分等流程工业中主要参数的检测原理、方法及相关的仪表。下篇共 6 章，主要介绍过程控制装置及系统相关的知识。各章节内容自成体系，又相辅相成。

本书可作为高等学校能源与动力工程、冶金工程、自动化及相关专业教材，也可作为工程技术人员的参考用书和培训教材。

图书在版编目（CIP）数据

自动检测和过程控制/刘玉长，黄学章，宋彦坡主编 . —5 版 . —北京：冶金工业出版社，2022.8（2023.8 重印）

普通高等教育"十一五"国家级规划教材

ISBN 978-7-5024-9217-5

Ⅰ.①自… Ⅱ.①刘… ②黄… ③宋… Ⅲ.①自动检测—高等学校—教材 ②过程控制—高等学校—教材 Ⅳ.①TP27

中国版本图书馆 CIP 数据核字（2022）第 130020 号

自动检测和过程控制（第 5 版）

出版发行	冶金工业出版社	电　话	（010）64027926
地　址	北京市东城区嵩祝院北巷 39 号	邮　编	100009
网　址	www.mip1953.com	电子信箱	service@ mip1953.com

责任编辑　杜婷婷　美术编辑　彭子赫　版式设计　郑小利
责任校对　石　静　责任印制　禹　蕊
三河市双峰印刷装订有限公司印刷
1980 年 10 月第 1 版，1987 年 6 月第 2 版，2005 年 8 月第 3 版，2010 年 7 月第 4 版，2022 年 8 月第 5 版，2023 年 8 月第 2 次印刷
787mm×1092mm　1/16；24 印张；572 千字；359 页
定价 **59.00** 元

投稿电话　（010）64027932　投稿信箱　tougao@cnmip.com.cn
营销中心电话　（010）64044283
冶金工业出版社天猫旗舰店　yjgycbs.tmall.com
（本书如有印装质量问题，本社营销中心负责退换）

第 5 版前言

本书第 4 版问世，已有十余年。随着科学技术的发展，第 4 版中部分内容已无法反映自动检测与过程控制技术的发展现状，不能满足教学需要。为此，在征求兄弟院校和业内专家意见后，在努力保持第 4 版特点的基础上，进行修订再版。本次修订的内容主要有：

（1）为适应当前自动检测与过程控制技术的发展和教学的需要，对相关内容进行了适当增删与调整，如增加了"红外测温仪""红外热像仪""新型温度传感器"及"数据采集系统及构成"等内容，删减了"模拟显示仪表""模拟控制器"等内容；

（2）按照最新国家标准对相应内容进行了修订，例如将标准热电偶种类由以前的 8 种增加到 10 种；

（3）为便于学习，每章均附复习思考题；

（4）为了适应网络教学和数字化改革的需求，本次修订增加了丰富的数字资源，包括相应的微课视频，以便读者学习与参考。

本书修订工作由中南大学能源科学与工程学院组织，中南大学刘玉长、黄学章、宋彦坡任主编，孙志强任主审。参加本次修订工作的有中南大学周天（第 1、5 章）、黄学章（第 2、4、8、9 章）、宋彦坡（第 3、11 章）、赵士林（第 6、7 章）、郑年本（9、12 章）、文爽（9 章）、孙朝（第 11 章）、刘玉长（第 10、13、15 章）、朱小军（第 14 章）。

在本书编写的过程中，参考和引用了有关文献和资料，在此向其作者表示衷心的感谢！

由于编者水平所限，书中不妥之处，恳请诸位专家、读者批评指正。

编　者
2022 年 4 月

第4版前言

为了适应人才培养以及学科发展教学改革的需要，并广泛征求兄弟院校和使用单位意见，总结多年教学实践经验基础上，本着吐故纳新、与时俱进原则，对《自动检测和过程控制（第3版）》进行了修订再版。本次修订的内容主要有：

（1）为便于教学，对全书篇幅进行了较大的调整，新增加两章内容，有的章节合并，全书分上下两篇共15章，各章节内容分工明确，自成体系，又相辅相成。

（2）为适应当前自动检测与过程控制技术的发展，增加了光纤光栅传感器、新型检测技术与仪表等内容，将有关过程控制仪表的内容合并成为一章，对智能控制器、新型控制阀、智能控制系统以及计算机控制系统（包括PLC、DCS、FCS等类型）等内容进行了扩充。

（3）按照最新国家标准进行了修订。

（4）本次修订还制作了电子课件光盘附在书中，以便读者选用和参考。

本书修订工作由中南大学能源科学与工程学院组织，中南大学刘玉长担任主编、黄学章担任副主编，重庆大学朱麟章担任主审。

参加本次修订工作的有：中南大学黄学章（第1、10、13章，第14.1、14.2、14.5节）、宁练（第2、3、7章）、孙志强（第8、9章，第15.3节）、张建智（第10章，第14.3、14.4、15.1节）、刘玉长（第12、13章，第15.2节），重庆大学朱钢（第4、5、6章）。

在本书修订过程中，本书前三版的主编刘元扬教授生前给予了大力支持，并提出了许多宝贵意见，本次修订再版是对他最好的纪念。

由于编者水平有限，书中不妥之处，敬请读者批评指正。

编　者
2010年2月

第 3 版前言

本书自 1980 年第 1 版出版后，曾于 1987 年进行了修订再版，至今已有 25 年。为了提高教材质量，适应教育改革的需要，以及跟上科学技术发展的步伐，我们在认真总结教学经验，广泛征求了兄弟院校和使用单位意见的基础上，本着吐故纳新、与时俱进的精神，再次对本书进行了修订。本次修订的内容主要有如下几方面：

（1）对全书总篇幅进行了较大的调整。由第 2 版的 12 章增加到 14 章，全书字数由 40 余万字增加到约 50 万字，各个章节内容分工明显，便于教学。

（2）对原有内容作了充实提高，去掉了与当前形势不相符的旧内容，并补充了新内容，以适应当前过程检测与自动控制技术的发展。例如上篇删除了机械式差压变送器与动圈表等内容，增加了新型热电偶、红外温度计、新型物位计、特殊节流装置、威尔巴流量计、质量流量计、应变测量仪表、数字显示仪表等内容；下篇去掉了所有的 DDZ-Ⅱ型仪表章节，对智能控制器、新型控制阀、智能控制系统以及计算机控制系统（包括 PLC、DCS、FCS 等类型）等内容进行了扩充。

（3）加强了基础理论的叙述。例如测量误差与数据处理、仪表工作原理、控制规律、仪表控制系统、计算机控制系统等。

（4）注意采用国家有关标准。例如对热电偶、节流装置、堰式流量计、专业术语等，本书按照国家有关标准进行了修订。

本次修订工作由中南大学能源与动力工程学院组织，中南大学刘元扬任主编，刘玉长、黄学章任副主编，重庆大学朱麟章任主审。

参加本次修订工作的有：中南大学杨莺（第 1、7 章）、宁练（第 2、10 章）、彭好义（第 3、11 章）、易正明（第 8 章）、黄学章（第 9、13 章）、刘玉长（第 12、14 章，邓胜祥参与了第 14 章部分内容编写）；重庆大学朱钢（第 4、5、6 章）。

昆明理工大学曾祥镇同志因故没参加本书第 3 版编写，但对本书的编写大纲和内容提出了许多宝贵意见。在编写过程中，得到了广州万德威尔自动化系统有限公司龚德君同志的大力支持，在此表示衷心感谢。

由于编者水平所限，书中不当之处，敬请广大读者批评指正。

编 者

2005 年 2 月

第 2 版前言

本教材自 1980 年出版以来，已经使用了六年。为了提高教材质量，适应教学改革的需要，按照 1984~1988 年冶金高等院校教材编写、出版规划，对本教材第一版进行了修订。在修订过程中，我们认真总结了几年来的教学经验，广泛征求了兄弟院校及使用单位的意见，对本教材第一版的内容作了较大的调整、充实与提高。主要有如下几个方面：

1. 对全书总篇幅进行了调整。增加了下篇在全书中的比重，由原来约占全书的 1/3 增加到 1/2，以适应过程控制技术发展的需要。全书字数有所减少。

2. 精选了内容。按照教学要求，对重点的典型仪表进行了较大修改或重新编写，例如节流式流量计以及基本控制作用与模拟调节器等章节，使原有内容得到充实提高。对某些次要内容则进行了删减，例如全辐射高温计及控制系统的稳定性等等。

3. 增加了新的内容。例如增加了国际标准型热电偶与热电阻、热流计、气相色谱仪、数字显示仪表及数字调节器等内容；此外还新增加了一章微型电子计算机在过程控制中的应用，以适应当前技术发展的需要。

4. 采用了国家法定计量单位以及有关的国家专业标准，对教材中的计量单位及公式图表进行了整理和换算，并按国家的规定统一了控制流程图中的图形及文字符号。

本书修订版上篇（自动检测）由刘元扬主编，下篇（过程控制）由刘德溥主编。第一、二、六章由昆明工学院曾祥镇编写，第三、四、五章由重庆大学朱麟章编写，第七、十二章由中南工业大学刘德溥编写，第八、九章由中南工业大学张壮辉编写，上篇概述及第十、十一章由中南工业大学刘元扬编写。在本书修订及审稿过程中，兄弟单位有关同志提供了不少资料与宝贵意见，在此表示衷心的感谢。由于编者水平所限，错误或不当之处在所难免，敬希读者批评指正。

编　者
1986 年 9 月

第 1 版前言

随着现代科学技术的进步，生产自动化的水平在不断提高。生产过程自动化不仅能保证产品质量，提高产量，降低成本，改善劳动条件，而且能保证安全生产。生产过程自动化，实际上就是用一些技术工具——自动控制装置来代替人工操作或人们的重复劳动。

从生产过程自动化的发展情况来看，首先是应用一些自动检测仪表来监视生产；进一步就是应用自动控制仪表及一些控制机构，代替部分人工操作，按工艺要求自动控制生产过程正常进行；在此基础上又进一步发展，使用电子计算机以实现生产过程的全部自动化。可见，要全部实现生产过程自动化，首先就要使用各种自动化仪表，对生产过程实现仪表控制。

编写本书的目的就是重点介绍自动检测与过程控制的基本知识，作为冶炼类及材料类专业设置仪表控制方面有关课程的通用教材，使学生掌握常用检测与控制仪表的原理和性能，以及一般使用、维护知识，对如何实现生产过程自动化的问题，有一定程度的了解。关于电子计算机应用于过程控制方面的知识，则由另一课程"电子计算机原理"讲授。由于各专业要求与课程学时存在较大差别，在使用本教材时，各校可根据各专业的具体要求加以选择。

本书第一、二、六章由昆明工学院曾祥镇编写，第三、四、五章由重庆大学朱麟章编写，第七章由中南矿冶学院刘德溥编写，第八、九、十章由中南矿冶学院张壮辉、刘元扬编写，第十一章由刘德溥、朱麟章、曾祥镇编写。全书由刘元扬、刘德溥共同主编，由朱麟章主审。在本书编写过程中，兄弟单位有关同志提供了不少资料与宝贵意见，在此一并表示感谢。由于编者水平的限制，本书难免有错误或不当之处，敬希读者批评指正。

编　者
1979 年 9 月

目　　录

上篇　自　动　检　测

下篇　过　程　控　制

上篇　自动检测

1　自动检测技术基础

第 1 章课件

在工业生产中，为了保证生产过程正常、高效、经济地运行，需对工艺过程中的温度、压力、流量、液位、成分等参数进行控制。为了实现对生产过程的控制，首先需要的是准确、及时地检测出这些过程参数，对这些参数的检测构成了自动检测的基本内容。

1.1　自动检测的基本概念

自动检测技术
基本概念

检测是为准确获取表征被测对象特征的某些参数的定量信息，利用专门的技术工具，运用适当的实验方法，将被测量与同种性质的标准量（即单位量）进行比较，确定被测量对标准量的倍数，找到被测量数值大小的过程。它是人类揭示物质运动规律，定性了解与定量掌握事物本质不可缺少的手段。

通常所讲的检测是指找出被测参数的量值或判定被测参数的有无。也就是说，检测的结果可能是一个具体的量值，也可以是一个"有"或者"无"的信息。而完全以确定被测对象量值为目的的操作称为"测量"。由于两者有相同之处，所以在本书的文字描述中会根据需要有时用"检测"，有时用"测量"。

随着人类社会进入信息时代，以信息获取、转换、显示和处理为主要内容的检测技术已经发展成为一门完整的技术科学，检测技术已成为产品检验与质量控制、设备运行监测、生产过程自动化等环节重要组成部分。随着在线检测技术、故障自诊断系统的发展，检测技术将在现代工业生产领域发挥更大的作用。

1.1.1　检测的基本方法

检测方法是实现检测过程所采用的具体方法。检测方法与检测原理具有不同的概念，检测方法是指被测量与其单位进行比较的实验方法。检测原理是指仪器、仪表工作所依据的物理、化学等具体效应。根据检测仪表与被测对象的特点，检测方法主要有以下几种类型。

1.1.1.1　接触式测量与非接触式测量

接触式测量是指仪表检测元件与被测对象直接接触，直接承受被测参数的作用或变化，从而获得测量信号，并检测其信号大小的方法。

非接触式测量是指仪表不直接接触被测对象，而是间接承受被测参数的作用或变化，从而达到检测目的的方法。其特点是不受被测对象影响，使用寿命长，适用于某些接触式检测仪表难以胜任的场合，但一般情况下，其测量准确度较接触式仪表的低。

1.1.1.2　直接测量、间接测量与组合测量

直接测量是指应用测量仪表直接读取被测量的方法；间接测量是指先对与被测量有确定函

数关系的几个量进行测量，然后将测量值代入函数关系式，经过计算获得被测量；组合测量是指为了同时确定多个未知量，将各个未知量组合成不同函数形式，用直接或间接测量方法获得一组数据，通过方程组的求解来求得被测量的方法。

1.1.1.3　偏差式、零位式与微差式测量

偏差式测量是指在测量过程中，利用仪表指针相对于刻度线的位移来直接指示被测量的大小的测量方法。该类仪表具有测量方式直观，测量过程简单、迅速的优点，但测量精度较低。

零位式测量也称平衡式测量。在测量过程中，用指零机构的零位指示，检测测量系统的平衡状态；通过比较被测量与已知标准量差值或相位，调节已知标准量的大小，使两者达到完全平衡或全部抵消，从而得出测量值大小的方法。

微差式测量综合了偏差式和零位式测量的优点，通过将被测量与已知标准量进行比较，取得差值，再用偏差法测得此差值。由于测量过程中无须调整标准量，因此，对被测量的反应较快，微差式仪表特别适用于在线控制参数的检测。

1.1.1.4　静态与动态测量

静态测量是指被测对象处于稳定（静止）状态，被测参数不随时间变化或者随时间变化但变化缓慢。动态测量是指测量过程中，被测对象处于不稳定状态，被测参数随时间变化。

1.1.2　检测仪表的组成

检测仪表是实现检测过程的物质手段，是测量方法的具体化，其将被测量经过一次或多次的信号或能量形式的转换，再由仪表指针、数字或图像等显示出量值，从而实现被测量的检测。检测仪表原则上都具有传感器、变送器、显示仪及传输通道这几个基本环节，从而实现信号获取、转换、显示等功能，其组成如图1-1所示。

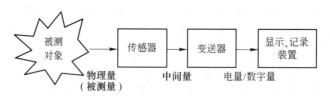

图1-1　检测仪表的组成框图

（1）传感器。传感器也称敏感元件、一次元件，其作用是感受被测量的变化并产生一个与被测量呈某种函数关系的输出信号。检测系统获取信号的质量往往取决于传感器的性能，因此，传感器一般要求：输入与输出关系为严格单值函数关系，且这种关系不随时间和温度变化，具有较好的抗干扰性、复现性及较高的灵敏度。

传感器分类方式繁多。根据输入量（被测量）性质，传感器分为机械量传感器、热工量传感器、化学量传感器及生物量传感器等类型；根据输出量性质，传感器分为无源型传感器（如电阻式传感器、电容式传感器、电感式传感器等）与发电型传感器（如热电偶传感器、光电传感器、压电传感器）等。

（2）变送器。变送器的作用是将敏感元件输出信号变换成既保存原始信号全部信息又更易于处理、传输及测量的变量，因此要求变换器能准确稳定地实现信号的传输、放大和转化。

（3）显示仪表。显示仪表也称二次仪表，其将测量信息转变成人感官所能接受的形式，是实现人机对话的主要环节。显示仪表可实现瞬时或累计量显示、越限和极限报警、测量信息

记录、数据自动处理，甚至参与调节功能，一般有模拟显示、数字显示与屏幕显示等形式。

（4）传输通道。传输通道包括导线、导管及信号所通过的空间，为各个环节的输入、输出信号提供通路。传输通道的合理选择、布置与匹配可有效防止信号损失、失真和外界干扰，提高测量的准确度。

1.1.3　检测仪表的分类

在实际生产中，生产流程复杂性与被测对象的多样性，决定了检测方法与检测仪表的多样性。检测仪表的分类方法常见的有如下几种。

（1）按被测参数性质分类。按照被测参数性质可将仪表分为电气参数、机械参数与过程参数等类型。电气参数包括电能、电流、电压、频率等；机械参数包括位移、速度与加速度、质量、振动、缺陷检查等。过程参数主要是指热工参数，包括温度、压力、流量、物位、成分分析等。

（2）按使用性质分类。按使用性质可将仪表分为实用型、范型和标准型仪表三种。实用型仪表用于实际测量，包括工业用表与实验用表；范型仪表用于复现和保持计量单位，或用于对实用仪表进行校准和刻度；具有更高准确度的范型仪表称为标准仪表，用以保持和传递国家计量标准，并用于对范型仪表的定期检定。

（3）其他分类方式。按工作原理不同，检测仪表分为模拟式、数字式、图像式和智能式等；按仪表功能的不同，可分为指示仪表、记录仪表、积算仪表和控制仪表等；按仪表系统的组成方式的不同，分为基地式仪表和单元组合式仪表；按仪表结构的不同，分为开环式仪表与闭环式（反馈式）仪表。

1.1.4　检测仪表的主要性能指标

仪表的性能指标是评价仪表性能好坏、质量优劣的主要依据，也是正确地选择仪表和使用仪表达到准确测量目的所必须具备和了解的知识，通常可用以下指标进行衡量。

1.1.4.1　测量范围与量程

测量范围是指在正常工作条件下，检测系统或仪表能够测量的被测量值的总范围，其最低值 $y_{\min}$ 称为测量下限，最高值 $y_{\max}$ 称为测量上限。测量范围上限与下限的代数差称为测量量程 y_{FS}，即测量量程 y_{FS}＝测量上限 $y_{\max}$－测量下限 $y_{\min}$。

例如，一台温度检测仪表的测量上限值是 1000℃，下限值是－100℃，则其测量范围为－100~1000℃，量程为 1100℃。

仪表的量程在检测仪表中是一个非常重要概念。它除了表示测量范围以外，还与它的准确度、准确度等级有关系，与仪表的选用也有关系。

1.1.4.2　准确度与准确度等级

准确度是指测量结果与实际值相一致的程度，准确度又称为精确度，简称精度。任何测量过程都存在测量误差，在对工艺参数进行测量时，不仅需要知道仪表示值是多少，而且还要知道测量结果的准确程度。准确度 δ 是测量的一个基本特征，通常采用仪表允许误差限与量程之比的百分数形式来表示，即：

$$准确度 = \frac{仪表允许误差限}{仪表量程} \times 100\% = \frac{\Delta_{\max}}{y_{FS}} \times 100\% \qquad (1-1)$$

式中　　$\Delta_{\max}$——仪表全量程范围内各输出值误差中最大的绝对误差。

通常用准确度（精度）等级来表示仪表的准确度，其值为准确度去掉"±"号及"%"后的数字再经过圆整取较大的约定值。按照国际法制计量组织（OIML）建议书 No. 34 的推荐，结合我国的实际应用情况，我国的自动化仪表精度等级有 0.01、0.02、（0.03）、0.05、0.1、0.2、（0.25）、（0.3）、（0.4）、0.5、1.0、1.5、（2.0）、2.5、4.0、5.0 等级别（括号内的精确度等级不推荐采用）。

例如，某压力表的量程为 10MPa，测量值的允许误差为 ±0.03MPa，则仪表的准确度为 ±0.03/10×100% = ±0.3%。由于国家规定的精度等级中不推荐采用 0.3 级与 0.4 级仪表，所以该仪表的精度等级应定为 0.5 级。

一般科学实验用的仪表精度等级在 0.05 级以上；工业检测用仪表多在 0.1~5.0 级，其中校验用的标准表多为 0.1 级或 0.2 级，现场用的多为 0.5~5.0 级。仪表的精度等级通常都用一定的形式标志在仪表的标尺上，如在 1.0 外加一个圆圈或三角形表示该仪表精度等级为 1.0 级，也有以 ±0.2%FS（Full Scale：满量程）等形式写出。

此外，《工业过程测量和控制用检测仪表和显示仪表精确度等级》（GB/T 13283—2008）规定，不宜用引用误差或相对误差表示与精确度有关因素的仪表（如热电偶、铂热电阻等），一般可用罗马数字或英文字母等约定的符号或数字表示精确度等级，如 A、B、C、…，Ⅰ、Ⅱ、Ⅲ、…，1、2、3、…，按英文字母或罗马数字的先后次序表示精确度等级的高低。

1.1.4.3 线性度

仪表线性度又称为非线性误差，是表示仪表实测输入输出特性曲线与理想线性输入输出特性曲线的偏离程度。如图 1-2 所示，仪表的线性度用实测输入-输出特性曲线 1 与拟合直线 2（有时也称理论直线）之间的最大偏差值 Δ_m 与量程 y_{FS} 之比的百分数来衡量。各种检测仪表的输入-输出特性曲线最好具有线性特性，以便于信号间的转换和显示。

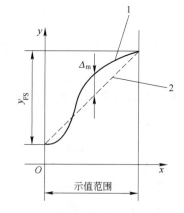

图 1-2 仪表线性度示意图
1—实测输入-输出特性曲线；2—拟合直线

1.1.4.4 变差

变差也称为回差或迟滞误差。在外界条件不变的前提下，使用同一仪表对某一参数进行正反行程（即逐渐由小到大和逐渐由大到小）测量，两示值之间最大偏差为变差，变差反映仪表检验时所得的上升曲线与下降曲线经常出现不重合的现象。仪表传动机构的间隙、运动部件的摩擦、仪表内部元件存在能量吸收、弹性元件的弹性滞后现象、磁性元件的磁滞现象等都会使仪表产生变差，通常要求仪表的变差不超过仪表准确度等级所允许的误差。

通常采用最大相对变差来表征仪表的变差特性，用在仪表全部测量范围内被测量值上行和下行所得到的两条特征曲线的最大偏差的绝对值与仪表量程比的百分数来表示，即：

$$最大相对变差 = \frac{|y_{上行} - y_{下行}|_{max}}{y_{FS}} \times 100\% = \frac{\Delta H_{max}}{y_{FS}} \times 100\% \qquad (1-2)$$

式中　$y_{上行}$，$y_{下行}$——分别为正行程与反行程测量示值，如图 1-3 所示。

1.1.4.5 重复性

重复性是指在测量装置在同一工作环境，被测对象参量不变的条件下，输入量按同一方向做多次（三次以上）全量程变化时，输入-输出特性曲线的一致程度。仪表的重复性用输入-

输出特性曲线间最大偏差值 Δ 与量程 y_{FS} 之比的百分数来表示。

1.1.4.6　分辨力

分辨力是传感器（检测仪表）能检出被测信号的最小变化量。当被测信号的变化小于分辨力时，传感器对输入信号的变化无任何反应。对数字仪表而言，如果没有其他附加说明，一般认为该仪表的最后一位所表示的数值就是它的分辨力。一般情况下，不能把仪表的分辨力当作仪表的最大绝对误差。

在检测仪表中，还经常用到分辨率的概念，分辨率常以百分数或几分之一表示，其数值是将分辨力除以仪表的满量程。

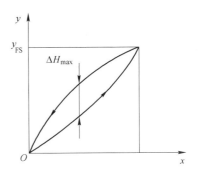

图 1-3　仪表变差示意图

1.2　测量误差及处理方法

在测量过程中，由于测量方法的差异性、测量工具准确性、观测者的主观性、外界条件的变化及某些偶然因素等的影响，使得被测量的测量结果与客观真值之间总存在一定的差值，这种差值称为测量误差。它反映了测量结果与真值的不一致程度。

1.2.1　测量误差

1.2.1.1　测量误差的表示方法

A　绝对误差

绝对误差是指被测量的测量值（x_i）与真值（x_0）之间的差值。用式（1-3）表示：

测量误差的
表示方法

$$\Delta = x - x_0 \tag{1-3}$$

式中　Δ——绝对误差；

　　　x——测量值；

　　x_0——真值。

真值是指被测量本身的真实大小，是一个与被测量定义一致的量，也是一个理想的概念，通常用约定值或理论值代替。

绝对误差既表明误差的大小，又指明其正负方向。但用绝对误差难以比较测量值的准确程度，因而采用相对误差的表示形式。

B　相对误差

相对误差是指被测量的绝对误差与约定值的百分数，通常有以下三种表示方式。

（1）实际相对误差。实际相对误差是绝对误差（测量误差）除以被测量的真值的百分数，用式（1-4）表示：

$$\delta_{实} = \frac{\Delta}{x_0} \times 100\% \tag{1-4}$$

（2）给出值相对误差。给出值相对误差是绝对误差（测量误差）除以被测量的给出值的百分数，用式（1-5）表示：

$$\delta_{给} = \frac{\Delta}{x} \times 100\% \tag{1-5}$$

式中的给出值可以是"测量结果""标称值""实验值""示值""刻度值"等。

（3）引用误差。在很多指示仪表中，各点示值误差（仪表示值－真值）基本相等，相对误差差别却很悬殊。为了反映这一客观存在的误差现象，提出了引用误差的概念。引用误差是一种简化的仪器示值的相对误差形式，用示值误差与仪表量程之比的百分数来表示，即：

$$\delta_{引} = \frac{\Delta}{测量上限 - 测量下限} \times 100\% = \frac{\Delta}{仪表量程} \times 100\% \tag{1-6}$$

仪表最大引用误差即为仪表的准确度，仪表的准确度包含了仪表允许误差和仪表量程两个因素。例如，一台测量范围为 0～1100℃准确度为 1 级的测温仪表，测温仪表测量 1000℃时，相对误差为 ±11/1000×100%＝±1.1%；而测量 550℃时，相对误差为 ±2%。故在选用指示仪表时，为获得合理的实际测量准确度，仪表应该在接近测量范围上限区域工作。此外，仪表选型时要注意仪表的基本误差的百分率是指引用误差（常用 %F.S 表示）还是相对误差（常用 %R 表示）。

1.2.1.2　误差分类

误差产生的原因很多，表现形式也是多种多样，根据误差产生的原因，可从不同角度对测量误差进行分类。

误差分类

A　按误差出现的规律

（1）系统误差。系统误差是指在偏离测量规定条件时或由于测量方法引入的因素所引起的、按某确定规律变化的误差，它反映了测量结果对真值的偏离程度，可用"正确度"的概念来表征。

（2）随机误差。随机误差也称偶然误差，是指在实际条件下，多次测量同一个量时，误差的绝对值和符号以不可预定方式变化的误差，它反映了测量结果的分散性，可用"精密度"的概念来表征。这种误差是由测量过程中某些尚未认知的原因或无法控制的因素所引起，其大小、符号无规律可循，因而无法对它进行修正，只能用统计理论来估计其影响。

（3）粗大误差。粗大误差是指由于错误地读取示值、错误的测量方法等所造成，明显歪曲了测量结果的误差。这种测量值一般称为坏值或异常值，应根据一定的规则加以判断后剔除。

B　按仪表工作条件分

（1）基本误差。基本误差是指仪表在规定的正常工作条件下（例如电源电压和频率、环境温度和湿度等）所产生的误差。通常在正常工作条件下的示值误差就是指基本误差，仪表的精确度等级通常是由基本误差所决定的。

（2）附加误差。附加误差是指仪表偏离规定的正常工作条件时所产生的与偏离量有关的误差。例如，仪表工作温度超过规定时，将引起温度附加误差。如果不注意仪表的正确安装和使用，附加误差可能很大，甚至超过基本误差，故不可忽视。

1.2.2 误差的分析与处理

1.2.2.1 系统误差的分析与处理

A 系统误差的分类

系统误差按其表现形式可分为定值系统误差和变值系统误差两类。

（1）定值系统误差。定值系统误差是指在整个测量过程中误差符号（方向）和数值大小均恒定不变。例如仪器仪表在校验时，标准表的误差会引起定值系统误差；仪表的零点偏高或偏低等所引起的误差也是定值系统误差。

（2）变值系统误差。变值系统误差是一种按照一定的规律变化的系统误差。根据其变化特点又可分为累计系统误差、周期系统误差和复杂变化系统误差等。

1）累计系统误差。累计系统误差是指在测量过程中，随着时间的延伸，误差逐渐增大或减小的系统误差。如测量过程中温度呈线性变化引起的误差；元件老化、磨损，以及工作电池的电压或电流随使用时间的加长而缓慢降低等因素引起。

2）周期系统误差。周期系统误差是指在测量过程中误差大小和符号按一定周期发生变化的系统误差。如冷端为室温的热电偶温度计会因室温的周期性变化而产生系统误差。

3）复杂系统误差。复杂系统误差的变化规律比较复杂，如导轨的直线度误差、刻度分划不规则的示值误差。

B 系统误差的减小或消除

为了进行正确的测量，并取得可靠的数据，在测量前或测量过程中，必须尽力减少或消除系统误差的来源，尽量将误差从产生根源上加以消除。首先，要检查仪表本身的性能是否符合要求，工作是否正常；其次，使用前应仔细检查仪器仪表是否处于正常的工作条件，如安装位置及环境条件是否符合技术要求，零位是否正确；最后，必须正确选择仪表的型号和量程，检查测量系统和测量方法是否正确等。比较简单且经常采用减少系统误差的方法有检定修正法、直接比较法、置换法、差值法等。

1.2.2.2 粗大误差

在一列等精密度多次测量值中，有时会发现个别值明显偏离该列算术平均值，该值可能是粗大误差，也可能是误差较大的正常值，不能随便剔除。正确处理办法：首先可以采用物理判别法，如果是由于写错、记错、误操作等，或是外界条件突变产生的，可以剔除；如果不能确定哪个是坏值，就要采用统计判别法，基本方法是：规定一个置信概率和相应的置信系数，即确定一个置信区间，将误差超过此区间的测量值，就认为它不是属于随机误差，应予剔除。统计判别方法有莱以达准则、肖维勒准则、格拉布斯准则等。其中莱以达准则是最常用也是最简单的判别粗大误差的准则，它应用于测量次数充分多的情况。

莱以达准则又称为 3σ 准则。它把等于 3σ 的误差称为极限误差，对于正态分布的随机误差，落在 $\pm 3\sigma$ 以外的概率只有 0.27%，它在有限次测量中发生的可能性很小。3σ 准则就是：如果一组测量数据中某个测量值的残余误差的绝对值 $|v_i| > 3\sigma$ 时，则该测量值为可疑值（坏值），应剔除。

1.2.2.3 随机误差的分析和处理

A 随机误差的特性

在测量中，若系统误差对测量结果的影响已被尽可能消除，则所得数值的测量准确度取决于随机误差的大小。对单次测量结果而言，随机误差不具备规律性，就多次重复测量结果而言，随机误差却具备统计规律性，呈现出正态分布、均匀分布、柯西分布、泊松分布等分布规律。对于大部分检测系统而言，可认为测量误差的分布是正态的，即：

$$f(x - a) = f(\delta) = \frac{1}{\sigma\sqrt{2\pi}} e^{-\frac{\delta^2}{2\sigma^2}} \qquad (1-7)$$

式中　　σ——标准误差；

　　　　a——被测量的真值（或数学期望）；

　　　　δ——随机误差，$\delta = x - a$；

$f(x - a)$——随机误差出现的概率。

图 1-4 给出了正态测量误差分布图。由该图可知，一般情况下，随机误差具有以下特性。

（1）单峰性。误差越小，出现的次数越多；误差越大，出现的次数越少；当 $\delta = 0$ 时，出现的概率最大。

（2）对称性。出现正误差和出现负误差的概率几乎相等，出现绝对值相等的误差的概率也几乎相等；重复测量的次数越多，图形对称性越好。

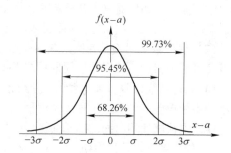

图 1-4　测量误差的正态分布情况

（3）抵偿性。在同一条件下对同一被测量进行测量，随着重复测量次数 n 的增加，各次随机误差 $\delta_i (\delta_i = x_i - a)$ 的算术平均值将趋于零，即 $\lim\limits_{n \to \infty} \frac{1}{n} \sum\limits_{i=1}^{n} \delta_i = 0$，该特性是随机误差最本质的特性。

（4）有界性。正态分布时的随机误差出现在 $\pm 3\sigma$ 范围内的概率为 99.73%，即误差出现在 $\pm 3\sigma$ 范围以外的可能性几乎为 0，极限误差 $\pm 3\sigma$ 可作为确定仪表随机误差的理论依据。当随机误差 $\delta_i > 3\sigma$ 时，则认为该测量结果为坏值，此数据应予以剔除。

B　随机误差的统计处理

a　算术平均值

在实际的工程测量中，测量的次数有限，而测量真值 x_0 也不可能知道。根据对已消除系统误差的一组等精度测量值 x_1，x_2，$\cdots$，x_n，其算术平均值 $\bar{x}$ 为：

$$\bar{x} = \frac{1}{n} \sum_{i=1}^{n} x_i \qquad (1-8)$$

根据概率理论，当测量次数 n 足够大时，算术平均值 $\bar{x}$ 是被测参数真值 x_0（或数学期望）的最佳估计值，即用 $\bar{x}$ 代替真值 x_0。

b　残差

测量值 x_i 与平均值 $\bar{x}$ 之差称为残差。某次测量的残差 v_i 为：$v_i = x_i - \bar{x}$，如果将 n 个测量值残差求代数和，其值为 0，即：

$$\sum_{i=1}^{n} v_i = v_1 + v_2 + \cdots + v_n = 0 \qquad (1-9)$$

c　总体标准偏差 σ

由随机误差的性质可知，它服从于统计规律，其对测量结果的影响一般用标准误差 σ 来表示，即：

$$\sigma = \sqrt{\frac{1}{n}\sum_{i=1}^{n}(x_i - x_0)^2} \quad (n \to \infty) \tag{1-10}$$

式中　x_0——真值。

d　实验标准偏差 $\hat{\sigma}$

在实际测量中，一般用 $n(n < \infty)$ 次等精度测量值的算术平均值代替真值 x_0，用残差 v_i 代替绝对误差 δ_i，这时只能得到 σ 的近似估计值 $\hat{\sigma}$：

$$\hat{\sigma} = \sqrt{\frac{1}{n-1}\sum_{i=1}^{n}(x_i - \overline{x})^2} \tag{1-11}$$

e　算术平均值标准偏差 $\overline{\sigma}$

$\overline{\sigma}$ 是针对测量值中的最佳值即算术平均值而言的，因为 $\overline{x}$ 值是比测量值 x_i 中任何一个值更加接近真值，所以 $\overline{\sigma}$ 要比 $\hat{\sigma}$ 小 $\sqrt{n}$ 倍，即：

$$\overline{\sigma} = \frac{\hat{\sigma}}{\sqrt{n}} = \sqrt{\frac{1}{n(n-1)}\sum_{i=1}^{n}(x_i - \overline{x})^2} \tag{1-12}$$

C　置信区间与置信概率

在研究随机误差的统计规律时，不仅要知道随机变量在哪个范围内取值，而且要知道在该范围内取值的概率。

随机变量取值的范围称为置信区间，它常用正态分布的标准偏差 σ 的倍数来表示，即 $\pm z\sigma$，z 为置信系数，σ 是置信区间的半宽。置信概率（也称为置信度或置信水平）是随机变量在置信区间 $\pm z\sigma$ 范围内取值的概率，习惯上把它记作 $P = 1 - \alpha$，其中 α 称为显著水平。若对正态分布函数 $y = f(x)$ 在 $-\sigma$ 到 $+\sigma$ 之间（即 $z = 1$）积分，则有 $P = \int_{-\sigma}^{+\sigma} f(x)\,\mathrm{d}x = 68.27\%$；若置信系数 $z = 2$ 或 3，则置信概率 P 分别为 95.45% 和 99.73%。

1.2.2.4　测量系统误差的合成

测量系统一般由若干个单元组成，测量过程中各个环节都产生误差。为了确定整个系统的误差，需要将每一个环节的误差综合起来，称为误差的合成。

A　系统误差的合成

系统误差是有规律出现的，通常可以将它分为已定系统误差和未定系统误差。

（1）已定系统误差的合成。大小和正负已知的系统误差称为已定系统误差，它们的数值分别为 E_1，E_2，$\cdots$，E_m，则已定系统误差采用代数和的方法进行合成，即：

$$E = \sum_{i=1}^{m} \alpha_i E_i \tag{1-13}$$

式中　α_i——相应已定系统误差的传递系数。

（2）未定系统误差。难以知道或不能确切掌握大小和正负的系统误差称为未定系统误差，鉴于未定系统误差表现出来的某种随机性，且服从一定的概率分布，因此一般采用随机误差的广义方和根法合成得到其标准差与极限误差。但当单项误差个数较小（$n \leqslant 3$）时，用广义方和根法得到的总误差值比实际值偏小，可采用绝对和法合成较合实际：

$$e = \sum_{j=1}^{n} \beta_j |e_j| \tag{1-14}$$

式中　β_j——相应未定系统误差的传递系数;

　　　e_j——未定系统误差值 $(j=1,2,\cdots,n)$。

B　随机误差的合成

设测量结果中有 q 个彼此独立的随机误差,已知各单项的均方根误差 σ_k 及传递系数 $\gamma_k(k=1,2,\cdots,q)$,按方和根的方法综合得到随机误差均方根误差 σ 及对应的极限误差 δ 为:

$$\begin{cases} \sigma = \sqrt{\sum_{k=1}^{q}(\gamma_k \sigma_k)^2} \\ \delta = \pm K\sigma \quad (K \text{ 为置信系数}) \end{cases} \tag{1-15}$$

C　误差综合

当测量过程中存在各种不同性质的多项系统误差与随机误差时,应将其进行综合,以求得最后测量结果的总误差,总误差常用极限误差来表示。

若待测参数 y 测量过程中有已定系统误差 $E_1,E_2,\cdots,E_m$,未定系统误差 $e_1,e_2,\cdots,e_n$,随机误差极限值 $\delta_1,\delta_2,\cdots,\delta_q$,以及相应的传递系数 $\alpha_i(i=1,2,\cdots,m)$、$\beta_j(j=1,2,\cdots,n)$ 和 $\gamma_k(k=1,2,\cdots,q)$,且相互独立,则系统总的合成误差极限值 Δ_y 为:

$$\Delta_y = \sum_{i=1}^{m}\alpha_i E_i \pm \sqrt{\sum_{j=1}^{n}(\beta_j e_j)^2 + \sum_{k=1}^{q}(\gamma_k \delta_k)^2} \tag{1-16}$$

修正已定系统误差后,测量结果的总极限误差为:

$$\Delta_y = \pm \sqrt{\sum_{j=1}^{n}(\beta_j e_j)^2 + \sum_{k=1}^{q}(\gamma_k \delta_k)^2} \tag{1-17}$$

1.3　测量不确定度

1.3.1　测量不确定度的基本概念

由于测量误差的客观存在,测量结果仅仅是被测量的一个估计值,测量结果带有不确定性。如何以最科学的方法评价测量结果质量的高低是人们长期关心的,测量不确定度是评定测量结果质量的一个重要指标,是误差理论发展和完善的产物,也是建立在概率论和统计学基础上的新概念,在检测技术中具有十分重要的地位。

1.3.1.1　测量不确定度的定义

测量不确定度(uncertainty of measurement)是表征合理地赋予被测量值的分散性并与测量结果相联系的参数。不确定度的大小,体现着测量质量的高低。不确定度小,表示测量数据集中,测量结果的可信程度高;不确定度大,表示测量数据分散,测量结果的可信程度低。一个完整的测量结果,不仅要给出测量值的大小,而且要给出测量不确定度,以表明测量结果的可信程度,测量不确定度是对测量结果质量的定量评定。

1.3.1.2　测量不确定度的分类

测量结果的不确定度按照其评定方法的不同,可以分为 A 类评定和 B 类评定。A 类评定(type A evaluation of uncertainty)是指对样本观测值用统计分析的方法进行不确定度评定,用标准偏差来表征。B 类评定(type B evaluation of uncertainty)是指用不同于统计分析的其他方法进行不确定度评定的方法,根据经验或资料及假设的概率分布估计的标准偏差表征。

　　A、B 的分类旨在指出评定的方法不同，只是为了便于理解和讨论，并不意味着两类分量之间存在本质上的区别。它们都基于概率分布，并都用方差或标准差定量表示，为方便起见而称为 A 类标准不确定度和 B 类标准不确定度。

　　实际使用时，根据表示方式的不同，不确定度常常用到三种不同的术语：标准不确定度、合成不确定度和扩展不确定度。

　　以标准偏差表示的不确定度称为标准不确定度，用符号 u 表示。测量结果通常由多个测量数据子样组成，对表示各个测量数据子样不确定度的偏差，称为标准不确定度分量，常加下角标表示，如 u_1、u_2、$\cdots$、u_n 等。

　　由各不确定分量合成的标准不确定度，称为合成标准不确定度。当间接测量时，即测量结果是由若干其他量求得的情况下，测量结果的标准不确定度等于各其他量的方差和（或）协方差加权和的正平方根，用符号 u_c 表示。

　　考虑到被测量的重要性、效益和风险，在确定结果的分布区间时，合理地将不确定度扩展 k 倍，从而得到扩展不确定度，用 U 或 U_p 表示。在合成标准不确定度 $u_c(y)$ 确定之后，乘以一个包含因子 k，即得扩展不确定度：

$$U = ku_c(y) \tag{1-18}$$

式中　　k——包含因子（置信系数），一般取 2~3，取 3 时应说明来源。

　　扩展不确定度是确定测量区间的量，合理赋予被测量值的分布，大部分可望含于此区间内。

1.3.1.3　测量误差与测量不确定度的区别

　　测量误差和测量不确定度是误差理论中的两个重要且不同的概念，它们都可用作测量结果准确度评定的参数，是评价测量结果质量高低的重要指标。不确定度与测量误差有区别也有联系，误差是不确定度的基础，研究不确定度首先需要研究误差，只有对误差的性质、分布规律、相互联系及对测量结果的误差传递关系等有了充分的了解和认识，才能更好地估计各不确定度分量；正确

测量误差与
测量不确定度
的区别

得到测量结果的不确定度，用测量不确定度表示测量结果，易于理解、便于评定，具有合理性和实用性。但是，测量不确定度的内容不能包罗更不能取代误差理论的所有内容，不确定度是现代误差理论的内容之一，是对经典误差理论的一种补充。

1.3.2　测量不确定度的评定

1.3.2.1　A 类标准不确定度的评定

　　A 类标准不确定度的评定通常可以采用标准偏差 S 及自由度 v 来表征，必要时要给出估计协方差。重复观测被测量，对测量数据进行统计分析，得到的实验标准偏差就是 A 类不确定度。若测量值的个数为 n，被测量的个数为 t，则自由度 $v = n - t$，如果另有 r 个约束条件，则自由度 $v = n - t - r$。A 类标准不确定度的基本计算方法如下：在同一条件下对被测参量 x 进行 n 次等精度测量，测量值为 x_i（$i = 1$，2，$\cdots$，n）。该样本数据算术平均值 $\bar{x} = \dfrac{1}{n}\sum\limits_{i=1}^{n} x_i$，进而可得算术

测量不确定度
的评定过程

标准不确定度
的评定

平均值标准偏差 $\bar{\sigma}$，则标准不确定度 u_A 为：

$$u_A = \bar{\sigma} = \sqrt{\frac{1}{n(n-1)}\sum_{i=1}^{n}(x_i - \bar{x})^2} \tag{1-19}$$

1.3.2.2　B 类标准不确定度的评定

在许多情况下，并非都能做到用以上所述的统计方法来评定标准不确定度，故产生了有别于统计分析的 B 类评定方法。既然 B 类评定方法获得的不确定度不依赖于对样本数据的统计，它必然要设法利用与被测量有关的其他先验信息来进行估计。因此，如何获取有用的先验信息十分重要，可以作为 B 类评定的信息来源有许多，常用的有以下几种：

（1）过去的测量数据；

（2）校准证书、检定证书、测试报告及其他证书文件；

（3）生产厂家的技术说明书；

（4）引用的手册、技术文件、研究论文、实验报告中给出的参考数据及不确定度值等；

（5）测量仪器的特性和其他相关资料等；

（6）测量者的经验与知识；

（7）假设的概率分布及其数字特征。

总之，通过对上述至少一种以上信息的获取、综合与分析后，从中合理提取并估计反映该被测量值的分散性大小的数据。

根据先验知识的不同，B 类标准不确定度的评定方法也不一样，主要有以下几种。

（1）若由先验信息给出测量结果的概率分布及其"置信区间"和"置信水平"，则标准不确定度 $u(x_i)$ 为该置信区间半宽 a 与该置信水平 P 下的包含因子 k_P 的比值，即：

$$u(x_i) = a/k_P \qquad (1-20)$$

（2）若由先验信息给出的测量不确定度 U 为标准差的 k 倍时，则标准不确定度 $u(x_i)$ 为该测量不确定度 U 与倍数 k 的比值，即：

$$u(x_i) = U/k \qquad (1-21)$$

（3）若由先验信息给出测量结果的"置信区间"及其概率分布，则标准不确定度为该置信区间半宽 b 与该概率分布置信水平接近 1 的包含因子 k_1 的比值，即：

$$u(x_i) = b/k_1 \qquad (1-22)$$

第（3）种评定方法的置信水平并未确定，一般从保守的角度考虑，对无限扩展的正态分布包含因子可取 3（置信水平 0.9973），其余有限扩展的概率分布则取置信水平为 1 的包含因子，具体数值可查常见的误差概率分布表。这种情况还包括，从测量分布没有明确但可以从前人经验总结出来的一些常见分布情形中合理选定其接近的分布类型，也可以倾向于保守估计的原则选定该分布类型及其包含因子。

上述 B 类评定标准不确定度的方法，关键在于合理确定其测量分布及其在该分布置信水平下的包含因子。B 类不确定度主要采用的概率分布有正态分布、均匀分布、三角分布、反正弦分布及两点分布等，表 1-1 为正态分布置信水平与包含因子。当无法确定分布类型时，GUM（Guide to the Expression of Uncertainty in Measurement）建议采用均匀分布。

表 1-1　正态分布置信水平与包含因子

置信水平 P	包含因子 k_P	置信水平 P	包含因子 k_P	置信水平 P	包含因子 k_P
0.5000	0.667	0.9500	1.960	0.9950	2.807
0.6827	1.000	0.9545	2.000	0.9973	3.000
0.9000	1.645	0.9900	2.576	0.9990	3.291

1.3.2.3 合成不确定度的评定

当测量结果受多种因素影响而形成若干个不确定度分量时，测量结果的标准不确定度可通过这些标准不确定性分量合成得到。由各不确定分量合成的标准不确定度，称为合成标准不确定度，用符号 u_c 表示，一般用式（1-23）表示：

标准不确定度
的合成

$$u_c = \sqrt{\sum_{i=1}^{m} u_i^2 + 2\sum_{1 \le i < j}^{m} \rho_{ij} u_i u_j} \tag{1-23}$$

式中　u_i——第 i 个标准不确定度分量；

　　　ρ_{ij}——第 i 和第 j 个标准不确定度分量之间的相关系数；

　　　m——不确定度分量的个数。

对于间接测量的情形，有如下的合成标准不确定度公式（标准不确定度传播公式）：

$$
\begin{aligned}
u_c(y) &= \sqrt{\sum_{i=1}^{m} \left(\frac{\partial F}{\partial x_i}\right)^2 u^2(x_i) + 2\sum_{1 \le i < j}^{m} \frac{\partial F}{\partial x_i}\frac{\partial F}{\partial x_j} u(x_i)u(x_j)} \\
&= \sqrt{\sum_{i=1}^{m} a_i^2 u^2(x_i) + 2\sum_{1 \le i < j}^{m} \rho_{ij} a_i a_j u(x_i)u(x_j)}
\end{aligned} \tag{1-24}
$$

式中　　$u_c(y)$——输出量估计值 y 的标准不确定度；

$u(x_i)$，$u(x_j)$——输入量估计值 x_i 和 x_j 的标准不确定度；

　　　a_i—— $a_i = \dfrac{\partial F}{\partial x_i}$，函数 $F(X_1, X_2, \cdots, X_n)$ 在 $(x_1, x_2, \cdots, x_n)$ 处的偏导数，称

　　　　　为灵敏系数，在误差合成公式中称其为传播系数；

　　　ρ_{ij}—— X_i 和 X_j 在 (x_i, x_j) 处的相关系数。

1.3.2.4 扩展不确定度的评定

在传统场合多用合成标准不确定度 u_c 来表示测量结果的分散性，但在其他一些商业、工业和计量法规，以及涉及健康与安全的领域，常要求采用扩展不确定度来表示。

扩展不确定度
的评定

扩展不确定度可以用两种不同的方法来表示。一种是采用标准差的倍数，用合成标准不确定度 u_c 乘以包含因子 k，即：

$$U = ku_c \tag{1-25}$$

另一种是根据给定的置信概率或置信水平 P 来确定扩展不确定度，即：

$$U_P = k_P u_c \tag{1-26}$$

扩展不确定度的评定关键是确定包含因子，其方法主要有自由度法（degrees of freedom method）、超越系数法（kurtosis method）和简易法（simplified method）三种。

1.3.3.5 测量结果与测量不确定度的表示

测量结果是由测量所得到的赋予被测量的值，测量结果仅是被测量的估计值。一个完整的测量结果一般应包括两部分内容：一部分是被测量的最佳估计值，一般由算术平均值给出；另一部分是有关测量不确定度的信息。

对于测量不确定度，在进行分析和评定后，应给出测量不确定度的最后报告。报告应尽可能详细，以便使用者可以正确地利用测量结果。同时，为了便于国际和国内的交流，应尽可能地按照国际和国内统一的规定来描述。

测量结果 x 的完整表达式中应包含测量值、不确定度、单位、置信水平、扩展因子 k 。常见的测量结果的表达形式：

$$X = x \pm U(\text{单位}), \quad (P = 0.9、0.95、0.99, \quad k = 2 \text{ 或 } 3) \qquad (1\text{-}27)$$

其中， $P = 0.95$ ， k 近似为 2 是工程习惯常用值可缺省，不必注明 P 值而其余 P 值均应标注。

1.4　检测技术及仪表的发展

检测技术的发展是科学研究突破的基础，检测技术应用的领域随着生产和科学研究的发展而不断扩大，需要测量的参数种类也在不断增加，新的检测原理和检测设备不断涌现。这些新的检测技术充分利用微处理器的计算能力，引进微电子技术、信息技术、人工智能等领域的新成就，针对一些原来难以解决的问题提出了新的方法和设备。从总体上看，检测技术与设备的重要创新主要在检测机理和方法的创新、传感器技术的革新及检测系统体系结构的发展等三个相互关联的层面上，总趋势表现在以下几个方面：

（1）传感器逐渐向集成化、数字化、智能化、网络化、组合式方向发展；

（2）测试可视化与过程层析成像技术广泛应用；

（3）软测量技术、数据融合处理方法等新技术得到迅速发展和广泛应用；

（4）无线测量技术的快速发展和应用；

（5）虚拟仪器技术的发展；

（6）无线传感器网络化的发展。

复习思考题

1-1　简述检测仪表的基本组成与作用。

1-2　仪表的常用性能指标有哪些，工业上常用的精度等级有哪些？

1-3　检测及仪表在控制系统中起什么作用，两者的关系如何？

1-4　简述偏差式、零位式与微差式测量的工作原理及特点。

1-5　误差的表示方法一般分为几种，它们之间有何种关系？

1-6　某弹簧管式压力计量程为 0～10MPa，准确度为 0.5 级，试问此压力计允许误差是多少？如果此压力计的示值为 8.5MPa，则仪表示值的最大绝对误差和相对误差各为多少？

1-7　有一块压力表其正向可测到 0.6MPa、负向可测到 -0.1MPa，现只校验正向部分，其最大误差发生 0.3MPa 处，即上行和下行时，标准压力表的指示值分别为 0.305MPa 和 0.295MPa。问该表是否符合准确度等级为 1.5 级的要求？

1-8　某被测温度信号在 70～80℃ 范围内变化，工艺要求测量误差不超过 ±1%。现有两台温度测量仪表，精度等级均为 0.5 级，两台仪表的量程分别为 0～100℃ 和 0～200℃，试问这两台仪表能否满足上述测量要求。

1-9　按照系统误差变化特点系差可分为几种，如何减少恒值系差？

1-10　随机误差特性是什么，怎样减少随机误差？

1-11　何谓不确定度，测量不确定度与误差有什么区别？

1-12　使用弹簧压力表测量某给水管路中的压力，试计算系统误差。已知压力表的准确度等级为 0.5 级，量程为 0～600kPa，表盘刻度分度值为 2kPa，压力表位置高出管道 $h(h = 0.05\text{m})$ 。测量时压力表指示 300kPa，读数时指针来回摆动一格。压力表使用条件基本符合要求，但环境温度偏离标准值（20℃），当时环境温度为 30℃，每偏离 1℃ 造成的附加误差为仪表基本误差的 4%。

1-13　对某参数进行了多次重复测量，其测量数据列于表 1-2 中。试求测量过程中可能出现的最大误差。

表 1-2 测量数据

$x(i)$	8.23	8.24	8.25	8.26	8.27	8.28	8.29	8.30	8.31	8.32	8.33
次数	1	3	5	8	10	11	9	7	5	1	1

1-14 用指示式测温仪表对某一温度进行测温，仪表准确度等级为 1.0 级，测温范围为 0~1100℃。温度测试结果见表 1-3，试对测温结果进行分析。

表 1-3 实验数据

序 号	1	2	3	4	5	6	7	8
t/℃	998	997	1000	999	1001	998	999	997

2　温度检测与仪表

第 2 章课件

温度是表示物体的冷热程度的物理量，是生产过程和科学实验中最普遍而重要的参数之一，温度的检测与控制是确保生产过程优质、高产、低耗和安全的一项重要技术。

温度概念的建立及温度的测量都是以热平衡为基础的。当两个冷热程度不同的物体接触后必然要进行热交换，最终达到热平衡时，它们具有相同的温度，通过测量被测物体随温度变化的物理量，可以定出被测物体的温度数值。

2.1　温标及测温方法

温标及测温
方法

2.1.1　温标

温度的数值表示叫做温标，它不是温度标准（temperature standard），而是温度标尺（temperature scale）的简称。温标是利用一些物质的"相平衡温度"作为固定点刻在"标尺"上，而固定点中间的温度值则是利用一种函数关系来描述，称为内插函数，或称为内插方程。通常把温度计、固定点和内插方程称为温标的三要素，或称为三个基本条件。

2.1.1.1　经验温标

借助于某一种物质的物理量与温度变化的关系，用实验方法或经验公式所确定的温标，称为经验温标，有华氏、摄氏、兰氏、列氏等温标。

（1）华氏温标规定：水的沸腾温度为 212 华氏度，氯化氨和冰的混合物为 0 华氏度，这两个固定点中间等分为 212 份，每一份为 1 华氏度，记作 ℉。

（2）摄氏温标：把水的冰点定为 0 摄氏度，把水的沸点定为 100 摄氏度，将两个固定点之间的距离等分为 100 份，每一份为 1 摄氏度，记作 ℃。

经验温标的缺点在于它的局限性和随意性。例如，若选用水银温度计作为温标规定的温度计，那么别的物质（例如酒精）就不能用了，而且使用温度范围也不能超过上下限（如 0℃、100℃），超过后就不能标定温度了。

2.1.1.2　热力学温标

物理学家开尔文根据卡诺热机的原理提出了热力学温标。但卡诺热机是不存在的，只好从与卡诺原理等效的理想气体状态方程入手来复现热力学温标。

当气体的体积恒定时，一定质量的理想气体，其温度与压强成正比。当选水三相点的压强 P_s 为参考点时，则理想气体的温标方程为：

$$T = \frac{P}{P_s} \times T_s \tag{2-1}$$

由于实际气体与理想气体的差异，当用气体温度计测量温度时，总要进行一些修正，因此气体温标的建立是相当繁杂的，而且使用同样繁杂，很不方便。

2.1.1.3　国际温标

1989 年 7 月第 77 届国际计量委员会（CIPM）批准的国际温度咨询委员会（CCT）制定的新温标即 ITS-90。我国从 1994 年 1 月 1 日起全面实行 ITS-90 国际温标。

ITS-90 的热力学温度仍记作 T，为了区别于以前的温标，用"T_{90}"代表新温标的热力学温度，其单位仍是 K。与此并用的摄氏温度计为 t_{90}，单位是℃。T_{90} 与 t_{90} 的关系仍是：

$$t_{90} = T_{90} - 273.15$$

2.1.2 测温方法及其分类

根据温度传感器的使用方法，通常分为接触式和非接触式两类。接触式温度测量的特点是温度传感器的检测部分直接与被测对象接触，通过传导或对流达到热平衡，从而使温度计的示值能直接表示被测对象的温度。接触式测温的测量精度相对较高，直观可靠，在一定的测温范围内，也可测量物体内部的温度分布。但由于感温元件与被测介质直接接触，因此会影响被测介质的热平衡状态，而接触不良又会增加测温误差；腐蚀性介质或温度太高将严重影响感温元件的性能和寿命。

非接触式温度测量的特点是感温元件不与被测对象直接接触，而是通过接受被测物体的热辐射能实现热交换，来测出被测对象的温度。因此，采用非接触测温不影响物体温度分布状况与运动状态，适合于测量高速运动物体、带电体、高压、高温和热容量小或温度变化迅速（瞬变）对象的表面温度，也可用于测量温度场的温度分布。

各类温度检测方法构成的温度计及测温范围见表 2-1。

表 2-1　温度检测方法及其测温度范围

测温方式	类别	原理	典型仪表	测温范围/℃
接触式测温	膨胀类	利用液体、气体的热膨胀及物质的蒸气压变化	玻璃液体温度计	-100~600
			压力式温度计	-100~500
		利用两种金属的热膨胀差	双金属温度计	-80~600
	热电类	利用热电效应	热电偶	-200~2500
	电阻类	固体材料的电阻随温度而变化	热电阻	-260~850
	其他类	半导体器件的温度效应	集成温度传感器	-50~150
		晶体的固有频率随温度而变化	石英晶体温度计	-50~120
非接触式测温	光纤类	利用光纤的温度特性测温或作为传光介质	光纤温度传感器	-50~400
			光纤辐射温度计	200~4000
	辐射类	用普朗克定律、维恩公式、全辐射定律	光电高温计	800~3200
			辐射传感器	400~2000
			比色温度计	500~3200
			红外温度计	-50~+3000

2.2　热电偶温度计

热电偶是应用最普遍、最广泛的温度测量元件。它具有结构简单、制作方便、测量范围宽、准确度高、热惯性小等优点，且能直接输出直流电压信号，便于信号远传、自动记录和控制，因而在工业生产和科学研究中应用极为普遍。热电偶可用来测量-200~1600℃范围内的温度，在特殊情况下，可测至 2800℃的高温或 4K 低温。

2.2.1　热电偶测温原理

2.2.1.1　热电效应

两种不同的导体或半导体材料 A 和 B 组成如图 2-1 所示的闭合回路。如果 A 和 B 所组成的回路，两个结合点处的温度 $T > T_0$，则回路中就会有电流产生，也就是在回路中会有电动势 E_{AB} 存在，这种现象叫做热电效应（或塞贝克效应），称导体 A、B 为热电极；接点 1 通常是焊接在一起被置于测温场感受被测温度，称为测量端、热端或工作端；接点 2 要求温度恒定，称为自由端、冷端或参比端。

理论已经证明，热电势是由接触电势和温差电势两部分组成的。

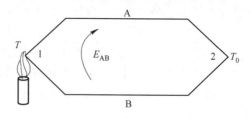

图 2-1　塞贝克效应示意图

2.2.1.2　接触电势

当两种电子密度不同的导体或半导体材料相互接触时，就会发生自由电子扩散现象，自由电子从电子密度高的导体流向电子密度低的导体。比如，材料 A 的电子密度大于材料 B，则会有一部分电子从 A 扩散到 B，使得 A 失去电子而带正电，B 获得电子而带负电，最终形成由 A 向 B 的静电场。静电场的作用又阻止电子进一步地由 A 向 B 扩散。当电子扩散力和电场阻力达到平衡时，材料 A 和 B 之间就建立起一个固定的接触电势，如图 2-2 所示。其关系式为：

$$E_{AB}(T) = \frac{KT}{e} \ln \frac{N_A(T)}{N_B(T)} \tag{2-2}$$

式中　$N_A(T)$，$N_B(T)$ ——材料 A 和 B 在温度 T 时的电子密度；

　　　　e ——单位电荷，4.802×10^{-10} 绝对静电单位；

　　　　K ——玻耳兹曼常数，1.38×10^{-23} J/℃；

　　　　T ——材料温度，K。

因此，接触电势的大小和方向主要取决于两种材料的性质和接触面温度的高低。

2.2.1.3　温差电势

温差电势是由同一种导体或半导体材料其两端温度不同而产生的一种电动势。由于温度梯度的存在，改变了电子的能量分布，温度较高的一端电子具有较高的能量，其电子将向温度较低的一端迁移，于是在材料两端之间形成了一个由高温端指向低温端的静电场。电子的迁移力和静电场力达到平衡时所形成的电位差称为温差电势，如图 2-3 所示。温差电势的方向是由低温端指向高温端，其大小与材料两端温度和材料性质有关。如果 $T > T_0$，则温差电势为：

$$E(T, T_0) = \frac{K}{e} \int_{T_0}^{T} \frac{1}{N} d(N \cdot t) \tag{2-3}$$

式中　N ——材料的电子密度，是温度的函数；

　T，T_0 ——材料两端的温度；

　　　t ——沿材料长度方向的温度分布。

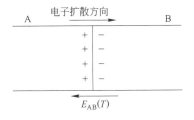

图2-2　接触电势原理图

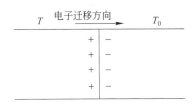

图2-3　温差电势原理图

2.2.1.4　热电偶回路的总热电动势

如图2-1所示，由A和B两种材料组成热电偶回路，设$T>T_0$，$N_A>N_B$。因此，闭合回路中存在两个接触电势$E_{AB}(T)$和$E_{AB}(T_0)$和两个温差电势$E_A(T, T_0)$和$E_B(T, T_0)$。闭合回路总热电动势应为接触电势和温差电势的代数和，即：

$$E_{AB}(T, T_0) = E_{AB}(T) + E_B(T, T_0) - E_{AB}(T_0) - E_A(T, T_0) \tag{2-4}$$

将式（2-2）和式（2-3）代入式（2-4），回路中总电势可表示为：

$$E_{AB}(T, T_0) = \frac{K}{e} \int_{T_0}^{T} \ln \frac{N_A}{N_B} \mathrm{d}t = E_{AB}(T) - E_{AB}(T_0) \tag{2-5}$$

2.2.1.5　热电势性质

（1）只有用两种不同性质的材料才能组成热电偶，相同材料组成的闭合回路不会产生热电势。

（2）如果两端连接点处的温度相等，则回路的总热电势必等于零。两点温差越大，产生的热电势越大。

（3）式（2-5）中未包含与热电偶的尺寸与形状有关的参数，所以热电势的大小只与材料和结点温度有关。

当热电偶的电极材料确定之后，热电势的大小只与热电偶两端接点的温度有关，即：

$$E_{AB}(T, T_0) = f(T) - f(T_0) \tag{2-6}$$

或写为摄氏度形式：

$$E_{AB}(t, t_0) = f(t) - f(t_0)$$

如果T_0为恒定值，则$f(T_0)$为常数，回路总热电势$E_{AB}(T, T_0)$只是温度T的单值函数，通过测量热电动势就可得到被测温度，这就是热电偶测温原理。

国际实用温标IPTS—90规定：热电偶的温度测值为摄氏温度$t(℃)$，参比端温度定为0℃。因此，实用的热电势不再写成$E_{AB}(T, T_0)$，而是$E_{AB}(t, t_0)$。如果$t_0 = 0℃$时，则$E_{AB}(t, 0)$可简写为$E_{AB}(t)$。

2.2.2　热电偶的基本定律

在实际测温时，热电偶回路中必然要引入测量热电势的显示仪表和连接导线，因此理解了热电偶的测温原理之后还要进一步掌握热电偶的一些基本规律，并能在实际测温中灵活而熟练地应用这些基本定则。

热电偶的
基本定律

2.2.2.1　均质材料定律

由一种均质材料组成的闭合回路，不论材料的截面和长度如何，以及各处温度如何，回路中都不产生热电势。

它要求组成热电偶的两种材料 A 和 B 必须各自都是均质的，否则会由于沿热电偶长度方向存在温度梯度而产生附加热电势，引入不均匀性误差，所以，热电偶材料的均匀性是衡量热电偶质量的重要标志。在进行精密测量时，要尽可能对电极材料进行均匀性检查和退火处理，该定则是同名极法检定热电偶的理论根据。

2.2.2.2　中间导体定律

在热电偶测温回路中插入第三种（或多种）导体，只要其两端温度相同，则热电偶回路的总热电势与串联的中间导体无关。图 2-4 为典型中间导体的连接方式。

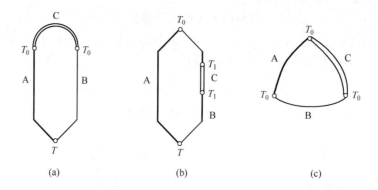

图 2-4　热电偶回路中接入第三种导体的接线图
(a) 在参考端接入第三种导体；(b) 在热电极中插入第三种导体；
(c) 在参考端接入中间导体且接点温度相等的热电偶回路

图 2-4（a）所示是在热电偶 A、B 材料的参考端处接入第三种导体 C，且 A-C 和 B-C 的接点处温度均为 T_0，则其回路总热电势为：

$$E_{ABC}(T,\ T_0) = E_{AB}(T) + E_B(T,\ T_0) + E_{BC}(T_0) + E_{CA}(T_0) + E_A(T,\ T_0) \qquad (2-7)$$

在进一步分析式（2-7）之前，先分析图 2-4（c）所示的特殊情况。图 2-4（c）中假定 A、B、C 三种导体的接点温度相同，设为 T_0，则：

$$E_{ABC}(T_0) = E_{AB}(T_0) + E_{BC}(T_0) + E_{CA}(T_0)$$
$$= \frac{KT_0}{e}\left[\ln\frac{N_A(T_0)}{N_B(T_0)} + \ln\frac{N_B(T_0)}{N_C(T_0)} + \ln\frac{N_C(T_0)}{N_A(T_0)}\right] = 0$$

由此得知

$$E_{BC}(T_0) + E_{CA}(T_0) = -E_{AB}(T_0) \qquad (2-8)$$

将式（2-8）代入式（2-7），得：

$$E_{ABC}(T,\ T_0) = E_{AB}(T) + E_B(T,\ T_0) - E_{AB}(T_0) + E_A(T,\ T_0)$$

将此式与式（2-4）比较后，可得：

$$E_{ABC}(T,\ T_0) = E_{AB}(T,\ T_0) \qquad (2-9)$$

从而证明了中间导体定则的结论。

由导体 A、B 组成的热电偶回路，当引入第三种导体 C 时，只要保持第三导体 C 两端的温度相等，引入导体 C 对回路电势无影响。根据中间导体定律，在热电偶中接入第四种、第五种等导体后，只要接入导体的两端温度相同，接入的导体对原热电偶回路中的热电势均没有影响。热电偶回路中可接入测量热电势的仪表，如图 2-5 所示，只要仪表处于稳定的环境温度，原热电偶回路的热电势将不受接入测量仪表的影响。中间导体定律，解决了热电势的测量问题。

2.2.2.3　中间温度定律

在热电偶测温回路中，测量端的温度为 T，连接导线各端点的温度分别为 T_n 和 T_0（见图 2-6），如 A 与 A′、B 与 B′的热电性质相同，则总的热电动势等于热电偶的热电动势 $E_{AB}(T, T_n)$ 与连接导线的热电动势 $E_{A'B'}(T_n, T_0)$ 的代数和，其中 T_n 为中间温度，即：

$$E_{ABB'A'}(T, T_n, T_0) = E_{AB}(T, T_n) + E_{AB}(T_n, T_0) \tag{2-10}$$

或
$$E_{ABB'A'}(t, t_n, t_0) = E_{AB}(t, t_n) + E_{A'B'}(t_n, t_0)$$

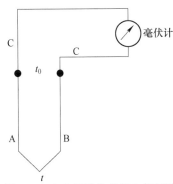
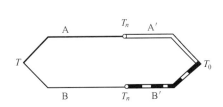

图 2-5　有中间导体的热电偶回路　　　　图 2-6　热电偶中间温度定律示意图

中间温度定律和连接导线定律是工业热电偶测温中应用补偿导线的理论依据。只有选配出与热电偶的热电性能相同的补偿导线，便可使热电偶的参考端远离热源而不影响热电偶测温的准确性。

2.2.2.4　参考电极定律

两种导体 A、B 分别与参考电极 C（标准电极）组成热电偶，如果它们所产生的热电动势为已知，那么，A 与 B 两热电极配对后的热电动势可按式（2-11）求得：

$$E_{AB}(T, T_0) = E_{AC}(T, T_0) + E_{CB}(T, T_0) \tag{2-11}$$

一般多采用高纯铂丝作为参考电极，这样大大地简化了热电偶的选配工作。

2.2.3　热电偶的种类与结构

2.2.3.1　电极材料

电极材料是决定热电偶性能的关键，对电极材料的要求是多方面的。

（1）两种材料所组成的热电偶应输出较大的热电势，以得到较高的灵敏度，且要求热电势 $E(t)$ 和温度 t 之间尽可能地呈线性函数关系。

（2）能应用于较宽的温度范围，物理化学性能、热电特性都较稳定，即要求有较好的耐热性、抗氧性、抗还原、抗腐蚀等性能。

（3）要求热电偶材料有较高的电导率和较低的电阻温度系数。

（4）具有较好的工艺性能，便于成批生产，具有满意的复现性，便于采用统一的分度表。

2.2.3.2　标准热电偶

长期以来，各国先后产生的热电偶的种类有几百种，应用较广的有几十种，而国际电工委员会（IEC 60584：2013）推荐的工业用标准热电偶为十种（目前我国的国家标准与国际标准统一）。其中，分度号 S、R、B 三种热电偶均由属于贵金属的铂、铂铑合金制成，称为贵金属热电偶；其他几种热电偶，是由镍、铬、硅、铜、铝、锰、镁、钴、钨、铼等非贵金属的合金制成，称为廉价金属热电偶。这些标准热电偶的电极材料的最大测温范围和适用气氛等见表2-2。表2-3列出了不同等级（通常分为三级）标准化工业热电偶使用测温范围和允差，供选用时参考。

表 2-2　工业用热电偶测温范围

名　称	分度号	测量范围/℃	适用气氛	稳 定 性
铂铑$_{30}$-铂铑$_6$	B	200~1800	氧化、中性	<1500℃，优；>1500℃，良
铂铑$_{13}$-铂	R	-40~1600	氧化、中性	<1400℃，优；>1400℃，良
铂铑$_{10}$-铂	S			
镍铬-镍硅（铝）	K	-270~1300	氧化、中性	中等
镍铬硅-镍硅	N	-270~1260	氧化、中性、还原	良
镍铬-康铜	E	-270~1000	氧化、中性	中等
铁-康铜	J	-40~760	氧化、中性、还原、真空	<500℃，良；>500℃，差
铜-康铜	T	-270~350	氧化、中性、还原、真空	-170~200℃，优
钨铼$_5$-钨铼$_{26}$	C	0~2300	中性、还原、真空	中等
钨铼$_5$-钨铼$_{20}$	A	0~2500		

表 2-3　标准化工业热电偶的使用测温范围和允差（GB/T 16839.1—2018）

类型	一级允差		二级允差		三级允差	
	温度范围/℃	允差/℃	温度范围/℃	允差/℃	温度范围/℃	允差/℃
S、R	0~1100	1	0~600	1.5 或 0.0025$\mid t \mid$	—	
	1100~1600	1+0.003（t-1100）				
B	—		600~1700	1.5 或 0.0025$\mid t \mid$	800~1700	4 或 0.005$\mid t \mid$
K、N	-40~1100	1.5 或 0.004$\mid t \mid$	-40~1200	2.5 或 0.0075$\mid t \mid$	-200~40	2.5 或 0.015$\mid t \mid$
E	-40~800	1.5 或 0.004$\mid t \mid$	-40~900	2.5 或 0.0075$\mid t \mid$	-200~40	2.5 或 0.015$\mid t \mid$
J	-40~750	1.5 或 0.004$\mid t \mid$	-40~750	2.5 或 0.0075$\mid t \mid$	—	
T	-40~350	0.5 或 0.004$\mid t \mid$	-40~350	1 或 0.0075$\mid t \mid$	-200~40	1 或 0.015$\mid t \mid$
C	—		426~2315	0.01$\mid t \mid$	—	—
A	—		1000~2500	0.01$\mid t \mid$	—	—

　　下面简单介绍几种常用的热电偶，其他热电偶详情请参阅相关标准或文献资料。

　　（1）铂铑$_{10}$-铂热电偶（分度号为S）。该热电偶正极的名义成分为含铑10%（质量分数）的铂铑合金（代号为SP），负极为纯铂（代号SN）。它的特点是热电性能稳定，抗氧化性强，宜在氧化性、惰性气氛中连续使用。长期使用温度为1400℃，超过此温度，纯铂丝将因再结晶使晶粒粗大，故长期使用温度限定在1400℃以下，短期使用温度为1600℃。在所有热电偶中，它的准确度等级最高。S型铂铑$_{10}$-铂热电偶的分度表见附表1-1。

　　（2）镍铬-镍硅（镍铝）热电偶（分度号为K）。该热电偶的正极为铬质量分数为10%的镍铬合金（KP），负极为硅质量分数为 3% 的镍硅合金（KN）。它的负极亲磁，因此用磁铁可鉴别出热电偶的正负极。它的特点是使用温度范围宽，高温下性能较稳定，热电动势与温度的关系近似线性，价格便宜。但它不适宜在真空、含碳、含硫气氛及氧化与还原交替的气氛下裸丝使用。

该热电偶适宜在氧化性、惰性气氛中连续使用，长期使用温度为 1000℃，短期使用为 1200℃，最高使用温度可达 1300℃。K 型镍铬-镍硅热电偶的分度表见附录 1。

（3）镍铬-铜镍热电偶（分度号为 E）。在常用热电偶中其热电动势率最大，在 -200℃ 时其热电动势率为 25μV/℃，至 700℃ 时为 80μV/℃，比 K 型热电偶高一倍。它适宜在 -250～870℃ 范围内的氧化性、惰性气氛中连续使用，尤其适宜在 0℃ 以下使用。

常用热电偶的热电势与温度的关系曲线如图 2-7 所示，由图可知热电势与温度之间并非线性关系。经实验已将热电势-温度曲线制成标准对应关系表，这种表称为热电偶的分度表。附录 1 为常用的三种热电偶的分度表。各种热电偶的分度表是在热电偶冷端温度为 0℃ 的条件下得到的，所以在 0℃ 时各种热电偶的热电势均为零。

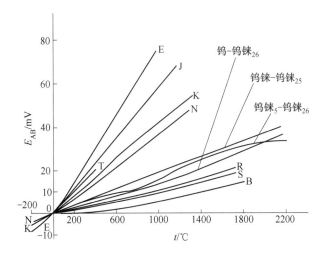

图 2-7　常用热电偶的热电势与温度的关系曲线（参考端 0℃）

（4）钨铼系热电偶。钨铼热电偶是最成功的难熔金属热电偶，可以测到 2400～2800℃ 高温。它的特点是在高温下易氧化，只能用于真空和惰性气氛中。热电势率大约为 S 型的 2 倍，在 2000℃ 时的热电势接近 30mV，价格仅为 S 型的 1/10。因此钨铼热电偶成为冶金、材料、航天、航空及核能等行业中重要的测温工具。钨铼热电偶有多种类型，其中的钨铼5-钨铼26 与钨铼5-钨铼20 已升格为标准热电偶。

2.2.3.3　非标准热电偶

（1）镍铬-金铁热电偶。随着低温科学与低温技术的研究与应用，使低温、超低温测量问题成为越来越迫切需要解决的重要问题。镍铬-金铁热电偶能在液氢温度范围内，保持大于 10μV/℃ 的灵敏度，主要适用于 0～273K 的低温范围。

（2）非金属热电偶。为了解决传统热电偶在高温含碳气氛下的测温问题，近年来对非金属热电偶材料的研究工作取得一些突破，国外已能生产石墨-碳化钛热电偶、石墨-二硼化锆热电偶、碳化硼-石墨热电偶等。非金属热电偶的优点是输出电势很大，测量上限在 3000℃ 以上；主要缺点是复现性差，没有统一的分度表，机械强度低，实际使用受到很大的限制。

2.2.3.4　热电偶结构

为了适应不同生产对象的测温要求和条件，热电偶的结构形式有普通型热电偶、铠装型热电偶和薄膜热电偶等。热电偶还可分为可拆卸与不可拆卸两类。普通型结构热电偶工业上使用最多，典型工业用热电偶结构如图 2-8 所示。它一般由热电极、绝缘管、保护管和接线盒组成。普通型热电偶按其安装时的连接形式可分为固定螺纹连接、固定法兰连接、活动法兰连接、无固定装置等多种形式。

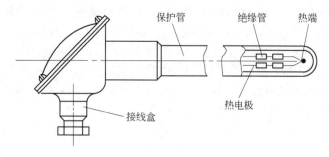

图 2-8　普通型热电偶结构图

A　工业热电偶

（1）热电极。热电偶常以所用的热电极材料的种类来定名，一般金属 $\phi 0.5 \sim 3.2$ mm，昂贵金属 $\phi 0.3 \sim 0.6$ mm，长度与被测物有关，一般在 $300 \sim 2000$ mm，通常在 350mm 左右。

（2）绝缘管。绝缘管用以防止两根电极短路，通常采用氧化铝或工业陶瓷管。

（3）保护管。保护管避免受被测介质的化学腐蚀或机械损伤，其材质一般根据测量范围、加热区长度、环境气氛及测温的时间常数等条件来确定。科学研究中所用的热电偶有时用细热电极丝自制焊接而成，也可不用保护管以减少热惯性，提高测量精度。

（4）接线盒。接线盒一般由铝合金制成，固定接线座，连接补偿导线，兼有密封和保护接线端子的作用。

B　铠装热电偶

铠装热电偶电缆是将热电偶丝用无机物绝缘及金属套管封装，压实成可挠的坚实组合体。用铠装热电偶电缆制成的热电偶称为铠装热电偶。它具有惯性小、挠性好、机械强度、耐压性能好等特点。它的结构形式如图 2-9 所示。外径从 0.25 ~ 12mm 不等；铠装热电偶的长度可以做得很长，最大长度可达 1500m；品种多，可制成单只式、双只式和三只式等各类铠装热电偶；可用于快速测温或热容量很小的物体的测温部位，结构坚实可耐强烈的振动和冲击，还可用于高压设备上测温。

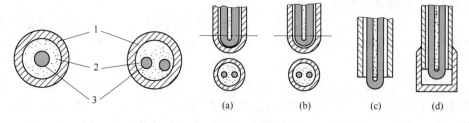

图 2-9　铠装热电偶断面结构示意图
（a）碰底型；（b）不碰底型；（c）露头型；（d）帽型
1—金属套管；2—绝缘材料；3—热电极

C　薄膜式热电偶

采用真空蒸镀或化学涂层等制造工艺将两种热电极材料蒸镀到绝缘基板上，形成薄膜状热电偶，其热端接点极薄，为 $0.01 \sim 0.10 \mu m$。它适于壁面温度的快速测量，基板由云母或浸渍酚醛塑料片等材料做成，热电极有镍铬-镍硅、铜-康铜等，其结构形式如图 2-10 所示。一般在 300℃ 以下测温，使用时用黏结剂将基片黏附在被测物体表面上，反应时间约为数毫秒。

D　快速微型热电偶

快速微型热电偶是专为测量钢水、铁液及其金属熔体温度而设计制造的，又称为消耗式热电偶，其结构如图 2-11 所示。它具有测温元件小，响应速度快；每测一次换一只新的热电偶，无需定期维修，而且准确度较高；由于纸管不吸热，故可测得真实温度的特点。在高温熔体测量中已广泛使用，目前我国有两类快速热电偶，即快速铂铑热电偶与快速钨铼热电偶。

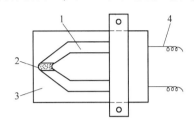

图 2-10　薄膜式热电偶结构示意图
1—热电极；2—工作端；3—绝缘基板；4—引出线

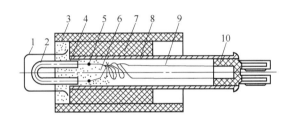

图 2-11　快速微型热电偶结构示意图
1—外保护帽；2—U 形石英管；3—外纸管；4—绝热水泥；5—热电偶自由端；
6—棉花；7—绝热纸管；8—小纸管；9—补偿导线；10—塑料插件

2.2.4　补偿导线

实际测温时，由于热电偶的长度有限，冷端温度将受到被测物温度及周围环境温度的影响。如安装在锅炉壁上的热电偶，冷端放在接线盒内，锅炉壁周围温度不稳定，使接线盒内冷端温度波动，造成测量误差。如果把热电偶做得很长，现场安装不便且不经济，实践中采用补偿导线把冷端延长到温度比较稳定的地方。

2.2.4.1　补偿导线定义

补偿导线是在一定温度范围内（包括常温），具有与所匹配的热电偶的热电动势的标称值相同的一对带有绝缘层的导线，用它们连接热电偶与测量装置，以补偿它们与热电偶连接处的温度变化所产生的误差。补偿导线的优点有：

（1）将热电偶的冷端迁移至环境温度较恒定的地方，有利于冷端温度的修正，减少测量误差，补偿导线连接线路如图 2-12 所示；

（2）用廉价的补偿导线作为贵金属热电偶的延长导线，节约贵金属，降低测量线路成本；

（3）用铜及铜的合金制作为补偿导线，单位长度的直流电阻比热电极小得多，可减小测量误差；

（4）采用多股或小直径的补偿导线，接线方便，易弯曲，便于铺设，也可屏蔽外界干扰。

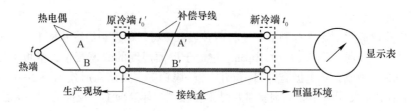

图 2-12 补偿导线连接图

2.2.4.2 补偿导线的原理

如图 2-12 所示，根据中间导体定律，引入了补偿导线 A′和 B′后回路的总热电势为：

$$E = E_{AB}(t, t_0') + E_{A'B'}(t_0', t_0)$$

由于在规定使用温度范围内补偿导线 A′和 B′与所取代的热电偶丝 A 和 B 的热电特性一致，故：

$$E_{AB}(t_0, t_0') = E_{A'B'}(t_0, t_0')$$

那么

$$E = E_{AB}(t, t_0)$$

2.2.4.3 补偿导线的种类与使用

A 补偿导线的种类

补偿导线分为延长型与补偿型两种，延长型补偿导线合金丝的名义化学成分及热电动势标称值与配用热电偶偶丝相同，它用字母"X"附加在热电偶分度号之后表示，例如"EX"。补偿型补偿导线合金丝的名义化学成分与配用热电偶偶丝不同，但其热电动势值在 0~100℃（一般型）或 0~200℃（耐热型）时与配用热电偶的热电动势标称值相同，它用字母"C"附加在热电偶分度号之后表示，例如"KC"，不同合金丝可应用于同种型号分度号的热电偶，并用附加字母予以区别，例如"KCA"和"KCB"。

B 补偿导线的使用要求

（1）各种补偿导线只能与相应型号的热电偶一起用。

（2）使用时必须各极相连，切勿将其极性接反。

（3）热电偶和补偿导线连接点的温度不能超过规定的使用温度范围，规定为 0~100℃ 及 0~150℃两种。

为了保证测量精度等要求，在使用补偿导线时必须严格遵照有关规定要求。例如，补偿导线型号必须与热电偶配套，环境温度不能超出其使用温度范围，以免产生附加误差。

例 2-1 用 K 分度热电偶测炉温时，炉膛实际温度 $t_1 = 1000℃$，仪表的环境温度 $t_3 = 20℃$，热电偶自由端温度 $t_2 = 50℃$，试求：（1）如果热电偶与仪表之间采用补偿导线；（2）如果热电偶与仪表之间采用铜导线连接；（3）如果补偿导线接反，显示仪表的指示值与真实炉温差分别是多少？

解： 由 K 型分度表的查得 $E(1000, 0) = 41.269mV$，$E(50, 0) = 2.023mV$，$E(20, 0) = 0.798mV$。

（1）当采用补偿导线连接时，根据中间温度定律，其显示仪表所指示的热电势应为测量端与补偿导线参考端热电势之差：

$$E(t_1, t_3) = 41.269mV - 0.798mV = 40.471mV（查分度表相当于 980℃）$$

与真实炉温之差：

$$980℃ - 1000℃ = -20℃$$

（2）当采用铜导线连接时，根据中间导体定律，其显示仪表所指示的热电势为：

$$E(t_1, t_2) = 41.269\text{mV} - 2.023\text{mV} = 39.247\text{mV}（查分度表相当于 948℃）$$

与真实炉温之差：

$$948℃ - 1000℃ = -52℃$$

用补偿导线与铜导线，两者显示的温度差：

$$980℃ - 948℃ = 32℃$$

（3）当补偿导线接反时，其显示仪表所指示的热电势应为测量端与补偿导线参考端热电势之差：

$$E(t_1, t_2) - E(t_2, t_3) = (41.269\text{mV} - 2.023\text{mV}) - (2.023\text{mV} - 0.798\text{ mV})$$
$$= 39.247\text{mV} - 1.225\text{mV} = 38.022\text{mV}（查分度表相当于 918℃）$$

计算结果表明：

（1）采用补偿导线能减少测温误差，如果补偿导线极性接反，会产生更大的误差，必须特别注意。

（2）补偿导线不能消除冷端不为 0℃ 的影响，仍须将参考端温度修正到 0℃。关于补偿导线的更详细的规定，请参阅《热电偶用补偿导线》（GB/T 4989—2013）与《热电偶用补偿导线合金丝》（GB/T 4990—2010）。

2.2.5　热电偶的冷端补偿

根据热电偶的测温原理，$E_{AB}(T, T_0) = f(T) - f(T_0)$ 的关系式可看出，只有当参比端温度 T_0（或 t_0）稳定不变且已知时，才能得到热电势 E 和被测温度 t 的单值函数关系。此外，实际使用的热电偶分度表中热电势和温度的对应值是以 $t_0 = 0℃$ 为基础的，但在实际测温中由于环境和现场条件等原因，参比端温度 t_0 往往不稳定，也不一定恰好等于 0℃，因此需要对热电偶冷端温度进行处理。常用的处理方法有冰点法、计算法和冷端补偿器法三种。

2.2.5.1　冰点法

冰点法是一种精度最高的处理方法，可以使 t_0 稳定地维持在 0℃。其实施方法是将碎冰和纯水的混合物放在保温瓶中，再把细玻璃试管插入冰水混合物中，在试管底部注入适量的油类或水银，热电偶的参比端就插到试管底部，满足 $t_0 = 0℃$ 的要求。

2.2.5.2　计算法

在没有条件实现冰点法时，可以设法把参比端置于已知的恒温条件，得到稳定的 t_0。根据中间温度定律公式：

$$E(t, 0) = E(t, t_0) - E(t_0, 0) \tag{2-12}$$

式中，$E(t_0, 0)$ 是根据参比端所处的已知稳定温度 t_0 查热电偶分度表得到的热电势。然后根据所测得的热电势 $E(t, t_0)$ 和查到的 $E(t_0, 0)$ 两者之和再查热电偶分度表，即可得到被测量的实际温度 t。

例 2-2　现用镍铬-镍硅（分度号为 K）热电偶测一高温，输出电势为 $E_{AB}(T, T_N) = 33.29\text{mV}$，已知环境温度 $T_N = 30℃$，求被测温度 T。

解：查表得 $E_{AB}(30, 0) = 1.2\text{mV}$，所以

$$E_{AB}(T, 0) = E_{AB}(T, 30) + E_{AB}(30, 0) = 33.29 + 1.203 = 34.493\text{mV}$$

再查分度号为 K 的分度表得：

$$T = 820℃ \text{ 时}，E_{AB}(820, 0) = 34.095\text{mV}$$

$$T = 830℃ \text{ 时}, E_{AB}(830, 0) = 34.502\text{mV}$$

用内插法计算（如果在分度表上不能直接查到温度，就用内插法进行计算），所以

$$T = 820 + \left[(34.493 - 34.095)/(34.502 - 34.095) \right] \times (830 - 820) = 829.7℃$$

2.2.5.3　冷端补偿器法

在工业生产应用中，通常采用冷端补偿器来自动补偿 t_0 的变化，图 2-13 是热电偶回路接入补偿器的示意图。

冷端补偿器是一个不平衡电桥，桥臂 $R_1 = R_2 = R_3 = 1Ω$，采用锰铜丝无感绕制，其电阻温度系数趋于零。桥臂 R_4 用铜丝无感绕制，其电阻温度系数约为 $4.3 \times 10^{-3}℃^{-1}$，当温度为 0℃ 时 $R_4 = 1Ω$。R_g 为限流电阻，配用不同分度号热电偶时 R_g 作为调整补偿器供电电流之用。桥路供电电压为直流电，大小为 4V。

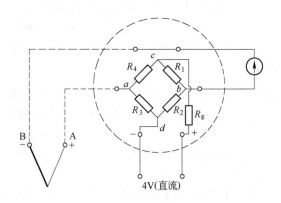

图 2-13　热电偶冷端补偿器示意图

当热电偶参比端和补偿器的温度 $t_0 = 0℃$ 时，补偿器桥路四臂电阻 $R_1 \sim R_4$ 均为 1Ω；电桥处于平衡状态，桥路输出端电压 $U_{ba} = 0V$，指示仪表所测得的总电势为：

$$E = E(t, t_0) + U_{ba} = E(t, 0) \tag{2-13}$$

当 t_0 随环境温度增高时，R_4 增大，则 a 点电位降低，使 U_{ba} 增加。同时，由于 t_0 增高，$E(t, t_0)$ 将减小。只要冷端补偿器电路设计合理，使 U_{ba} 的增加值恰等于 $E(t, t_0)$ 的减少量，那么指示仪表所测得的总电势 E 将不随 t_0 而变，相当于热电偶参比端自动处于 0℃。由于电桥输出电压 U_{ba} 随温度变化的特性为 $U_{ba} = \Phi(t)$，与热电偶的热电特性 $E = f(T)$ 并不完全一致，这就使得具有冷端补偿器的热电偶回路的热电势在任一参比温度下都得到完全补偿是困难的。实际上只有在平衡点温度和计算点温度下可以得到完全补偿，而在其他各参比端温度值时只能得到近似的补偿，因此采用冷端补偿器作为参比端温度的处理方法会带来一定的附加误差。我国工业用的冷端补偿器有两种参数：一种是平衡点温度定为 0℃，另一种是定为 20℃，它们的计算点温度均为 40℃。

2.2.6　热电偶测温线路

2.2.6.1　工业用热电偶测温的基本线路

在实际测温时，热电偶长度受到一定的限制，参考端温度的变化将直接影响温度测量的准确性。因此，热电偶测温线路一般由热电偶元件、显示仪表及中间连接部分（温度补偿器、补偿导线或铜导线）组成，如图 2-14 所示。参考端形式与用途见表 2-4。

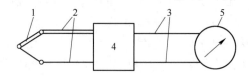

图 2-14　单点测温基本线路

1—热电偶；2—补偿导线；3—铜导线；4—温度补偿电桥；5—显示仪表

表 2-4 参考端的形式与用途

参考端形式	用　　途
冰点式参考端	用于校正标准热电偶等高精度温度测量
电子式参考端	用于热电温度计的温度测量
恒温槽式参考端	
补偿式参考端	
室温式参考端	用于精度不太高的温度测量

2.2.6.2　多点温度测量的基本线路

如图 2-15 所示，用同型号的多支热电偶进行多点温度测量时，共用一台显示仪表和一支实现冷端温度补偿的补偿热电偶。为了节省补偿导线，这组同型号的热电偶经过比较短的补偿导线分别连接到温度分布比较均匀的接线板上，再用铜导线依次接到切换开关上，由切换开关最后接到显示仪表上。用补偿导线做成的补偿热电偶反向串接在仪表回路中，补偿热电偶的冷端在接线板上，热端维持恒温 t_0。

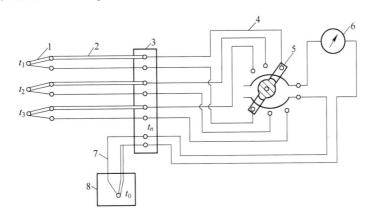

图 2-15　多点测温线路

1—工作端热电偶（AB）；2—工作端补偿导线；3—接线板；4—铜导线；5—切换开关；
6—显示仪；7—参比端补偿导线（CD）；8—参比端热电偶

2.2.6.3　热电偶串、并联线路

A　热电偶的正向串联

正向串联就是将 n 只同型号热电偶异名极串联的接法，如图 2-16（a）所示。其总电势为：

$$E_X = E_1 + E_2 + \cdots + E_n \tag{2-14}$$

热电堆就是采用这种方法来测量温度的，其特点是输出电势增加，仪表的灵敏度提高。多支热电偶串联的缺点是当一支热电偶烧断时整个仪表回路停止工作。

B　热电偶的反向串联

热电偶反向串联是将两只同型号热电偶的同名极串联，这样组成的热电偶称之为差分或微差热电偶，如图 2-16（b）所示。如果两支差分热电偶的时间常数相差很大，则构成微分热电

偶，可用来测量温度变化速度。其输出热电势 ΔE 反映出两个测量点（t_1 和 t_2）温度之差，或是同一点温度的变化快慢，即：

$$\Delta E = E(t_1, t_0) - E(t_2, t_0) = E(t_1, t_2) \tag{2-15}$$

为使 ΔE 值能更好地反映被测参数的状态，应选用线性特性良好的热电偶。

C　热电偶的并联

将几支同型号热电偶的正极和负极分别连接在一起的线路称为并联线路，如图 2-16（c）所示。如果几支热电偶的电阻值均相等，则并联测量线路的总电势等于几支热电偶电动势的平均值，即：

$$E_X = (E_1 + E_2 + \cdots + E_n)/n \tag{2-16}$$

并联线路常用来测量温场的平均温度。同串联线路相比，并联线路的电势虽小；但其相对误差仅为单支热电偶的 $1/\sqrt{n}$，且单支热电偶断路时，测温系统照常工作。

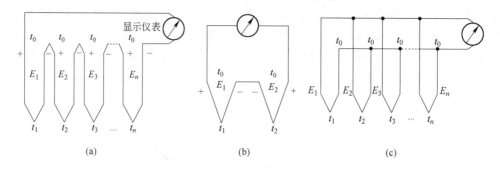

图 2-16　热电偶串联、并联线路

（a）正向串联；（b）反向串联；（c）并联

例 2-3　如图 2-16（b）所示用 S 型偶测温差，在 $t_1 = 500℃$ 时温差电势 $E_{AB}(t_2, t_1) = 0.495mV$，求温差（$t_2 - t_1$）是多少？

解：本例题有两种解法：

（1）用补偿法。先由 S 型分度表查得 $t_1 = 500℃$ 时温差电势 $E_{AB}(500, 0) = 4.234mV$。由热电偶测温原理可知：

$$E_{AB}(t_2, t_0) = E_{AB}(t_2, t_1) + E_{AB}(t_1, t_0) = 0.495mV + 4.234mV = 4.729mV$$

由 S 型分度表查得 4.729mV 相应的温度 $t_2 = 550℃$，所以温差为：

$$\Delta t = t_2 - t_1 = 550℃ - 500℃ = 50℃$$

（2）用电势率法。计算 500℃ 下 S 型热电偶电动势率，方法如下：

$$[E_{AB}(510, 0) - E_{AB}(490, 0)]/20 = (4.333 - 4.135)/20 = 0.0099mV/℃$$

所以温差为：

$$\Delta t = t_2 - t_1 = 0.495mV/0.0099mV/℃ = 50℃$$

2.2.7　热电偶的校准与误差分析

2.2.7.1　热电偶的检定方法

为了保证热电偶的测量精度，必须定期进行检定。热电偶的检定方法有比较法和定点法两种。用被校热电偶和标准热电偶同时测量同一对象的温度，然后比较两者示值，以确定被检电偶的基本误差等质量指标，这种方法称为比较法，如图 2-17 所示。

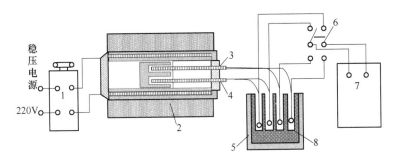

图 2-17　热电偶校验图

1—调压变压器；2—管式电炉；3—标准热电偶；4—被校热电偶；

5—冰瓶；6—切换开关；7—测试仪表；8—试管

2.2.7.2　热电偶测温误差分析

（1）分度误差 Δ_1。任何一种热电偶的通用分度表都是统计结果，某一具体热电偶的数据与通用分度表存在一定偏差 Δ_1（如铂-铑铂热电偶在 600℃ 以上使用时允许偏差为 ±0.25%）。

（2）补偿导线误差 Δ_2。多数热电偶的补偿导线材料并非热电偶本体材料，因此存在误差（如镍铬-镍硅热电偶为 ±0.15mV）。

（3）冷端补偿器误差 Δ_3。冷端补偿器在平衡点和计算点两个温度值得以完全补偿外，其他各温度值均不能得到完全补偿（如镍铬-镍硅热电偶为 ±0.16mV）。

（4）测量线路和显示仪表误差 Δ_4。该误差由显示仪表的精度等级决定，对精度等级为 1 级的温度指示仪，其误差为满量程的 ±1%。

（5）其他误差。

（6）热交换所引起的误差。

2.3　电阻温度计

2.3.1　热电阻测温原理

在温度测量中需要进行远传时，热电偶温度计是一个较为理想的检测元件，但在测量较低温度时，由于产生的热电势较小，测量精度相应降低。因此在 -200～+500℃ 温度范围内，一般使用热电阻温度计测量效果较好。在特殊情况下，低温可测至 1K，高温达 1200℃。

电阻温度计工作原理就是当温度变化时，感温元件的电阻值随温度而变化，将变化的电阻值作为电信号输入显示仪表，通过测量电路的转换，在仪表上显示出温度的变化值。用表格形式表示的热电阻的电阻值与温度之间的关系就称为热电阻的分度表，热电阻的分度特性也可以用公式或其他方法表示。

2.3.2　工业热电阻

2.3.2.1　铂热电阻

采用高纯度铂丝绕制成的铂电阻具有测温精度高、性能稳定、复现性好、抗氧化性强等优点，因此在基准、标准、实验室和工业中铂电阻元件被广泛应用。但其在高温下容易被还原性气氛所污染，使铂丝变脆，改变其电阻温度特性，所以须用套管保护方可使用。

绕制铂电阻感温元件的铂丝纯度是决定温度计精度的关键。铂丝纯度愈高其稳定性、复现性越好、测温精度也愈高。铂丝纯度常用 R_{100}/R_0 表示，R_{100} 和 R_0 分别表示 100℃ 和 0℃ 条件下的电阻值。对于标准铂电阻温度计，规定 $R_{100}/R_0 > 1.3925$；对于工业用铂电阻温度计，根据 ITS-90，$R_{100}/R_0 = 1.3851 \sim 1.3925$。

标准铂电阻 R_0 只有 10Ω 或 100Ω 两种。实际使用的还有 Pt20、Pt50、Pt200、Pt300、Pt500、Pt1000 和 Pt2000 等，其技术指标列于表 2-5。铂电阻与温度的数学关系式为：

$-200℃ \leqslant t \leqslant 0℃$ $\qquad R_t = R_0 [1 + At + Bt^2 + C(t - 100) t^3]$ (2-17)

$0℃ \leqslant t \leqslant 850℃$ $\qquad R_t = R_0 (1 + At + Bt^2)$ (2-18)

当 $R_{100}/R_0 = 1.3851$ 时，$A = 3.9083 \times 10^{-3}℃^{-1}$，$B = -5.775 \times 10^{-7}℃^{-2}$，$C = -4.183 \times 10^{-12}℃^{-4}$。

表 2-5 铂电阻允许误差

允差等级	有效温度范围/℃		允差值/℃
	线绕元件	膜式元件	
AA	−50~+250	0~+150	$\pm(0.1+0.0017\,\lvert t \rvert)$
A	−100~+450	−30~+300	$\pm(0.15+0.002\,\lvert t \rvert)$
B	−196~+600	−50~+500	$\pm(0.30+0.005\,\lvert t \rvert)$
C	−196~+600	−50~+600	$\pm(0.6+0.01\,\lvert t \rvert)$

2.3.2.2 铜热电阻

在测温准确度要求不高，且温度较低的场合，铜电阻得到广泛的应用。铜热电阻的测温范围为−50~150℃，分度号为 Cu50 和 Cu100，在 0℃ 时 R_0 的阻值分别为 50Ω 和 100Ω。铜电阻的电阻温度系数较大，价格便宜，但电阻率低，因而体积大、热惯性较大。电阻与温度的数学关系式（ITS-90）为：

$$R_t = R_0 [1 + At + Bt(t - 100) + Ct^2(t - 100)]$$ (2-19)

式中，$A = 4.280 \times 10^{-3}℃^{-1}$，$B = -9.31 \times 10^{-8}℃^{-2}$，$C = 1.23 \times 10^{-9}℃^{-3}$。

铜热电阻的允许误差为 $\pm(0.30+0.006\,\lvert t \rvert)$，适用范围为−50~+150℃。

2.3.2.3 镍热电阻

镍电阻的温度系数比铂热电阻的大，约为铂热电阻的 1.5 倍。它主要是在低温领域，使用的温度范围为−50~300℃。在−50~150℃ 内，其电阻与温度关系为：

$$R_t = 100 + 0.5485t + 0.665 \times 10^{-3}t^2 + 2.805 \times 10^{-9}t^4$$ (2-20)

镍热电阻的分度号有 Ni100、Ni300、Ni500 三种。

2.3.2.4 热敏电阻

热敏电阻是一种电阻值随温度呈指数变化的半导体热敏元件。它仅次于热电偶、热电阻，而占第三位。在许多场合下（−40~350℃），它已经取代传统的温度传感器。

电阻可以根据需要做成各种形状，由于体积可以做得很小、热惯性小，因此适合快速测温；电阻温度系数大，灵敏度较高；电阻值高，在使用时连接导线电阻所引起的误差可以忽略；功耗小，适于远距离的测量与控制。但是，它的稳定性和互换性较差。

根据材料组成的不同，热敏电阻的温度特性也不一样。按其温度特性分类有负温度系数热敏电阻 NTC、正温度系数热敏电阻 PTC 和临界温度热敏电阻 CTR。热敏电阻使用温度范围见表 2-6。

表 2-6　热敏电阻的使用温度范围

热敏电阻的种类	使用温度范围	基 本 材 料
NTC 热敏电阻	低温：-130~0℃； 常温：-50~350℃； 中温：150~750℃； 高温：500~1300℃， 1300~2000℃	在常用的组成中添加铜，降低电阻； 锰、镍、钴、铁等过渡族金属氧化物的烧结体； Al_2O_3+过渡族金属氧化物的烧结体； ZrO_2+Y_2O_3 的复合氧化物烧结体
PTC 热敏电阻	-50~150℃	以 $BaTiO_3$ 为主的烧结体
CTR 热敏电阻	0~150℃	BaO、P 与 B 的酸性氧化物，硅的酸性氧化物及碱性氧化物 MgO、CaO、SrO 等氧化物构成的烧结体

2.3.3　热电阻的结构

2.3.3.1　普通热电阻

工业热电阻的结构有普通装配式和柔性安装铠装式两种结构型式，热电阻由电阻体、绝缘套管、保护套管和接线盒组成。电阻体由电阻丝和电阻支架组成。电阻丝采用双线无感绕法绕制在具有一定形状的云母、石英或陶瓷塑料支架上，支架起支撑和绝缘作用。内引线是热电阻出厂时自身具备的引线，对于工业铂电阻而言，中低温用银丝作引线，高温用镍丝；为了减小引线电阻的影响，其直径往往比电阻丝的大得多。它与接线盒柱相接，以便与外接线路相连而测量及显示温度。热电阻结构如图 2-18 所示。

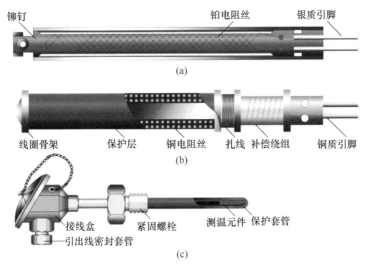

图 2-18　工业热电阻的基本结构

（a）铂电阻构造；（b）铜电阻构造；（c）热电阻外形

按 GB/T 30121—2013 标准生产的热电阻，R_0 的数值是由接线端子开始计算的；按国际电工委员会的标准，R_0 不包括内引线的阻值，仅从热电阻感温元件的端点算起。

2.3.3.2　铠装热电阻

铠装热电阻就是将热电阻感温元件，装入经压制、密实的氧化镁绝缘、有内引线的金属套管内，焊接感温元件和内引线后，再将装有感温元件的金属套管端头填实、焊封而成的坚实整体的热电阻。

铠装热电阻的外径尺寸一般为 $\phi2\sim8mm$，个别的可制成 $\phi1mm$，常用温度为 $-200\sim600℃$。同带保护管的热电阻相比，铠装热电阻具有外径尺寸小、响应速度快、抗震、可挠的特点，适于安装在结构复杂的部位。

2.3.3.3　薄膜铂热电阻

用膜工艺改变原有的线绕工艺，制备薄膜铂热电阻，它由亚微米或微米厚的铂膜及其依附的基板组成。它的测温范围是 $-50\sim600℃$，能够准确地测出所在表面的真实温度。

薄膜铂热电阻具有高阻值、灵敏度高、响应快、外形尺寸小、成本低的优点，但是其抗固体颗粒正面冲刷性能差，适用于表面、狭小区域、快速测温及需要高阻值元件的场合。

2.3.3.4　厚膜铂热电阻

厚膜铂热电阻的制备工艺是：高纯铂粉与玻璃粉混合，加有机载体调成糊状浆料，用丝网印刷在刚玉基片上，再烧结安装引线，调整阻值，最后涂玻璃釉作为电绝缘及保护层。

厚膜铂热电阻与线绕铂电阻的应用范围基本相同，但铠装的形式在表面温度测量及在恶劣机械振动环境下应用优势更为明显，可作为表面温度传感器、容器温度传感器及插入式温度传感器使用。

2.3.4　热电阻测温线路

热电阻温度计精密测量常选用电桥或电位差计，对于工程测温，多用自动平衡电桥或数字仪表或不平衡电桥。常用的电桥测量原理如图 2-19 所示，图中从热电阻体的一端各引出一根连接导线，共两根导线，这种方式称为二线制接法。将热电阻及其连接导线作为电桥的一臂，利用该不平衡电桥将热电阻阻值转换为相应的输出电势，再送入显示（或控制）仪表 G。

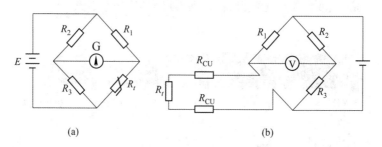

(a)　　　　　　　　　　　　　(b)

图 2-19　热电阻测温原理与二线制接法

(a) 原理图；(b) 二线制接法

由图 2-19（a）可知，测量过程中有电流流过热电阻而产生热量，从而造成失真的结果，称为自热效应，这是热电阻测温的一个缺点。在使用热电阻测温时，需限制流过热电阻的电流以防止热电阻自热效应对测量精度的影响。

热电阻测温时热电阻的阻值一般较小，而生产实践中热电阻安装的地方（现场）与仪表（控制室）相距甚远，如图 2-19（b）所示，图中 R_{CU} 为导线电阻，当环境温度变化时其连接导线电阻也将变化；因为它与热电阻是串联的，也是电桥臂的一部分，会造成测量误差，因此，二线制接法只能用于测温精度不高的场合。为了提高测温精度，现在一般采用三线制或四线制接法来消除这种误差。

　　三线制是指在电阻体的一端连接两根引线，另一端连接一根引线的热电阻引线形式，如图 2-20（a）所示。实际接法如图 2-20（b）所示，三线制接法的热电阻和电桥配合使用时，由于在两个相邻桥臂中各接入了一根连接导线，可以较好地消除引线电阻（图中 R_{CU} 为导线电阻）的影响，显然测量精度比二线制接法高，所以工业热电阻大多采取这种方法。

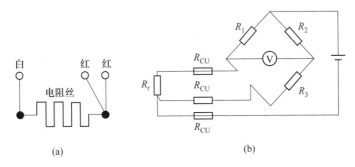

图 2-20　三线制热电阻引线方式及测温电桥接法
（a）内部引线方式；（b）三线制接法

　　热电阻四线制接法测量线路如图 2-21 所示，四线制可以完全消除内引线及连接导线电阻所引起的误差，而且通过开关在 C、D 间切换，电流方向改变，还可消除测量过程寄生电动势。但四线制热电阻的测量方式很麻烦，一般用于高精度温度的测量场合。

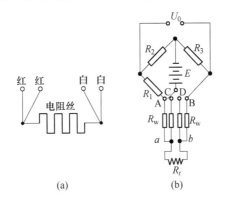

图 2-21　四线制热电阻引线方式及测温电桥接法
（a）内部引线方式；（b）测量桥路及其等效电路

2.3.5　热电阻的校验与误差分析

2.3.5.1　热电阻的校验

　　热电阻在投入使用之前需要进行检验，在使用过程中也要定期校准，实验室和工业用的铂电阻或铜电阻温度计的校验方法有比较法和两点法两种。

　　（1）比较法（零位法）。将被校电阻温度计与标准水银温度计或标准铂电阻温度计一起插入恒温槽中，在规定的几个稳定温度下读取被校温度计和标准温度计的示值并进行比较，其偏差不能超过被校温度计的最大允许误差。在校准时可根据需要校准的温度选取不同的恒温器，如冰点槽、恒温水槽、恒温油槽。比较法通过调整恒温源温度的办法对温度计刻度值逐个进行比较校验，所用的恒流源规格多，一般实验室不具备这样的条件。因此，工业用电阻温度计可用两点法进行校验。

（2）两点法。两点法只需要用冰点槽和水沸点槽，分别测得 R_0 和 R_{100} 两个参数，检查 R_0 值和 R_{100}/R_0 的比值是否满足技术数据指标，以确定温度计是否合格。

2.3.5.2 热电阻的误差分析

热电阻温度计的测量准确度比热电偶高，但使用时应注意产生误差的原理，防止因使用不当而降低测量准确度。产生误差的原因主要有以下几个方面。

（1）分度误差。由于热电阻材料的纯度和工艺的误差而形成热电阻的分度误差。

（2）工作电流焦耳热引起的误差。需限制通过热电阻的电流以使该误差不超过允许误差值的 25%。例如，对 100Ω 的线绕铂元件，测量电流通常不大于 1mA。

（3）线路电阻的变化引起的误差。线路电阻的大小直接影响测量精度，为消除线路电阻随温度变化带来的影响，通常在测量中采用三线制或四线制接法。

（4）显示仪表精度误差。

2.4 辐射温度计

任何物体，只要温度在绝对零度以上，都向外发射各种波长的电磁波，这种由于物体中分子、原子受到激发而发射电磁波的现象称为热辐射。所辐射电磁波的特征仅与温度有关，辐射温度计就是利用物体的辐射能量随其温度变化的原理进行测温的。这种测温方法热交换以辐射方式进行，测温元件与被测物体不直接接触，因此它可以测量运动物体的温度且不会破坏物体的温度场，理论上辐射式测温方法的测温上限不受限制。近年来随着红外技术等的发展，将非接触式测温向低温方向延伸，低温区已至 -50℃，高温区超过 3000℃，大大扩展了非接触式测温的使用范围。

2.4.1 辐射测温理论基础

任何物体都能以电磁波的形式向周围辐射能量，辐射测温的物理基础是普朗克（Planck）定律和斯忒潘-玻耳兹曼（Stefan-Boltzmann）定律。

辐射测温
理论基础

2.4.1.1 普朗克定律

单位时间内单位表面积向其上的半球空间的所有方向辐射出去的包含波长 λ 在内的单位波长内的能量称为光谱辐射力（spectral emissive power），其单位为 $W/(m^2 \cdot m)$ 或者 $W/(m^2 \cdot \mu m)$，单位分母中的 m 或 μm 表示单位波长的宽度。黑体的光谱辐射力 $E_0(\lambda, T)$ 随热力学温度 T 及波长 λ 的变化由普朗克定律所描述，即：

$$E_0(\lambda, T) = C_1 \lambda^{-5} \left(e^{\frac{C_2}{\lambda T}} - 1 \right)^{-1} \tag{2-21}$$

对于灰体，某一波长下的辐射强度 $E(\lambda, T)$ 为：

$$E(\lambda, T) = \varepsilon E_0(\lambda, T) \tag{2-22}$$

式中 λ ——由物体发出的辐射波长，m；

C_1 ——普朗克第一辐射常数，其数值为 $3.742 \times 10^{-16} W \cdot m^2$；

C_2——普朗克第二辐射常数，其数值为 $1.438×10^{-2}\mathrm{m·K}$；

T——物体的绝对温度，K；

ε——灰体的辐射率，或称为发射率、黑度系数，即物体表面辐射本领与黑体辐射本领之比值，与灰体材料性质、形状、温度及波长等因素有关，其值 $0<\varepsilon\leqslant1$。

普朗克公式对任何温度都适用，但实际使用很不方便。当温度在 3000K 以下，即 $C_2/(\lambda T)\gg1$ 时，普朗克公式可用维恩公式代替（误差在 0.3K 以内），维恩公式表达式为：

$$E_0(\lambda,\ T)=C_1\lambda^{-5}\mathrm{e}^{-\frac{C_2}{\lambda T}} \tag{2-23}$$

2.4.1.2　斯忒潘-玻耳兹曼定律

单位时间内单位表面积向其上的半球空间的所有方向辐射出去的全部波长范围内的能量称为辐射力（emissive power），其单位为 $\mathrm{W/m^2}$。斯忒潘-玻耳兹曼定律建立了物体总的辐射力 E 与热力学温度 T 之间的定量关系，即：

$$E=\sigma\varepsilon T^4 \tag{2-24}$$

式中　σ——斯忒藩-玻耳兹曼常数，即黑体辐射常数，其值为 $5.6697×10^{-8}\mathrm{W/(m^2·K^4)}$。

式（2-21）~式（2-24）指出，在一定的波长下，测量物体的辐射强度，可推算出其温度，这就是辐射温度计测温的基本原理。怎样测量辐射强度，怎样保证这个测量在一定波长（单色光）下进行，在仪表的测量结果中如何考虑辐射率的影响？这是辐射式测温中必须解决的三个基本问题，不同的辐射测温方法（亮度法、全辐射法和比色法等）对这三个问题给出了不同的解决方案。

2.4.2　辐射测温方法及其仪表

2.4.2.1　辐射测温方法

辐射测温主要有亮度法、比色法和全辐射法三种基本方法。

（1）亮度法。物体在高温状态下会发光，当温度高于 700℃ 就会明显地发出可见光，具有一定的亮度。依据物体光谱辐射亮度随温度升高而增加的原理，在选定的有效波长上做出亮度比较进行温度测量。

辐射测温之
光学（亮度）
温度计

由维恩公式可知，绝对黑体在波长 λ 一定（通常选 $\lambda=0.66\mu\mathrm{m}$）时，辐射强度 $E\lambda$ 只是温度的单值函数，根据这一原理制作的高温计称为光学辐射式高温计。

辐射测温之
比色高温计

（2）比色法。由维恩位移定律可知，当黑体温度不同时，两个波长的辐射亮度比 R 也不同，并呈线性关系变化。若 λ_1 和 λ_2 预先规定后，测得这两个波长下的亮度比 R 的变化就可求出相应的温度。比色法是通过测量物体的两个不同波长（或波段）的辐射亮度之比来测量物体的温度。

（3）全辐射法。根据斯忒潘-玻耳兹曼定律可知，黑体的辐射强度与温度有关。全辐射法测温是将被测对象的热辐射，经感温器的光学系统聚焦在热电堆上，热电堆的热电势与测量端（受热片）和参考端的温差成正比，只要参考端温度保持一定，这就是辐射法测温原理。

2.4.2.2　辐射测温仪表的种类及性能

常用的辐射式温度测量仪有光学高温计（光电高温计）、比色高温计、全辐射高温计三类，其分类与性能见表 2-7。

表 2-7 辐射测温仪表的分类及性能

名称		光学高温计	比色高温计	全辐射高温计
基本原理		$L(\lambda,\ T) = \dfrac{\varepsilon(\lambda,\ T)C_1}{\lambda^5\pi\exp(C_2/\lambda T)}$	$\dfrac{L(\lambda_1,\ T)}{L(\lambda_2,\ T)}$ $= \dfrac{\varepsilon(\lambda_1,\ T)}{\varepsilon(\lambda_2,\ T)}\left(\dfrac{\lambda_1}{\lambda_2}\right)^{-5}\exp\left(-\dfrac{C_2}{\lambda_1 T}+\dfrac{C_2}{\lambda_2 T}\right)$	$M(T) = \varepsilon\sigma T^4$
表观温度	名称	亮度温度	颜色温度	辐射温度
	数学表达式	$T_s = \left[\dfrac{1}{T} + \dfrac{\lambda}{C_2}\ln\dfrac{1}{\varepsilon(\lambda,\ T)}\right]^{-1}$	$T_c = \left[\dfrac{1}{T} + \dfrac{\ln\dfrac{\varepsilon(\lambda_1,\ T)}{\varepsilon(\lambda_2,\ T)}}{C_2\left(\dfrac{1}{\lambda_1}-\dfrac{1}{\lambda_2}\right)}\right]^{-1}$	$T_F = T\varepsilon^{\frac{1}{4}}$
真实温度与表观温度的相对偏差		$\dfrac{\Delta T_s}{T} = \dfrac{\lambda T_s}{C_2}\ln\dfrac{1}{\varepsilon(\lambda,\ T)}$	$\dfrac{\Delta T_c}{T} = \dfrac{T_c\ln\dfrac{\varepsilon(\lambda_1,\ T)}{\varepsilon(\lambda_2,\ T)}}{C_2\left(\dfrac{1}{\lambda_1}-\dfrac{1}{\lambda_2}\right)}$	$\dfrac{\Delta T_F}{T} = 1 - \varepsilon^{\frac{1}{4}}$
优点		结构简单、轻巧、便于携带；测量准确度高，抗干扰能力强，表面发射率变化对示值影响比辐射温度计小	仪表示值接近真实温度；抗干扰能力强，在有粉尘、烟雾等非选择吸收的稀薄介质中，发射率的影响可减至最小；输出信号大并可自动记录、远传	测量准确度比较高，稳定性好，测温下限低；响应时间短，灵敏度高，输出信号大并可自动记录、远传
缺点		不能实现连续、快速的测量和自动记录，若用人眼进行亮度比较时有主观误差，光电高温计可消除该影响	结构比较复杂；在辐射通道上若有某种介质对所选用的两个波长中任一波长有明显吸收峰，则仪表无法正常工作	抗干扰能力差，光路介质吸收及被对象表面发射率对示值有影响；结构比较复杂
用途		对金属熔炼、浇铸、热处理、锻轧进行非接触测量	适合冶金、水泥、玻璃等工业部门，用于铁液及钢液及回转窑中水泥烧成带温度等的测量	测量移动、转动、不易或不能安装热电偶和热电阻的对象表面温度

2.4.3 红外辐射温度计

红外辐射温度计也被称为红外测温仪、红外温度计，分为全辐射、单色型、双色（比色）型等型式，是一种通过测量物体辐射出的红外能量的大小来获得物体的表面温度的非接触式测温仪表。红外测温仪测温范围宽（−50～+3000℃），具有非接触、快速测温等优点，在工业、农业、医疗卫生及科学研究方面都有着广泛的用途，已成为辐射温度计的一种主要仪表。

2.4.3.1 红外辐射与红外测温

红外辐射俗称红外线，它的波长范围在 0.76～1000μm，红外线在电磁波谱中的位置如图

2-22所示。工程上又把红外线所占据的波段分为四部分，即近红外、中红外、远红外和极远红外。

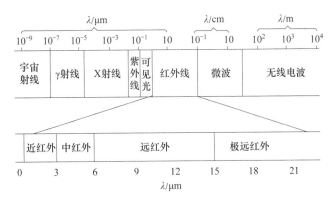

图 2-22 电磁波谱图

红外辐射的物理本质是热辐射，一个炽热物体向外辐射的能量大部分是通过红外线辐射出来的，发出的红外线能量大小及其波长分布同它的表面温度有密切关系，物体的温度越高，辐射出来的红外线越多，辐射的能量就越强。因此，若能测量物体辐射出的红外能量的大小，就能测定物体的表面温度，这就是红外辐射温度计的测量依据。

2.4.3.2 红外辐射温度计的组成

红外测温仪的结构与比色温度计基本相同，由光学系统、探测器、信号处理和显示输出等部分组成，其组成如图2-23所示。光学系统汇聚其视场内的目标红外辐射能量，红外能量聚焦在探测器上并转变为相应的电信号，该信号再经换算转变为被测目标的温度值。

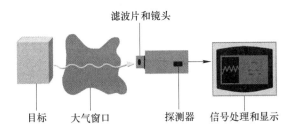

图 2-23 红外测温仪组成示意图

A 光学系统

光学系统通常包括物镜、滤光片及调制器等光学元件，作用是汇聚其视场内的目标红外辐射能量，并使全部或部分波段的红外能量聚焦在探测器上。光学系统可以是透射式的，也可以是反射式的。透射式光学系统的部件是用红外光学材料制成的；测量700℃以上高温的波段主要在0.76~3μm的近红外区，可采用一般的光学玻璃或石英玻璃；测量中温的波段主要在3~5μm的中红外区，多采用氟化镁、氧化镁等热压光学透镜；测量低温时主要在5~14μm的中、远红外区，多采用锗、硅、热压硫化锌等材料制成的透镜。反射式光学系统多采用凹面玻璃反射镜，并在镜的表面镀金、铝、镍或铬等对红外辐射反射率很高的金属材料。

B 红外探测器

红外探测器是将入射的红外辐射信号转变成电信号输出的器件，它是红外测温系统的关键元件。目前已研制出多种性能良好的探测器，这些探测器大体可分为热探测器和光子探测器两大类。

（1）热探测器。热探测器的工作机理是：利用红外辐射的热效应，探测器的敏感元件吸收辐射能后引起温度升高，进而使某些有关物理参数发生相应变化，通过测量物理参数的变化来确定探测器所吸收的红外辐射。与光子探测器相比，热探测器的探测率比光子探测器的峰值探测率低，响应时间长。但热探测器主要优点是响应波段宽，响应范围可扩展到整个红外区域，可以在常温下工作，使用方便，应用相当广泛。

热探测器主要有热释电型、热敏电阻型、热电阻型和气体型四类。其中，热释电型探测器在热探测器中探测率最高，频率响应最宽，所以这种探测器倍受重视，发展很快。

（2）光子探测器。光子探测器的工作机理是：利用入射光辐射的光子流与探测器材料中的电子互相作用，从而改变电子的能量状态，引起各种电学现象，这种现象称为光子效应。根据所产生的不同电学现象，可制成各种不同的光子探测器。光子探测器有内光电和外光电探测器两种，后者又分为光电导、光生伏特和光磁电探测器等三种。光子探测器的主要特点是灵敏度高，响应速度快，具有较高的响应频率，但探测波段较窄，一般需在低温下工作。

C 红外测温过程

红外测温仪测温过程如下：将枪口射出的低功率红色激光瞄准到被测物中央部位，被测物发出的红外辐射能量就能准确地聚焦在红外辐射温度计"枪口"里面的探测器上，并转变为相应的电信号送往信号处理电路。CPU 根据距离、被测物表面黑度辐射系数、水蒸气及粉尘吸收修正系数、环境温度及被测物辐射出来的红外光强度等诸多参数，计算出被测物体的表面温度，如图 2-24 所示。

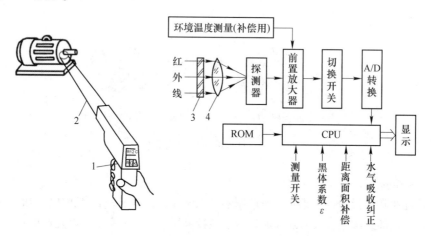

图 2-24 红外测温仪结构（a）与测温过程（b）

1—枪形外壳；2—红色激光瞄准系统；3—滤光片；4—聚焦透镜

2.4.3.3 红外辐射温度计的选用

A 红外辐射温度计的分类

红外温度计包括便携式、在线式和扫描式等系列，每一系列中又有各种型号及规格，在工业、农业、医疗和科学研究方面都有着广泛的用途。表 2-8 为常用红外测温仪类型。

表 2-8 红外辐射温度计的分类

分类	类型	名　称	特　征
按用途分	工业用	单色红外线测温仪	用一个波段的红外能量确定目标温度
		双色红外线测温仪	选定两个红外波长和一定带宽下，由它们的辐射能量的比值确定被测目标的温度，精度高
		全辐射红外线测温仪	通过测量全部或部分红外能量确定目标温度
	医用	耳温枪	检测鼓膜（相当于下视丘）所发出的红外线光谱来测量体温
		额温枪	两眼中间部位相对测体表温度来说是最接近正常体温
按应用方式分	便携式	手持式测温仪	体积小、重量轻、使用方便，一般进行定性测量，人工携带检测应用
	在线式	固定式测温仪	现场安装、固定使用、连续测量，进行定量测量，输出信号可供计算机等外设应用
	扫描式	扫描式测温仪	现场安装、带扫描平台，在医疗、设备故障诊断中的应用较为广泛

B　红外温度计的选用

红外测温仪是基于辐射定理的非接触测量仪表，有其特殊的应用要求，其选型不但要考虑基本性能指标方面的要求，还需考虑被测对象性质、环境因素、安装方式与位置等多方面的因素。为确保红外测温技术实现精确测量，应注意以下几点。

（1）测温范围与精度。红外测温仪产品量程可达到为$-50 \sim +3000℃$，但这不能由一种型号的红外测温仪来完成，每种型号的测温仪都有自己特定的测温范围。因此，用户的被测温度范围一定要考虑准确、周全，既不要过窄，也不要过宽。一般来说，测温范围越窄，监控温度的输出信号分辨率越高，精度可靠性容易解决；测温范围过宽，会降低测温精度。

（2）波长。目标材料的发射率和表面特性决定测温仪的光谱响应（波长）。波长的选择是在满足测温范围条件下，尽可能选择短波长；选择能将目标的反射、透射能量降到最低的波长；特殊物体要采用特殊的波长，根据现场的特殊环境选择，现场部分遮挡时，应选双色仪器。

在高温区，测量金属材料的最佳波长是近红外，可选用$0.8 \sim 1.0 \mu m$波长，其他温区可选用$1.6 \mu m$、$2.2 \mu m$和$3.9 \mu m$。测量玻璃内部温度选用$1.0 \mu m$、$2.2 \mu m$和$3.9 \mu m$波长（被测玻璃要很厚，否则会透过）；测玻璃表面温度选用$5.0 \mu m$；测低温区选用$8 \sim 14 \mu m$为宜。测量火焰中的CO用窄带$4.64 \mu m$，测火焰中的NO_2用$4.47 \mu m$。

（3）发射率。发射率是物体相对于黑体辐射能力大小的物理量，与物体材料、形状、表面粗糙度、凹凸度及测试方向、环境条件等因素有关。

红外测温仪从物体上接收到的辐射能量包括辐射、反射和透射三部分。根据基尔霍夫定理：物体表面的半球单色发射率（ε）等于其半球单色吸收率（α）。在热平衡条件下，物体辐射功率等于它的吸收功率，吸收率（α）、反射率（ρ）、透射率（γ）总和为1，即$\alpha + \rho + \gamma = 1$，如图2-25所示。对于不透明的或具有一定厚度的物体，透射率γ可视为0，则物体的辐射率越高，反射率$\rho（\rho = 1 - \alpha = 1 - \varepsilon）$就越小，背景（环境）和反射的影响就会越小，测试的准确性也就越高；反之，背景温度越高或反射率越高，对测试的影响就越大。由此可以看出，在实际的检测过程中必须注意不同物体和测温仪相对应的辐射率，准确设置辐射率，以减小测量误差。

　　发射率与测试方向有关，特别当物体为光洁表面时，其方向性更为敏感。测试角度越大，测试误差越大，因此在用红外温度计进行测温时，需掌握好测试方向，测试角最好在30°之内，一般不宜大于45°；如果不得不大于45°进行测试，可以适当地调低辐射率进行修正。如果要对两个相同物体的温度进行对比分析，那么测试角一定要相同。

　　（4）距离系数（光学分辨率）。距离系数（$K=D/S$）是测温仪到目标的距离 D（Distance）与测点直径大小 S（Spot）的比值，它对红外测温的精确度有很大影响，比值越大，分辨率越高。因此，如果测温仪由于环境条件限制必须安装在远离目标之处，而又要测量小的目标，就应选择高光学分辨率的测温仪，以减小测量误差。

　　（5）视场与目标。被测物体和测温仪视场决定了仪器测量的精度，确保被测目标大于仪器测量时的光斑尺寸，目标越小，就应离它越近。红外测温时，目标要充满视场，通常是1.5倍关系，如图2-26所示。当精度特别重要时，要确保目标至少2倍于光斑尺寸，如果目标尺寸小于视场，背景辐射能量就会进入测温仪，干扰测温读数，造成误差；相反，如果目标大于测温仪的视场，测温仪就不会受到测量区域外面的背景影响。

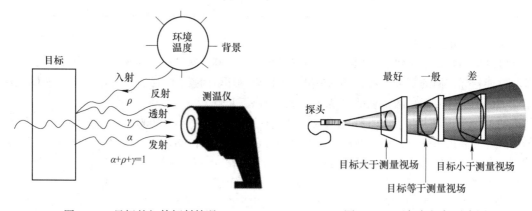

图 2-25　目标的红外辐射情况　　　　　　　　图 2-26　目标与视场示意图

　　（6）响应时间。响应时间表示红外测温仪对被测温度变化的反应速度，定义为到达最后读数的95%能量所需要时间，它与光电探测器、信号处理电路及显示系统的时间常数有关。如果目标的运动速度很快或者测量快速加热的目标时，要选用快速响应红外测温仪，否则达不到足够的信号响应，会降低测量精度。但并不是所有应用都要求快速响应的红外测温仪。对于静止的或目标热过程存在热惯性时，测温仪的响应时间可放宽要求。因此，红外测温仪响应时间的选择要和被测目标的情况相适应。

　　（7）环境因素。测温仪所处的环境条件对测量结果有很大影响，应予考虑并适当解决。蒸汽、灰尘、烟雾等因素都可能会遮挡测温设备的光学系统，从而妨碍精确测温，可选用厂商提供的防护外壳、空气冷却吹扫系统和/或水冷装置水冷却等附件，或选用双色（比色）红外测温仪。此外，水汽与 CO_2 对波长为 2.7μm 与 4.3μm 红外线吸收得很厉害，因此要选择测量波段远离吸收波段的红外温度计。在开始安装前，还应考虑到噪声、电磁场或振动等因素。如果需要在温差高达 20℃ 或更高的环境下使用测温仪，则应至少等候 20min 以使其适应新的环境温度。

2.4.4 红外热像仪

红外热像仪是利用红外探测器和光学成像物镜接收被测目标的红外辐射能量分布图形反映到红外探测器的光敏元件上，从而获得红外热像图，这种热像图与物体表面的热分布场相对应。通俗地讲红外热像仪就是将物体发出的不可见红外能量转变为可见的热图像，热图像上面的不同颜色代表被测物体的不同温度。

2.4.4.1 红外热像仪的测温原理

热像仪是利用红外探测器按顺序直接测量物体各部分发射出的红外辐射，综合起来就得到物体发射红外辐射能量的分布图像，这种图像称为热像图。由于热像图本身包含了被测物体的温度信息，也称为温度图。

A 工作原理

热像仪工作原理如图 2-27 所示，其工作原理是：首先由红外探测器和光学系统对目标物体实施红外扫描；然后将红外辐射信息聚集到探测器上，找到这些物体辐射能量与温度的对应关系并收集起来，经过一系列放大处理后将其转化成电信号；最后将这些信息传输到显示器上，就可以显示目标物体的温度分布情况了。红外热像仪不仅具有温度测量的功能，而且具有绘制测量对象温度分布的功能，可以将灰度图像转化成伪彩色图像。

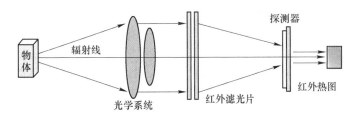

图 2-27 热像仪工作原理示意图

B 扫描方式

正常情况下，红外热像仪的扫描方式可以分为两种。第一种是光机扫描，该扫描形式需要用到单元多元光伏或者光电导红外探测器。由于单元探测器会受到帧幅反应速度的制约，系统反应时间较长。通常会利用多元阵列探测器，将温度分布情况快速准确地显示出来。第二种是非扫描形式，与传统的光机扫描形式相比，阵列式凝视成像的焦平面热像仪的优点更加突出，逐渐挤压了光机扫描仪的市场空间。探测器是焦平面热像仪的核心部件，可以使目标物体的温度图像布满整个显示器，该扫描技术的便携性非常好，图像的清晰度更高，而且具有放大、自动聚焦、等温显示、语音注释的扩展功能，还可以根据自己的需求扩大存储空间。

2.4.4.2 红外热像仪结构

红外热像仪由光学会聚系统、扫描系统、探测器、视频信号处理器、显示器等几个主要部分组成，如图 2-28 所示。目标的辐射图形经光学系统会聚和滤光，聚焦在焦平面上。焦平面内安置一个探测元件。在光学会聚系统与探测器之间有一套光学-机械扫描装置，它由两个扫描反光镜组成：一个用作垂直扫描；另一个用作水平扫描。从目标入射到探测器上的红外辐射随着扫描镜的转动而移动，按次序扫过物空间的整个视场。在扫描过程中，入射红外辐射能使探测器产生响应。一般说来，探测器的响应是与红外辐射的能量成正比的电压信号，扫描过程使二维的物体辐射图形转换成一维的模拟电压信号序列。该信号经过放大、处理后，由视频监视系统实现热像显示和温度测量。

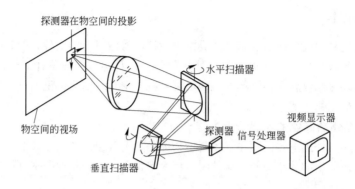

图 2-28　扫描热像仪原理示意图

光学成像物镜对准被测目标，被测物的红外辐射能量成像在红外探测器的光敏元件上，从而获得红外热像图，一般工作在 8~14μm 波段上。

红外热像仪是全被动接收仪器，依靠接收目标自身辐射的红外信号工作，对于其他精密电子仪器设备没有任何干扰。

2.4.4.3　红外热像仪的应用

红外热像仪可以在不接触测量物体的情况下准确测量目标物体的温度，并将其温度分布情况在显示器中显示出来。因此，红外热像仪在军事和民用方面都有广泛的应用。随着热成像技术的成熟及各种低成本适于民用热像仪的问世，它在国民经济各部门发挥的作用也越来越大。在工业生产中，许多设备常用于高温、高压和高速运转状态，应用红外热像仪对这些设备进行检测和监控，既能保证设备的安全运转，又能发现异常情况以便及时排除隐患。另外，利用热像仪还可以进行工业产品质量控制和管理。

2.5　新型温度传感器

2.5.1　集成温度传感器

集成温度传感器是利用晶体管 PN 结的电流、电压特性与温度的关系，把感温 PN 结及有关电子线路集成在一个小硅片上，构成一个小型化、一体化及多功能化的专用集成电路片。集成温度传感器具有线性好、灵敏度高、响应速度快、体积小、使用方便等优点。由于 PN 结受耐热性能和特性范围的限制，只能用来测量 150℃ 以下的温度，仍被广泛应用于温度（温差）测量、温度补偿（如热电偶冷端补偿）及温度控制系统中。

按照输出信号形式，将集成温度传感器分为模拟式、逻辑输出型（温度开关与可编程温控开关）及数字式温度传感器三大类，很多厂家都推出这样的产品，且每大类均有多种型号。如有需求，可查阅相关文献资料，下面只简单介绍 AD590 和 DS18B20 两种集成温度传感器。

2.5.1.1　模拟集成温度传感器

AD590 是电流输出型温度传感器，它产生一个与热力学温度成正比的电流输出。AD590 的电源电压为 4~30V，可测温度范围为 -50~150℃；分为 I、J、K、L、M 几档，其温度校正误差随型号不同而异，工作原理电路如图 2-29 所示。

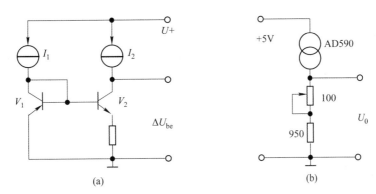

图 2-29　AD590 工作原理电路图

（a）原理电路图；（b）基本测温电路

已知晶体管的结电压 U_{be} 是温度的函数：

$$U_{be} = \frac{kT}{q}\ln\left(\frac{I_c}{A}\right) \tag{2-25}$$

式中　k——玻耳兹曼常数；

　　　q——电子的电荷量；

　　　I_c——集电极中恒电流；

　　　A——与温度、结构、材料等多种因数有关的系数。

由于系数 A 的存在，一般采用一对非常匹配的差分对管作为温度敏感元件，这样两管的结电压差 $\Delta U_{be}(T)$ 为：

$$\Delta U_{be} = \frac{kT}{q}\ln\left(\frac{I_1}{I_2}\gamma\right) \tag{2-26}$$

式中　γ——V_1 与 V_2 的发射极面积比例因子，是由结构决定的系数。

电流 I_1 与 I_2 由恒流源提供，从而得到一个与温度成正比例的 ΔU_{be}。

2.5.1.2　数字输出型集成温度传感器

DS18B20 直接将温度物理量转化为数字信号，并以总线方法传送到计算机进行数据处理。全部传感元件及转换电路集成在形如一只三极管的集成电路内，如图 2-30 所示。

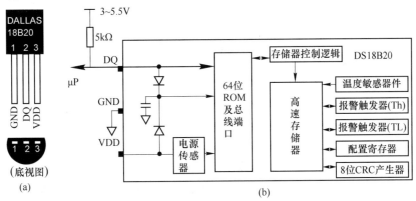

图 2-30　DS18B20 温度传感器

（a）TOP92 封装；（b）内部结构框图

与其他温度传感器相比，DS18B20 具有以下特点：

（1）独特的单线接口方式，DS18B20 与微处理器连接仅需一条接口线即可实现双向通信；

（2）支持多点组网功能，一条总线上可挂接多片 DS18B20，最多可达 248 只；

（3）在使用中不需要任何外围元件；

（4）测温范围为 $-55 \sim +125℃$，固有测温分辨率 $0.5℃$，采用高分辨率模式分辨率可达 $0.1℃$；

（5）测量结果以 $9 \sim 12$ 位（长度可编程配置）数字量方式串行传送。

2.5.2　光导纤维测温技术

光纤是光导纤维的简称，是一种利用光完全反射原理而传输光的工具。光纤测温作为一种新型无源测温技术，与传统的测温技术相比，它具有灵敏度高、抗电磁干扰、耐高温、耐腐蚀、体积小、重量轻、传输距离远等特点。目前除了光纤温度传感器外，用来测量压力、应变、应力、位移、扭角、扭应力、加速度、电流、电压、磁场、频率及浓度等物理量的光纤传感器已经问世，解决了用传统方式难以解决的测量技术问题。因此，光纤传感器必将得到越来越广泛的应用。

2.5.2.1　光导纤维

光纤的材料为石英，由芯层和包层组成。通过对芯层掺杂，使芯层折射率 n_1 比包层折射率 n_2 大，形成波导，光就可以在芯层中传播。当芯层折射率受到周期性调制后，即成为光栅。光栅会对入射的宽带光进行选择性反射，反射一个中心波长与芯层折射率调制相位相匹配的窄带光刺中心波长为布拉格波长。光纤光栅结构如图 2-31 所示。

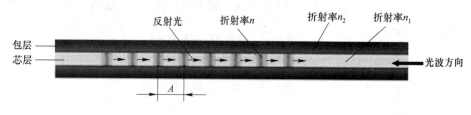

图 2-31　光纤光栅结构示意图

当光波传输通过光纤光栅时，满足布拉格条件的光波将被反射回来，这样入射光就分成透射光和反射光。光纤光栅的反射波长或透射波长取决于反向耦合模的有效折射率和光栅周期，任何使这两个参量发生改变的物理过程（如温度的变化）都将引起光栅布拉格波长的漂移，测量此漂移量就可直接或间接地感知外界物理量（温度）的变化。

2.5.2.2　光纤温度传感器的分类

光纤温度传感器是采用光纤作为敏感元件或能量传输介质的新型测温传感器，其主要特征是有一个带光纤的测温探头。根据光纤在传感器中作用，传感器分为功能型、非功能型及拾光型三大类。

（1）功能型或传感型光纤传感器（FF）。光纤既为感温元件，又通过光纤自身将温度信号（以光的形式）传输到显示仪表，完成温度测量。

（2）非功能型（传光型）传感器（NFF）。感温功能由非光纤型敏感元件完成，光纤仅起导光作用，将光信号传输到显示仪表，实现温度测量。

（3）拾光型传感器。用光纤作探头，接收由被测对象辐射的光或被反射、散射的光，辐射式光纤温度传感器即属于拾光型传感器。

2.5.2.3　常用光纤温度传感器

A　荧光光纤温度计

当前最热门的研究，就是针对光纤荧光温度传感器，它是利用荧光的材料会发光的特性，来检测发光区域的温度。这种荧光材料通常在受到紫外线或红外线的刺激时，就会出现发光的情况，发射出的光参数和温度有必然的联系，因此可以通过检测荧光强度来测试温度。

B　光纤辐射温度计

传统的辐射高温计是利用透镜会聚辐射光，不可避免会受到杂散光和环境温度影响，难以判明测点位置而影响了测量精度和稳定性。为解决这些问题，利用光纤温度计的光纤探头接收被测体辐射能量来确定温度。

经探头收集的光能，由光纤传输给仪表，经转换、处理后显示出被测温度。由此可见，光纤温度计与辐射温度计的区别是：用探头与光纤代替一般的透镜光路。辐射测温镜头的体积较大，用于空间狭小或加热圈包围等场合便显得无能为力，而用直径小并可弯曲的光纤靠近被测工件，将其辐射能导出，便能解决某些特殊场合的温度测量问题。

光纤温度计因具有高精度、高可靠性、快速响应等特点，被广泛应用于钢铁、有色冶炼、铸造、电力、化工、玻璃、陶瓷、热处理、中高频感应加热、焊接等行业。

C　分布式光纤测温系统

分布式光纤测温（简称 DTS）系统使用一个特定频率的光脉冲照射光纤内的玻璃芯，其原理最早于 1981 年提出，当光脉冲沿着光纤玻璃芯下移时，会产生多种类型的辐射散射，如瑞利（Rayleigh）散射、布里渊（Brillouin）散射和拉曼（Raman）散射等。其中，拉曼散射是对温度最为敏感的一种。光纤中光传输的每一点都会产生拉曼散射，并且产生的拉曼散射光是均匀分布在整个空间内的。

拉曼散射是由于光纤分子的热振动和光子相互作用发生能量交换而产生的。具体地说，如果一部分光能转换成为热振动，那么将发出一个比光源波长更长的光，称为斯托克斯光（Stokes 光）；如果一部分热振动转换成为光能，那么将发出一个比光源波长更短的光，称为反斯托克斯光（Anti-Stokes 光）。其中，Stokes 光强度受温度的影响很小，可忽略不计，而 Anti-Stokes 光的强度随温度的变化而变化。Anti-Stokes 光与 Stokes 光的强度之比提供了一个关于温度的函数关系式。

光在光纤中传输时一部分拉曼散射光（背向拉曼散射光）沿光纤原路返回，被光纤探测单元接收。DTS 通过测量背向拉曼散射光中 Anti-Stokes 光与 Stokes 光的强度比值的变化实现对外部温度变化的监测。在时域中，利用光时域反射（OTDR）技术，根据光在光纤中的传输速率和入射光与后向拉曼散射光之间的时间差，可以对不同的温度点进行定位，这样就可以得到整根光纤沿线上的温度并精确定位。

2.5.3　连续热电偶

连续热电偶（continuous thermocouple）是在热电偶基础上发展出的一种新测温技术，又被称为特种测温热敏电缆或寻热式热电偶（heating seeking thermocouple）。热敏电缆利用热电偶的热电效应，但测量的不是偶头端部的温度，而是沿热电极长度上最高温度点处的温度，可用在很多感温电缆、感温光纤均无法应用的场合，预防、减少因"过热"引起的事故和损失。

如图 2-32（a）所示，热敏电缆结构与普通矿物绝缘电缆很相似，但内部两根导体是一对不同材料的热电偶导体，导体间用具有负温度系数 NTC 的特殊绝缘材料分隔开，最外层是铠

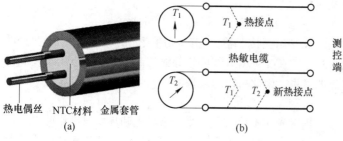 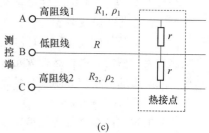

图 2-32 热敏电缆结构与测量原理示意图

(a) 结构；(b) 寻热原理；(c) 测距原理

装金属保护管，如耐热蚀合金、不锈钢或双层聚四氟乙烯等，端部有接插件，可以通过接插件延长其长度。

如图 2-32（b）所示，当连续热电偶上任何一点的温度（T_1）高于其他部位时，该处热电极间的绝缘电阻就下降，导致出现"临时"热电偶测量端，这时它就构成一支常规热电偶，只要在热电偶参考端测量出热电势，就能确定该点温度（T_1）。如果热敏电缆上另外一处出现 T_2 高于 T_1 的情况，该处热电极间的绝缘电阻会变得低于 T_1 点的电阻，出现新的"临时"热电偶测量端，此时测出的热电势，对应于热电偶上新出现的 T_2 点处的温度，这就是热电势跟踪热敏电缆上最高温度点的原理。

由于连续热电偶的"临时"热接点不是紧密连接，热接点之外两电极间也并非完全绝缘，所以热敏电缆的输出电势与同种热电偶相比稍有降低，出现高达十几摄氏度的测量误差。但这样的误差，对于火警预报来说是可以接受的，所以此项测温技术在火灾事故预警中有独特的应用。如果需要确定高温点的位置，则要增加一根测距电缆。该电缆有三根芯线，一根为低阻线，两根为高阻线，电阻率分别为 ρ_1、ρ_2，它们之间采用负温度系数的热敏电阻隔离，一旦出现高温，三线之间相当于用两个低值电阻相连，如图 2-32（c）所示。分别测量低阻线与高阻线 1、高阻线 2 间的电阻 R_{AC} 和 R_{BC}，并取其差值，则可得测控端到热接点的距离 L：

$$R_{AC} - R_{BC} = R_1 + R + r - (R_2 + R + r) = R_1 - R_2 \tag{2-27}$$

$$L = K(R_1 - R_2)/(\rho_1 - \rho_2) \tag{2-28}$$

以 K 型铠装连续热电偶作感温元件的分布式温度监测与过温报警系统已在国内许多工业领域得到广泛应用，如用于气化炉表面测温、储煤仓煤堆测温、多晶硅铸锭炉测温、火力发电空预器测温、锅炉炉壳测温、机车动力舱温度监测等。

2.6 测温技术及应用

为了准确地测量温度，单靠提高传感器的准确度难以达到预期效果，必须根据测量对象的要求，选用适宜的传感器及正确的测量方法，才有可能达到预期的目的。如果测量方法不当或受测量条件的影响，也会产生较大的误差，实际测温技术非常复杂。

2.6.1 高温低速流体温度测量

2.6.1.1 接触式测温热平衡方程

工业炉窑及锅炉中速度不快、但温度较高的燃烧气流的温度测量，以及管道内速度快但温度不高气流温度的测量，主要的温度传感器是热电偶。插入气流中的热电偶测量端与周围环境之间的热交换情况如图 2-33 所示。

（1）高温气流以对流方式传热（忽略气流的导热与辐射）给热电偶的热量为：

$$Q_\alpha = \alpha A(T_g - T) \qquad (2-29)$$

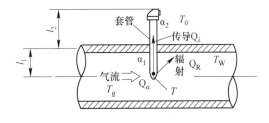

图 2-33　接触法测量管道内流体温度示意图

式中　T_g，T——分别为高温气流温度与热
电偶测量端示值温度，K；

α——气流对热电偶的对流换
热系数，$W/(m^2 \cdot K)$；

A——热电偶传热表面积，m^2。

（2）热电偶测量端沿保护套管以传导方式向参考端传递热量为：

$$Q_\lambda = -\lambda S \frac{\partial^2 T}{\partial x^2} \qquad (2-30)$$

式中　λ——热电偶套管材料的导热系数，$W/(m^2 \cdot K)$；

S——热电偶套管截面积，m^2；

$\frac{\partial^2 T}{\partial x^2}$——热电偶套管沿轴线方向 x 的温度梯度（负号表示方向与传导的方向相反）。

（3）热电偶以辐射换热方式向壁面（温度为 T_w）传热，考虑到壁面面积远大于辐射面积，则此热量为：

$$Q_R = \varepsilon \sigma A(T^4 - T_w^4) \qquad (2-31)$$

式中　ε——热电偶测量端材料的黑度；

σ——玻耳兹曼常数，即黑体辐射常数，其值为 $5.6697 \times 10^{-8} W/(m^2 \cdot K^4)$。

（4）由于被测温度随时间变化而导致的热电偶吸热为：

$$Q_t = \rho CV \frac{\partial T}{\partial t} \qquad (2-32)$$

式中　ρ——热电偶测量端材料的密度；

C——热电偶测量端材料的比热容；

V——热电偶测量端材料的体积。

综合上述式（2-29）~式（2-32）可得：

$$T = T_g + \frac{\lambda S}{\alpha A} \frac{\partial^2 T}{\partial x^2} - \frac{\varepsilon \sigma}{\alpha}(T^4 - T_w^4) - \frac{\rho cV}{\alpha A} \frac{\partial T}{\partial t} \qquad (2-33)$$

显然，只要存在热传导（$\partial^2 T/\partial x^2 \neq 0$），或热辐射（$T \neq T_w$），或温度不稳定（$\partial T/\partial t \neq 0$），那么热电偶测得的温度便不等于气流温度。为提高测量低速、高温气流温度的准确度，关键在于提高气流与热电偶之间的对流换热能力（提高 αA），并尽量减少热电偶对其周围较冷物体的热传导和热辐射损失。

2.6.1.2　接触式测温的导热误差及对策

当用热电偶（或其他温度计）测量管道内低速（$Ma < 0.2$）气流温度时，若管道和容器保温较好、管壁温度与流体温度相近，气动力因素可以忽略，流体将以对流换热方式传热给测温元件，测温元件再通过导热方式沿套管向外部环境导热，即式（2-33）中只包括导热产生的误差项。根据传热学中沿细长杆导热的原理，解式（2-33）可得由温度计的枢轴（套管）导热产生的传热误差为（见图 2-33）：

$$T - T_g = \cfrac{T_0 - T_g}{\cosh(m_1 l_1)\left[1 + \cfrac{m_1}{m_2}\tanh(m_1 l_1)\coth(m_1 l_2)\right]} \tag{2-34}$$

$$m_1 = \sqrt{\frac{\alpha_1 C_1}{\lambda_1 A_1}}, \quad m_2 = \sqrt{\frac{\alpha_2 C_2}{\lambda_2 A_2}}$$

式中　　T_0——测温元件保护套管外露部分周围介质温度；

　　　l_1，l_2——保护套管插入管内和外露部分的长度；

　　　α_1，α_2——管道内、外介质与测温元件保护套管之间的对流传热系数；

　　　λ_1，λ_2——管道内、外部分测温元件套管的导热系数，对于均质套管 $\lambda_1 = \lambda_2$；

　　　C_1，C_2——套管插入和外露部分的外圆周长；

　　　A_1，A_2——套管插入和外露部分的截面积；

　　　m_1，m_2——套管插入和外露情况的常数。

由式（2-34）可知，在热电偶温度计自身存在与外界环境进行热交换的情况下，因导热引起的测量误差不可忽略。显然，随着 $m_1 l_1$ 的提高，导热误差迅速下降，故根据 m 的定义，可以从温度传感器的材料、结构和安装等方面采取措施以减小误导热差。具体是：

（1）温度计选型方面：1）减少套管的导热系数 λ；2）增加检测元件的 l/d 值（相当于提高对流传热系数 α，一般大于或等于 10 即可）；3）在强度容许的前提下，选用薄壁或小直径的套管（增大 C/A）。

（2）温度计安装方面：1）减少 $T_g - T_0$ 的值，即将温度计套管与管道一起进行保温，使外露部分温度接近管道温度；2）保证插入深度，减少外露部分；3）加强对流换热，将温度计测温端安装于管道中心流速最大处，检测元件应迎着流体流动方向安装，如图 2-34 所示。不应该把检测元件插入介质的死角处，以保证热交换。

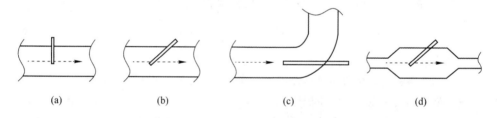

图 2-34　温度传感器管道安装方式

（a）垂直安装在管道中心；（b）（d）45°安装（迎流）；（c）弯头处安装（逆流）

图 2-35 所示是采用热电偶测量管道内蒸汽温度的五种安装方式，Ⅰ号热电偶逆着气流方向沿管道中心插得很深，热电偶外露部分很短，在安装部位有保温层，测量误差很小；Ⅱ号热电偶插到管中心，外露部分有保温层，误差较小；Ⅲ号热电偶插入深度超过管道中心，外露部分有保温层，误差较大；Ⅳ号热电偶没插到管道中心，误差大；Ⅴ号热电偶安装部位的管道没有保温层，外露部分多，误差极大。

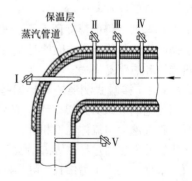

图 2-35　温度传感器的不同安装方案

2.6.1.3　辐射引起的测温误差及对策

由式（2-33）可知，当测量锅炉烟道中烟气温度或工业炉窑的火焰温度时，随被测气体温度的升高，温度传感器与周围容器壁的辐射换热相对于对流和导热换热所占比例增大。尤其当测温元件周围有低温吸热面时，导致测温元件对冷壁面辐射热较大，使得测量值低于实际气体温度，造成很大的测温误差。显然，凡是能加大对流传热系数 α、减少温差 $T - T_w$，以及降低温度计黑度系数 ε 的方法，均可以减少由辐射引起的测温温差。因此，可以采取以下措施。

（1）尽量将检测元件安装于气流速度和湍流度较大的地方，并使气流垂直绕流检测元件以加大对流传热系数 α。

（2）采用黑度低的材料，如耐热合金钢材料做保护套管。

（3）采取管道保温措施以提高壁温 T_w，减少温差 $T - T_w$。

（4）在检测元件构造上采取措施。例如，在热电偶的热端套上 1~3 层薄壁同心圆筒状或其他适当形式的遮热罩，如图 2-36 所示。使热电偶和冷壁面隔离，传感器不直接对冷壁面进行热辐射，而是对温度高的遮热罩进行辐射散热，从而减少了测温误差；或者采用抽气式热电偶（见图 2-37），当喷射介质（压缩空气或高压蒸汽）以高速经由拉瓦尔管喷出时，在喷射器始端造成很大的抽力，使被测高温气体以高速流经铠装热电偶的测量端，极大地增加了对测量端的对流传热，又有遮蔽套的作用，相当大地减少了周围物体与测量端的辐射传热，所以抽气热电偶测得的温度可接近气体的真实温度。工业炉窑平衡测试与计算方法暂行规定中指出，欲测量高温气体温度，应采用抽气式热电偶。

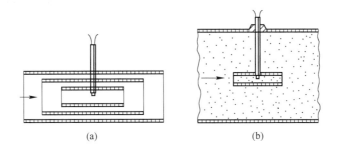

(a)　　　　　　　　　　　(b)

图 2-36　加遮热罩示意图

（a）3 层遮热罩；（b）1 层遮热罩

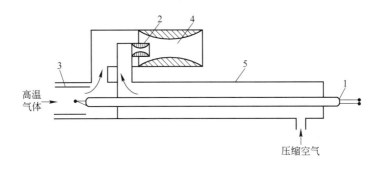

图 2-37　抽气式热电偶原理图

1—铠装热电偶；2—喷嘴；3—遮热罩；4—混合室扩张管；5—外金属套管

2.6.2　高速气流温度测量

当气体流速增高，马赫数 $Ma>0.2$ 时，热电偶受到气体分子的冲击，气体分子的动能转化为热能，使热电偶温度升高。实践证明，气流速度为 80m/s 时，温度值升高 2℃；气流速度为 195m/s 时，温度值升高 20℃。因此，用普通热电偶测高速气流温度时，测得的并非气流的真实温度。

在工程测量中，减小速度误差的方法是采用屏蔽滞止的方式。也就是，在热电偶接点的外面加装一个屏蔽滞止罩，形成一个阻滞室，气流在阻滞室中受到第一次阻滞，流速下降，提高气流在传感器周围的滞止程度是减小速度误差的有效方法。

对于低速气流，或者是对静止空气、低压力气流的温度测量，其共同特点是被测介质与传感器之间的对流换热系数很小，容易导致测温误差增大。改善的手段是采取措施增大对流换热系数，并设法减小传感器的辐射热损失和传导热损失。

2.6.3　动态测温法

当被测气流温度很高以致超过所使用的热电偶测温上限时，以上各种以热平衡法为基础的测量方法已不适用，有时可采用动态测温法。动态测温法的基本原理是热电偶突然接触高温介质，当热电偶尚未达到使用极限温度时就脱离高温介质。热电偶接触与脱离高温介质可以根据被测对象的特点采用插入和拔出热电偶的机械办法，或者用冷却气体保护热电偶不被加热和停止冷却气体使高温气体流过热电偶测量端的办法。

2.6.4　固体内部和表面温度的测量

固体表面的温度与内部温度不同，受接触物体温度的影响，从固体内部到表面有温度梯度存在，如图 2-38 所示。测量表面温度时，传感器的敷设容易改变被测表面的热状态，因此很难准确测量表面温度。在表面温度的实际测量时，应考虑的因素有传感器种类的选择、温度范围、表面温度与环境温度的温差、测温精度与响应速度、表面形状。

表面温度通常采用接触式测量方法，热电偶或热电阻是常用的传感器，传感器的结构形式有点式、针式和薄片式。为了准确测温，热电偶必须和固体紧密接触。

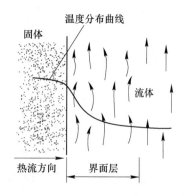

图 2-38　固体表面温度分布

热电偶与被测表面接触方式基本上有四种，如图 2-39 所示。在这四种不同的热电偶焊接和铺设方式中，图 2-39（d）的误差最小，图 2-39（c）次之，而图 2-39（a）的误差最大。

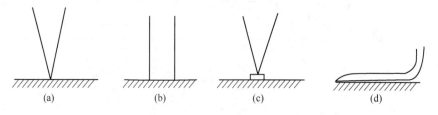

图 2-39　热电偶与被测表面的接触方式
（a）点接触；（b）分立接触；（c）面接触；（d）等温线接触

2.6.5 基于图像的测温技术

随着信息技术和计算机技术的飞速发展，多媒体技术与视频图像处理技术为炉、窑测温注入了新的活力和技术内涵。特别是利用 CCD 摄像机摄取火焰图像后，经数字图像处理而得到火焰的温度场分布已成为可能，这种方法实现了多点测量，达到了二维监视的目的。

基于图像的测量温度方法，首先要获取温度图像，目前工业应用中普遍采用电荷耦合器（CCD，Charge-Coupled Devices）作为图像传感器。电荷耦合器的色度学基础为三基色学说，三基色学说是在配色试验基础上建立的。根据真彩色 CCD 的色度学原理，在摄像端，普通单管彩色 CCD 摄像机依靠设置在面阵光电元件靶面的三种条纹滤波器获得在可见光范围内的三个色度信号。当 CCD 靶面收到外界光谱位的光源辐射时，对于任意功率 $P(\lambda)$ 彩色光下的靶系数，CCD 输出 R、G、B 三个通道的信号分别为：

$$
\begin{cases}
R = K_R \displaystyle\int_{380}^{780} P(\lambda) r(\lambda) \, \mathrm{d}\lambda \\[2mm]
G = K_G \displaystyle\int_{380}^{789} P(\lambda) g(\lambda) \, \mathrm{d}\lambda \\[2mm]
B = K_B \displaystyle\int_{380}^{789} P(\lambda) b(\lambda) \, \mathrm{d}\lambda
\end{cases}
\tag{2-35}
$$

式中　　K_R，K_G，K_B——R、G、B 三个通道的增益和光信号转换系数的乘积；
$r(\lambda)$，$g(\lambda)$，$b(\lambda)$——R、G、B 三个通道的光谱响应特性；
　　　　380，780——可见光的波长。

高温窑内部可分为物料和气体两部分。在 800~2000℃ 的炉窑温度下，物料的辐射主要分布在可见光至近红外谱段，而气体部分辐射出来的能量不含有可见光波。但是气体部分中含有大量的固体粒子（煤灰、物料飞灰等），其辐射特性与物料部分相同。因此在可见光谱段，可以认为整个炉窑具有相同的光谱辐射特性。

将对应物体实际辐射的 Planck 辐射定律，复现物体颜色的彩色三基色原理结合起来，则可建立彩色三基色温度测量原理。对遵守辐射定律的一般物体，当在高温下发出彩色光时，其色系数的确定可以写为：

$$
\begin{cases}
R = k \displaystyle\int_{380}^{780} \dfrac{C_1 \varepsilon_\lambda r(\lambda)}{\lambda^5 \left[\exp(C_2/\lambda T) - 1 \right]} \mathrm{d}\lambda \\[4mm]
G = k \displaystyle\int_{380}^{780} \dfrac{C_1 \varepsilon_\lambda g(\lambda)}{\lambda^5 \left[\exp(C_2/\lambda T) - 1 \right]} \mathrm{d}\lambda \\[4mm]
B = k \displaystyle\int_{380}^{780} \dfrac{C_1 \varepsilon_\lambda b(\lambda)}{\lambda^5 \left[\exp(C_2/\lambda T) - 1 \right]} \mathrm{d}\lambda
\end{cases}
\tag{2-36}
$$

由式（2-36）可知，物体因自身辐射所表现出来的色彩，取决于物体的辐射光谱；反之，通过物体颜色系数的测量，运用最小二乘法求解上述方程组，可以计算出物体的温度和辐射率的数值，这就是所谓彩色三基色温度测温原理。火焰图像在计算机内实际上是以 R、G、B 为波长的三色图像。投影温度场的计算方法即是建立在 CCD 色度学的基础上，根据三种颜色的不同组合来进行计算的。

2.7　温度变送器

2.7.1　概述

温度变送器可将热电偶、热电阻的检测信号转换成 4~20mA 直流电流标准统一的信号，输出给显示仪表或控制器实现对温度的显示、记录或自动控制。温度变送器还可以作为直流毫伏转送器来使用，以将其他能够转换成直流毫伏信号的工艺参数也变成标准统一信号输出，因此温度变送器被广泛使用。

温度变送器可分为模拟温度变送器、一体化温度变送器和智能温度变送器三类，现在市场应用以智能温度变送器为主，模拟式变送器已经很少使用了。

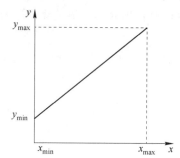

变送器的理想输入输出特性如图 2-40 所示。x_{max} 和 x_{min} 分别为变送器测量范围的上限值和下限值，即被测参数的上限值和下限值，图 2-40 中 $x_{min} = 0$。y_{max} 和 y_{min} 分别为变送器输出信号的上限值和下限值。对于模拟式变送器，y_{max} 和 y_{min} 即为统一标准信号的上限值和下限值；对于智能式变送器，y_{max} 和 y_{min} 即为输出的数字信号范围的上限值和下限值。

由图 2-40 可得出变送器的输出一般表达式为：

图 2-40　变送器的理想输入输出特性

$$y = \frac{y_{max} - y_{min}}{x_{max} - x_{min}} x + y_{min} \qquad (2-37)$$

式中　x——变送器的输入信号；

　　　　y——相对应于 x 时变送器的输出。

2.7.2　模拟温度变送器

模拟式温度变送器有直流毫伏变送器、热电偶温度变送器和热电阻温度变送器三种。在目前的产品中也有三合一的设计，只要改变接线端子的接法，同一个变送器可完成不同的测量功能。各温度变送器的总体结构相同，都分为量程单元和放大单元两部分，只是输入回路和反馈回路有所变化。

图 2-41 为温度变送器结构示意图。图中实心箭头表示信号回路；空心箭头表示供电回路，

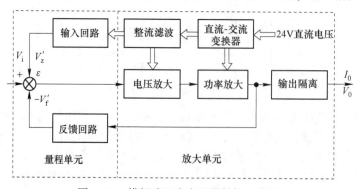

图 2-41　模拟式温度变送器结构示意图

根据供电方式不同，有四线制和两线制之分，以两线制方式为主。毫伏输入信号 V_i 或桥路部分的输出信号 V_2' 及反馈信号 V_f' 相叠加，送入集成运算放大器，放大后的电压信号再由功率放大器和隔离输出电路转换成 $4\sim20mA$ 直流电流 I_0 和 $1\sim5V$ 直流电压 V_0 输出。由于输入和输出之间具有隔离变压器，并且采取安全火花防爆措施，因此具有良好的抗干扰性能，且能测量来自危险场所的直流毫伏或温度信号。在热电偶和热电阻温度变送器中采用了线性化电路，从而使温度变送器的输出信号和被测温度成线性关系，以便显示记录。

2.7.3　一体化温度变送器

一体化温度变送器是体积比较小的、可以安装到热电阻或热电偶的接线盒内的温度变送器。一体化温度变送器一般由测温探头（热电偶或热电阻传感器）和两线制固体电子单元组成。采用固体模块形式将测温探头直接安装在接线盒内，从而形成一体化的变送器。一体化温度变送器一般分为热电阻和热电偶两种类型。一体化温度变送器的输出为统一的 $4\sim20mA$ 信号，可与微机系统或其他常规仪表匹配使用。

一体化温度变送器具有结构简单、节省引线、输出信号大、抗干扰能力强、线性好、显示仪表简单、固体模块抗震防潮、有反接保护和限流保护、工作可靠等优点。但变送器模块内部集成电路的工作温度为 $-20\sim+80℃$，超过这一范围，电子器件的性能会发生变化，变送器将不能正常工作。因此，在使用时应特别注意变送器模块所处的环境温度。

2.7.4　智能温度变送器

随着科技的进步，由于传统的模拟温度变送器调试的繁琐，综合性能指标较差，已无法满足现场用户的需求，也无法满足工厂备品备件的要求，更无法满足传感器生产厂备货的需求。因此，智能温度变送器孕育而生。

2.7.4.1　智能温度变送器的组成与功能

智能温度变送器由以微处理器（CPU）为核心构成的硬件电路和由系统程序、功能模块构成的软件两大部分组成。

智能温度变送器的核心是微处理器。微处理器可以实现对检测信号的线性化处理、量程调整、零点调整、数据转换、仪表自检及数据通信，同时还控制 A/D 和 D/A 转换器的运行，实现模拟信号和数字信号的转换。由于微处理器具有较强的数据处理功能，因此智能温度变送器可使用单一传感器以实现常规的单参数测量，也可使用复合传感器以实现多种传感器检测的信息融合，还可使得一台变送器配接不同的传感器。

2.7.4.2　智能温度变送器的种类

智能温度变送器目前有以下几种类型：

（1）在产品中采用 CPU，将信号进行数字化处理，调试时通过 PC 上安装专用软件，用数据线和调制解调器，来改变温度变送器的量程范围和分度号。

（2）在智能型产品本身嵌入 HART 通信板，通过 HART 协议手操器来改变温度变送器的温度范围和分度号。

（3）还有 PA 协议和 FF 协议的温度变送器，其原理与 HART 协议类似，HART、PA、FF 通信协议的应用，更便于产品的编程（不限位置）。

2.7.4.3　智能编程软件

智能编程软件具有输入信号的切换、输出量程的设置、输入/输出信号的校准等功能。通常由 PC 机或手持终端（外部数据设定器或组态器），对变送器参数进行设定，如设定变送器的型号、量程调整、零点调整、输入信号选择、输出信号选择、工程单位选择、阻尼时间常数设定及自诊断等。

　　不同厂家或不同品种的变送器，其硬件和软件部分的系统结构大致相同，主要区别在于器件类型、电路形式、程序编码和软件功能等方面。

复习思考题

2-1　何谓热电现象，产生热电现象的原因是什么？回路的总热电势与哪些因数有关？

2-2　为什么要对热电偶参比端的温度进行处理，常用的处理方法有几种？

2-3　何谓补偿导线，为什么要规定补偿导线的型号和极性？在使用中应注意哪些问题？

2-4　试用热电偶原理分析：(1) 补偿导线的作用；(2) 如果热电偶已选择了配套的补偿导线，但连接时正负极接错了，会造成什么测量结果？

2-5　现用一支镍铬-镍硅热电偶测某换热器内温度，其冷端温度为 30℃，而显示仪表机械零位为 0℃，这时指示值为 400℃。若认为换热器内的温度为 430℃，对不对，为什么？正确值为多少？

2-6　用分度号为 K 的镍铬-镍硅热电偶测量温度，在没有采取冷端温度补偿的情况下，显示仪表指示值为 500℃，而这时冷端温度为 60℃。试问实际温度应为多少？如果热端温度不变，设法使冷端温度保持在 20℃，此时显示仪表的指示值应为多少？

2-7　检定热电偶的温度显示仪表时，常用标准电势输入代替实际热电偶的热电势。现要检定 K 型温度显示仪表在 700℃时的准确度，问需要输入多大的标准电势（检定时环境温度为 25℃）？

2-8　用一支 S 型热电偶测量炉膛温度。在无补偿的情况下，直接测得热电偶的电势为 10.638mV，其中热电偶的自由端温度为 40℃。试求：(1) 炉膛温度；(2) 如果将热电偶的自由端用铜导线连接到控制室，用数字显示仪表显示温度值，则仪表的读数值为多少（设控制室温度为 20℃）？(3) 如果将热电偶的自由端用补偿导线连接到控制室，此时数字显示仪表的读数值为多少（设控制室温度为 20℃）？

2-9　试比较热电偶测温与热电阻测温有什么不同（可以从原理、系统组成和应用场合三方面来考虑）。

2-10　用测量元件热电偶或热电阻构成测量仪表（系统）测量温度时，应各自注意哪些问题？

2-11　热电阻温度计为什么要采用三线制接法，为什么要规定外阻值？

2-12　对于现场已安装好的热电阻的三根连接导线，在不拆毁的情况下，如何测试每根导线的电阻值？

2-13　分度号为 Pt100 和 Cu100 的热电阻在 0℃时的电阻值为 100Ω，问在 100℃时这两个热电阻的阻值为多少？

2-14　用 Pt100 热电阻测温，却错配了 Cu100 的温度显示仪表。问当显示温度为 85℃时，实际温度为多少？

2-15　选择接触式测温仪表时，应考虑哪些问题？感温元件的安装应按照哪些要求进行？

2-16　对管内流体进行温度测量时，测温套管的插入方向取顺流的还是逆流的，为什么？

2-17　非接触测温方法的理论基础是什么，辐射测温仪表有几种？

2-18　说明红外辐射特征，并分析红外测温仪表的工作原理。

2-19　一支测温的热电阻，分度号已看不清，你如何用简单方法鉴别出热电阻的分度号？

2-20　将 K 型热电偶的补偿导线极性接反，当电炉温度控制在 800℃时，若接线盒处温度为 50℃，仪表接线板处温度为 40℃，问测量结果和实际值相差多少？

2-21　图 2-42 中，分度号为 K 的热电偶，误将 E 的补偿导线接配在 K 的电子电位差计上。电子电位差计的读数是 650℃，问被测温度实际值为多少？

2-22　图 2-43 中，由 E 分度号热电偶与电子电位差计 U 组成的测温系统，环境温度 t_0 为 20℃时，开关置 Ⅰ、Ⅱ 位置，测量值分别为 35.18mV、0.26mV。求 t_1、t_2 及温差各为多少。

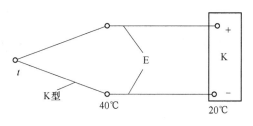

图 2-42 题 2-21 图

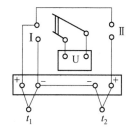

图 2-43 题 2-22 图

2-23 仪表指示炉温为 971℃，工艺操作人员反映仪表示值可能偏低，怎样判断仪表指示值是否正确？

2-24 图 2-44 中，如果用两支铂铑$_{10}$-铂热电偶串联来测量炉温，已知炉内温度均匀，最高温度为 1000℃，试分别计算测量仪表的测量范围（以最大毫伏数表示）。

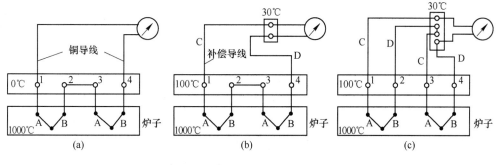

图 2-44 题 2-24 图

2-25 在上题所述三种情况时，如果由测量仪表得到的信号都是 15mV，试分别计算这时炉子的实际温度。

2-26 某 DDZ-Ⅲ型 K 分度温度变送器（量程为 0~1100℃）的输出信号为 12mA，此时的实际温度是多少？

3　压力检测与仪表

压力和真空度是工业生产过程中的重要参数，正确地检测和控制压力是保证工业生产过程顺利运行，并实现高产、优质、低耗及安全生产的重要环节。此外，生产过程的一些其他参数，如物位、流量等也可以通过测量压力或差压而获得，压力和真空度也是直接影响人类舒适感的重要环境参数之一。

3.1　概　述

3.1.1　压力的概念及单位

所谓压力（压强）是指由气体或液体均匀垂直地作用于单位面积上的力。在国际单位制（SI）中，压力的单位是帕斯卡（简称帕，用符号 Pa 表示），即 1 牛顿（1N）的力垂直而均匀地作用在 $1m^2$ 的表面上所产生的压力为 1 帕斯卡，我国已规定帕斯卡为压力的法定单位。由于历史原因，毫米水柱（mmH_2O）、毫米汞柱（mmHg）、磅/英寸²（psi）、标准大气压（atm）、工程大气压（kgf/cm^2）、巴（bar）等非法定单位在生产和生活中也还常被使用。表 3-1 给出了各种压力单位之间的换算关系。

表 3-1　常用压力换算表

单　位	Pa	mmH_2O	mmHg	psi	atm	kgf/cm^2	bar
Pa	1	0.10^2	7.501×10^{-3}	1.450×10^{-4}	0.987×10^{-5}	1.020×10^{-5}	10^{-5}
mmH_2O	9.807	1	7.360×10^{-2}	1.422×10^{-3}	0.968×10^{-4}	10^{-4}	9.807×10^{-5}
mmHg	133.333	13.595	1	1.934×10^{-2}	1.316×10^{-3}	1.360×10^{-3}	1.333×10^{-3}
psi	6.895×10^2	703.072	51.715	1	6.805×10^{-2}	7.031×10^{-2}	6.895×10^{-2}
atm	1.013×10^5	1.033×10^4	760	14.696	1	1.033	1.013
kgf/cm^2	9.807×10^4	10^4	735.560	14.223	0.968	1	0.981
bar	10^5	1.020×10^4	750.062	14.504	0.987	1.020	1

3.1.2　压力的表示方法

压力通常有三种表示方法，即绝对压力、表压力、负压力或真空度，它们的关系如图 3-1 所示。绝对压力是以绝对零压为基准的，而表压力、负压力或真空度都是以当地大气压为基准的。

工程上所用的压力指示值，大多为表压。表压即为绝对压力与大气压力之差：

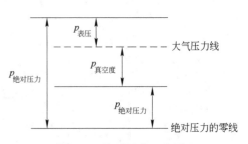

图 3-1　绝对压力、表压、
负压（真空度）的关系

$$p_{表压} = p_{绝对压力} - p_{大气压力} \tag{3-1}$$

当被测压力低于大气压力时，一般用负压或真空度来表示，它是大气压力与绝对压力之差，即：

$$p_{真空度} = p_{大气压力} - p_{绝对压力} \tag{3-2}$$

真空度通常被分为几个区间，$p = 101.325 \sim 1.333\text{kPa}$（绝对压力），与常压相差不大，称为"粗真空"；在 $p = 1.333\text{kPa}$ 左右时，气体开始导电，一般旋转式真空泵能达到 0.1333 Pa 的负压，所以 $p = 1.333\text{kPa} \sim 0.1333\text{Pa}$ 称为"低真空"；一般扩散式真空泵能达到 $1.333\mu\text{Pa}$ 的负压，所以 $p = 0.1333\text{Pa} \sim 1.333\mu\text{Pa}$ 称为"高真空"；在 $1.333\mu\text{Pa}$ 以下称为超高真空。目前，人们已能获取 133.3pPa 以下的真空。不过这样的划分方法不是唯一的，不同的文献上有不同的划分法。

3.1.3　压力检测的基本方法

（1）弹性力平衡法：利用弹性元件受压力作用发生弹性形变而产生的弹性力与被测压力相平衡的原理，将压力转换成位移，测出弹性元件变形的位移大小就可以测出被测压力。例如，弹簧管压力计、波纹管压力计及膜式压力计等，该方法应用最为广泛。

（2）重力平衡方法：主要有液柱式和活塞式。利用一定高度的工作液体产生的重力或砝码的重量与被测压力相平衡的原理，例如 U 形管压力计、单管压力计。该类型压力计结构简单、读数直观，活塞式压力计是一种标准型压力测量仪器。

（3）机械力平衡方法：其原理是将被测压力经变换元件转移成一个集中力，用外力与之平衡，通过测得平衡时的外力来得到被测压力。该方法主要用在压力测量或差压变送中，精度较高，但结构复杂。

（4）物性测量方法：基于敏感元件的某些物理特性在压力作用下发生与压力成确定关系变化的原理，将被测压力直接转换成电量进行测量。例如，应变片式、电容式、压电式、振弦式、光纤式和电离式等真空计。

3.2　液柱式压力计

液柱式压力计是根据流体静力学原理，将被测压力转换为液柱高度进行测量的。它一般由玻璃管构成，玻璃管内径为 8~10mm，充有水或水银的 U 形管、单管或斜管进行压力测量，其结构形式如图 3-2 所示。它的特点是结构简单，使用方便，价格低廉；缺点是体积大，读数不便、玻璃管易碎、精度较低，只限于测量低压或微压、压差和负压不大，要求不高，且环境不复杂的条件。

U 形管压力计是液柱式压力计中最简单的一种，如图 3-2（a）所示。压力测量时，它的两个管口分别接压力 p_1 和 p_2，当 p_1 和 p_2 相等时，两管内液体的高度相等；当 p_1 和 p_2 不相等时，两管内的液面会出现高度差。假设 $p_1 > p_2$，根据流体静压力平衡原理有：

$$\Delta p = p_1 - p_2 = \rho g h \tag{3-3}$$

式中　ρ——工作液的密度；

　　　g——重力加速度；

　　　h——两管内工作液液面的高度差。

在式（3-3）中，若 p_2 为大气压，则 Δp 即为被测压力 p_1 的表压力。当工作液密度一定时，被测压力与液柱高度成正比；改变工作液的密度，在相同压力的作用下，液柱高度会发生变化。U 形管压力计的测量范围为 0~8000Pa，测量准确度为 0.5~1.0 级。

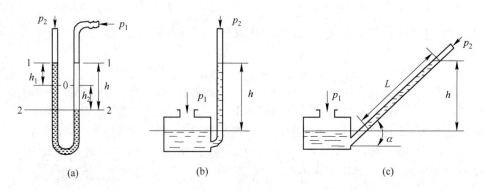

图 3-2　液柱式压力计

（a）U 形管；（b）单管压力计；（c）倾斜式压力计

单管压力计由一杯形容器与一玻璃管组成，如图 3-2（b）所示，在压力作用下，玻璃管内工作液高度发生变化，被测压力 p_2 与玻璃管上升液面 h 之间有以下关系：

$$\Delta p = p_1 - p_2 = \rho g \left(1 + \frac{d^2}{D^2} \right) h \tag{3-4}$$

式中　d——玻璃管的内直径；

　　　D——杯形容器的内直径。

如果杯形容器面积很大，则 $d^2 \ll D^2$，式（3-4）可简化为：

$$\Delta p = \rho g h \tag{3-5}$$

与 U 形管压力计相比，使用单管压力计测压时仅需读取单管一侧液位的变化量 h，就可以求得被测压力，读数更为方便。单管式液体压力计的测量范围为 0～8000Pa，测量准确度为 0.5～1.0 级。

斜管压力计是一种变形单管压力计，如图 3-2（c）所示，主要用于测量微小压力、负压和压差，测压原理为：

$$\Delta p = p_1 - p_2 = \rho g \left(\sin\alpha + \frac{d^2}{D^2} \right) l \approx \rho g l \sin\alpha \tag{3-6}$$

式中　l——倾斜管中液柱的长度；

　　　α——倾斜管的倾角；

　　　d——倾斜管的内直径；

　　　D——杯形容器的内直径。

由式（3-6）易知，由于倾角 α 的存在，在相同的压力变化下，斜管压力计液柱长度的变化比单管压力计更大，因此具有更高的灵敏度。显然，倾角 α 越小，斜管压力计的灵敏度越高。但是，倾斜管的倾角一般不低于 15°，否则读数困难，反而会造成读数误差。斜管压力计的测量范围为 0～2000Pa，测量准确度为 0.5～1.0 级。

3.3　弹性式压力计

弹性式压力计是利用弹性元件弹性变形产生的弹性力与被测压力产生的力相平衡，通过测量弹性变形量来测量压力的仪表。在弹性式压力计中，弹性元件是感测压力的基本元件，将压力信号转换成其自由端的位移信号，并通过与各种转换元件或位移变送器相配合，可形成具有电远传功能的弹性式压力计。弹性式压力计结构简单，价格便宜，测压范围较宽，使用和维修方便，因此在工业生产中应用广泛。

3.3.1　弹性元件

弹性元件是一种简单可靠的测压敏感元件。随测压的范围不同，所用弹性元件形式也不一样。常用的几种弹性元件如图 3-3 所示。

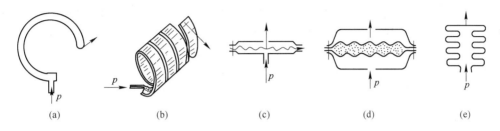

图 3-3　弹性元件示意图
（a）单圈弹簧管；（b）多圈弹簧管；（c）弹性膜片；（d）膜盒；（e）波纹管

（1）弹簧管。单圈弹簧管是弯成圆弧形的金属管子。当通入压力 p 后，它的自由端就会产生位移。单圈弹簧管位移量较小，为了增大自由端的位移量，以提高灵敏度，可以采用多圈弹簧管。

（2）弹性膜片。弹性膜片是由金属或非金属弹性材料做成的膜片，在压力作用下，膜片将弯向压力低的一侧，使其中心产生一定的位移。为了增加膜片的中心位移，提高灵敏度，可把两个膜片焊接在一起，成为一个薄盒子，称为膜盒。

（3）波纹管。波纹管是一个周围为波纹状的薄壁金属筒体，这种弹性元件易于变形，且位移可以很大。但波纹管迟滞误差较大，准确度最高仅为 1.5 级。

膜片、膜盒、波纹管多用于微压、低压或负压的测量；单圈弹簧管和多圈弹簧管可以作高、中、低压及负压的测量。根据弹性元件形式的不同，相应的弹性式压力计可分为弹簧管压力计、膜片压力计、波纹管压力计等类型。

3.3.2　弹簧管压力计

弹簧管是一根中空的横截面呈椭圆形或扁圆形的金属管，其一端封闭为自由端，另一端固定在仪表的外壳上，并与被测介质相通的管接头连接，如图 3-4 所示。当具有一定压力的被测介质进入弹簧管内腔后，由于其椭圆形或扁圆形的横截面形状，导致短轴方向的内表面积比长轴方向的大，因此在压力的作用下短轴变长，长轴变短，管截面趋于更圆，产生弹性变形，使弯成圆弧状的弹簧管向外伸张，在自由端产生位移，位移经杆系和齿轮机构带动指针，指示相应的压力值。

单圈弹簧管压力计自由端的位移量不能太大，一般为 2~5mm，测量范围为 0.03~1000MPa。为了提高灵敏度，增加自由端的位移量，可采用盘旋弹簧管或螺旋形弹簧管。

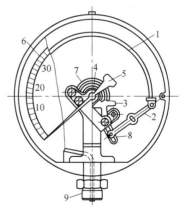

图 3-4　弹簧管压力计
1—弹簧管；2—拉杆；3—扇形齿轮；
4—中心齿轮；5—指针；6—面板；
7—游丝；8—调整螺钉；9—接头

为了保证弹簧管压力计指示正确和长期使用，应使仪表工作在正常允许的压力范围内。对于波动较大的压力，仪表的示值应经常处于量程的 1/2 附近，若被测压力波动较小，仪表示值可在量程的 2/3 左右。一般情况下，被测压力一般不应低于压力计量程的 1/3。

3.4　电气式压力（差压）计

电气式压力（差压）计将压力（差压）的变化转换为电阻、电容、电感或电势等的变化，由于输出的是电信号，便于远传，尤其是便于与计算机连接组成自动检测和控制系统，所以在现代工业生产中得到了广泛的应用。电气式压力计的种类很多，分类方式也不尽相同。从压力转换成电量的途径来分，可分为电阻式、电容式和电感式等。从压力对电量的控制方式来分，可分为主动式和被动式两大类，主动式是压力直接通过某种物理效应转化为电量的输出，被动式则需要从外界输入电能。

3.4.1　电容式压力（差压）传感器

电容式压力传感器的敏感元件可将弹性元件受压力的影响产生的形变转换成电容量的变化，然后通过测量电容量 C 便可以知道被测压力的大小，从而实现压力-电容的转换。电容传感器具有结构简单、适应性强、很好的动态特性、本身发热小等特点，随着电子技术的不断发展，电容传感器的应用技术也不断完善，从而在多个领域得到广泛应用。

电容式
压力传感器

3.4.1.1　电容压力传感器工作原理

电容压力传感器的工作原理可用图 3-5 所示的平板电容器来说明。当忽略边缘效应时，其电容量为：

$$C = \frac{\varepsilon A}{d} \qquad (3-7)$$

式中　C——电容量，F；

$\quad\quad\varepsilon$——电容器极板间绝缘介质的介电常数，F/m；

$\quad\quad A$——电容器两平行板覆盖的面积，m^2；

$\quad\quad d$——两平行板之间的距离，m。

由式（3-7）可知，改变 A、d、ε 三个参量中的任意一个量，均可使平板电容的电容量 C 改变。在实际应用中，通常是保持其中两个参数不变，仅改变一个参数的方法，把参数的变化转换为电容量的变化。

图 3-5 中两极板间介质介电常数 ε 固定不变，极板面积 A 也可认为固定不变（忽略动电极形变引起的面积变化）。假设初始极板间距为 d_0 时，则初始电容 C_0 为：

$$C_0 = \frac{\varepsilon A}{d_0} \qquad (3-8)$$

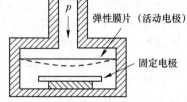

图 3-5　电容压力传感器的工作原理图

当活动电极板在被测压力的作用下向固定极板位移 Δd 时，电容 C 为：

$$C = \frac{\varepsilon A}{d_0 - \Delta d} \qquad (3-9)$$

电容的变化量为：

$$\Delta C = C - C_0 = C_0 \frac{\Delta d}{d_0}\left(1 - \frac{\Delta d}{d_0}\right)^{-1} \tag{3-10}$$

通常情况下，$\Delta d \ll d_0$，则有：

$$\Delta C \approx C_0 \frac{\Delta d}{d_0} \tag{3-11}$$

由于弹性膜片（活动电极）是在施加预张力条件下焊接的，其厚度很薄，预张力很大，致使膜片的特性趋近于绝对柔性薄膜在压力作用下的特性，因此，被测压力的变化 Δp 与弹性膜片位移 Δd 也可近似为线性关系，即：

$$\Delta d = K_1 \Delta p \tag{3-12}$$

式中　K_1——由膜片预张力、材料特性和结构参数所确定的系数。

将式（3-12）代入式（3-11）可得：

$$\Delta C \approx C_0 \frac{K_1}{d_0}\Delta p = K_c \Delta p \tag{3-13}$$

式中　K_c——由电容式压力传感器材料、结构参数等确定的系数。

以上就是电容压力传感器的工作原理。在实际应用中，为了提高这类传感器的灵敏度、测量范围，减小非线性误差，通常使用具有两个固定电极、一个双边活动电极的差动电容式差压传感器。

3.4.1.2　差动电容式差压传感器

差动电容式差压传感器的结构如图 3-6（a）所示，包括两个电容，即中心感压膜片与正压侧弧形金属镀层构成的正压侧电容 C_1，以及中心感压膜片分别与负压侧弧形金属镀层构成的负压侧电容 C_2。在输入差压为零，即 $p_1 = p_2$ 时，$C_1 = C_2$。当正、负压测量室压力不相等时，中心感压膜片在差压的作用下产生位移如图 3-6（b）所示，从而使两侧电容一个减小、一个增大。

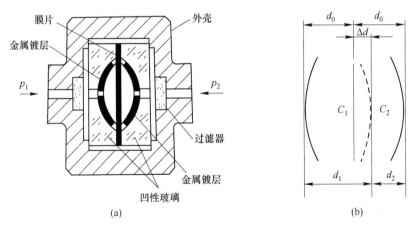

图 3-6　差动电容式差压传感器的结构与检测原理
（a）基本结构；（b）检测原理

设中心感压膜片无形变时与两边弧形电极之间距离均为 d_0，则在被测差压 Δp 的作用下，中心感压膜片产生位移 Δd 之后，两个电容的极板间距则分别变为 $d_1 = d_0 + \Delta d$ 和 $d_2 = d_0 - \Delta d$。若不考虑边缘电场的影响，中心感压膜片与其两边弧形电极构成的电容 C_1 和 C_2 可近似地看成是平板电容器，其电容可分别表示为：

$$C_1 = \varepsilon A / d_1 \tag{3-14}$$

$$C_2 = \varepsilon A / d_2 \tag{3-15}$$

两侧电容之差 ΔC 为：

$$\Delta C = C_2 - C_1 = \varepsilon A \left(\frac{1}{d_0 - \Delta d} - \frac{1}{d_0 + \Delta d} \right) \tag{3-16}$$

可见，两侧电容差与中心感压膜片位移 Δd 并非线性关系。但是，若取电容之差与两电容量之和的比值，即取差动电容的相对变化值，则有：

$$\frac{C_2 - C_1}{C_2 + C_1} = \frac{\varepsilon A \left(\dfrac{1}{d_0 - \Delta d} - \dfrac{1}{d_0 + \Delta d} \right)}{\varepsilon A \left(\dfrac{1}{d_0 - \Delta d} + \dfrac{1}{d_0 + \Delta d} \right)} = \frac{\Delta d}{d_0} \tag{3-17}$$

将式（3-12）代入式（3-17），可得：

$$\frac{C_2 - C_1}{C_2 + C_1} = \frac{K_1}{d_0} \Delta p = K \Delta p \tag{3-18}$$

式中 K——比例系数，$K = K_1 / d_0$ 为常数。

由式（3-18）可得出如下结论：

（1）差动电容的相对变化值 $\dfrac{C_2 - C_1}{C_2 + C_1}$ 与被测压差 Δp 成线性关系，因此把这一相对变化值作为测量部分的输出信号；

（2）$\dfrac{C_2 - C_1}{C_2 + C_1}$ 与灌充液的介电常数 ε 无关，这样从原理上消除了灌充液介电常数的变化给测量带来的误差；

（3）$\dfrac{C_2 - C_1}{C_2 + C_1}$ 的大小与 d_0 有关，d_0 越小，差动电容的相对变化量越大，灵敏度越高。

3.4.2 应变式压力传感器

3.4.2.1 电阻应变效应

应变式
压力传感器

金属导体在力的作用下会产生机械变形（拉伸或压缩），相应地，其电阻值也会随之发生变化，这种现象被称为金属的电阻应变效应。电阻丝的电阻取决于其材料及尺寸，对于圆柱形的电阻丝，其电阻值为：

$$R = \rho L / A \tag{3-19}$$

式中 L——电阻丝的长度，m；

         A——电阻丝的横截面积，m^2；

         ρ——金属丝的电阻率，$\Omega \cdot m$。

在外力作用下，电阻值的变化规律可描述为：

$$\frac{dR}{R} = \frac{d\rho}{\rho} + \frac{dL}{L} - \frac{dA}{A} \tag{3-20}$$

由 $A = \pi D^2 / 4$（D 为电阻丝直径）可知，$dA/A = 2dD/D$，因此式（3-20）可变换为：

$$\frac{\mathrm{d}R}{R} = \frac{\mathrm{d}\rho}{\rho} + \frac{\mathrm{d}L}{L} - 2\frac{dD}{D} \tag{3-21}$$

又因为：

$$\frac{\mathrm{d}D}{D} = -\mu\frac{\mathrm{d}L}{L} \tag{3-22}$$

式中　μ——电阻材料的泊松比。

将式（3-22）代入式（3-21）得：

$$\frac{\mathrm{d}R}{R} = \frac{\mathrm{d}\rho}{\rho} + (1 + 2\mu)\frac{\mathrm{d}L}{L} \tag{3-23}$$

由式（3-23）可知，因应力引起的电阻变化是由两个因素决定的：一个是受力后导体的几何尺寸变化引起的，即 $(1+2\mu)\mathrm{d}L/L$ 项；一个是由于电阻率的变化引起的，为 $\mathrm{d}\rho/\rho$ 项，该项是因导体材料发生形变时，自由电子的活动能力和数量发生了变化所致。对于金属导体，后一因素的影响很小，可以略去。因此金属导体的电阻主要由 $(1+2\mu)\mathrm{d}L/L$ 项决定，并且对于大多数金属丝应变材料来说，在其弹性范围内，$(1+2\mu)$ 为常数。因此，导体的电阻变化率 $\mathrm{d}R/R$ 与应变 $\mathrm{d}L/L$ 成线性关系，这也是电阻应变片测量压力的基础。

3.4.2.2 应变片式压力传感器

A　传感器结构

应变片式压力传感器的关键元件是电阻应变片（简称应变片），它是基于金属的电阻应变效应制作而成的。应变片有丝式、箔式等多种类型，但其基本构造大体相似，如图 3-7 所示，主要由敏感栅、基底、覆盖层和引线等部分组成的。

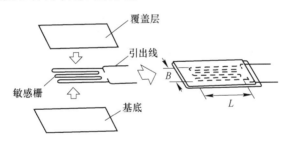

图 3-7　丝式应变片的基本结构

丝式应变片的敏感栅是由金属丝制成，因成栅栏状而得名；基底和覆盖层均由柔性较好的电绝缘材料制成。图 3-7 中，L 称为应变片的标距或基长，是敏感栅沿轴向测量变形的有效长度；B 称为应变片的有效宽度，是指最外两个敏感栅外侧之间的距离。箔式应变片与丝式应变片的主要区别在于敏感栅是由金属箔片而非金属丝制成。相对而言，箔式应变片具有散热条件好、允许电流大、横向效应小、疲劳寿命长、生产过程简单、适于批量生产等优点，已经逐渐取代丝式应变片而得到了更广泛的应用。

B　传感器的应用

应变式压力传感器是由应变片、弹性元件及相应测量电路组成。弹性元件可以是金属膜片、膜盒、弹簧管及其他弹性体，应变片粘贴在弹性元件上。因而，应变式压力传感器的外形特征主要取决于它所使用的弹性元件，一般有圆筒形、圆柱形、薄板形、膜片形、梁形、环形、扁环形、轮辐形、弓形、S 形等，视具体情况选择使用。图 3-8 所示为一种圆筒形应变式压力传感器简图及测量电路。

66

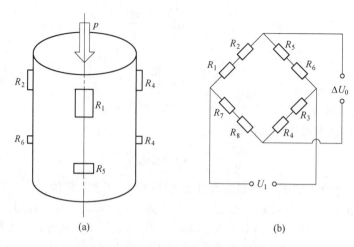

图 3-8　圆筒形应变压力传感器及应变检测桥路
（a）结构简图；（b）测量桥路

3.4.3　压阻式压力传感器

3.4.3.1　压阻效应

压阻式
压力传感器

压阻效应是指当某些半导体材料受到外力作用时，其电阻值由于电阻率的变化而改变的现象。半导体受到拉力或压力作用后，载流子迁移率发生变化，与前述金属应变片类似，其电阻值会随拉（压）应力变化，变化规律也可以用式（3-20）描述。不过，与金属材料不同的是，半导体在外力作用下的长度及横截面积的状变化几乎可以忽略不计，因此：

$$\frac{\Delta R}{R} \approx \frac{\Delta \rho}{\rho} = K_R \sigma \tag{3-24}$$

式中　K_R——半导体的压阻系数，Pa^{-1}；

　　　σ——半导体受到的应力，Pa。

半导体电阻的压阻系数除与材料有关之外，还与其晶轴方向有关。例如，在（100）晶面的硅片中，对于P型掺杂电阻，取向在［110］和［1$\bar{1}$0］晶向时，电阻的压阻系数最大；取向在［100］和［010］晶向时，电阻的压阻系数最小。因此，半导体在外力作用下的电阻变化率可表示为：

$$\frac{\Delta R}{R} = K_{RH} \sigma_H + K_{RL} \sigma_L \tag{3-25}$$

式中　K_{RH}——半导体电阻的横向（与晶向垂直）压阻系数，Pa^{-1}；

　　　σ_H——半导体电阻受到的横向（与晶向垂直）应力，Pa；

　　　K_{RL}——半导体电阻的纵向（与晶向同向）压阻系数，Pa^{-1}；

　　　σ_L——半导体电阻受到的纵向（与晶向同向）应力，Pa。

3.4.3.2　压阻式（压力）传感器结构

压阻式压力传感器是基于材料的压阻效应制造而成的压力传感器，其核心元件是半导体压敏电阻片（扩散电阻）。半导体压敏电阻片的基本结构如图 3-9 所示，电阻片中间层是厚度

0.05～0.08mm 的细长半导体单晶硅薄片，薄硅片两端镀有黄金薄膜，在此焊上细金属丝引线，再粘贴在酚醛树脂薄膜上，硅片尺寸的准确性用腐蚀方法来保证。为了提高灵敏度，也可将硅片做成金属电阻应变片中的栅状，如图 3-9 所示。

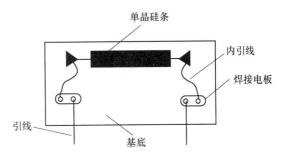

图 3-9　半导体压敏电阻片的基本结构

压敏电阻片正常工作需要依附于单晶硅膜片等弹性元件，从而构成压阻式压力传感器，如图 3-10 所示。圆形的单晶硅平膜片上布置有 4 个扩散电阻，组成一个全桥测量电路。膜片用一个圆形硅杯固定，将两个气腔隔开，一端接被测压力，另一端接参考压力。当存在压力差时，扩散电阻的电阻率改变，导致两对电阻的电阻值发生变化，电桥失去平衡，其输出电压与膜片承受的压力差成比例。

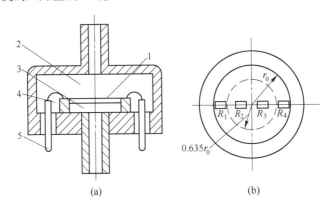

图 3-10　压阻式压力传感器

（a）结构简图；（b）测量电路

1—单晶硅平膜片；2—低压腔；3—高压腔；4—硅杯；5—引线

压阻式压力传感器体积小，结构简单，动态响应好，可测量高达数千赫兹乃至更高的脉动压力。扩散电阻的灵敏系数是金属应变片的 50～100 倍，能直接反映出微小的压力变化，更能测出十几帕斯卡的微压。但压阻式压力传感器的敏感元件易受温度影响，因此，在制造硅片时利用集成电路的制造工艺，将温度补偿电路、放大电路，甚至将电源变换电路集成在同块单晶硅膜片上，并将信号转换成 4～20mA 的标准信号传输，提高传感器的静态特性和稳定性。

3.4.4　霍尔压力传感器

3.4.4.1　霍尔效应

霍尔压力传感器

霍尔效应是美国物理学家霍尔于 1879 年在研究载流导体在磁场中受力性质时发现的一种电磁效应。当电流垂直于外磁场通过导体或半导体时，载流子发生偏转，垂直于电流和磁场的方向会产生一个附加电场，从而在导体或半导体的两端产生电势差，这一现象就是霍尔效应，这个电势差也被称为霍尔电势差。

如图 3-11（a）所示，霍尔片（半导体单晶薄片）置于磁场 B 中，当在晶片的 y 轴方向上通以一定强度的电流 I 时，带电粒子受磁场力（方向可由左手定则确定）的作用，其运动方向将发生偏移，使得在 x 轴方向的一个端面上造成电子积累而形成负的表面电荷，而在另一端面上则正电荷过剩，于是在 x 轴方向出现了电场。由于电场的形成，因而使带电粒子受到了与磁场力方向相反的电场力。当磁场力与电场力相平衡时，电子积累达到了动态平衡，这时就形成了稳定的霍尔电势。霍尔电势可表示为：

$$V_\mathrm{H} = R_\mathrm{H}IB \tag{3-26}$$

式中　R_H——与霍尔片材料、结构（长度、厚度）有关的常数，称为霍尔常数。

　　由式（3-26）可知，霍尔电势 V_H 与 B、I 成正比，改变 B、I 可改变 V_H。因此，在电流强度 I 恒定的条件下，若霍尔片所处的磁场强度 B 发生变化，霍尔片的输出电压 V_H 也会随之变化。换言之，在电流强度 I 恒定的条件下，霍尔片的输出电压 V_H 能够反映其所处的磁场强度 B。显然，在一个磁场强度分布不均匀但有规律的空间内，恒电流霍尔片的输出电压也能反映其所处的位置。因而，将不均匀磁场与霍尔片结合使用可实现位移（位置）-电势的转换。

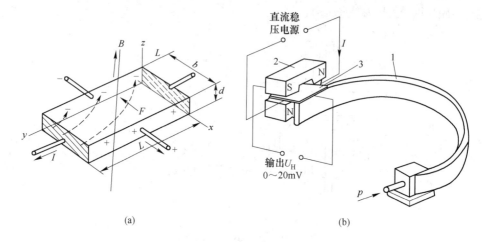

(a)　　　　　　　　　　　　　　　　　(b)

图 3-11　霍尔片式压力传感器

（a）霍尔效应原理；（b）结构示意图

1—弹簧管；2—磁钢；3—霍尔片

3.4.4.2　霍尔式压力传感器

　　霍尔式压力传感器的结构如图 3-11（b）所示，由压力-位移转换部分、位移-电势转换部分和稳压电源等三部分组成。压力-位移转换部分通常是一个弹簧管，其自由端固定有霍尔片；位移-电势转换部分是由霍尔片、不均匀磁场发生装置（磁钢及引线）等组成。在被测压力 p 的作用下，弹簧管自由端带动霍尔片产生位移，而霍尔片及不均匀磁场又将该位移信号转变为霍尔电压，通过测量电势可以确定待测压力的大小。

3.4.5　压电式压力传感器

3.4.5.1　压电效应

　　压电式压力传感器是利用压电材料的压电效应将被测压力转换为电信号。压电材料在沿一定方向受到压力或拉力作用时而发生变形，并在其表面上产生电荷；而且在去掉外力后，它们又重新回到原来的不带电状态，这种现象称为压电效应。由压电材料制成的压电元件受到压力作用时，在弹性范围内其产生的电荷量与作用力之间成线性关系。

$$q = k \cdot A \cdot p \tag{3-27}$$

式中　q——电荷量，C；

　　　k——压电常数，C/N；

　　　A——作用面积，m^2；

　　　p——被测压力，Pa。

压电材料主要有两类：一类是单晶体，如石英、铌酸锂等；另一类是多晶体，如压电陶瓷，包括钛酸钡、锆钛酸铅等。

3.4.5.2　压电式压力传感器的结构

压电式压力传感器的结构如图 3-12 所示。压电元件被夹在两个弹性膜片之间，压力作用于膜片，使压电元件受力而产生电荷。压电元件的一个侧面与膜片接触并接地，另一侧面通过金属箔和引线将电量引出。电荷经电荷放大器放大转换为电压或电流，输出的大小与输入压力成正比例关系，按压力指示。压电式压力传感器可以通过更换压电元件来改变压力的测量范围，还可以使用多个压电元件叠加的方式来提高仪表的灵敏度。

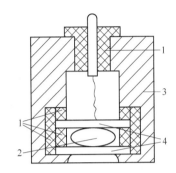

图 3-12　压电式压力传感器的结构示意图

1—绝缘体；2—压电元件；3—壳体；4—膜片

压电式压力传感器结构简单紧凑，全密封，工作可靠；动态质量小，固有频率高，不需外加电源；适于工作频率高的压力测量，测量范围为 0~0.0007MPa 至 0~70MPa；测量精确度为±1%、±0.2%、±0.06%。但是其产生的电荷很小，输出阻抗高，需要加高阻抗的直流放大器；因其输出信号对振动敏感，需要增加振动加速度补偿等功能，提高其环境适应性。压电传感器还可应用于振动及频率的测量中，在生物医学测量中也广泛应用。

3.5　差压（压力）变送器

差压（压力）变送器用来把差压（压力）、流量、液位等被参数转换成统一标准信号（如 4~20mA DC），并将此标准信号送给指示、记录仪表或控制器等，以实现对上述参数的显示、记录或控制。随着电子技术、数据通信与网络技术及智能技术的推广应用，差压变送器有了迅猛的发展，经历了双杠杆、矢量机构、微位移式（电容式、扩散硅、电感式）、智能式等阶段，现在正式进入智能时代。压力变送器和差压变送器的原理和结构基本相同，不作单独介绍。

3.5.1　电容式差压变送器

基于电容传感原理的压力或差压变送器是同类变送器中性能优越的品种。由于没有传动机构，因此它具有结构简单、过载能力强、高精度、高稳定性、高可靠性、高抗震性、体积小、重量轻、使用方便等优点，加之工艺技术先进，量程调整和零点迁移互不干扰，是目前工业上普遍使用的压力、差压变送器之一。

电容式变送器完全由模拟元件构成，它将输入的各种被测参数转换成统一标准信号，其性能也完全取决于所采用的硬件。从构成原理来看，电容式差压变送器包括测量部件和转换放大电路两部分，如图 3-13 所示。

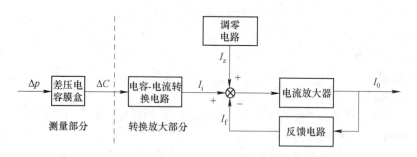

图 3-13　模拟式压差变送器的构成原理图

测量部分包含检测元件，它的作用是检测被测参数 Δp 输入作用于感压膜片，使其产生位移，从而使感压膜片（即可动电极）与固定电极所组成的差动电容器的电容量发生变化量 ΔC（具体工作原理见 3.4.1 节内容）。

转换放大部分接受来自测量部分送来电容变化量 ΔC，经电容-电流转换电路转换成直流电流信号 I_i，电流信号 I_i 与调零信号 I_z 的代数和同反馈信号 I_f 进行比较，其差值送入放大电路，经放大得到 4~20mA 直流电流输出，并实现量程调整、零点调整和迁移、输出限幅和阻尼调整功能。

3.5.2　压阻式差压变送器

压阻式差压变送器的检测元件采用扩散硅压阻传感器，传感器基本原理见 3.4.3 小节内容。单晶硅具有材质纯、功耗小、体积小、重量轻、滞后/蠕变极小、机械稳定性好等优点，且传感器的制造工艺与硅集成电路工艺有很好的兼容性，因而，压阻式压力（差压）变送器可采用 MEMS（Micro Electro Mechanical Systems，微机电系统）技术制造。随着 MEMS 技术的快速发展，目前以扩散硅压阻传感器作为检测元件的变送器广泛使用。模拟式扩散硅式差压变送器由两大部分组成：测量部分和放大转换部分。其构成方框图如图 3-14 所示。

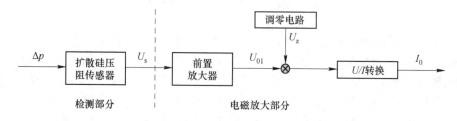

图 3-14　扩散硅式差压变送器构成方框图

测量部分的作用是把被测差压 Δp 作用于扩散硅压阻传感器，成比例地转换为不平衡电压 U_s，它由扩散硅传感器和传感器供电电路组成。扩散硅压阻传感器的工作原理见 3.4.3 小节。

放大转换部分的作用是把测量部分输出的不平衡电压 U_s，由前置放大器放大为 U_{01}，U_{01} 与调零、零点迁移电路产生的调零信号 U_z 的代数和送入电压-电流转换器转换为整机的标准信号 I_0 输出。它是一个仪表放大器，由前置放大器和电压/电流转换器两部分组成。

压阻式差压变送器通常具有如下特点：

（1）体积小，结构简单，精度一般比应变片式变送器的高；

（2）灵敏系数是金属应变片的几十倍，能测量微小的压力变化；

（3）动态响应好，迟滞小，可用来测量几千赫兹乃至更高的脉动压力；

（4）存在温度效应，易受环境温度的影响，但比应变片式仪表好。

3.5.3 差压（压力）变送器使用时的调整

3.5.3.1 量程调整

量程调整的目的，是使变送器的输出信号上限值 y_{max} 与测量范围的上限值 x_{max} 相对应。图 3-15 为变送器量程调整前后的输入输出特性。由该图可见，量程调整相当于改变变送器的输入输出特性的斜率，也就是改变变送器输出信号 y 与输入信号 x 之间的比例系数。

实现量程调整的方法，模拟式变送器通常是改变反馈部分的反馈系数 K_f，K_f 越大，量程越大；反之，K_f 越小，量程越小。有些模拟式变送器还可以通过改变测量部分转换系数 K_i 来调整量程。对于数字式变送器，量程调整一般是通过组态实现的。

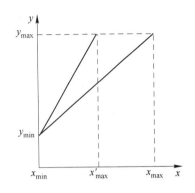

图 3-15 变送器量程调整前后的
输入输出特性

3.5.3.2 零点调整和零点迁移

零点调整和零点迁移的目的，都是使变送器的输出信号下限值 y_{min} 与测量范围的下限值 x_{min} 相对应。在 $x_{min} = 0$ 时，称为零点调整，在 $x_{min} \neq 0$ 时，称为零点迁移。也就是说，零点调整使变送器的测量起始点为零，而零点迁移是把测量的起始点由零迁移到某一数值（正值或负值）。当测量的起始点由零变为某一正值时，称为正迁移；反之，当测量的起始点由零变为某一负值时，称为负迁移。零点迁移的例子可参见 5.3.3 节，变送器零点迁移前后的输入输出特性如图 3-16 所示。

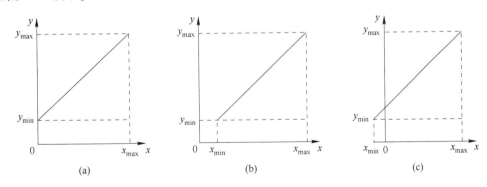

图 3-16 变送器零点迁移前后的输入输出特性
（a）未迁移；（b）正迁移；（c）负迁移

由图 3-16 可以看出，零点迁移以后，变送器的输入输出特性沿 x 轴向右或向左平移了一段距离，其斜率并没有改变，即变送器的量程不变。进行零点迁移，再辅以量程调整，可以提高仪表的测量精度。零点调整的调整量通常比较小，而零点迁移的调整量比较大，可达量程的一倍或数倍。各种变送器对其零点迁移的范围都有明确规定。

零点调整和零点迁移的方法，对于模拟式变送器，通过调整调零电路输出信号 z_0 的大小来实现，如图 3-13 和图 3-14 所示；对于智能式变送器，则是通过组态来完成的。

3.5.4　智能差压（压力）变送器

智能压力变送器是由传感器技术与微电子技术结合形成的智能型变送器，因其在功能、精度、可靠性、维护、组态上较常规模拟变送器有很大提高，现阶段已被广泛应用。变送器的智能化主要表现为具有自我监测、远程通信的能力，以及因采用微机械电子加工技术、超大规模的专用集成电路（ASIC）和表面安装技术，而使变送器具有高可靠性、量程范围宽及稳定的温压补偿性能。智能压力变送器一般是由传感器、微处理器、存储器及模数、数模转换器和通信接口组成。

现以 3051C 电容式差压变送器等为例介绍智能变送器。3051C 是国内引进费希尔-罗斯蒙特公司技术而生产的一种二线制变送器，基本构成与工作原理如图 3-17 所示。

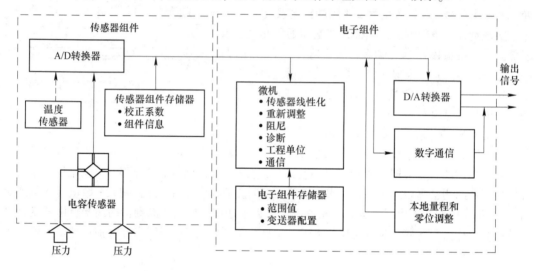

图 3-17　3051C 差压变送器的基本构成与工作原理框图

传感器组件中的电容室采用激光焊封。机械部件和电子组件与外界隔离，既消除了静压的影响，也保证了电子线路的绝缘性能。同时检测温度值，以补偿热效应，提高测量精度。变送器的电子部件安装在一块电路板上，使用专用集成电路（ASIC）和表面封装技术。微处理器完成传感器的线性化、温度补偿、数字通信、自诊断等功能，它输出的数字信号叠加在由 D/A 输出的 4~20mA 直流电流信号线上。

智能式扩散硅压力变送器也是一种常用的智能压力变送器，其基本构成与工作原理如图 3-18所示。智能式扩散硅压力变送器是把带隔离的硅压阻式压力敏感元件封装于不锈钢壳体内制作而成，它能将感受到的液体或气体压力转换成标准的电信号对外输出，广泛应用于供/排水、热力、石油、化工、冶金等工业过程现场测量和控制。

微处理器是智能变送器的核心，负责对数据的综合运算处理，如对检测信号线性化、量程重调、函数运算、工作单位换算及诊断与通信功能。变送器的微处理器控制 A/D 和 D/A 的转换工作，也能完成自诊断及实现数字通信。由于微处理器的使用，智能差压变送器相对于传统变送器，通常具有如下功能与优点。

（1）具有自动补偿能力，可通过软件对传感器的非线性、温漂、时漂等进行自动补偿。可自诊断，通电后可对传感器进行自检，以检查传感器各部分是否正常，并作出判断。数据处理方便准确，可根据内部程序自动处理数据，如进行统计处理、去除异常数值等。

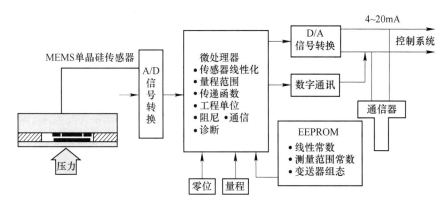

图3-18　智能式扩散硅压力变送器工作原理框图

（2）具有双向通信功能。微处理器不但可以接收和处理传感器数据，还可将信息反馈至传感器，从而对测量过程进行调节和控制。可进行信息存储和记忆，能存储传感器的特征数据、组态信息和补偿特性等。

（3）具有数字量接口输出功能，可将输出的数字信号方便地和计算机或现场总线等连接。

（4）智能变送器一般都具有宽广的量程范围，量程比大，从30∶1到100∶1，有的甚至达到400∶1。变送器的量程比是指最大测量范围（URV）与最小测量范围（LRV）之比。

3.6　压力检测仪表的使用与校准

3.6.1　压力仪表的选择

选择压力仪表应根据被测压力的种类（压力、负压或压差）、被测介质的物理、化学性质和用途（标准、指示、记录和远传等）及生产过程所提的技术要求，同时应本着既满足测量准确度又经济的原则，合理地选择压力仪表的型号、量程和精度等级。

3.6.1.1　仪表类型的选用

仪表的选型必须满足生产过程的要求，例如：是否要求指示值的远传或变送、自动记录或报警等；被测介质的性质及状态（如腐蚀性强弱、温度高低、黏度大小、脏污程度、易燃易爆等）是否对仪表提出了专门的要求；仪表安装的现场环境条件（如高温、电磁场、振动及安装条件等）对仪表有无特殊要求等。

3.6.1.2　仪表量程的选择

究竟应选择多大量程的仪表，应由生产过程所需要测量的最大压力来决定。为了避免压力仪表超过负荷而破坏，仪表的上限值应高于生产过程中可能出现的最大压力值。一般地，在被测压力比较平稳的情况下，压力仪表上限值应为被测最大压力的3/2；在压力波动较大的测量场合，压力仪表上限值应为被测压力最大值的2倍。为了保证测量准确度，被测压力的最小值应不低于仪表量程的1/3。因此，测量稳定压力时，常使用在仪表量程上限的1/3~2/3处。测量脉动（波动）压力时，常使用在仪表量程上限的1/3~1/2处。对于瞬间内的压力测量，可允许作用到仪表量程上限值的3/4处。

普通压力仪表的量程规定如下系列值：$(1.0, 1.6, 2.5, 4.0, 6.0) \times 10^n$ Pa，在确定量程时，应参照上述系列值进行。但有时还要考虑压力源的极大值来选择压力表的量程。

3.6.1.3 仪表精度的选择

压力仪表精度的选择应以实用、经济为原则，在满足生产工艺准确度要求的前提下，根据生产过程对压力测量所能允许的最大误差，尽可能选用价廉的仪表。一般工业用 1.5～1.0 级已经足够，在科研、精密测量和校验压力表时常用 0.5 级或 0.25 级以下的精密压力表或标准压力表。

3.6.2 压力计的安装

压力计的安装正确是否，直接影响到测量结果的正确性与仪表的寿命，一般要注意以下事项：

3.6.2.1 取压点的选择

取压点必须真正反映被测介质的压力，应该取在被测介质流动的直线管道上，而不应取在管路急弯、阀门、死角、分叉及流束形成涡流的区域；当管路中有突出物体（如测温元件）时，取压口应取在其前面；当必须在控制阀门附近取压时，若取压口在其前，则与阀门距离应不小于 2 倍管径，若取压口在其后，则与阀门距离应不小于 3 倍管径。

被测介质为液体时，取压口应位于管道下半部与管道水平线成 0°～45° 角，目的是保证引压管内没有气泡，两根引压管内液柱产生的附加压力可以相互抵消。被测介质为气体时，取压口应位于管道上半部与管道垂直中心线成 0°～45° 角，其目的是为了保证引压管中不积聚和滞留液体。被测介质为蒸汽时，取压口应位于管道上半部与管道水平线成 0°～45° 角。最常见的接法是：从管道水平位置接出，并分别安装凝液罐，这样两根引压管内部都充满冷凝液，而且液位高度相同。

3.6.2.2 导压管的铺设

导压管的长度一般为 3～50m、内径为 6～10mm，连接导管的水平段应有一定的斜度，以利于排除冷凝液体或气体。当被测介质为易冷凝或冻结时，应加保温伴热管线。在取压口与测压仪表之间，应靠近取压口装切断阀。对液体测压管道，应靠近压力表处装排污。

3.6.2.3 压力计的安装

测压仪表安装时应注意：

（1）仪表应垂直于水平面安装，且仪表应安装在取压口同一水平位置，否则需考虑附加高度误差的修正，如图 3-19（a）所示；

（2）仪表安装处与测定点之间的距离应尽量短，以免指示迟缓；

（3）保证密封性，不应有泄漏现象出现，尤其是易燃易爆气体介质和有毒有害介质；

（4）当测量蒸气压力时，应加装冷凝管，以避免高温蒸汽与测温元件接触，如图 3-19（b）所示；

（5）对于有腐蚀性或黏度较大、有结晶、沉淀等介质，可安装适当的隔离罐，罐中充以中性的隔离液，以防腐蚀或堵塞导压管和压力表，如图 3-19（c）所示；

（6）为了保证仪表不受被测介质的急剧变化或脉动压力的影响，应加装缓冲器、减振装置及固定装置。

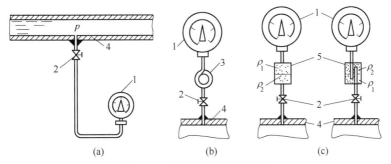

图 3-19　压力表安装示意图

（a）压力表位于生产设备之下；（b）测量蒸汽；（c）测量有腐蚀性介质

1—压力表；2—切断阀；3—冷凝管；4—生产设备；5—隔离罐；

ρ_1，ρ_2—被测介质和隔离液的密度

3.6.3　压力计的校验

压力仪表在使用之前，必须检定和校准，长期使用的压力仪表也应定期检定。当仪表带有远距离传送系统及二次仪表时，应连同二次仪表一起检定、校准。

常用活塞式压力计作为校验压力计的标准仪器，它的精度等级有 0.02 级、0.05 级和 0.2 级，可用来校准 0.2 级精密压力计，亦可校准各种工业用压力计。

活塞式压力计是利用静力平衡原理工作的，它由压力发生系统（压力泵）和测量活塞两部分组成，如图 3-20 所示，图中 1~5 组成压力发生系统，6~11 组成测量系统。通过手轮 1 带动丝杠 2 改变加压泵活塞 3 的位置，从而改变工作液体 4 的压力 p。此压力通过活塞缸 5 内的工作液体作用在活塞 8 上。在活塞 8 上面的托盘 6 上放有砝码 7。当活塞 8 下端面受到压力 p 作用所产生的向上顶的力与活塞 8、托盘 6 及挂码 7 的总重力相平衡时，则活塞 8 被稳定在活塞缸 5 内的任一平衡位置上，此时力的平衡关系为：

$$pF = G \tag{3-28}$$

式中　　F——活塞 8 底面的有效面积；

G——活塞、托盘及砝码的总重力。

$$p = G/F \tag{3-29}$$

因此，可以方便而准确地由平衡时所加砝码的质量求出被测压力值。

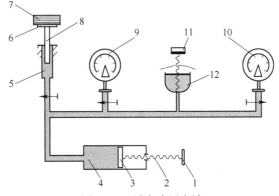

图 3-20　活塞式压力计

1—手轮；2—丝杠；3—加压泵活塞；4—工作液体；5—活塞缸；6—托盘；7—砝码；

8—活塞；9—标准压力表；10—被校压力表；11—进油阀；12—油杯

压力计的校验方法如下：

（1）检验点应在测量范围内均匀选取 3~4 个点，一般应选在带有刻度数字的大刻度点上；

（2）均匀增压至刻度上限，保持上限压力 3min，然后均匀降至零压，主要观察指示有无跳动、停止、卡塞现象；

（3）单方向增压至校验点后读数，轻敲表壳再读数，用同样的方法增压至每一校验点进行校验，然后再单方向缓慢降压至每一校验点进行校验，计算出被校表的基本误差、变差、零位和轻敲位移等。

复习思考题

3-1 什么叫做压力，表压力、绝对压力、负压力（真空度）之间有何关系？

3-2 按照转换原理，压力测量仪表分为哪几类，各自的测量原理是什么？

3-3 常用的液柱式压力计有几种，简述其工作原理及特点。

3-4 常用的压力检测弹性元件有几种，各有何特点？

3-5 弹簧管压力计的弹簧管截面为什么要做扁形或椭圆形的，可以做成圆形截面吗？

3-6 弹簧管压力计的测压原理是什么？试述弹簧管压力计的主要组成及测压过程。

3-7 弹簧管压力计的测量范围 0~1MPa，精度等级为 1.5 级。试问此压力计允许绝对误差是多少？若用标准压力计来校核该压力表，在校验点为 0.5MPa 时，标准压力计上的读数为 0.512MPa，试问被校压力表在这一点是否符合 1.5 级精度，为什么？

3-8 什么是压电效应？试述压电式压力传感器的工作原理。

3-9 试述电容式压力传感器的工作原理，它有何特点？

3-10 何为压阻效应？试简述压阻式压力传感器的工作原理与特点。

3-11 什么叫做霍尔效应，试叙述霍尔压力传感器的工作原理。

3-12 简述电容式压力（差压）变送器的工作原理，它有何特点？

3-13 应变片式和压阻式压力传感器的工作原理是什么，两者有何异同点？

3-14 某台空气压缩机缓冲容器的工作压力范围为 107.8~156.8kPa，工艺要求就地观察容器压力，并要求测量误差不得大于容器内压力的 ±2.5%。试选择一台合适的压力计（名称、刻度范围、准确度等）并说明理由。

3-15 现有一台测量范围为 0~1.6MPa、精度为 1.5 级的普通弹簧管压力表，校验后，其结果见表 3-2。试问这台表是否合格？它能否用于某空气贮罐的压力测量（该贮罐工作压力为 0.8~1.0MPa，测量的绝对误差不允许大于 0.05MPa）？

表 3-2 弹簧管压力表校验结果　　　　　　　　　　　　　　　（MPa）

读　　数	上　行　程	下　行　程
被校表读数	0.0，0.4，0.8，1.2，1.6	1.6，1.2，0.8，0.4，0.0
标准表读数	0.000，0.385，0.790，1.210，1.595	1.595，1.215，0.810，0.405，0.000

3-16 有一被测压力 $p=6.5$MPa，用弹簧管压力计进行测量，仪表所处的环境温度 40℃，要求测量值准确到 1%，试选择测量仪表的测量范围和精度等级（β 取 0.0001）。

3-17 某反应器最大压力为 0.8MPa，允许最大误差为 0.01MPa。现用一只测量范围为 0~1.6MPa、精确度等级为 1.0 级的压力来进行测量，问能否符合准确度要求？说明理由。其他条件不变，测量范围改为 0~1.0MPa，结果又如何？

3-18 如何正确选用压力计，压力计安装要注意什么问题？

4 流量检测与仪表

第 4 章课件

生产过程中需要消耗大量的物质，如经由管道输送的天然气、煤气、蒸汽、氧气、氮气、氢气等气体，水、酸、碱、盐、各种燃油、原油等液体，以及经由传送带输送的矿石、煤、各种熔剂等固态物料。这些物质的流通量统称流量，大多都需要进行检测和控制，以保证生产设备在负荷合理而安全的状态下运行，同时为进行经济核算提供基本的数据。设备的物料与能源消耗等流量参数直接表征设备的处理能力及对能源等的需要量，是衡量设备规模、经济性和技术性的重要指标。虽然温度、压力与流量并列成为工业生产、能源计量、环境保护、科学实验等领域的三大检测参数，但温度、压力等参数的控制通常都是通过调节物料或能源的流量来控制，因此流体流量检测是有效地进行生产和控制、节约能源及企业经营管理所必需的。

4.1 概　述

4.1.1　流量的定义

概述

流量是指单位时间内流过管道或特定通道横截面的流体数量，亦称为瞬时（平均）流量。当以 m^3、L 等来表示流体数量时，此时称流量为体积流量，记做 q_v，体积流量是流体平均流速 v 与流经管道横截面积 A 的乘积，即 $q_v = Av$，常采用 m^3/s、m^3/h、L/s 等单位。而当流体数量以 kg、t 等来表示时，称其为质量流量，记做 q_m，质量流量可以用体积流量 q_v 乘以流体的密度 ρ 而得到，即 $q_m = q_v \times \rho$，单位有 t/h 和 kg/s 等。

连续生产过程通常情况下只需测定瞬时流量，但在一些场合，例如经济核算与贸易往来中，往往需要测得流体总（流）量。在某一段时间内流过管道横截面的流体的总和称为总（流）量或累计流量。它是瞬时流量对时间的积分或积累，单位有 m^3 和 t 等。

4.1.2　流量仪表分类

测量流量的仪表称为流量表，也称为流量计。由于流体性质及流体条件各不相同，流量检测的方法和仪表种类繁多，分类方法不一。例如，若按流量计信号反映的是体积流量还是质量流量，可将流量检测仪表分为体积流量表和质量流量表两种类型，如图 4-1 所示。

体积流量表又分为速度式流量表和容积式流量表。速度式体积流量仪表，或称速度式流量计，是指当管道中流体的流通截面积 A 确定后，通过测出通过该截面流体的流速 v，来获得此处流体的体积流量大小的流量计。而在单位时间里（或一段时间里）直接测得通过仪表的流体体积流量的仪表称为容积式体积流量仪表，或称容积式流量表。

质量流量仪表又分为直接式质量流量仪表和间接式（或称推导式）质量流量仪表。前者是由仪表的检测元件直接测量出流体质量的仪表；后者是同时测出流体的体积流量、温度、压力等参数，再通过运算间接推导出流体的质量流量的仪表。

生产实践中，人们通常习惯于按测量方法和结构将流量计分类，这也是目前最为流行的分类方式。根据测量方法和结构，将流量计划分为差压式流量计、转子式流量计、电磁流量计、涡轮式流量计、旋涡式流量计、超声波式流量计、热式质量流量计、容积式流量计等

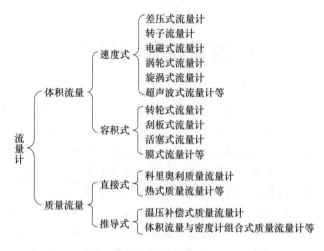

图 4-1 流量检测仪表的分类

类型。

本章将按照测量方法和结构分类法介绍常用的体积流量与质量流量检测仪表的工作原理、主要组成、选择及安装使用的基本知识。

4.2 差压式流量计

差压式流量计

差压式流量计是一类历史悠久、技术成熟、使用极广的流量计。流体流经检测元件时，由于压头转换而在检测元件前后或检测端产生静压力差，该压差与流过的流量之间存在一定的关系，这种通过测量压差而求出流量的流量计统称为差压式流量计。按结构形式可分为节流式流量计、匀速管流量计、弯管流量计等多种，其中以节流装置为检测元件的节流差压式流量计结构简单，性能稳定，使用维护方便，且有一部分已标准化，故得到了广泛应用。

4.2.1 节流式流量计

节流式流量计

节流式流量计主要包括节流装置、差压变送器和流量积算仪等部件，其中节流装置由节流件、取压装置和符合要求的直管段所组成，如图 4-2 所示。常用的标准节流装置有孔板、喷嘴及文丘里管，如图 4-3 所示。

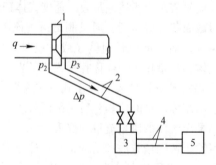

图 4-2 节流式流量计组成

1—节流装置；2—压力信号管路；3—差压变送器；4—电流信号传输线；5—显示仪表

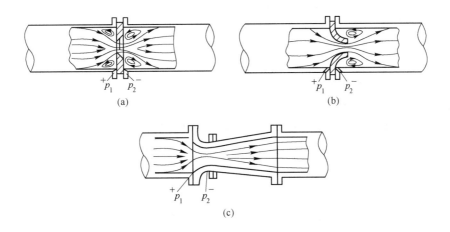

图 4-3　节流装置的型式

（a）孔板；（b）喷嘴；（c）文丘里管

4.2.1.1　测量原理和流量方程

A　测量原理与计算方法

如图 4-4 所示，圆形截面管道中安装一个节流装置，例如孔板，则当不可压缩的理想流体连续流过节流装置的节流孔（或喉部）时，流体流态发生变化，由于压头转换而产生压差，当忽略压头损失 δ_p 时，由伯努利方程可得：

$$p_1' + \frac{\rho v_1^2}{2} = p_2' + \frac{\rho v_2^2}{2} \tag{4-1}$$

式中　p_1'，p_2'——流束在截面 I、Ⅱ 处相应的静压力，Pa；

　　　　v_1，v_2——流束在截面 I、Ⅱ 处的流速，m/s；

　　　　ρ——流体的密度，kg/m³。

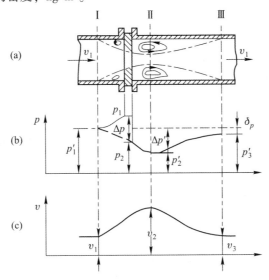

图 4-4　流体流经节流孔前后的流态变化

（a）流动情况；（b）压力分布；（c）速度分布

假定流体的流速是均匀一致的，则由式（4-1）可得：

$$v_2^2 - v_1^2 = 2(p_1' - p_2')/\rho \qquad (4-2)$$

由流体流动连续性方程得：

$$A_1 v_1 = A_2 v_2 \qquad (4-3)$$

式中　A_1——截面 I 处流束的断面积，等于管道的截面积，m^2；

A_2——截面 II 处（流束收缩最小）的断面积，m^2。

设流束收缩系数为 $\mu = A_2/A_d$，即 $A_2 = \mu A_d$（A_d 为节流件的开孔面积），又设管道直径为 D 和节流件开孔直径为 d，则有 $A_d/A_1 = d^2/D^2 = \beta^2$，其中 β 称为直径比，由式（4-2）和式（4-3）整理后得流量 q_m 为：

$$q_m = \rho A_2 v_2 = A_2 \frac{\sqrt{2(p_1' - p_2')\rho}}{\sqrt{1 - (A_2/A_1)^2}} = \mu A_d \frac{\sqrt{2\Delta p'\rho}}{\sqrt{1 - \mu^2\beta^4}} \qquad (4-4)$$

实际流体流动时有压头损失，流速也不是均匀一致的，并且流束收缩最小截面位置难以确定，该截面处压力 p_2' 及 $\Delta p'$（$\Delta p' = p_1' - p_2'$）均无法确定。故实际测量时并非测图 4-4 中所示的 $\Delta p'$（$\Delta p' = p_1' - p_2'$），而是测量节流件前后某两个特定位置的压差，例如测图 4-4 中的 $\Delta p = p_1 - p_2$。考虑到这些因素，需对式（4-4）进行修正。修正时将包括 μ 在内的系数合为一个无量纲的系数 C，从而可得不可压缩流体的差压-流量方程为：

$$q_m = A_d \frac{C}{\sqrt{1 - \beta^4}} \sqrt{2\Delta p\rho} \qquad (4-5)$$

对于空气、煤气、水蒸气等可压缩流体，流体流经节流装置前后的流体密度会发生变化，故引入一个可膨胀系数 ε，则可压缩流体的质量流量（kg/s）与体积流量（m^3/s）分别为：

$$q_m = A_d \frac{C\varepsilon}{\sqrt{1 - \beta^4}} \sqrt{2\Delta p\rho_1} \qquad (4-6)$$

$$q_v = \frac{q_m}{\rho_1} = A_d \frac{C\varepsilon}{\sqrt{1 - \beta^4}} \sqrt{2\Delta p/\rho_1} \qquad (4-7)$$

式中　ρ_1——截面 I 处流体的密度，kg/m^3。

式（4-6）与式（4-7）是节流式流量计的通用流量公式。当被测流体为液体时 $\varepsilon = 1$，当被测流体为气体、蒸汽时 $\varepsilon < 1$。

但在实际应用时，流量及压差等参数采用非 SI 制单位，则需改写基本流量方程。例如：流量分别以 kg/h 和 m^3/h 表示，节流件开孔直径 d 以 mm 表示，压差 Δp 单位为 kPa，流体工作密度 ρ 仍以 kg/m^3 表示，则质量流量（kg/h）和体积流量（m^3/h）的计算公式变为：

$$q_m = 0.12645 \times \frac{C\varepsilon}{\sqrt{1 - \beta^4}} d^2 \sqrt{\Delta p \cdot \rho} \qquad (4-8)$$

$$q_v = 0.12645 \times \frac{C\varepsilon}{\sqrt{1 - \beta^4}} d^2 \sqrt{\Delta p/\rho} \qquad (4-9)$$

上述流量实用方程中，常数项 0.12645 称为计量常数，是因为采用不同的计量单位而产生的。显然，采用不同的计量单位，就有不同的计量常数与计算公式。

B　流量方程参数分析

由流量方程可知，流量是 C、Δp、d、ε、ρ、$\beta(D)$ 6 个参数的函数，其中 Δp、d、ρ、β (D) 为实测参数，C、ε 为统计参数。

（1）流出系数 C。流出系数 C 是无法实测的量，流出系数定义式为：流出系数 C＝实际流量/理论流量，按照 GB/T 2624—2006（ISO 5167），对于不可压缩流体，C 值由式（4-10）确定：

$$C = \frac{q_m \sqrt{1 - \beta^4}}{A_d \sqrt{2\Delta p\rho}} \qquad (4-10)$$

在一定的安装条件下，对于给定的节流装置其 C 值仅与雷诺系数有关。对于不同的节流装置，只要这些节流装置几何相似，并且在相同的雷诺数时，其 C 值是相同的，即 $C=f$（节流装置，R_{ed}，D，β）。C 值目前由实验方法确定，积累大量数据后，用数理统计的回归分析法求得 C 的函数关系式。

在 GB/T 2624—2006 之前，文献资料都是引入的流量系数 α，流量系数的定义式为：

$$\alpha = CE = C/ \sqrt{1 - \beta^4} \qquad (4-11)$$

式中　E——渐近速度系数，$E = 1/ \sqrt{1 - \beta^4}$。

（2）可膨胀系数 ε。ε 是对流体通过节流装置时密度发生变化引起流出系数变化的修正。ε 取决于雷诺数值，也取决于气体的压力比和等熵指数值。

（3）差压 Δp。Δp 的准确测量不仅决定于差压变送器的准确度，还与取压装置、导压管路的许多因素有关，只有严格遵循标准规定才能保证测量精度。

（4）流体密度 ρ。流体密度 ρ 在流量方程中与差压 Δp 处于同等位置，一般由压力、温度及流体组成等计算求得；当现场的工作条件与设计条件不相符时要进行修正，它是整个流量测量系统的重要组成部分。

（5）d、D。在流量方程中，节流元件的开孔直径 d 与流量为平方关系，其测量误差对流量误差影响较大。

标准节流装置

4.2.1.2　标准节流装置

节流装置已发展应用半个多世纪，积累的经验和试验数据十分充分，应用也十分广泛，先进的工业国家大多制订了各自的标准。我国于 2006 年颁布新的国家标准《用安装在圆形截面管道中的差压装置测量满管流体流量》（GB/T 2624—2006），该标准等同于国际标准 ISO 5167：2003。在国家标准规定的使用极限范围内，根据该标准所提供的数据和要求进行设计、制造和安装使用的节流件，称为标准节流装置。标准孔板、标准喷嘴与标准文丘里管（简称孔板、喷嘴、文丘里管）等，无须经过实液标定即可使用，测量准确度一般为 1%~2%，能满足工业生产的一般要求。

A　标准孔板

a　结构形式

标准孔板的结构如图 4-5 所示，它是一个具有与管道轴线同轴的圆形开孔，其直角入口边缘是非常尖锐的薄板，通常用不锈钢制造。各种形式的标准孔板是几何相似的，它们都应符合标准所规定的技术要求。

孔板的上下游端面应当平行，且是光滑平整的，在上游端面 A 上任

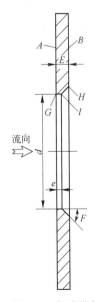

图 4-5　标准孔板

意两点的直线与垂直于轴线的平面之间的斜度小于 0.5%，可以认为孔板是平的；表面粗糙度要求 $Ra \leq 10^{-4}d$。孔板的下游端面 B 也应是平整的，且与 A 面平行，对它的加工要求可以低一些。

孔板的厚度 E 应在节流孔厚度 e 与 $0.05D$ 之间，e 应在 $0.005D$ 与 $0.02D$ 之间。在节流孔的任意点上测得的各个 E 或 e 值之间的差值均不大于 $0.001D$。如孔板厚度 E 超过节流孔厚度 e 时，出口处应有一个向下游侧扩散的光滑锥面，锥面的斜角 F 应为 $45° \pm 15°$，其表面要精细加工。对上游侧入口边缘 G 应当十分尖锐、无毛刺、无卷口，亦无可见的任何异常。节流件开孔越小，边缘尖锐度的影响越大。

在任何情况下节流件开孔直径 $d \geq 12.5$mm，直径比 β 在 $0.1 \sim 0.75$ 范围内。

b　取压口

每个节流装置，至少应在某个标准位置安装一个上游取压口和一个下游取压口，不同取压方式的上、下游取压孔位置都必须符合国家标准的规定。

在节流件上下游取压孔的位置不同，所取得的差压不同如图 4-6 所示。取压口的位置表征标准孔板的取压方式，一般分为角接取压、法兰取压、径距取压三种，标准孔板常用角接取压法和法兰取压法。取压方式不同的标准孔板，其取压装置的结构、孔板的适用范围、流出系数的实验数据及有关技术要求均有所不同，使用时应注意选择。

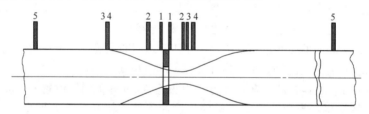

图 4-6　节流装置的取压方式

1-1—角接取压；2-2—法兰取压；3-3—径距取压；4-4—缩流取压；5-5—管接取压

（1）角接取压方式。从节流件上下游断面与管壁的夹角处取出待测的压力，称为角接取压，如图 4-6 中的 1-1，取压装置的结构有两种形式如图 4-7 所示，上半部为环室取压，下半部为单独钻孔取压。

单独钻孔取压由前、后夹紧环上取出，取压孔的轴线与孔板前、后端面距离分别为取压孔直径的一半或取压口环隙宽度的一半。取压口的出口边缘应与孔板断面平齐，取压孔直径 b 的大小规定为：对于清洁流体或蒸汽，当 $\beta < 0.65$ 时为 $0.005D \leq b \leq 0.03D$；当 $\beta > 0.65$ 时为 $0.01D \leq b \leq 0.02D$。无论如何，直径 b 的实际尺寸对于任何 β 值，用于清洁流体应为 1mm $\leq b \leq 10$mm，用于蒸汽或液化气应为 4mm $\leq b \leq 10$mm。对于直径较大的管道，为了取得均匀的压力，允许在孔板上下游侧规定的位置上分别设有几个单独钻的取压孔，钻孔按等角距对称配置，并分别连通起来做成取压环形管。

环室取压装置是在节流件上下游两侧安装前、后环室

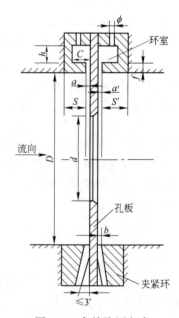

图 4-7　角接取压方式

（或称夹持环），用法兰将环室、节流件和垫片紧固在一起，环室的内径应在（1.00～1.04）D 范围内选取，保证不会凸出于管道内。上下游环室的长度 S（或 S'）不得大于 $0.5D$，为了取得圆管周围均匀的压力，环室是紧靠节流件端面开一宽度为 a 的环隙与管道内相通，环室的厚度 f 应等于或大于环室宽度 a 的 2 倍；环室的横截面积 $h \times c$ 应等于或大于此环隙与管道相通的开孔总面积的一半，至少 50mm^2，h 或 c 不应小于 6mm。连通管直径为 $4 \sim 10\text{mm}$。环室取压的优点是压力取出口面积比较大，便于取出平均压差而有利提高测量准确度，但是加工制造和安装工作复杂。对于大口径的管道（$D \geqslant 400\text{mm}$），通常采用单独钻孔取压的方法。

　　孔板上游管道的相对粗糙度上限值应符合表 4-1 的要求。表中 K 为管壁的等效绝对粗糙度（mm），它取决于管壁粗糙峰谷高度、分布、尖锐度及其他管壁上粗糙性等因素。各种管道（钢管、铜管、铝管等）的 K 值可查有关材料手册。

表 4-1　孔板上游管道的相对粗糙度上限值

β	$\leqslant 0.30$	$\leqslant 0.32$	$\leqslant 0.34$	$\leqslant 0.36$	$\leqslant 0.38$	$\leqslant 0.40$	$\leqslant 0.45$	$\leqslant 0.50$	$\leqslant 0.60$	$\leqslant 0.75$
K/D	24.0×10^4	18.1×10^4	12.9×10^4	10.0×10^4	8.3×10^4	7.1×10^4	4.6×10^4	4.9×10^4	4.2×10^4	4.0×10^4

　　（2）法兰取压装置。标准孔板的上下游两侧均用法兰连接，在法兰中钻孔取压如图 4-8 所示。取压孔的轴线离孔板上下游端面的距离 S 和 S' 名义上均为 24.4mm，并必须垂直于管道的轴线；当 $\beta > 0.60$ 和 $D < 150\text{mm}$ 时，应在（24.4 ± 0.5）mm 之间；当 $\beta \leqslant 0.60$ 或 $\beta > 0.60$，但 $150 \leqslant D \leqslant 1000\text{mm}$ 时，应在（24.4 ± 1）mm 之间。取压孔的轴线应与管道轴线直角相交，孔口与管内表面平齐，孔径 $b \leqslant 0.13D$ 并小于 13mm。

　　（3）径距取压（或称 D 与 $D/2$ 取压）。上游取压口中心与孔板上游端面距离名义上等于 D，但在 $0.9D \sim 1.1D$ 之间时，无须对流出系数进行修正。下游取压口中心与孔板上游端面距离为 $D/2$，但当 $\beta \leqslant 0.60$ 时，在（$0.48 \sim 0.52$）D 之间；当 $\beta > 0.60$ 时，在（$0.49 \sim 0.51$）D 之间，都不必对流出系数进行修正。

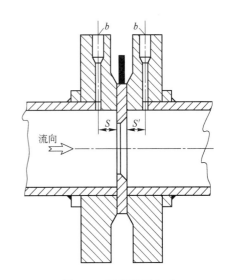

图 4-8　法兰取压方式

　　不同取压方式的标准孔板必须满足表 4-2 国家标准规定的条件，才能正常使用。表 4-2 中规定了管径 D（单位：mm）和直径比的范围，最小雷诺数 Re_D（或称界限雷诺数）。流出系数 C 值只有在最小雷诺数以上使用时才是稳定的。

表 4-2　GB/T 2624.2—2006 规定的孔板应用条件

角接取压或径距取压（D 与 $D/2$ 取压）	法兰取压
$d \geqslant 12.5\text{mm}$	$d \geqslant 12.5\text{mm}$
$50\text{mm} \leqslant D \leqslant 1000\text{mm}$	$50\text{mm} \leqslant D \leqslant 1000\text{mm}$
$0.10 \leqslant \beta \leqslant 0.75$	$0.10 \leqslant \beta \leqslant 0.75$
$0.10 \leqslant \beta \leqslant 0.56$ 时，$Re_D \geqslant 5000$； $\beta > 0.56$ 时，$Re_D \geqslant 16000\beta^2$	$Re_D \geqslant 5000$ 且 $Re_D \geqslant 170\beta^2 D$

c 流出系数 C

GB/T 2624.2—2006 规定，用里德-哈利斯/加拉赫（Reader-Harris/Gallagh）公式计算流出系数 C：

$$C = 0.5961 + 0.0261\beta^2 - 0.216\beta^8 + 0.000521\left(\frac{10^6\beta}{Re_D}\right)^{0.7} + (0.0188 + 0.0063A) \times$$

$$\beta^{3.5}\left(\frac{10^6}{Re_D}\right)^{0.3} + (0.043 + 0.08e^{-10L_1} - 0.123e^{-7L_1}) \times$$

$$(1 - 0.11A)\frac{\beta^4}{1-\beta^4} - 0.031(M_2' - 0.8M_2'^{1.1})\beta^{1.3} \tag{4-12}$$

式中 L_1——孔板上游端面到上游取压孔距离 l_1 与管道直径 D 的商，$L_1 = l_1/D$；

  A，M_2'—— 计算值，$A = (19000\beta/Re_D)^{0.8}$，$M_2' = 2L_2'/(1 - \beta)$。

其中，L_2' 为孔板下游端面到下游取压孔距离 l_2' 与管道直径 D 的商，$L_2' = l_2'/D$。

若管道直径 $D<71.12$mm（2.8in），上述公式应再加上：$0.011(0.74 - \beta)(2.8 - D/24.4)$（$D$ 的单位为 mm）。

L_1、L_2' 值分别如下：对于角接取压：$L_1 = L_2' = 0$，对于径距取压：$L_1 = 1$，$L_2 = 0.47$；对于法兰取压：$L_1 = L_2' = 24.4/D$（D 的单位为 mm）。

d 可膨胀系数 ε

三种取压方式孔板的可膨胀系数 ε 也改用经验公式计算：

$$\varepsilon = 1 - (0.351 + 0.256\beta^4 + 0.93\beta^8)\left[1 - (p_2/p_1)^{1/\kappa}\right] \tag{4-13}$$

式中 p_1，p_2——上游侧流体的绝对压力，kPa；

  κ——等熵指数。

式（4-13）是根据空气、水蒸气、天然气的试验结果得出的，当 $p_2/p_1 \geqslant 0.75$ 时才实用。已知等熵指数 κ 的其他气体可参照使用。

e 压力损失 δ_p

三种取压方式孔板的压力损失可用式（4-14）近似计算：

$$\delta_p = (1 - \beta^{1.9})\Delta p \tag{4-14}$$

B 标准喷嘴

标准喷嘴有 ISA 1932 喷嘴和长径喷嘴两种，喷嘴在管道内的部分是圆的，它是由圆弧形的收缩部分和圆筒形喉部组成。ISA 1932 喷嘴简称标准喷嘴，其形状如图 4-9 所示，是由垂直于中心线平面入口部分 A、两段圆弧曲面 B 和 C 构成的入口收缩部圆筒形喉部 E 与防止出口边缘损伤的保护槽 F 所组成。

平面入口部分的 A 是由直径为 $1.5d$ 且与旋转轴同心的圆周和直径为 D 的管道内部圆周限定。当 $d = 2D/3$ 时，该平面部分的径向宽度为零；当 $d > 2D/3$ 时，在管道内的喷嘴上游端面不包括平面入口部分。此时喷嘴将按照 $D>1.5d$ 加工，然后将入口切平，使收缩廓形最大直径正好等于 D，如图 4-9（b）所示。

收缩部分是由 B、C 两段组成的曲面，第一圆弧曲面 B 与 A 面相切，圆弧 C 分别与 B 及喉部 E 相切；B、C 半径为 R_1、R_2。当 $\beta<0.50$ 时，$R_1 = 0.2d\pm0.02d$，$R_2 = d/3\pm0.033d$；当 $\beta \geqslant 0.50$ 时，$R_1 = 0.2d\pm0.006d$，$R_2 = d/3\pm0.01d$。圆弧 B 的圆心距 A 面为 $0.2d$，距喷嘴轴线 $0.75d$，圆弧 C 的圆心距轴线为 $5d/6$，与 A 面的距离为 $0.3014d$。

圆筒形喉部 E 的直径为 d，长度为 $0.3d$。出口边缘 F 应十分尖锐，无肉眼可见的毛刺或伤痕，无明显倒角。边缘保护槽 F 的直径 ϕc 最小为 $1.06d$，轴向长度最大为 $0.03d$。如能保证出口边缘不受损伤也可不设保护槽。喷嘴平面 A 及喉部 E 的表面粗糙度为 $Ra \leqslant 10^{-4}d$。

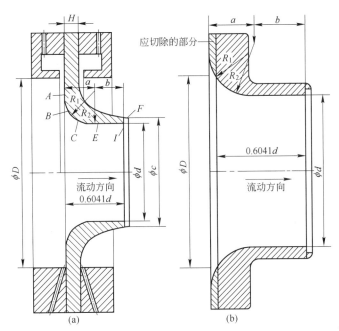

图 4-9 ISA 1932 喷嘴

(a) $d \leqslant \dfrac{2D}{3}$; (b) $d > \dfrac{2D}{3}$

喷嘴总长(不包括保护槽 F)取决于直径比 β,等于 $0.6041d$($0.3 \leqslant \beta \leqslant 2/3$)或 $\left(0.4041 + \sqrt{\dfrac{0.75}{\beta} - \dfrac{0.25}{\beta^2} - 0.5225}\right)d$($2/3 \leqslant \beta \leqslant 0.8$)。喷嘴的厚度 H 不得超过 $0.1D$。喉部直径 d 的加工公差要求与孔板相同。

标准喷嘴的上游取压口采用角接取压口;下游取压口可以采用角接取压口方式,亦可使压口轴线与喷嘴上游端面之间的距离小于或等于 $0.15D$(对于 $\beta \leqslant 0.67$)或者 $\leqslant 0.20D$(对于 $\beta > 0.67$),具体要求参阅 GB/T 2624.3—2006。

标准喷嘴的流出系数 C 按式(4-15)计算:

$$C = 0.9900 - 0.2262\beta^{4.1} - (0.00175\beta^2 - 0.0033\beta^{4.15})(10^6/Re_D)^{1.15} \qquad (4\text{-}15)$$

标准喷嘴的适用范围为:$50\text{mm} \leqslant D \leqslant 500\text{mm}$,$0.30 \leqslant \beta \leqslant 0.80$。当 $0.30 \leqslant \beta \leqslant 0.44$ 时,$7 \times 10^4 \leqslant Re_D \leqslant 10^7$;当 $0.44 \leqslant \beta \leqslant 0.80$ 时,$2 \times 10^4 \leqslant Re_D \leqslant 10^7$。

长径喷嘴由入口收缩部、圆筒形喉部与下游面三部分组成,这里叙述从略,可参阅 GB/T 2624.3—2006。

C 文丘里管

标准文丘里管有古典文丘里管(简称文丘里管)与文丘里喷嘴两种形式。文丘里管如图 4-10 所示,它是由入口圆筒段 A、圆锥收缩段 B、圆柱形喉部 C 及圆锥形扩散段 E 组成。文丘里管内壁是对称于轴线的旋转表面,该轴线与管道同轴。

入口段 A 的直径和管道内径 D 相同,其差值不得超过 $0.01D$。在该段上开有取压孔,其长度与内径 D 相同。圆锥形收缩段 B,锥角为 $21° \pm 1°$,上游与 A 段相接,下游与 C 段相接,其长度为 $2.7(D-d)$。圆筒喉部 C 的直径为 d,其长度与 d 相同,在此开有负压取压孔;喉部 C 与邻近曲面的粗糙度 $Ra \leqslant 10^{-5}d$。扩散段 E 是粗糙的,其内表面应清洁而光滑。它的圆锥面锥角

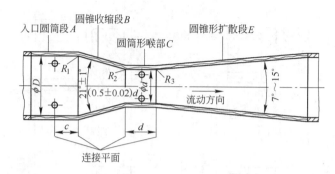

图 4-10　文丘里管

为 7°~15°，最小端直径不小于喉部直径 C。扩散段的最大直径可等于管道直径 D 或稍小，前者为非截尾式文丘里管，后者为截尾式文丘里管。

4.2.1.3　标准节流装置的使用条件

（1）节流装置只适于测量圆形截面管道内的流体，流体必须充满圆管，连续地流过管道。在紧邻节流装置的上游管道内流体的流动状态接近典型的充分发展的紊流状态。

标准节流装置使用条件

（2）流束应与管轴平行，不得有旋转流或旋涡。在进行流量测量时，管道内流体的流动应是稳定的。

（3）流体流量基本上不随时间而变化，或者变化是非常缓慢的。

（4）流体可以是可压缩的气体或不可压缩的流体，但不适于脉动流与临界流。

（5）流体必须是牛顿流体，在物理学和热力学上是单相的，均匀的或者可认为是单相的，且流经节流装置时不发生相变。具有高分散程度的胶质溶液例如牛奶，可以认为是单相流体。

（6）节流装置的制造和使用条件超出国家标准的极限时，必须标定后才能安装使用。

4.2.1.4　节流装置的安装

节流装置安装在一定长度的直管道上，上下游难免有影响流体流动的拐弯、扩张、缩小、分岔及阀门等阻力件，如图 4-11 所示。阻力件的存在，将会严重扰乱流束的分布状态，引起流出系数 C 的变化。因此，在节流件上下游侧都必须有足够长度的直管段。

节流装置的安装

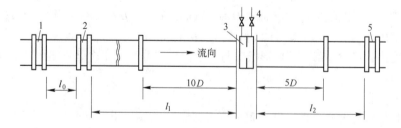

图 4-11　节流装置的安装管段
1，2，5—局部阻力件；3—节流件；4—引压管

在节流件 3 的上游侧有两个局部阻力件 1、2，节流件的下游侧也有一个局部阻力件 5，在各阻力件之间的直管段分别为 l_0、l_1 及 l_2，如在节流件的上游侧只有一个局部阻力件 2，则直管段就只需 l_1 及 l_2。直管段必须是圆的，其内壁要清洁，并且尽可能是光滑平整的。

在节流件前后 2D 长的管道上, 管道内壁不能有任何凸出的物件; 安装的垫圈都必须与管道内壁平齐, 也不允许管道内壁有明显的粗糙不平现象。

在测量准确度要求较高的场合, 为了满足上述要求, 应将节流件、环室 (或夹紧环) 和上游侧 10D 及下游侧 5D 长的测量管先行组装, 检验合格后再接入主管道中。安装节流件时必须注意它的方向性, 不能装反。例如, 安装孔板应以直角入口为 "+" 方向, 扩散的锥形出口为 "-" 方向, 故必须以孔板直角入口侧正对流体的流向。节流件安装在管道中时, 要保证其前端面与管道轴线垂直, 偏斜不超过 1°, 还要保证其开孔与管道同轴心, 偏心度不超过 $0.015D[1/(\beta - 1)]$。

更详细的安装条件及使用条件限制请参阅 GB/T 2624—2006。

4.2.1.5 节流流量计的不确定度

节流流量计
的不确定度

从前面的分析已经知道, 节流式流量测量是由所测差压值按流量方程计算出来的, 属于间接测量法; 在流量公式中, 流出系数 C 和膨胀系数 ε 由实验方法确定, 参数 ρ、d 及 Δp 由实测求得。在使用过程中, 完全按国家标准设计、制造、安装的节流流量计, 由于流量公式中各项参数的测量都存在一定的误差, 所以通过流量公式求得的流量值也存在误差。通常用不确定度来表示这个误差的大小, 它与每一个参量的不确定度有关, 还与这些参量的函数组成形式有关。由于篇幅限制, 书中不详细讨论流量计的不确定度, 如有必要请参阅相关设计手册。

4.2.1.6 非标准节流装置

用标准节流装置测量流量是有严格要求的, 如要求管道内径 D 在 50mm 以上、雷诺数 $Re_D \geqslant 5000$ 等条件, 从而使其使用受到一定的限制。在工业生产中, 可采用一些非标准型式的节流装置来进行测量。非标准型式的节流装置也称为特殊节流装置, 这些装置的研究试验还不够充分, 尚未标准化, 使用时应经个别标定。

A 小管道流量测量

标准孔板只能用在直径大于 50mm 管道上, 在工业与科研上, 常需在直径小于 50mm, 甚至几毫米的管道上测量流体流量, 这里介绍两种非标准孔板供选择。

a 小管径孔板

当管道尺寸较小时, 孔板的偏心、管壁粗糙度和取压口几何尺寸的影响都会增大。为此, 将小管径孔板装在已镗磨过的测量管段中, 如图 4-12 所示, 使管壁的光洁度、圆度和直管段长度都达到孔板的要求。

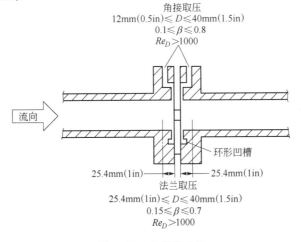

图 4-12 小管径孔板

　　b　内藏孔板

把小孔板装在与差压变送器的正、负压室相连的小管中，这种小孔板和小管就成为构成差压变送器整体的构件，故称为内藏孔板（或称整体孔板）。这种结构不仅使安装变得紧凑，而且扩大了孔板测量小流量的能力。对于液体最小可测量 0.015L/min，对于气体（标态）最小可测量 0.42L/min。

内藏孔板有两种形式：一种是直通式；另一种是 U 形弯管式，如图 4-13 所示。直通式内藏孔板的结构是被测流体流经差压变送器高压室（腔）和小孔板，在小孔板的下游侧有一个三岔口和小支管，小支管与变送器低压室（腔）相连，如图 4-13（a）所示，使变送器低压室感受孔板下游侧的压力。U 形弯管式内藏孔板如图 4-13（b）所示，流体首先流经变送器高压室，然后流过 U 形弯管，在弯管末端装一块小孔板，流体流过小孔后，进入变送器低压室；再由连通管流出通至工艺管道，孔板产生的差压由变送器膜盒测量变换成标准电流信号（4~20mA DC）输出。

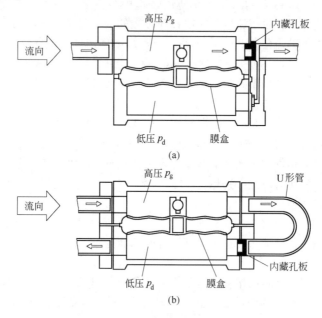

图 4-13　内藏孔板原理结构图
（a）直通式；（b）U 形弯管式

　　内藏孔板适用于测量清洁气体和液体的小流量，工艺管道直径范围 8~25mm，孔板孔径范围通常为 0.4~6.0mm，测量精度±(1%~3%)，流量系数与雷诺数、孔径等因素有关，通常由仪表厂标定。

　　B　含悬浮物和高黏度流体的流量测量

测量含悬浮物和高黏度流体的流量时，在标准孔板前后会积存沉淀物，使管道实际面积减小，测量不准确，甚至管道被堵塞。因而，必须采用特殊节流装置来测量。

　　a　楔形孔板

在管道中嵌入一个楔形（或称 V 形）节流件，如图 4-14 所示。当流体流过时，在节流件前后产生差压 Δp，该压差的平方根与流过的流量成比例关系，故又可称它为楔形孔板。由楔形节流件、法兰取压装置和差压变送器等组成楔形流量计，其主要特性如下：

（1）节流件形状是 V 形体，具有导流作用，可消除滞流区、避免堵塞，故适于测量含悬浮物和高黏度的流体，如泥浆、矿浆、纸浆、污水、重油、原油、柴油、煤气等。

（2）结构简单，无可动部件，锥体夹角不易受脏污介质磨损，性能稳定，能长期保持测量精度，寿命长。

（3）差压测量采用远传式差压变送器（法兰连接型），由隔膜片和毛细管（内充硅油）来感测和传递压力的变化，取消导压管，故没有标准孔板的导压管被堵塞和泄漏问题，适应了悬浮介质（液体和气体）的压力（差压）测量要求。

（4）在较低的雷诺数情况下（$Re_D = 500$），流量与差压仍能保持平方根的比例关系，正常进行流量测量，从而适应高黏度介质管道雷诺数低的测量要求，测量范围宽。

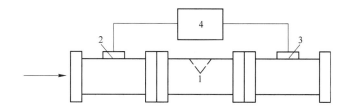

图 4-14　楔形流量计

1—楔形节流件；2，3—取压装置；4—差压变送器

楔形流量计在测量悬浮液和高黏度的流体中独树一帜，广泛应用于一般流量计无法胜任的场合；适用管径范围 8 ~ 600mm（或达 1200mm），雷诺数 300 ~ 1×10^6，流体温度小于或等于 300℃，流体压力小于或等于 6MPa，测量范围度 1:5，目前已达 1:10；测量精度：经标定的为 ±0.5%，未标定的约为 ±3%。楔形比 h/D 可以选择 0.2、0.3、0.4 或 0.5，其中 h 为楔形节流件开口高度；D 为管道内径。楔形比相当于标准孔板直径比，改变楔形比就相应改变了面积比 M，而流量系数和差压也随之改变。

b　圆缺孔板

圆缺孔板形状似扇形，它的开孔是一个圆的一部分（圆缺部分），这个圆的直径是管道直径的 98%，如图 4-15 所示。它主要用于脏污介质含有固体微粒的液体和气体的流量测量，圆缺开孔一般位于下方，但对于含气泡的液体，其开孔位于上方，测量时管道应水平安装。

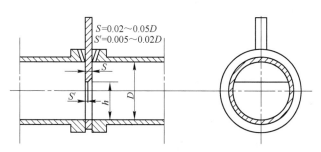

图 4-15　圆缺孔板

圆缺孔板适用范围，管径 50mm ≤ D ≤ 350mm（可达 500mm），0.35 ≤ β ≤ 0.75，雷诺数：10^4 ≤ Re_D ≤ 10^6。取压方式采用法兰取压和缩流取压。

c 偏心孔板

偏心孔板的孔是偏心的,它与一个和管道同心的圆相切,这个圆的直径等于管道直径的98%,如图 4-16 所示。其取压方式有法兰取压和缩径取压两种。适用管径范围:$100mm \leqslant D \leqslant 1000mm$,直径比:$0.46 \leqslant \beta \leqslant 0.84$,雷诺数:$10^5 \leqslant Re_D \leqslant 10^6$。

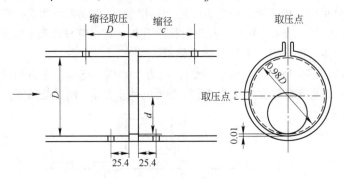

图 4-16 偏心孔板(单位为 mm)

C 低雷诺数情况下的流量测量

管道雷诺数 (Re_D) 与管径、流体黏度、密度和流量大小等有关,某些介质的黏度大、密度小或流量小,则雷诺数低,达不到标准节流装置要求的界限雷诺数(或最小雷诺数),因而流出系数不稳定,造成较大的测量误差。这里介绍两种低雷诺数使用的非标准孔板。

a 1/4 圆孔板

1/4 圆孔板(又称为 1/4 圆喷嘴)与标准孔板相似,只是节流孔的入口边缘形状不同,上游入口边缘是以半径为 r 的 1/4 圆,其圆心在下游端面上,如图 4-17 所示。这种孔板结构简单,又具有喷嘴的一些优良性能,如不受磨蚀、腐蚀和孔板表面固体沉积物的影响,适用管径范围:$D \geqslant 25mm$,直径比 $0.245 \leqslant \beta \leqslant 0.6$,雷诺数 $500 \leqslant Re_D \leqslant 6 \times 10^4$,孔径 $d \geqslant 15mm$,这种孔板的尺寸计算方法与标准孔板相同。当 $D \leqslant 40mm$ 时,只能采用角接取压;$D \geqslant 40mm$ 时采用角接或法兰取压均可。

b 锥形入口孔板

锥形入口孔板的形状与标准孔板相似,相当于一块进出口反装的标准孔板,其入口与中心线夹角为 $45° \pm 1°$,如图 4-18 所示。它要求的雷诺数下限比 1/4 圆孔板还要小,适用管径范围:$D \geqslant 25mm$,直径比 $0.100 \leqslant \beta \leqslant 0.316$,孔径 $d \geqslant 6mm$。这种孔板的尺寸计算方法与标准孔板的相同。

D 新型节流装置

a V 形锥流量计

当节流件上下游管道上有局部阻力件时,例如弯头、阀门、缩径、扩径、泵、三通接头等都会破坏流体的流动状态,因此要求在节流件的上下游必须有较长的直管段,否则会严重损害节流流量计的流量特性,难以获得正确的测量结果。图 4-19 所示的 V 形锥流量计克服了这些缺点,可在极为恶劣的情况下均匀流体分布,即使在紧邻仪表上游有单弯管、双弯管,经过锥体"整流"后的流体分布也比较均匀,可保证仪表在恶劣的条件下获得较高的测量精度。由于 V 形锥流量计可均匀流体分布曲线,因此同其他类型的差压流量计相比,对上下游直管段的要求小,安装时在上游留 0~3D 的直管段,在下游留 0~1D 的直段管即可。

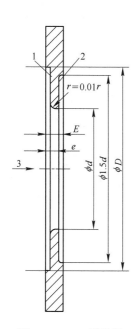

图 4-17 1/4 圆孔板

1—上游端面 A；2—下游端面；3—流向

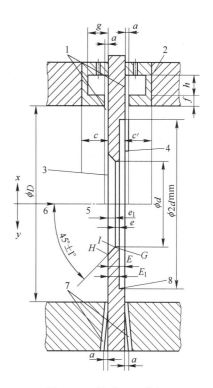

图 4-18 锥形入口孔板

1—环隙；2—夹持环；3—上游端面 A；4—下游端面 B；
5—中心轴；6—流向；7—取压口；8—孔板；
x—带环隙的夹持环；y—单独取压口

　　V 形锥差压流量计，简称 V 锥流量计，是将锥形节流件 3 悬挂在管道的中心线上，从其上游端开孔 1 引出流体压力 p_1，在其下游锥体中心自开孔 2 引出压力 p_2，得到差压 $\Delta p = p_1 - p_2$，其差压流量方程与标准节流装置相同。

　　V 形锥流量计的正压信号 p_1 稳定；负压孔位于锥体尾部中心，液体节流后在负压区只出现高频低幅的小漩涡，使得负压信号 p_2 波动极小，因此输出信号 Δp 非常稳定，可以在较宽的 Re_D 数范围内正常工作，显著提高了精确度和重复性。

　　由于 V 形锥节流件周缘是钝角，流线收缩自然

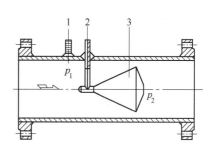

图 4-19 V 形锥差压流量计

1—上游端开孔（总压管）；2—下游端开孔（静压管）；3—节流件

流畅，流动时形成边界层，使流体从节流缘分离，此边界层效应使肮脏流体很少磨损节流体周缘，使 V 形锥流量计具有自整流、自清洗、自保护特性，适用于任何流体介质，对容易结垢的脏污介质或气液两相流的流量测量也很实用，具有长期的稳定性，一般无需重复标定。测量精度优于±0.5%，重复性为±0.1%，压损较小，只有孔板的 1/2～1/3。V 形锥体受到流体的冲刷，无杂物滞留；适用管道内径范围大（为 14～3000mm），大大扩展了节流流量计的适用范围。从大量现场实际使用情况看，V 形锥流量计流量测量效果优于其他差压式流量计。

b　内文丘里管

内文丘里管是一种对传统文丘里管结构作了质的变革而集经典文丘里管、环形孔板、耐磨孔板和锥形入口孔板优点为一体的新一代异型文丘里管，其特性与使用性能优于标准孔板、喷嘴和经典文丘里管，适于测量各种液体、气体和蒸汽，特别适用于测量各种煤气、非洁净天然气、高含湿气体及其他各种脏污流体。因此，它是可取代传统孔板、喷嘴、经典文丘里管的理想换代产品。

内文丘里管是安装在圆形测量管 1 与同轴的文丘里型芯体 2 所构成，如图 4-20 所示。芯体是一几何旋转体，由前段圆锥 6 ［见图 4-20（b）］或圆锥台 6 ［见图 4-20（c）］、中段圆柱 7 和后段圆锥台 8 连接而成。上述三段轴向长度比例及圆锥和圆锥台的夹角，视测量条件的不同而异。在芯体与测量管内圆之间形成一环形通道，其轴向流的横截面积的变化规律和传统文丘里管变化规律相似。芯体固定在支撑轴 9、10 之间，由与之同轴的支撑环 3、4 定位；中小型只有后支撑轴 9 如图 4-20（c）所示。支撑环是具有同轴的内环、外环和将内外环联结成一体的 3 个或 4 个支撑肋构成。在节流件前后静压的取压接头 5，测量两端与管道用法兰连接。

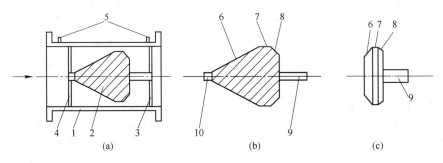

图 4-20　内文丘里管流量计

（a）结构示意图；（b）芯体结构Ⅰ图；（c）芯体结构Ⅱ图

1—圆形测量管；2—文丘里型芯体；3，4—支撑环；5—取压孔；6—前段圆锥 ［图（b）］或
圆锥台 ［图（c）］；7—中段圆柱；8—后段圆锥台；9，10—支撑轴

内文丘里管与经典文丘里管的测量原理相同，流体流经内文丘里管的流动与节流过程同流经经典文丘里管时相似，通过测量差压，便可得知流体流过内文丘里管流量的大小。

流出系数需经过标定计算来确定，不确定度为±0.5%，测量范围度 10:1，压力损失为测量差压的 1/5，约为孔板压损的 1/3。适用雷诺数范围：$Re_D \geqslant 4000$，适用雷诺数下限还可以更低，但其流出系数的不确定度相对大些。

c　平衡流量计

平衡流量计是一种革命性的差压式流量仪表，其流量传感器的结构对传统节流装置进行了极大地改进，可看作是流动调整器与孔板的巧妙结合。通过在圆盘上依据一定的函数关系开凿若干个孔（或称函数孔），当流体穿过圆盘的函数孔时，流体将被平衡整流，涡流被最小化，形成近似理想流体，如图 4-21 所示。与标准节流装置一样，当流体通过该装置时，在其前后产生压差，通过取压装置获得该差压信号，根据伯努利方程计算出流体流量，且在理想流体的情况下，管道中的流量与差压的平方根成正比。

由于平衡流量计具有平衡整流等显著特征，与标准节流装置相比，其性能得到了极大的提升，具体表现如下。

（1）重复性和长期的稳定性好，测量精度高。测量精度是传统节流装置的4～10倍，精确度可达±0.3%、±0.5%。

（2）直管段要求低。直管段一般为上游3D，下游1D，最低可以小于0.5D。

（3）永久压力损失低。压力损失为孔板的1/3～1/4，接近文丘里管。

（4）量程比宽。一般量程比为10∶1，可达30∶1甚至更高。

（5）测量范围宽：流速可以从最小到音速，其最小雷诺数可低于200，最大雷诺数大于1×10^7；β值可选0.25～0.90，管道直径：$10\text{mm}\leqslant D\leqslant3000\text{mm}$。

（6）适用范围广。可应用于气体、液体、气液两相、液态气体、双向流、脏污介质、浆料的测量，流体条件可从超低温到超临界状态，温度最高达850℃，压力达42MPa。

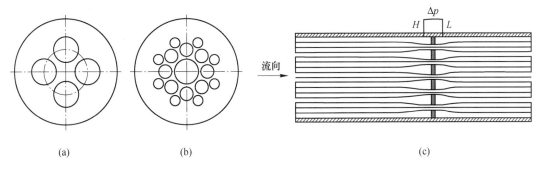

图4-21　平衡流量计结构及流场示意图

（a）4孔；（b）17孔；（c）流场

4.2.1.7　标准节流装置设计计算

根据中华人民共和国国家标准 GB/T 2624—2006，关于流量测量节流装置应用计算机迭代计算方法进行计算，通常情况下，可能有4个不同的命题，即：

标准节流
装置设计计算

（1）在给定节流件上游流体黏度μ_1、节流件上游密度ρ_1、节流件前后压差Δp、管道直径D和节流件开孔直径d的条件下，计算质量流量q_m和体积流量q_v；

（2）已知μ_1、ρ_1、D、Δp和q_m的条件下，求节流孔直径d和直径比β；

（3）已知μ_1、ρ_1、D、d、q_m的条件下，求差压Δp；

（4）已知μ_1、ρ_1、β、Δp、q_m的条件下，求直径D和节流孔直径d。

迭代计算的完整实例见表4-3，迭代计算方法的基本流量方程为式（4-8）或式（4-9）。计算时先根据命题中的已知条件，重新调整流量方程，将已知值组合在方程的一边为不变量，将未知值放在方程的另一边，已知项是问题中的"不变量"（表4-3中用"A_n"表示）。

表4-3　标准孔板计算方案

问　题	$q=?$	$d=?$	$\Delta p=?$	$D=?$
给定量	μ_1、ρ_1、D、d、Δp	μ_1、ρ_1、D、q_m、Δp	μ_1、ρ_1、D、d、q_m	μ_1、ρ_1、β、q_m、Δp
请求出	q_m和q_v	d和β	Δp	D和d
不变量"A_n"	$A_1=\dfrac{\varepsilon d^2\sqrt{2\Delta p\rho_1}}{\mu_1 D\sqrt{1-\beta^4}}$	$A_2=\dfrac{\mu_1 Re_D}{D\sqrt{2\Delta p\rho_1}}$	$A_3=\dfrac{8(1-\beta^4)}{\rho_1}\left(\dfrac{q_m}{C\pi d^2}\right)^2$	$A_4=\dfrac{4\varepsilon\beta^2 q_m\sqrt{2\Delta p\rho_1}}{\pi\mu_1^2 D\sqrt{1-\beta^4}}$
迭代方程	$\dfrac{Re_D}{C}=A_1$	$\dfrac{C\varepsilon\beta^2}{\sqrt{1-\beta^4}}=A_2$	$\dfrac{\Delta p}{\varepsilon^{-2}}=A_3$	$\dfrac{Re_D^2}{C}=A_4$

续表 4-3

问 题	$q = ?$	$d = ?$	$\Delta p = ?$	$D = ?$
弦截法中变量	$X_1 = Re_D = CA_1$	$X_2 = \dfrac{\beta^2}{\sqrt{1-\beta^4}} = \dfrac{A_2}{C\varepsilon}$	$X_3 = \Delta p = \varepsilon^{-2} A_3$	$X_4 = Re_D = \sqrt{CA_4}$
精度判断 (n 由用户选择)	$\left\|\dfrac{A_1 - X_1/C}{A_1}\right\| < 1 \times 10^{-n}$	$\left\|\dfrac{A_2 - X_2 C\varepsilon}{A_2}\right\| < 1 \times 10^{-n}$	$\left\|\dfrac{A_3 - X_3/\varepsilon^{-2}}{A_3}\right\| < 1 \times 10^{-n}$	$\left\|\dfrac{A_4 - X_4^2/C}{A_4}\right\| < 1 \times 10^{-n}$
第一个假设值	$C = C_\infty$	$C = 0.606(孔板)$ $C = 1(其他节流装置)$ $\varepsilon = 0.97(或1)$	$\varepsilon = 1$	$C = C_\infty$ $D = \infty\,(如果是法兰取压)$
结 果	$q_m = \dfrac{\pi}{4}\mu_1 D X_1$ $q_v = q_m/\rho$	$d = D\left(\dfrac{X_2^2}{1+X_2^2}\right)^{0.25}$ $\beta = d/D$	$\Delta p = X_3$ 如果流体为液体, Δp 在第一循环获得	$D = \dfrac{4 q_m}{\pi \mu_1 X_4}$ $d = \beta D$

　　然后把第一个假定值 X_1 代入未知值一边，经计算得到方程两边的差值 δ_1，然后将第二个假定值 X_2 代入，同样得到 δ_2。再把 X_1、X_2、δ_1、δ_2 代入，计算出 X_3、δ_3、$\cdots$、X_n、δ_n，直到 $|\delta_n|$ 小于某一规定值，或者 X 或 δ 的逐次差值满足某个规定精确度时，迭代计算完毕。图4-22 为标准孔板命题(2)计算流程图，图中精度判断条件 1×10^{-n} 由用户自己选择。目前，标准节流装置的计算已不需要人工计算，可借助于完全符合 GB/T 2624—2006/ISO 5167—2003 标准的计算软件进行。

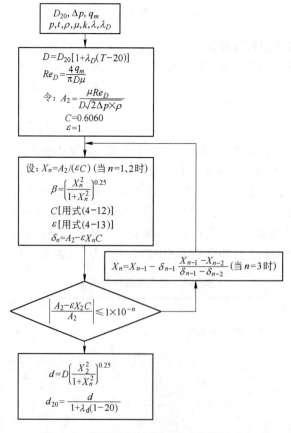

图 4-22　标准孔板计算流程 [命题（2）]

4.2.1.8 节流式流量计的选用

A 节流装置的选择

节流式流量计的主要优点是结构简单，使用方便，寿命长。标准节流装置按国家规定的技术标准设计制造，无须标定即可应用，这是其他流量计难以具备的。它的适应性广，对各种工况下的单相流体、管径在 50~1000mm 范围内都可使用。其不足之处就是量程比较窄，一般为 (3~4):1，压力损失较大，需消耗一定的动力；对安装要求严格，需要足够长的直管段。尽管如此，至今它仍是应用很广泛的流量测量仪表。

常用节流装置是孔板；其次是喷嘴，文丘里管应用得要少一些。应针对具体情况的不同，首先要尽可能选择标准节流装置，不得已时才选择特殊节流装置。从使用角度看，对节流装置的具体选择要点，应考虑以下诸方面。

(1) 允许的压力损失。孔板的压头损失较大，可达最大压差的 50%~90%。喷嘴也可达 30%~80%，文丘里管可达 10%~20%。根据生产上管道输送压力及允许压力损失选节流装置的类型，如果允许压力损失许可，应优先考虑选用孔板。

(2) 加工的难易。从加工制造及装配难易而言，孔板最简单，喷嘴次之，文丘里管最复杂，造价也是文丘里管最高，故一般情况下均应选用孔板。近年来新兴的 V 形锥体流量计、内文丘里管、平衡流量计应成为首选之一。

(3) 被测介质的侵蚀性。如果被测介质对节流装置的侵蚀性与磨损较强，最好选用文丘里或喷嘴，孔板较不适宜，原因是孔板的尖锐进口边缘容易被磨损成圆边，将严重影响它的测量准确度。

(4) 现场安装条件，直管道长度是生产条件限定的。同样，只要条件允许就应首先选用孔板，虽然它要求的直管段长度较长；其次是喷嘴。通常情况下选用文丘里管较少。

B 使用节流装置应注意的问题

节流式流量计广泛地用于生产过程中各种物料（水、蒸汽、空气、煤气）等的检测与计量，为工艺控制和经济核算提供数据，因此要求测量准确、工作稳定可靠。为此，该流量计不仅需要合理选型，精确设计计算和加工制造，更应注意正确安装和使用，方能获得足够的实际测量准确度。下面列举一些造成测量误差的原因，以便在使用中注意，并予适当处理。

a 被测流体参数的变化

节流装置使用特点之一，是当实际使用时的流体参数（密度、温度、压力等）偏离设计的参数时，流量计的显示值与实际值之间产生偏差，此时必须对显示值进行修正。当流体参数偏离不大时，对流量方程式中系数 C（或 α）、ε、d 的影响小，可只考虑密度的变化。在相同的压差 Δp 下，密度变化的修正公式为：

$$q_{v2} = q_{v1}\sqrt{\rho_1/\rho_2} \quad 或 \quad q_{m2} = q_{m1}\sqrt{\rho_2/\rho_1} \qquad (4\text{-}16)$$

式中　q_{v1}，q_{m1}——设计条件下的流体体积流量和质量流量，即流量计的显示值；

　　　q_{v2}，q_{m2}——实际使用条件下的流体体积流量和质量流量；

　　　ρ_1，ρ_2——设计和实际使用条件下的流体密度。

流量显示值应分别乘以密度修正系数（$\sqrt{\rho_1/\rho_2}$ 或 $\sqrt{\rho_2/\rho_1}$）后，才能得到使用条件下的实际流量。流体的密度与温度、压力有一定的函数关系。当流体密度直接测量有困难时，可用其温度、压力的变化代替密度的变化进行修正。

对于一般气体，修正公式为：

$$q_{v2} = q_{v1}\sqrt{\frac{p_1 T_2}{p_2 T_1}} \quad 或 \quad q_{m2} = q_{m1}\sqrt{\frac{p_2 T_1}{p_1 T_2}} \qquad (4\text{-}17)$$

式中 p_1, p_2——设计条件和使用条件下的气体绝对压力；

T_1, T_2——设计条件下的气体绝对温度。

对于水蒸气，它不是理想气体，其密度变化通常采用经验公式计算，在温度和压力不大的范围内适用，这些公式形式较多，下面举例供参考。

饱和水蒸气在压力不超过 1.96MPa 时，对蒸汽密度与压力关系的经验公式有：

$$\rho = p^{15/16}/1.7235 \qquad (4\text{-}18a)$$

过热水蒸气在压力在 2.94 ~ 16.66MPa 及温度 t 在 400 ~ 540℃ 范围内蒸汽密度的经验公式有：

$$\rho = 1.82p/(t - 0.55p + 166) \qquad (4\text{-}18b)$$

蒸汽密度与温度、压力的关系都制成表格，置入智能流量积算仪中备用，不用人工计算。

对于液体，在工作状态下液体的密度可按式 (4-19) 计算：

$$\rho = \rho_{20}[1 - \mu(t - 20)] \qquad (4\text{-}19)$$

式中 ρ_{20}——标准状态（20℃，101.325 kPa）下液体的密度；

μ——液体在 20℃ 至温度 t 范围内的平均膨胀系数。

被测流体的压力和温度的变化，采用人工计算方法来修正，不仅烦琐和不便，而且补偿精度低，不及时又不直观，因此，在生产过程中常采用自动补偿。方法是：把节流装置与有关过程控制仪表组成流量测量系统，在显示仪表上直接指示、记录和累计流体的实际流量。

例如测量气体体积流量时，根据式 (4-19) 可得：

$$q_{v2} = q_{v1}\sqrt{\frac{p_1 T_2}{p_2 T_1}} = K\sqrt{\Delta p}\sqrt{T_2/p_2} \qquad (4\text{-}20)$$

式中 K——流量计设计时的仪表常数。

根据式 (4-20) 采用电动单元组合仪表组成带温度和压力自动补偿的测量系统，如图 4-23 所示。图中分别利用差压变送器、压力变送器与温度变送器将差压 Δp、流体实际压力 p_2 与温度 T_2 转换为与它们成正比的标准电流信号 $I_{\Delta p}$、I_p、I_t，然后用运算器（开方器、乘除器与积算器等）进行有关运算，即可得到瞬时流量 q_{v2} 与累计流量 $\sum q_{v2}$。

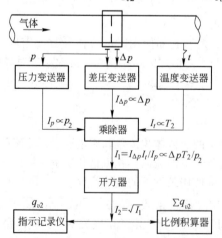

图 4-23 带温度与压力自动补偿的节流式流量计

严格地说，流体压力和温度的变化，还会引起其他参数如 C、α、ε、d、Re_D 等的变化而偏离设计值。图 4-23 的温度与压力补偿系统，仅是一种近似的补偿方法。目前采用单片机构成的智能式质量流量计，不但能对上述所有变量进行自动修正，而且能进行多通道测量并显示，准确度高，便于集中检测控制，并能与计算机联网，应用已很普遍，一般说来应尽量选用这类智能式仪表。

b 原始数据不正确

在节流装置设计计算时，必须按被测对象的实际情况提供原始数据，被测流体最大流量、常用流量、最小流量、流体的物理参数（温度、压力、密度与成分等）、管道实际内径、允许压头损失等。这些原始数据提供得正确与否，将影响设计出来的节流装置的测量准确度，甚至决定能否使用的问题。例如，提供的流量测量范围过大或者过小，把管道的公称直径当作实际内径，温度和压力数值过高或过低等都是不正确的。为了提供准确的原始数据，专业人员应该相互配合，深入调查，掌握被测对象的实际资料。

c 节流装置安装不正确

例如，节流件上下游直管段长度不够，孔板的方向倒装，节流件开孔与管道轴线不同心，垫圈凸出等都可能造成难以估计的测量误差。

d 维护工作疏忽

节流装置使用日久，由于受到流体的冲击、磨损和腐蚀，致使开孔边缘变钝，几何形状变化，从而引起测量误差。例如孔板入口边缘变钝，会使仪表示值偏低。此外，导压管路泄漏或阻塞、节流件附近积垢等，也会造成测量不准确。因此，应该定期维护检查，检定周期一般不超过两年，对超过国家标准规定误差的节流装置应予更换。

4.2.2 均速管流量计

均速管流量计始于 20 世纪 60 年代，至今已有 60 余年历史，它是插入式流量计的一类品种，具有插入式流量计的一系列优点，深受用户青睐。均速管流量计的检测元件可分为差压式、热式和电磁式，目前差压式的应用比较广泛。均速管流量计
与节流孔板相比，它的结构简单，容易加工，成本低廉，不可恢复的压力损失小，大约只相当于节流装置的百分之几，适用的流体种类及工作状态广泛。

4.2.2.1 工作原理

差压式均速管流量计是应用皮托（Pitot）原理测出管道内沿直径方向若干点的平均总压与静压之差来估算流量的。图 4-24 是皮托管测流量示意图，应用皮托管只能测量管道截面上某一点的流体速度，所测得的速度通常并不代表流体的平均流速。虽然可以优选检测点或经多点测量来计算其平均值，但实施起来却比较麻烦，至少要测 20 个点的流速才可以求出平均流速，并且很难实现自动测量平均流速。

图 4-24　皮托管测流量示意图

为了获得管道内的流体平均速度，在皮托（Pitot）管的基础上，出现了均速管（动压平均管）测量方法。把管道截面采用等圆面积法分成四个相等的部分（两个半环形和两个半圆形），如图 4-25 所示，取各个小面积范围的总压平均值，然后再取它们的平均值即作为总压力的平均值。插入一根总压管 1 和静压管 2，总压管面对气流方向测量四个环形截面的流体总压头（包括静压头和动压头），在总压管内另插入一根引压管，由它引出四个总压头的平均值 p_1；静压管装在背着流动方向上，取压孔在管道轴线位置上，引出流体的静压头 p_2；由此测出总压和静压之差，求出管道内流体平均速度。

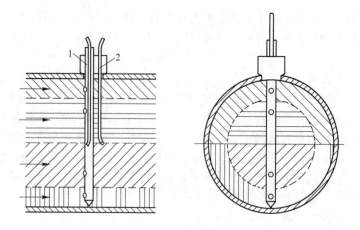

图 4-25 均速管流量传感器原理

1—总压管；2—静压管

4.2.2.2 流量方程

差压式均速管流量传感器结构如图 4-26 所示，包括均速管（检测元件）、插入机构、取压装置等部件。由动压管测出总压和静压之差，而总压和静压之差与流速有关，由不可压缩流体的伯努利方程推导出流量测量公式：

$$\frac{p_0}{\rho} = \frac{1}{2}v^2 + \frac{p}{\rho}, \ v = \sqrt{\frac{2(p_0 - p)}{\rho}} \tag{4-21}$$

式中　p_0——总压，Pa；

　　　p——静压，Pa；

　　　ρ——流体密度，kg/m^3；

　　　v——流体速度，m/s。

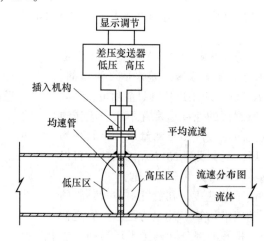

图 4-26 差压式均速管流量计

若管道截面积为 $A(\mathrm{m}^2)$，考虑到实际因素的影响，可得均速管的流量方程如下：

$$q_v = \alpha \varepsilon A \sqrt{\frac{2(p_0 - p)}{\rho}} \tag{4-22}$$

$$q_m = \rho q_v = \alpha \varepsilon A \sqrt{2\rho(p_0 - p)} \tag{4-23}$$

式中 q_v——流体的体积流量，$\mathrm{m^3/s}$；

q_m——流体的质量流量，$\mathrm{kg/s}$；

α——工作状态下均速管的流量系数；

ε——工作状态下流体流过检测杆时的流束膨胀系数，对于不可压缩性流体 $\varepsilon = 1$，对于可压缩性流体 $\varepsilon < 1$。

4.2.2.3 结构与种类

均速管流量计的检测管国内外有名目繁多的叫法，主要有阿牛巴（Annubar）、威力巴（Vrabar）、威尔巴（Wellbar）、德尔塔巴（Deltaflow）、托巴（Torbar）、双 D 巴等。常见的检测管截面形状如图 4-27 所示。近年来均速测量技术发展很快，其结构型式多样，圆形横截面的均速管已被淘汰，而采用菱形、T 字形、椭圆形与子弹头形等形式。均速管的开孔位置与数目也各不相同，迎流方向的全压孔（或称为高压孔）设在管的前端，开孔数目有 2、4、5 等个数（管道半径对应的开孔数目），视管径大小而定。开孔的布置按对数-线性法或对数-契比雪夫法计算。

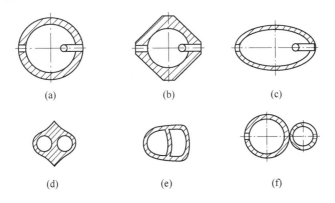

图 4-27 均速管流量计的检测管截面形状

（a）圆形；（b）菱形；（c）椭圆形；（d）德尔塔巴；（e）威力巴；（d）双管前后布置

4.2.2.4 特点

均速管流量计的特点是结构简单的插入式探头，适于测量气体、蒸汽和液体的流量，管道内径从十几毫米到几米，管径越大，其优越性越突出，一般要求雷诺数：$10^4 \leqslant Re_D \leqslant 10^7$。它可以在不断流的情况下将检测件由管道中取出，以便维修或更换。均速管流量计的主要不足是仪表测量的准确度低及准确度的可信性差，测量准确度通常为 1% ~ 3%。均速管尚未标准化，故制作的均速管应经过标定后才能使用。由于均速管的取压孔直径仅几毫米到十几毫米，取压孔容易堵塞，一般不适于含尘或黏度大的流体；另外，差压信号较小，通常用微压差式或低压差变送器作为二次仪表。

4.2.3 弯管流量计

流体流过弯曲管道时，因流向改变，产生惯性离心力，弯管外侧压力 p_g，会高于其内侧的压力 p_d，形成压差 Δp（$\Delta p = p_g - p_d$）。弯管有 90°、180°、360° 等几种，以 90° 弯管（弯头）最常用，其原理如图 4-28 所示。按图 4-28 所示方

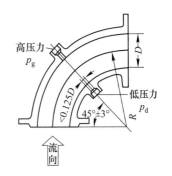

图 4-28 弯管流量计原理示意图

向取压 p_g 和 p_d，导入差压变送器，测量出压差 Δp，流过流量的大小与压差的平方根成比例关系，体积流量（m³/h）和质量流量（kg/h）的实用方程为下：

$$q_v = 0.12645C_\beta D^2\sqrt{\Delta p/\rho} \tag{4-24}$$

或

$$q_m = 0.12645C_\beta D^2\sqrt{\Delta p\rho} \tag{4-25}$$

式中　Δp——弯管产生的压差，kPa；

$\quad\quad D$——弯管的内径（工作温度下），mm；

$\quad\quad \rho$——流体的工作密度，kg/m³；

$\quad\quad C_\beta$——弯管流量计的流出系数，$C_\beta = a_\beta\sqrt{\dfrac{R}{2D}}$，其中 R 为弯管曲径半径，mm，α_β 为流量

系数，可用经验公式计算：$a_\beta = 1.0248\left(1 - \dfrac{6.5}{\sqrt{Re_D}}\right)$。

弯管流量计的主要特点如下。

（1）弯管流量传感器是一个 90°标准弯头，通常采用与工艺管道相同的材质制作，曲率半径比 R/D 通常为 1、1.5、2、4；管道粗糙度 $D/K \geqslant 500$（K 为管壁绝对粗糙度）；结构简单，管内没有插入任何测量元件，动力损耗小；还可利用工艺管道的自然弯头兼作流量传感器，不仅节约投资，而且没有附加压力损失，是一种节能型流量计。

（2）耐磨、耐高温、抗腐蚀、使用寿命长，可以长期保持测量精度；适于管径 50～2000mm，也可用于正方形管道；工作压力小于或等于 6.4MPa，温度小于或等于 500℃。

（3）测量精度为±（0.5%～1%），未经标定值为±3%。

（4）雷诺数范围为 $5×10^4$～$5×10^6$。

（5）适于测量空气、蒸汽、烟气、煤气等气体，工业用水、污水泥浆、矿浆、酸碱溶液、原油等液体，也适于脏污流体测量，可避免堵塞。

4.3　转子流量计

转子流量计

4.3.1　工作原理

转子流量计也称为浮子流量计，它是在一个向上略微扩大的均匀锥形管内，放一个较被测流体密度稍大的浮子（转子），如图 4-29 所示。当流体自下而上流动时，浮子受到流体的作用力而上升，流体的流量愈大，浮子上升愈高。浮子上升的高度 h 代表一定的流量，从而可从管壁上的流量刻度标尺直接读出流量数值。

浮子在管内可视为一个节流件，在锥形管与浮子之间形成一个环形通道，浮子的升降就改变环形通道的流通面积而测定流量，故又称为面积式流量计。它与流通面积固定、通过测量压差变化而测定流量的节流式流量计比较，结构简单得多。

设浮子的最大截面积为 A_s（m²），体积为 C_s（m³），密

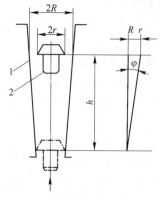

图 4-29　转子流量计原理
1—测量管；2—转子

度为 $\rho_s(\mathrm{kg/m^3})$；被测流体的密度为 $\rho(\mathrm{kg/m^3})$，浮子与锥形管之间环形通道处的流速为 $v(\mathrm{m/s})$，则浮子在锥形管内受流体向上的浮力为 $\rho A_s v^2/2$，浮子在流体中自垂向下的力为 $C_s(\rho_s-\rho)g$。忽略压力损失，在平衡状态即浮子稳定在一定高度时，则有：

$$\rho A_s v^2/2 = C_s(\rho_s-\rho)g$$

由此得：
$$v = \sqrt{\dfrac{2C_s(\rho_s-\rho)g}{A_s\rho}}$$

考虑到压力损失等因素，可得到在浮子稳定位置处对应的体积流量（$\mathrm{m^3/s}$）为：

$$q_v = \alpha A_0 \sqrt{\dfrac{2C_s(\rho_s-\rho)g}{A_s\rho}} \tag{4-26}$$

式中　α——流量系数，它与锥形管的锥度、浮子的形状和雷诺数等因素有关，由实验确定；

　　　A_0——浮子稳定位置处的环形通道面积，$A_0 = \pi(R+r)h\tan\varphi = \pi(2r+h\tan\varphi)h\tan\varphi$。

对一台具体的转子流量计，A_s、C_s、ρ_s、r、φ、α 均可视为常数，当被测流体的密度 ρ 已知时，式（4-26）可简化为 $q_v = f(h)$。q_v 与 h 之间并非线性关系，只是由于锥形管夹角 φ 很小，可近似视为线性关系，通常在锥形管壁上直接刻度流量标尺。

转子流量计的浮子可以用不锈钢、铝、铜或塑料等制造，视被测流体的性质和量程的大小来选择。转子流量计有直接式和远传式两种，前者的锥形管用玻璃（或透明塑料）制成，流量标尺刻度在管壁上，就地读数，称为玻璃转子流量计；后者的锥形管用不锈钢制造，它将浮子的位移转换成标准电流信号（4~20mA DC）或气压信号（0.02~0.1MPa），传递至仪表室显示记录，便于集中检测和自动控制。

4.3.2　转子流量计的选用

4.3.2.1　使用特点

转子流量计可用来测量各种气体、液体和蒸汽的流量，适用于中、小流量范围，流量计口径从几毫米到几十毫米，流量范围从每小时几升到几百立方米（液体）、几千立方米（气体），准确度±（1%~2.5%），量程比 10∶1。浮子对沾污比较敏感，应定期清洗，不宜用来测量使浮子沾污的介质的流量。

转子流量计
的特点

转子流量计必须垂直安装，不允许倾斜。对流量计前后的立管段要求不严，一般各有约 5D 长度的直管段就可以了。玻璃轮子流量计结构简单，价格便宜，直观，适于在就地指示和被测介质是透明的场合使用。由于玻璃锥形管容易破损，只适宜测量压力小于 0.5MPa、温度低于 120℃ 的液体或气体的流量。远传式转子流量计耐温耐压较高，可内衬或喷涂耐腐材料，以适应各种酸碱溶液的测量要求。此外，对于某些低凝固点的介质，可选用具夹套外壳的转子流量计，夹套内充以低温或保温液体（或蒸汽），以防介质蒸发或冷凝。

4.3.2.2　流量示值的修正

在进行刻度时，液体转子流量计是用常温水标定，气体转子流量计是用空气在 293.15K、101.325kPa 下进行标定。实际使用时被测介质的性质和工作状态（温度和压力）通常与标定时不同，因此，必须对流量计示值加以修正，以免产生测量误差。

转子流量计
示值修正

A　流量示值的修正

忽略其他参数变化的影响，只考虑流体密度（$\mathrm{m^3/s}$）差异，则修正公式为：

$$q_v = q_{v0}\sqrt{\dfrac{(\rho_s-\rho)\rho_0}{(\rho_s-\rho_0)\rho}} \tag{4-27}$$

式中　q_v，q_{v0}——被测流体的实际流量和流量计示值；

　　　　ρ，ρ_0——被测流体密度和标定条件下流体（水或空气）的密度。

对于气体转子流量计，由于 $\rho_s \gg \rho$，$\rho_s \gg \rho_0$，故式（4-27）可简化为：

$$q_v = q_{v0} \sqrt{\frac{(\rho_s - \rho)\rho_0}{(\rho_s - \rho_0)\rho}} \approx q_{v0} \sqrt{\frac{1.205}{\rho}} \qquad (4-28)$$

其中工作状态下的各种气体密度 ρ 可按式（4-29）计算：

$$\rho = \rho_{G_0} \frac{pT_0}{p_0 TZ} = \rho_{G_0} \frac{293.15p}{101.325TZ} \qquad (4-29)$$

式中　ρ_{G_0}——标准状态下气体的密度；

　p，T，Z——分别为工作状态下被测气体的绝对压力（kPa）、绝对温度（K）和压缩系数。

B　量程调整

若浮子的形状和几何尺寸严格保持不变，但改变浮子材料，则可改变流量计的量程：浮子密度增加，量程扩大，反之缩小。浮子质量变化后，流量计示值应乘以修正系数 K：

$$K = \sqrt{\frac{\rho_s' - \rho}{\rho_s - \rho}} \qquad (4-30)$$

式中　ρ_s，ρ_s'——浮子质量改变前、后的密度，kg/m³；

　　　　ρ——被测介质的密度，kg/m³。

4.4　电磁流量计

电磁流量计（EMF，Electromagnetic Flowmeters）是一种根据电磁感应原理制成的流量计，由于没有阻力件，也没有可动部件，压力损失小，测量精度较高，性能稳定可靠，因此被广泛用于冶金、化工、污水处理等工业过程中各种导电液体的流量测量。近年来，随着插入式电磁流量探头及电磁流量传感器和转换器一体式结构 EMF 的出现，用户使用更加灵活，电磁流量计的使用范围也更加广泛。

电磁流量计
工作原理

4.4.1　工作原理

当被测流体垂直于磁力线方向流动而切割磁力线时，如图 4-30 所示。根据右手定则，在与流体流向和磁力线垂直方向上产生感应电势 E_x（V）为：

$$E_x = BDv \qquad (4-31)$$

式中　B——磁感应强度，T；

　　　　D——导体在磁场内的长度，这里是指两电极间的距离，实际就是流量传感器的管径，m；

　　　　v——导体在磁场内切割磁力线的速度，即被测液体流过传感器的平均流速，m/s。

对于具体的流量计，其管径 D 是固定的，磁场强度 B 在有关参数确定后也是不变的，感应电势 E_x 的大小只决

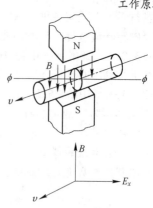

图 4-30　电磁流量计测量原理

定于液体的平均流速，则液体体积流量与感应电势的关系为：

$$q_v = \frac{\pi D}{4B}E_x = KE_x \tag{4-32}$$

式中　K——仪表常数，$K = \pi D/(4B)$，取决于仪表几何尺寸及磁场强度。

　　只要利用传感器测量管上对称配置的电极引出感应电势，经放大和转换处理后，仪表就指示出流量值。

4.4.2　电磁流量传感器

4.4.2.1　电磁流量传感器结构

A　管道式

　　管道式电磁流量传感器由测量管，励磁系统（励磁线圈、磁轭等）、电极，内衬和外壳等组成，如图4-31所示。测量管由非导磁的高阻材料制成，如不锈钢、玻璃钢或某些具有高阻率的铝合金。这些材料可避免磁力线被测量管的管壁短路，且涡流损耗较小。

电磁流量
传感器

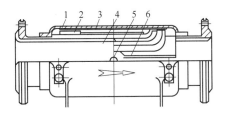

图4-31　管道式电磁流量传感器结构
1—外壳；2—励磁线图；3—磁轭；4—内衬；5—电极；6—绕组支持件

　　为了防止测量导管被磨损或腐蚀，常在管内壁衬上绝缘衬里，衬里材料视被测介质的性质和工作温度而不同，耐腐蚀性较好的材料有聚四氟乙烯、聚三氟氯乙烯、耐酸搪瓷等；耐磨性能较好的材料有聚氨酯橡胶、氯丁橡胶和耐磨橡胶等。

　　电极用非导磁不锈钢制成，或用铂、金或镀铂、镀金的不锈钢制成。电极的安装位置宜在管道的水平对称方向，以防止沉淀物堆积在电极上面而影响测量准确度。要求电极与导管内衬齐平，以便流体通过时不受阻碍。电极与测量管内壁必须绝缘，以防止感应电势被短路。

B　插入式

　　插入式电磁流量传感器也称为电磁流量探头，主要由励磁系统、电极等部分组成，如图4-32所示。其原理与管道式电磁流量传感器完全一样，不同的是它的结构小巧、安装简单，并可以实现不断流装卸流量传感器，使用时只要通过管道上专门的小孔垂直插入管道内的中心线上或规定的位置处即可，特别适用于大管道的流量测量。

　　为了提高测量准确度，国外已经研制出均速管型的插入式电磁流量计，探头插在直径方向，贯穿管道直径，电极（多个）按等面积法布置在探头上。

4.4.2.2　电磁流量传感器的励磁与干扰

A　直流与交流励磁

　　电磁流量计的励磁，原则上采用交流励磁和直流励磁都可以。直流励磁不会造成干扰，仪表性能稳定，工作可靠。但直流磁场在电极上产生直流电势，可能引起被测液体电解，在电极上产生极化现象，从而破坏了原来的测量条件。

电磁流量
传感器的
励磁与干扰

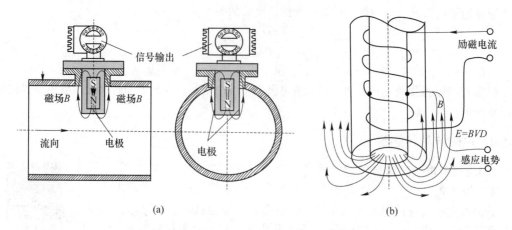

图 4-32　插入式电磁流量传感器结构型式与测量原理

(a) 结构型式；(b) 测量原理

早期工业电磁流量计用交流励磁，如图 4-33（a）所示。产生交流磁场的励磁线圈扎成卷并弯成马鞍形，夹持在测量管上下两边，同时在导管和线圈外边再放一个磁轭，以便得到较大的磁通量和在测量管中形成均匀的磁场。

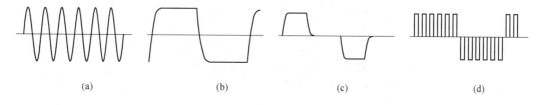

图 4-33　几种励磁波形

(a) 交流励磁；(b) 矩形波 2 值励磁；(c) 矩形波 3 值励磁；(d) 双频矩形波励磁

交流磁场的磁场强度 $B = B_m \sin\omega t$，当流体流动切割磁场时产生感应电势 E_x（V）为：

$$E_x = B_m D \bar{v} \sin\omega t \tag{4-33}$$

式中　B_m——交流磁感应强度的最大值，T；

　　　ω——交流磁场的角频率。

虽然交流磁场可以有效地消除极化现象，但也带来新的问题。因传感器测量导管内充满的是导电液体，交变磁通穿过电极引线、被测液体和转换器的输入阻抗而构成闭合回路，在此回路内产生干扰电势 e_t（V）为：

$$e_t = -k \frac{dB}{dt} = -k\omega B_m \sin\left(\omega t - \frac{\pi}{2}\right) \tag{4-34}$$

比较式（4-33）与式（4-34）可以看出，信号电势 E_x 与干扰电势 e_t 的频率相同，而相位差 90°，故称为 90° 干扰或正交干扰。严重时 e_t 可与 E_x 相当，甚至大于 E_x。因此消除正交干扰，是正常使用交流励磁的电磁流量计的关键问题。也正是由于易受市电等的影响而产生漂移等问题，即使它有较大的信号电动势（每 1m/s 约 1mV）和较高的信噪比，已逐渐被低频矩形波激磁（每 1m/s 0.2~0.3mV）所取代。

B　脉冲方波励磁

直流与交流励磁各有优点，为了充分发挥它们的优点，20 世纪 70 年代开始采用低频方波励磁，其励磁方式有矩形波2值励磁、矩形波3值励磁与双频矩形波励磁，电磁波形如图4-33（b）~（d）所示，其频率通常为工频50Hz的1/4~1/10。

由图4-33可见，无论是2值励磁、3值励磁或双频矩形波励磁，在半个周期内，相当于一个恒稳的直流磁场，具有直流励磁特性，即$dB/dt = 0$，不存在交流电磁干扰；但从整个周期看，它又是一个交变信号。故低频方波励磁能避免交流磁场引起的正交干扰，消除分布电容引起的工频干扰，还能抑制交流磁场在管壁和流体内引起的电涡流，排除直流励磁的极化现象。因此，低频方波励磁在电磁流量计中已得到广泛的应用。

4.4.3　电磁流量转换器

将传感器输出的电势信号E_x经转换器信号处理和放大后转换为正比于流量的4~20mA DC电流信号或脉冲信号，输出给显示记录仪表，因励磁波形的不同，电磁流量转换器的电路有多种形式。这里只简单介绍采用高低频矩形波励磁的电磁流量转换器。

电磁流量
转换器

转换器由微处理机与励磁电路、缓冲放大、A/D转换与电源等组成，自动完成励磁、高低频电势信号采集、处理与转换。因高低频矩形波励磁与上述双频方波励磁不同，前者是在低频方波上迭加一个高于工频频率的矩形波，叠加后生成双频率波形。在微处理机与软件编程控制下，高低频两个磁场通过励磁施加于流体，感应产生不同频率的电势信号。高频励磁不受流体噪声的干扰，零点稳定性极好。在缓冲器内的高低频采样电路分别采集不同频率的两个分量信号，低频分量通过时间常数大的积分电路，获得零点稳定性好的平稳流速信号；高频分量则通过微分电路，它对流体（如浆液或流体导电率低）造成的低频噪声干扰能有效抑制；把这两个不同频率采样所得的信号综合起来，就可得到不受噪声干扰且零点稳定的实时流量信号。

转换器还具有多种功能，如单量程、多量程、多通道设定、瞬时流量与累计流量运算、显示或流量控制、标准电流与脉冲输出、信号远传与BRAIN通信，以及各种报警检测、故障诊断等。

4.4.4　电磁流量计的选用

4.4.4.1　流量计的特点
流量计的特点如下。

电磁流量计
的选用

（1）测量不受被测介质的温度、黏度、密度及导电率（在一定范围内）的影响。

（2）测量导管内无可动部件，几乎没有压力损失，也不会发生堵塞现象，特别适用于矿浆、泥浆、纸浆、泥煤浆和污水等固液两相介质的流量测量。

（3）由于测量管及电极都衬防腐材料，故也适用于各种酸、碱、盐溶液，以及任何带腐蚀性流体的流量测量。

（4）电磁流量计无机械惯性，反应灵敏，可以测量脉动流量。

（5）测量范围很宽，适于管径从几毫米到3000mm，插入式电磁流量计适应的管径可达6000mm甚至更大；流速范围为1~10m/s，通常建议不超过5m/s；量程比一般在（20:1~50:1），高的可达100:1以上；测量精度±（0.5%~2%）。

电磁流量计也有以下不足之处。

（1）管道上安装电极及衬里材料的密封受温度的限制，它的工作温度一般为-40~130℃，工作压力0.6~1.6MPa。

（2）电磁流量计要求被测介质必须具有导电性能，一般要求电导率为10^{-4}~10^{-5}s/cm范围，最低不小于10^{-5}s/cm。由于电导率的限制，因此电磁流量计不适于气体、蒸汽与石油制品的流量测量。

4.4.4.2 流量计的安装与维护

电磁流量计安装时要求传感器的测量管内必须充满液体，并且不允许有气泡产生，前后有足够长的直管段（一般上游大于 5D，下游为 3D）。因为垂直安装（流向由下向上为宜）可以避免固液两相分布不均匀或液体内残留气体，这样可以减少测量误差，应优先选用；若不能垂直安装，则可选择安装在充满液体的水平（整个管路中最低处为宜）或上升处。

电磁流量传感器的输出信号比较微弱，一般满量程只有几毫伏，流量很小时只有几微伏，故易受外界磁场的干扰。因此传感器的外壳、屏蔽线及测量导管均应妥善地单独接地，不允许接在电机及变压器等的公共中线或水管上。为了防止干扰，传感器及转换器应安装在远离大功率电气设备如电机及变压器的地方。

电磁流量传感器及转换器应用同一相的电源，不同相的电源可使检测信号与反馈信号相位差 120°，相敏整流器的整流效率将大大降低，以致仪表不能正常工作。

仪表使用一段时间后，管道内壁可能积垢，垢层的电阻低，严重时可能使电极短路，表现为流量信号愈来愈小或突然下降。此外，管壁内衬也可能被腐蚀和磨损，产生电极短路和渗漏现象，造成严重的测量误差，甚至仪表无法继续工作。因此，传感器必须定期维护清洗，保持测量管内部清洁，电极光亮平整。

4.5 涡轮流量计

涡轮流量计

涡轮流量计也是一种速度式流量仪表，是叶轮式流量计的主要品种（还有水表、风速表等）。它利用置于流场中叶轮旋转速度与流体流速间成一定的比例关系，通过检测叶轮转速来测得流量。涡轮流量计精度较高，压力损失小，耐高压，广泛应用于石油、有机液体、无机液、液化气、天然气、煤气和低温流体等的流量测量。随着电子技术等的发展及其在仪表工业的应用，插入式涡轮流量计、光纤涡轮流量计等新型涡轮流量计的出现，涡轮流量计的量程比进一步更大，并且可以实现双向测量，其应用前景看好。

4.5.1 涡轮流量计结构及原理

涡轮流量计结构如图 4-34 所示。涡轮 1 是用高导磁的不锈钢制成的，涡轮体上有数片螺旋形叶片，整个涡轮支撑在前后两个摩擦力很小的轴承 2 内。流体流动推动涡轮旋转而测定流量。

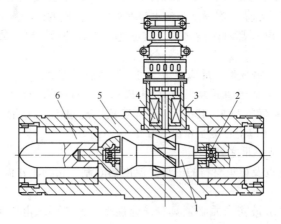

图 4-34 涡轮流量计结构示意图

1—涡轮；2—轴承；3—永久磁铁；4—感应线圈；5—涡轮外壳；6—导流器

涡轮外壳 5 的一侧是由永久磁铁 3 和感应线圈 4 构成的磁电转换装置。流体经导流器 6 进入流量计后，作用于涡轮叶片上推动涡轮旋转，流速越高旋转越快。涡轮旋转时，其高导磁性的叶片扫过磁场，使磁路的磁阻发生周期性的变化，线圈中的磁通量也随之变化，感应产生脉冲电势的频率 f 与涡轮的转速成正比。涡轮流量计输出的电脉冲信号经前置放大后，送入数字频率计，以指示和累计流量。

在流量测量范围和一定流体条件范围内，涡轮流量计输出信号频率 f 与通过涡轮流量计体积流量 q_v 或质量流量 q_m 成比例，即其流量方程为：

$$\begin{cases} q_v = f/K \\ q_m = q_v\rho \end{cases} \tag{4-35}$$

式中 K——涡轮流量计的仪表系数，L^{-1} 或 m^{-3}。

涡轮流量计的实际特性曲线如图 4-35 所示。由于在涡轮流量计使用范围内，仪表系数 K 不是一个常数，故通常采用实验标定其数值。

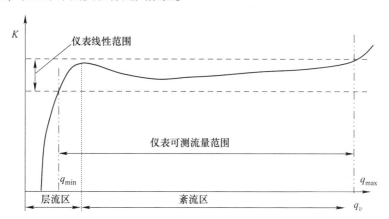

图 4-35   涡轮流量计特性曲线

4.5.2   涡轮流量计特点

涡轮流量计具有以下特点。

（1）精度高，对于液体介质一般为 $\pm(0.25\sim0.5)\%R$，精密型可达 $\pm0.15\%$；对于气体，一般为 $\pm(1.0\sim1.5)\%R$，特殊专用型可达 $\pm(0.5\sim1.0)\%R$。

（2）重复性好，短期可达 $0.05\%\sim0.2\%$。

（3）测量范围宽，最大与最小流量比通常为（6:1）～（10:1），大口径的可达 40:1。

（4）输出脉冲频率信号，响应快，信号分辨力强，适于总量计量及与计算机连接，无零点漂移，抗干扰能力强。

（5）耐腐蚀、耐高压，专用型传感器类型多，可根据用户特殊需要设计为各类专用型传感器；亦可制成插入型，适用于大口径测量，压力损失小，价格低，可不断流取出，安装维护方便。

4.5.3   涡轮流量计选用

选用涡轮流量计主要是看中其精度高的特点。为满足流量测量的要求，选用涡轮流量计时，需考虑以下因素。

（1）流量范围、精度等级。涡轮流量计的流量范围对其精确度及使用期限有较大的影响，一般在工作时最大流量相应的转速不宜过高。对于连续工作（每天工作时间超过 8h）的其最大流量应选在仪表上限流量的较低处，而间歇工作（每天工作时间少于 8h）的其最大流量可选在较高处。一般连续工作时将实际最大流量的 1.4 倍作为仪表的流量上限，而间歇工作时则乘以 1.3。当流速偏低时，最小流量成为选择仪表口径的首要问题，通常以实际最小流量乘以 0.8 作为仪表的流量下限。如果仪表口径与工艺管径不一致，应以异径管和等径直管进行管道改装。

（2）对被测介质的要求。涡轮流量计适合洁净（或基本洁净）、单相及低黏度流体的流量测量，对管道内流速分布畸变及旋转流敏感，要求进入传感器应为充分发展管流，因此要根据传感器上游侧阻流件类型配备必要的直管段或流动调整器。此外，流体物性参数对测量结果影响较大，气体流量计易受密度的影响，而液体流量计对黏度变化反应敏感。故实际使用时，需根据测量要求进行温度、压力、黏度补偿。

（3）安装要求。传感器应安装在便于维修，管道无振动、无强电磁干扰与热辐射影响的场所，涡轮流量计的典型安装管路系统如图 4-36 所示。图 4-36 中各部分的配置可视被测对象情况而定，但一般要加装过滤器，以保持被测介质清洁，减少磨损。传感器可水平、垂直安装，垂直安装时流体方向必须向上（流体流动方向应与传感器外壳上指示流向的箭头方向一致）。液体应充满管道，不得有气泡。最好安装在室内，必须在室外安装时，一定要采用防晒、防雨、防雷措施。安装涡轮流量计前，管道应已经清扫过，与传感器相连接的前后管道内径应和传感器口径一致，其内壁应光滑清洁，无凹痕、积垢和起皮等缺陷。传感器的管道轴心应与相邻管道轴心对准，连接密封用的垫圈不得深入管道内腔。需根据传感器上游侧阻流件类型配备必要的直管段或流动调整器，见表 4-4。若上游侧阻流件情况不明确，一般推荐上游直管段长度不小于 10D，下游直管段长度不小于 5D，如安装空间不能满足上述要求，可在阻流件与传感器之间安装流动调整器。

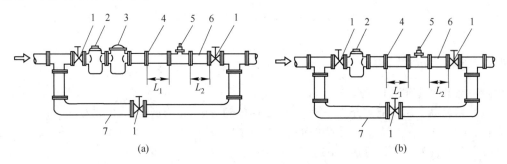

图 4-36　涡轮流量计安装示意图
（a）液体流量测量；（b）气体流量测量
1—阀门；2—过滤器；3—消气器；4—前直管段；5—流量传感器；6—后直管段；7—旁路

表 4-4　涡轮流量计安装最小直管段长度

上游侧阻流件类型	单个 90° 弯头	同平面上的两个 90° 弯头	不同平面上的两个 90° 弯头	同心渐缩管	全开阀门	半开阀门
L_1/D	20	25	40	15	20	50
L_2/D	5					

4.6　旋涡流量计

旋涡流量计

旋涡流量计利用流体振动原理进行流量测量。即在特定流动条件下，流体一部分动能产生振动，且振动频率与流体流速（流量）相关，通过检测振动频率即可测得流量。根据旋涡形式的不同，旋涡流量计有两种类型，即利用流体自然振动的卡门涡街流量计（也称为卡门型旋涡流量计、涡街流量计）和利用流体强迫振动的旋进旋涡流量计。旋涡式流量计已经广泛应用在石化、冶金、机械、纺织、制药等工业领域，是一类发展迅速、应用前景广阔的流量计。

4.6.1　涡街流量计

4.6.1.1　工作原理

流体在流动过程中，遇到障碍物必然产生回流而形成旋涡。在流体中垂直插入一根圆柱体（或三角柱体、方柱体等）作为旋涡发生体，流体流过柱体，当流速高于一定值时，在柱体两侧就会产生两排交替出现的旋涡列，称为卡门涡街，简称涡街，如图4-37所示。

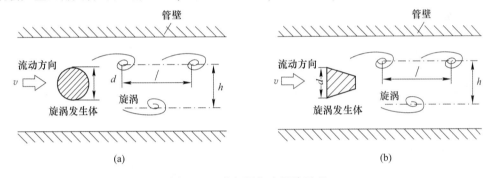

图4-37　卡门涡街流量计原理

（a）圆柱形旋涡发生体；（b）三角柱旋涡发生体

要形成稳定涡街，涡列宽度h与旋涡间距l必须满足一定的关系。例如，对圆柱形旋涡发生体，$h/l=0.281$。根据卡门涡街形成原理，单列旋涡产生的频率f为：

$$f = St(v_1/d) \tag{4-36}$$

式中　v_1——旋涡发生体两侧的流体速度，m/s；

　　　d——旋涡发生体迎流面最大宽度，m；

　　　St——斯特劳尔数，与旋涡发生体形状以及雷诺数有关，Re_D在$5\times10^2 \sim 15\times10^4$范围内，$St \approx$ 常数；对于圆柱体$St=0.21$，对于三角柱体$St=0.16$。

根据流动连续性方程有：

$$A_1 v_1 = Av = q_v \tag{4-37}$$

式中　A_1，A——旋涡发生体两侧的流通面积和管道面积，m^2；

　　　v——管道流体的平均流速，m/s。

定义面积比，$m = A_1/A$。显然m仅与旋涡发生体尺寸、管道内径有关。对于圆柱形旋涡发生体，可计算得到：

$$m = \frac{A_1}{A} = 1 - \frac{2}{\pi}\left(\frac{d}{D}\sqrt{1 - \frac{d^2}{D^2}} + \arcsin\frac{d}{D}\right)$$

当管道内径和旋涡发生体的几何尺寸确定后，则根据式（4-36）和式（4-37）可得瞬时体积流量为：

$$q_v = A\frac{dm}{St}f = f/K \tag{4-38}$$

式中 K——涡街流量计仪表系数，L^{-1} 或 m^{-3}，是一个与流体物性（温度、压力、密度、成分等）无关、仅取决于旋涡发生体几何尺寸的参数。

4.6.1.2 涡街频率的检测方法

涡街频率检测法较多，简介如下。

（1）电容检测法。在三角柱的两侧面各有相同的弹性金属膜片，内充硅油，由旋涡引起的压力波动，使两膜片与柱体间构成的电容产生差动变化。其变化频率与旋涡产生的频率相对应，故检测由电容变化频率可推算出流量。

（2）应力检测法。在三角柱中央或其后部插入嵌有压电陶瓷片的杆，杆端为扁平片，产生旋涡引起的压力变化作用在杆端而形成弯矩，使压电元件出现相应的电荷。此法技术上比较成熟，应用较多，已有系列化产品。

（3）热敏检测法。在圆柱体下端有一段空腔，被隔板分成两侧，中心位置有一根细铂丝，它被加热到比所测流体温度略高 10℃ 左右，并保持温度恒定。产生旋涡引起的压力变化，流体向空腔内流动，穿过空腔将铂丝上的热量带走，铂丝温度下降，电阻值变小。其变化频率与旋涡产生的频率相对应，故可通过测量铂丝阻值变化的频率来推算流量。

（4）超声检测法。在柱体后设置横穿流体的超声波束，流体出现旋涡将使超声波由于介质密度变化而产生折射或散射，使收到的声信号产生周期起伏，经放大得到相应于流量变化的脉冲信号。

此外，还有利用磁或光纤在旋涡压力作用下转变为电脉冲的不同方法。

4.6.1.3 涡街流量计的选用

涡街流量计结构简单牢固，压力损失小，安装维护方便，适用流体种类多，如液体、气体、蒸气和部分混相流体。满管式涡街流量计管径范围 25~250mm，插入式管径范围 250~2000mm。主要技术性能是：雷诺数范围 $2\times10^4 \sim 7\times10^6$，介质温度 -40 ~ +300℃，介质压力 0~2.5MPa；介质流速：空气 5~60m/s，蒸汽 6~70m/s，水 0.4~7m/s；量程比 10∶1，测量精度 ±1%（满管式）、±2.5%（插入式）。

插入式涡街流量计安装与使用方便，不但采用单片机技术，还采用 HART 通信协议，使其测量不确定度得以保证，很方便地用于计算机控制系统，应用更加广泛。

4.6.2 旋进旋涡流量计

4.6.2.1 工作原理

旋进旋涡流量计测量依据是旋涡进动现象。如图 4-38 所示，旋进旋涡流量计流量传感器的流通剖面类似文丘里管的型线，其入口侧安放一组螺旋形导流叶片组成的起旋器。当流体通过该起旋器时流体被强迫产生剧烈的旋涡流，其中心为"涡核"，外围是环流。当流体进入扩散段时，旋涡流受到回流的作用，开始作二次旋转，形成陀螺式的涡流进动现象。该进动频率与流速大小成正比，不受流体物理性质和密度的影响，检测元件测得这个频率即可得到流速，进而获得流量。其流量方程为：

$$q_v = f/K \tag{4-39}$$

式中 f——旋涡频率，Hz；

K——流量计仪表系数，L^{-1}或 m^{-3}，在一定的结构参数和规定的雷诺数范围内与流体温度、压力、密度、成分、黏度等无关。

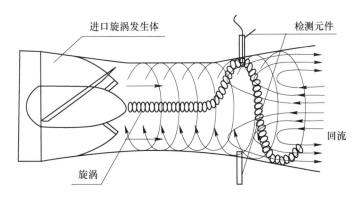

图 4-38　旋进旋涡流量计测量原理

4.6.2.2　结构特点

旋进旋涡流量计由传感器和转换器组成。传感器包括表体、起旋器、消旋器和检测元件等组成。转换器把检测元件输出的信号进行处理（放大、滤波等）后输出与流量成正比的脉冲或者 4~20mA DC 信号，然后再与温度、压力等检测信号一起被送往微处理器进行积算处理，最后显示出瞬时流量、累计流量等数据。

旋进旋涡流量计与涡街流量计均属流体振动式速度流量计，虽然它们的结构与检测方法完全不同，但主要特点类似。但与涡街流量计相比，旋进旋涡流量计的压力损失较大，为涡街流量计的 3~4 倍。另外，旋进旋涡流量计抗来流干扰的能力强，直管段要求较低，一般上游侧取 $5D$、下游侧 $1D$ 即可。

4.7　超声波流量计

超声波流量计

超声波流量计利用超声波在流体中的传播特性来测量流体的流速和流量，是一种非接触式流量测量仪表。

超声波流量计由超声波发射和接收换能器、信号处理线路及流量显示与积算系统等组成。超声波发射换能器发射出超声波并穿过被测流体，接收换能器收到超声波信号，经信号处理线路后得到代表流量的信号，送到流量显示与积算单元，从而测得流量。

超声波的发射和接收换能器，一般采用压电陶瓷元件，如锆钛酸铅（PZT）。通常把发射和接收换能器做成完全相同的材质和结构，可以互换使用或兼作两用。接收换能器利用其压电效应，发射换能器则利用其逆压电效应。为保证声能损失小、方向性强，必须把压电陶瓷片封装在声楔之中。声楔应有良好的透声性能，常用有机玻璃、橡胶或塑料制成。

按照测量原理，超声波流量计有传播速度差法、多普勒法及相关法等类型。这里只介绍传播速度差法与多普勒法。

4.7.1　传播速度差法

声波在流体中传播，顺流方向声波速度增大，而逆流方向速度减少，利用顺流、逆流传播速度之差与被测流体速度之间的关系获得流体流速（流量）的方法，称为传播速度差法。按测量具体参数不同，又分为时差法、频差法和相位差法，这三种方法没有本质区别。故下面以频率差法为例阐明其工作原理。

如图4-39所示，超声换能器 p_1 和 p_2 分装在管道外壁两侧，以一定的倾角对称布置。在电路的激励下，换能器产生超声波以一定的入射角射入管壁，然后折射入流体，在流体内传播，穿过管壁被另一换能器所接收。两个换能器是相同的，通过收发转换器控制，可交替作为发射器和接收器。

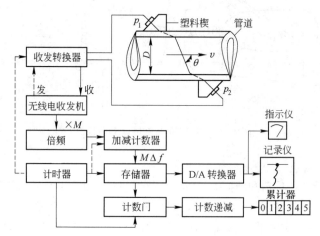

图4-39　频差法测量流量

设流体的流速为 v，管道内径为 D，超声波束与管道轴线的夹角为 θ，超声波在静止流体中的声速为 C。若 p_1 换能器发射超声波，则其在顺流方向的传播频率 f_{12} 为：

$$f_{12} = \frac{C + v\cos\theta}{D/\sin\theta} = \frac{\sin\theta(C + v\cos\theta)}{D} \tag{4-40}$$

若 p_2 换能器发射超声波，则其在逆流方向的传播频率 f_{21} 为：

$$f_{21} = \frac{C - v\cos\theta}{D/\sin\theta} = \frac{\sin\theta(C - v\cos\theta)}{D} \tag{4-41}$$

故顺流与逆流传播频度差 Δf 为：

$$\Delta f = f_{12} - f_{21} = \frac{\sin 2\theta}{D}v \tag{4-42}$$

由此可得流体的体积流量 q_v 为：

$$q_v = Av = \frac{\pi D^3}{4\sin 2\theta}\Delta f = K\Delta f \tag{4-43}$$

对于一个具体超声波流量计，式中的 D、θ 是常数，则 q_v 与 Δf 成正比，即测量频差可算出流量。

在图4-39中同时示出了频差法测量电路方框图，由于 Δf 很小，为了提高测量准确度，采用了倍频回路（倍率为数十倍到数百倍）；然后，把倍频的脉冲数对应顺流与逆流方向进行加减运算求差值，然后经D/A转换并放大成标准电流信号（4~20mA DC），以便显示记录和累计流量。

4.7.2　多普勒法

流体中若含有悬浮颗粒或气泡，宜采用超声多普勒（Doppler）效应测量流量。发射换能器 T 与接收换能器 R，对称地安装在与管道轴线夹角为 θ 的两侧，且都迎着流向，如图 4-40 所示。当流体流动时根据多普勒效应，由流体中的悬浮颗粒或气泡反射而来的超声频率 f_2 被探头 R 接收，它比原发射频率 f_1 略高，其频差 Δf（Hz）：

$$\Delta f = f_2 - f_1 = f_1 \frac{C + v\cos\theta}{C - v\cos\theta} - f_1 \approx \frac{2v\cos\theta}{C} f_1 \tag{4-44}$$

称为多普勒频移。由此可知，在发射频率 f_1 恒定时，频移与流速成正比。由于式中包含受温度影响比较明显的声速 C，应设法消除。

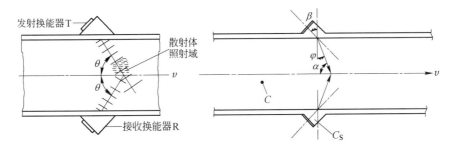

图 4-40　多普勒法测量流量原理

消除方法是：将换能器安装在专门设计的塑料声楔内，超声波先通过声楔再进入流体。在声楔材料中的声速为 C_s，其入射角为 β，声波射入流体的声速仍为 C，入射角为 ϕ。根据折射定律可得：

$$\frac{C}{\cos\theta} = \frac{C}{\sin\phi} = \frac{C_s}{\sin\beta} = \frac{C_s}{\cos\alpha}$$

代入式（4-44）可得：

$$\Delta f = \frac{2v\sin\beta}{C_s} f_1 \tag{4-45}$$

设管道内径为 D，得到体积流量为：

$$q_v = Av = \frac{\pi D^2 C_s}{8 f_1 \sin\beta} \Delta f \tag{4-46}$$

式（4-46）不再包含流体内声速 C，只有在声楔内的声速 C_s，它受温度的影响要小一个数量级，可以减小温度对流量测量的影响。

超声波流量计对介质无特别要求，可用来测量液体和气体，甚至两相流体的流量，流体的导电性能、腐蚀性等指标对测量没有影响。它没有插入被测流体管道的部件，故没有压头损失，可以节约能源。测量精度几乎不受流体温度、压力、密度、黏度等的影响。超声换能器在管外壁安装，故安装和检修时对流体流动和管道都毫无影响，特别适合于不能截断或打孔的已有管道的流量测量。测量范围宽，一般可达 20：1，适用于大管径、大流量及各类明渠、暗渠流量检测。流量计的测量准确度一般为 ±(1%~2%)，测量管道液体流速范围一般为 0.5~5m/s。

4.8　质量流量计

质量流量计分直接式和间接式（或称推导式）两大类。直接式质量流量计的传感器输出信号反映质量流量，代表性的产品有科里奥利质量流量计、质量流量计热式质量流量计等。而间接式质量流量计是通过对一些参数的检测，依据相关公式推导得出质量流量的，它有多种不同方案。例如，可采用测量体积流量的流量计配合密度计，再依据公式 $q_m = \rho q_v$ 运算得出质量流量；或者通过同时检测体积流量和流体的温度、压力值等参数的方法计算得到质量流量。

4.8.1 科里奥利质量流量计

力学理论告诉我们，质点在旋转参照系中做直线运动时，同时受到旋转角速度 ω 和直线速度 v 的作用，即受到科里奥利（Coriolis）力，简称科氏力的作用。目前，应用科氏力原理做成的流量计，其一次元件有各式各样的几何形状，如双 U 形或三角形、双 S 形、双 W 形、双 K 形、双螺旋形、单管多环形、单 J 形、单直管形及双直管形等，可以直接测量流体的质量流量，它没有轴承、齿轮等活动部件，管道中也无插入部件，维护方便，准确度高。

4.8.1.1 基本结构和工作原理

双 U 形科里奥利流量传感器的基本结构如图 4-41 所示，它是两根 U 形管在驱动线圈的作用下，以一定频率振动。被测流体从 U 形管流过，其流动方向与振动方向垂直。由理论力学可知，当某一质量为 m 的物体在旋转（在此为振动）参考系中以速度 u 运动时，将受到一个力的作用，其值为：

$$F_k = 2m\omega \times u \tag{4-47}$$

式中　F_k——科氏力；

　　　　u——物体的运动矢量；

　　　　ω——旋转角速度矢量。

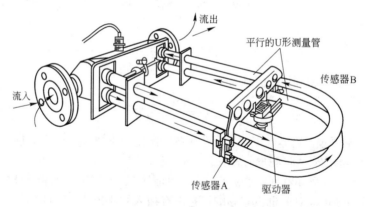

图 4-41　科里奥利质量流量计结构原理

如果 U 形管两平行直管段在结构上是对称的，则直管的微元长 $\mathrm{d}y$ 受到扭矩（见图 4-42），扭矩 $\mathrm{d}M$ 表示为：

$$\mathrm{d}M = 2r\mathrm{d}F_k = 4rv\omega\mathrm{d}m \tag{4-48}$$

式中　ω——角速度，使用上，U 形管并不旋转，而是以一定频率振动，所以角速度为以正弦规律变化的值；

　　　　$\mathrm{d}F_k$——微元 $\mathrm{d}y$ 管道所受科氏力的绝对值。显然，U 形管振动时 $\mathrm{d}F_k$ 也为一正弦规律变化量，而两平行管所受的力在相位上相差 $180°$；

　　　　$\mathrm{d}m$，v——微元管道长度 $\mathrm{d}y$ 内的流体质量和流体速度。

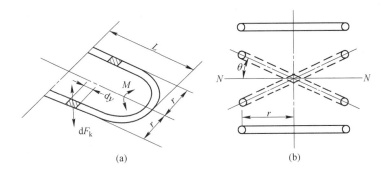

图 4-42 U 形管的受力变形图

(a) 受力分析图；(b) 振动示意图

由式 (4-48) 可得：

$$dM = 4r\omega(dy/dt)dm = 4r\omega q_m dy \qquad (4-49)$$

式中 q_m——质量流量，$q_m = dm/dt$。

积分式 (4-49) 得：

$$M = \int dM = \int 4r\omega q_m dy = 4r\omega q_m L \qquad (4-50)$$

假定在该力矩 M 作用下，U 形管产生扭矩转角为 θ，如图 4-42 (b) 所示。由于 θ 角一般很小，故有：

$$M = K_S\theta \qquad (4-51)$$

式中 K_S——U 形管的扭转弹性模量。

由式 (4-50) 和式 (4-51) 得：

$$q_m = \frac{K_S\theta}{4r\omega L} \qquad (4-52)$$

即质量流量与扭转角 θ 成正比。设 U 形管端（自由端）在振动中心 N-N 位置时垂直方向的速度为 $U_p(U_p = L\omega)$，则两端管通过振动中心 N-N 所需的时间差为：

$$\Delta t = 2r\theta/U_p \qquad (4-53)$$

$$\theta = \frac{L\omega\Delta t}{2r} \qquad (4-54)$$

将式 (4-54) 代入式 (4-52)，得：

$$q_m = \frac{K_S L\omega\Delta t}{8r^2 L\omega} = \frac{K_S}{8r^2}\Delta t \qquad (4-55)$$

式中，K_S 和 r 对确定的流量计而言为已知值。所以只要在振动中心 N-N 上安装两个光电（或磁电）探测器，测出 U 形管在振动过程中，两端点向上通过中心位置 N-N 的时间间隔 Δt，就可以由式 (4-55) 求得流体的质量流量。

从式 (4-55) 可看出，科氏质量流量计的输出信号 Δt，仅与质量流量 q_m 有关。而与被测流体的物性参数如密度、黏度及压力温度无关。

4.8.1.2 选用

科氏质量流量计适用于密度较大或黏度较高的各种流体，含有固体物的浆液和含有微量气体的液体，以及有足够密度的高压气体（否则不够灵敏）。由于测量管振幅小，可视为非可动部件，测量管内无阻流和活动部件，无上下游直管段的安装要求。与其他流量计相比，流体的密度、黏度、温度、压力等的变化对科氏质量流量计测量结果影响不大，测量精度较高，可达±0.02%，量程比宽，可达100∶1。

科氏质量流量计的缺点是：对振动较为敏感，故对传感器的抗扰防振要求较高，运行中由于两根测量管的平衡破坏而引起零点漂移；不适用于低密度介质和低压气体，不适于大管道；目前局限于直径150mm（或200mm）以下，测量管内壁磨损、腐蚀和结垢，影响测量精度较大。

为了使科里奥利质量流量计能正常、安全和高性能地工作，正确地安装和使用是非常重要的。流量传感器应安装在一个坚固的基础上，保证使用时流量传感器内不会存积气体或液体残值。对于弯管型流量计，测量液体，弯管应朝下，测量气体时，弯管应朝上；测量浆液或排放液时，应将传感器安装在垂直管道，流向由下而上。对于直管型流量计，水平安装时应避免安装在最高点上，以免气团存积。连接传感器和工艺管道时，一定要做到无应力安装，使用过程中应进行定期全面检查与维护。

4.8.2　热式质量流量计

利用流体热交换原理构成的流量计称为热式流量计。它有两种形式，即量热式与冷却式，前者为热分布式仪表，测量范围有限；后者为插入式仪表，测量范围较大。本节只对热式插入式流量计作介绍。

热式插入式质量流量计是根据金氏定律（King's Law）——热消散（冷却）效应的原理工作的，图4-43为插入式（有的称为浸入式）质量流量计原理示意图。在插入支架上有两根细管，其中各设置一个电阻温度系数、阻值与结构都完全相同的热电阻，一个热电阻加热到略高于流体温度并恒温（温度为T_V），另一个热电阻检测流体的温度T。当被测气体不流动时，热电阻检测到的温度最高，为$T=T_V$；流体流动时，随着质量流速ρv的增加，流体带走的热量增大，热电阻检测到的温度T下降，这时温差$\Delta T(=T_V-T)$变化反映的就是流体的质量流量。

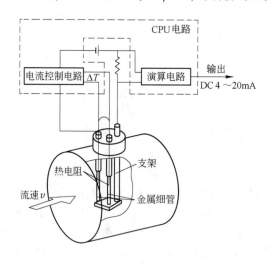

图4-43　热式插入式质量流量计原理示意图

温差与质量流量的定量关系需经标定得出，由生产厂提供。被测气体没有腐蚀性也不含微粒杂质，电加热丝及测温用的热电阻丝可直接与被测气体接触则时间常数小，响应较快。如气体有腐蚀性或有微粒杂质含量，应加导热管隔离，则时间常数增大，响应时间要长得多。这种流量计上下游直管段有一定要求，上游直管段（8~10)D，下游直管段（3~5)D。这种流量计主要用于测量空气、氮气、氢气、氟气、甲烷、煤气、天然气、烟道气等气体质量流量。图4-43中热式插入式质量流量计的流速范围 0~90m/s，工作温度-40~+200℃（特殊 500℃），工作压力小于或等于 1MPa，管径 200~2000mm，准确度±1%。

4.8.3 推导式质量流量计

前述各种测量体积流量的流量计都可以配合密度计，同时测量流体的密度再运算得出质量流量。密度计可采用同位素、超声波、振动管、片式等连续测量密度的仪表，图4-44 示出了一种推导式质量流量计，节流孔板和密度计配合，测量质量流量。图中差压信号 Δp 与体积流量 q_v 成比例，差压变送器的输出信号为 y，密度计的输出信号为 x。经过计算对 xy 开方后输出信号 z，乘一比例系数 K，即为质量流量：

$$q_m = Kz = K\sqrt{xy} = Kq_v\rho \qquad (4-56)$$

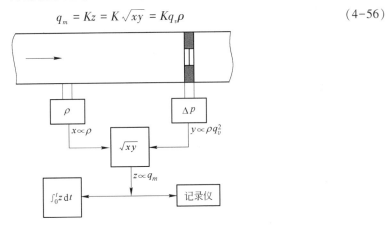

图4-44 推导式质量流量计

同理，电磁流量计、容积流量计、涡轮流量计、涡街流量计等，都可与密度计配合测量流体质量流量。

4.9 容积式流量计

容积式流量计又称为定排量流量计，其测量主体为具有固定标准容积的计量室，容积是在仪表壳体与旋转体之间形成的。当流体经过仪表时，利用仪表入口和出口之间产生的压力差，推动旋转体转动，将流体从计量室中容积 V_0 一份一份地推送出去。所推送出的流体流量为：

$$q_v = nV_0 \qquad (4-57)$$

式中 n——转速，r/s。

因为计量室的容积是已知的，故只要测出旋转体的转动次数，根据计量室的容积和旋转体的转动频率，即可求出流体的瞬时流量和累计流量。容积式流量计的种类较多，按旋转体的结构不同分为转轮式、转盘式、活塞式、刮板式和皮囊式等流量计。

转轮式流量计按两个相切转轮的旋转方式和结构不同，分为齿轮式、腰轮式、双转子式与螺杆式四种，最常见的是前两种，其中腰轮式又称为罗茨式。它们的工作原理相同，只是结构上有区别。

4.9.1 容积式流量计类型

4.9.1.1 椭圆齿轮流量计

流量计壳体内装有一对互相啮合的椭圆齿轮 A 和 B，在流体入口与出口的差压 $(p_1 - p_2)$ 作用下，推动两个齿轮反方向旋转，不断地将充满半月形固定容积中的流体推出去，其转动与充液排液过程如图 4-45（a）所示。椭圆齿轮旋转 90°角排出一个半月形容积流体的过程，齿轮每转一周就推出四个半月形容积的流体，从齿轮的转数可计算出排出流体的总流量。椭圆齿轮的转动通过减速传动机构带动指针与机械计数器，仪表盘中间的大指针指示流体的瞬时流量，经过齿轮计数器显示体积总流量。

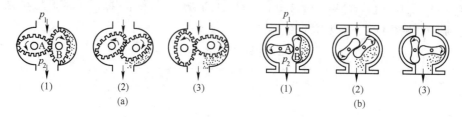

图 4-45 转轮式流量计原理

（a）椭圆齿轮流量计；（b）腰轮流量计

（1）$t=0$，$\theta=0°$，流体进入计量室；（2）$t=T/8$，$\theta=45°$，流体排出计量室；

（3）$t=T/4$，$\theta=90°$，流体全部排出，开始下一个循环，每次循环完成 4 次计量

有的椭圆齿轮流量计装有发讯装置：在传动轮上配有永久磁铁。齿轮带动永久磁铁旋转。每转一周使干簧继电器接通一次，发出一个电脉冲信号，远传给仪表室内的电磁计数器，可以协调地进行流量的指示和累计。

椭圆齿轮流量计的生产厂很多，大多是就地指示，仪表测量精度±（0.2%~0.5%）。带温度自动补偿的椭圆齿轮流量计，用单片机编程控制，实现流体或燃料流量的自动测量。

4.9.1.2 腰轮流量计

腰轮流量计如图 4-45（b）所示。椭圆齿轮换为无齿的腰轮：两只腰轮是靠其伸出表壳外轴上的齿轮相互啮合。当液体通过时，两个腰轮向相反方向旋转，每转一周也推出四个半月形计量室的流体，工作原理与齿轮流量计相同。由于腰轮没有齿，不易被流体中尘灰夹杂卡死，同时腰轮的磨损也较椭圆齿轮轻一些，因此使用寿命较长，准确度较高，可作标准表使用。

转轮式流量计适于油、酸、碱等液体的流量测量，还可用来测量气体的流量（大流量）。转轮式流量计的准确度一般为 0.5%，有的可达 0.2%；工作温度一般在-10~+80℃，工作压力 1.6MPa，压力损失较小，适用于液体的动力黏度范围为 0.6~500mPa·s。

国产腰轮流量计通常是就地指示仪表；智能型腰轮流量计采用单片机进行数据采集，信号处理，显示流体（液体或气体）参数：温度、压力、瞬时流量与累计流量等，输出标准电流信号，RS485 通信接口，便于上下位机通信联络；测量精度达±（0.2%~0.5%）。

4.9.1.3 膜式流量计

膜式流量计主要用于煤气、天然气和石油气等燃气消耗的总量计量，其可靠性高，价格低，是家用煤气表的主要品种，亦广泛应用于食堂、宾馆及工业企业煤气耗量的计量。

膜式流量计的工作原理如图 4-46 所示。在刚性容器内柔性薄膜分隔形成的 4 个计量室及与之联动的滑阀组成计量机构。气体由入口进入，通过滑阀的换向依次进入这 4 个气室，从出

口排出。薄膜往复运动一次将排出一定体积的气体，通过传动机构和计数机构测得其次数，即可测得所通过气体的体积。

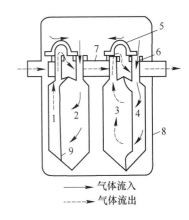

4.9.2 容积式流量计的选用

容积式流量计的主要特点是测量准确度高，可达±0.2%R甚至更高，因此通常采用高品质的容积式流量计作为标准流量计。被测介质的黏度、温度及密度等的变化对测量准确度影响小，测量过程与雷诺数无关，尤其适用于高黏度流体的流量测量（因泄漏误差随黏度增大而减小）。流量计的量程比较宽，一般为10∶1。安装仪表的直管段长度要求不严格。其缺点是结构较复杂，运动部件易磨损，需要定期维护；对于大口径管道的流量测量，流量计的体积大而笨重，维护不够方便，成本也较高。在选用时应注意如下问题：

图 4-46　膜式气体流量计工作原理
1~4—计量室；5—滑阀盖；6—滑阀座；
7—分配室；8—外壳；9—柔性薄膜

（1）选择容积式流量计时，不能简单地按连接管道的直径大小确定仪表规格，应注意实际应用时的测量范围，保持在所选仪表的量程范围以内；

（2）为了避免液体中的固体颗粒进入流量计，磨损运动部件，流量计前应装配筛网过滤器，并注意定期清洗和更换过滤网；

（3）如被测液体含有气体或可能析出气体时，在流量计前方应安装气液分离器，以免气体进入流量计形成气泡而影响测量准确度；

（4）在精密测量中应考虑被测介质的温度变化对流量测量的影响，过去都采用人工修正，现在已有温度与压力自动补偿并自动显示记录的容积流量计。

4.10　明渠流量计

明渠流量计

明渠是一种敞开流通的水路，它利用自然水位落差来输送液体，在工厂排水、下水道、农田水利及污水处理厂等普遍采用；此外，对一些特殊介质如强腐蚀性溶液和易结晶溶液等，为了便于清理维护水路，也常采用明渠输送。前面几节叙述的流量测量仪表，适于满管输送流体的条件下使用，大多数不适用于明渠输液的测量条件。

随着国家环保事业的迅速发展，明渠流量测量受到了重视。明渠流量计主要有堰式流量计、槽式流量计、皮托管测速计、超声波测速计和潜水型电磁流量计等，其中前两种流量计结构简单、工作可靠、价格较低、应用广泛，故在这里作扼要介绍。

4.10.1 堰式流量计

在输送液体的明渠中，放置一块上部有缺口（或开孔）的堰板如图4-47所示。流体在此被堰板挡住，液位升高直至超过堰高D时，在重力作用下，流体越过堰口而向下游侧流去。越堰液体的流量 q_v 与堰上游侧的液位 h 之间存在一定的关系，通过测量上游液位可计算出流量。

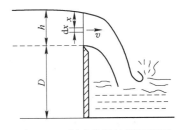

图 4-47　堰式流量计测量原理

测量水流量通常采用薄壁堰，这类堰按堰口形状分为矩形堰、三角形堰等，如图 4-48 所示。图 4-48 中，（a）是矩形全宽堰，$b/B=1$，测量流量范围大；（b）是矩形收缩堰，$b/B<1$，测量流量范围较小；（c）是三角形堰，堰口角可做 90°、60°、45°，可以测量小流量。其中，矩形堰和三角形薄壁堰有相应的国际标准。

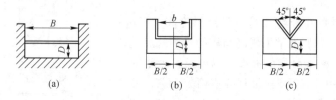

(a)　　　　　　　　(b)　　　　　　　　(c)

图 4-48　矩形堰与三角形堰
（a）矩形全宽堰；（b）矩形收缩堰；（c）三角形堰

这两种堰的越堰水流量与堰上水位之间的关系是非线性的，通常采用浮标式或浮筒式液位计测出堰上的液位，然后按流量公式或图表求出液体流量。

4.10.2　槽式流量计

槽式流量计是在明渠水路中采用节流方法测量流量的特殊侧流槽，在节流的部位，水的流速增大，水位下降，即水位能转变成流速能，测量由此产生的水位变化可以确定流量。水路节流的方式很多，其中应用最广泛的是巴歇尔（Pareshall）水槽，如图 4-49 所示。这种水槽由三部分组成，即底面水平收缩部位、表面坡度下降、侧面宽度收缩的喉管部位及底面坡度上升的扩大部位。流入水槽的水流在槽的收缩部位加速，通过喉口处成为临界流，下游侧的水位扰动的影响不会传递到上游侧。根据上游侧（收缩部位的上游侧 1/3 处）水位的测量可以计算流量。

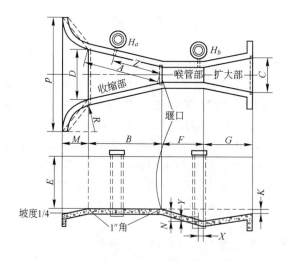

图 4-49　巴歇尔流槽结构示意图

槽式流量计与堰式流量计相比，更适于测量含固体颗粒和悬浮物较多的介质流量，如工业污水、工业用水与农田用水等；它不易造成堵塞，清理也较方便，压头损失较小，但测量准确度只有 2%~5%。巴歇尔流槽结构庞大占地多，造价较高。

复习思考题

4-1　何谓流量、平均流量和总（流）量，它们之间是什么关系？

4-2　流量测量方法有哪些？

4-3　什么是差压式流量计？何谓标准节流装置，标准节流装置有哪几种，取压方式有几种，各有何不同？

4-4　用标准节流装置进行流量测量时，流体必须满足哪些条件？为什么要求在界限雷诺数（Re_D）以上进行流量测量，安装节流装置应注意哪些问题？

4-5　一套标准孔板流量计测量空气流量，设计时空气温度为27℃，表压力为6.665kPa；使用时空气温度为47℃，表压力为26.66kPa。试问仪表指示的空气流量相对于空气实际流量的误差（%）是多少，如何进行修正或补偿？

4-6　与节流装置配套的差压变送器的测量范围为0~39.24kPa，二次表刻度为0~10t/h。试求：

（1）若二次表指示50%，变送器输入差压 Δp 为多少，变送器输出电流 I_0 为多少？

（2）若将二次表刻度改为0~7.5t/h，应如何调整？

4-7　有一台电动差压变送器，表量程为25000Pa，对应的最大流量为50t/h，工艺要求40t/h时报警。问：

（1）不带开方器时，报警值设定在多少？

（2）带开方器时报警值信号设定在多少？

4-8　有一节式流量计，用于测量水蒸气流量，设计时的水蒸气密度为 $\rho = 8.93kg/m^3$。但实际使用时被测介质的压力下降，使实际密度减小为 $\rho = 8.12kg/m^3$。试求当流量计的读数为8.5kg/s时，实际流量是多少？由于密度的变化使流量指示值产生的相对误差为多少？

4-9　小流量孔板、内藏孔板各有何特点？

4-10　V形锥流量计、楔形孔板、圆缺孔板各有何特点，适用于哪些场合？

4-11　均速管流量计的测量原理是什么，有何特点？

4-12　弯管流量计适于哪些场合应用，有何特点？

4-13　转子流量计是如何工作的，它与孔板有何异同？

4-14　有一在标准状态（293.15K，101.325kPa）下用空气标定的转子流量计，现用来测量氮气流量，氮气的表压力为31.992kPa，温度为40℃，在标准状态下，空气与氮气的密度分别为1.205kg/m³和1.165kg/m³。试问当流量计指示值为10m³/h时，氮气的实际流量是多少？

4-15　已知被测液体的实际流量 $Q = 500L/h$，密度 $\rho = 0.8g/cm^3$。为了测量这种介质的流量，试选一台适合测量范围的转子流量计（设浮子材料为不锈钢，密度 $\rho = 7.9g/cm^3$，标定条件下水的密度为0.998g/cm³）。

4-16　电磁流量计根据什么原理工作的？比较说明不同励磁波电磁流量计的特点。

4-17　涡轮流量计如何实现磁/电转换与光纤转换，它适用于哪些介质的流量测量？

4-18　旋涡流量计有哪些类型，其工作原理各是什么？

4-19　涡街流量计有何特点，旋涡分离频率用什么方法检测？

4-20　超声波流量计是根据什么原理测量流量（流速）的，它有什么特点？

4-21　什么是明渠流量计，有哪些类型？

4-22　试比较堰式流量计与槽式流量计的测量原理和适用场合。

4-23　什么是容积式流量计，椭圆齿轮流量计是根据什么原理测量流量的？它与腰轮流量计相比有何异同？

4-24　科里奥利质量流量计根据什么原理工作，为何它能直接测定质量流量？

4-25　热式质量流量计是根据什么原理工作的，它适用于什么场合？

4-26　实际工作中如何选择流量计？

5　物位检测与仪表

第 5 章课件

在生产过程中经常需要对生产设备中的料位、液位或不同介质的分界面进行实时检测和准确控制，例如炼铁高炉、化铁炉、炼铜鼓风炉、料仓等的料位，石油、化学工业中蒸馏塔、分馏塔、储油罐、储液罐等的液位。通过对物位的测量，不但可确定容器内储料的数量，以保证连续生产的需要或进行经济核算，亦可保证生产过程在安全和合理状态下顺利进行。

5.1　概　述

物位检测
仪表概述

5.1.1　物位的定义

物位是指储存容器或工业设备里的液体、粉体状固体或互不相溶的两种液体间由于密度不相等而形成的界面位置。液体介质的高低称为液位，固体的堆积高度称为料位；测量液位的仪表称为液位计，测量料位的仪表称为料位计；测量两种密度不同液体介质的分界面的仪表称为界面计；有时只需要测量物位是否达到某一特定位置（如上限、下限），用于定点物位测量的仪表称为物位开关（液位开关）。

5.1.2　物位检测方法分类

物位检测总体上可分为直接测量和间接测量两种方法，由于测量的状况与测量条件的复杂多样，往往多采用间接测量，将物位信号转化为其他相关信号进行测量，如压力（压差）法、浮力法、电学法、热学法等。

（1）直读式：利用连通原理来测量容器中液位的高度，如玻璃管液位计、玻璃板液位计等。这种方法准确可靠，但只能就地显示，容器压力不能太高。

（2）浮力式：利用漂浮于液面上浮子随液面变化位置，或者部分浸没于液体中物质的浮力随液位变化来检测液位。基于这种方法的液位计有浮子式、浮筒式、磁翻转式等。

（3）压力式：根据流体静力学原理检测物位。静止介质内某一点的静压力和介质上方自由空间压力之差与该点上方的介质高度成正比，因此可利用差压来检测液位。基于这种方法的液位计有差压式、吹气式等。

（4）电气式：把敏感元件做成一定形状的电极置于被测介质中，根据电极之间的电气参数（如电阻、电容、电感等）随物位变化的改变来对物位进行检测。这种方法既适用于测量液位，又适用于测量料位，主要有电阻式、电容式、射频导纳、磁致伸缩式等。

（5）声学式：利用超声波在介质中的传播速度及在不同相界面之间的反射特性来检测物位，可以检测液位和料位。

（6）光学式：该方法是指利用物位对光波的遮断和反射原理工作，光源有激光等。

（7）雷达式：利用雷达波的不同特点进行物位测量，主要的脉冲雷达、高频连续波和导波雷达三种物位测量方法，可以进行液位、料位和界面的检测。

（8）射线式：放射线同位素所放出的射线穿过被测介质时会被介质吸收而减弱，吸收程度与物位有关，可以检测液位和料位。

（9）机械接触式：是指通过测量物位探头与物料面接触时的机械力实现物位的测量，主要有重锤式、音叉式、旋翼式等。

由于被测物料的性质千差万别，因此物位测量方法很多，本章主要介绍常用的物位检测方法和物位检测仪表。

5.2　浮力式液位计

浮力式液位计概述

浮力式液位计是基于物体在液体中受浮力作用的原理工作的。浮子漂浮在液面上或半浸在液体中，随液面上下波动而升降，浮子所在处就是液体的液位。前者称为浮子法，后者称为浮力法，是应用较为广泛的一种液位计。

5.2.1　浮子式液位计

在液体中放置一个浮子，也称为浮标，随液面变化而自由浮动。它是一种维持力不变的，即恒浮力式液位计。液面上的浮子用绳索连接并悬挂在滑轮组上，如图5-1（a）所示。绳索的另一端有平衡重物，使浮子的重力和所受的浮力之差与平衡重物的重力相平衡，浮子可以随意地停留在任一液面上。其平衡关系为：

浮子式液位计

$$W - F = G \tag{5-1}$$

式中　W——浮子本身的重力；

　　　F——浮子所受的浮力；

　　　G——平衡重物的重力。

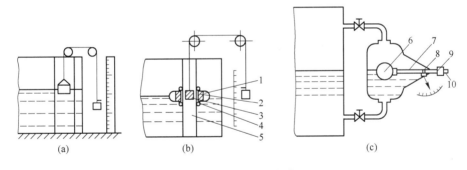

图 5-1　浮子式液位计

（a）浮子式（敞口容器）；（b）浮子式（密闭容器）；（c）浮球式

1—浮子；2—磁铁；3—铁芯；4—导轮；5—非导磁管；

6—浮球；7—连杆；8—转动轴；9—重锤；10—杠杆

浮子是半浸没在液体表面上，当液位上升时，浮子所受的浮力 F 增加，即 $W-F<G$，破坏原有的平衡关系，浮子沿着导轮向上移动；相反，当液面下降时，$W-F>G$，浮子则随液面下落，直到达到新的平衡为止。

浮子的定位能力是指浮标被液体浸没的高度变化量 ΔH 所引起的浮力变化量 ΔF，其关系为：

$$\Delta F / \Delta H = \rho g A \Delta H / \Delta H = \rho g A \tag{5-2}$$

式中　A——浮子的横截面积，m^2；

　　　ρ——液体密度，kg/m^3。

浮子随液面的升降，通过绳索和滑轮带动指针，便指示出液位数值。如果把滑轮的转角和绳索的位移，经过机械传动后转化为电阻或电感等变化，就可以进行液位的远传、指示记录液位值。浮子液位计比较简单，可以用于敞口容器，也可用于密封容器，如图5-1（b）所示。

对于温度或压力不太高，但黏度较大的液体介质的液位测量，一般采用浮球式液位计，如图5-1（c）所示。浮球式液位计采用密封的轴与轴套结构，既要保持密封又要将浮球随液位的升降准确而灵敏地传递出来，其耐压与测量范围都受到限制，只适于压力较低和范围较小的液位测量。

5.2.2　磁翻转浮标液位计

磁翻转浮标
液位计

为了克服玻璃管浮标液位计易碎的问题，在浮标上设置永久磁铁，并将其安装在非导磁不锈钢导筒（立管）内，磁性显示翻板（或翻柱）用卡环固定在立管外侧，以指示液位的位置，如图5-2所示。翻板（或翻柱）两面分别涂有不同颜色（可定制，常为红色和白色），它可在浮子内永久磁钢的磁性耦合驱动下进行180°的翻转。当容器内液位上升时，翻板由白色转变为红色，当容器内液位下降时，翻板由红色转变为白色，指示器的红白交界处即为容器内液位的实际高度。

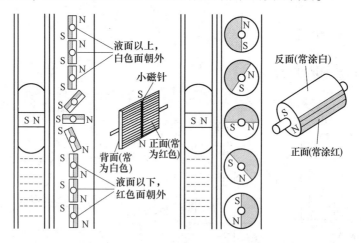

图5-2　磁翻转液位计原理图

如在不锈钢导管外设置报警开关，液位计就具有上下限报警、远传或自动控制功能，既可防止液体流空或溢出事故，也可实现液位远传与自动控制。

5.2.3　浮筒式液位计

浮筒式液位计

浮子改成浮筒，将它半浸于液体之中，当液面变化时，浮筒被液体浸没的体积随着变化而受到不同的浮力，通过测量浮力的变化可以测量液位。与上述浮标式液位计相比较，它是一种变浮力式液位计如图5-3所示，浮筒1垂直地悬挂在杠杆2的一端，杠杆2的另一端与扭力管3相连，它与芯轴4的一端垂直地固定在一起，并由固定在外壳上的支点所支撑；芯轴的另一端为自由端，通过推杆5带动霍尔位移传感器6输出角位移。

当液位低于浮筒下端时，浮筒的全部质量作用在杠杆上，此时，经杠杆施于扭力管上的扭力

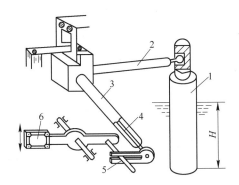

图 5-3　浮筒式液位计

1—浮筒；2—杠杆；3—扭力管；4—芯轴；5—推杆；6—霍尔位移转换器

矩最大，扭力管产生的扭角最大（朝顺时针方向），这一位置就是零液位。当液位浸没整个浮筒时，则作用在扭管上的扭力矩最小，扭力管的扭角最小；当液位高于沉筒下端时，作用在浮筒上的力为浮筒重量与其所受浮力之差，随着液位的升降，扭力管的扭角变化所产生的角位移，经过机械或磁电位移转换器，转换成电信号，用以显示、记录与控制液位的变化。

静压式液位计

5.3　静压式液位计

5.3.1　检测原理

静压式液位测量的依据是流体静力学原理。如图 5-4 所示，p_A 为容器中 A 点的静压（气相压力），p_B 为容器中 B 点的静压，H 为液柱高度，ρ 为介质的密度。由流体静力学原理可知，A、B 两点的压力差为：

$$\Delta p = p_B - p_A = \rho g H \tag{5-3}$$

静压式液位计
检测原理

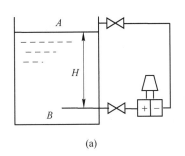

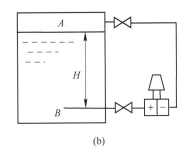

(a)　　　　　　　　　　　　　　　(b)

图 5-4　静压式液位计测量原理

（a）敞口容器；（b）密闭容器

对于敞口容器，式（5-3）中气相压力 p_A 等于大气压，压差 Δp 等于 B 点的表压力。

由式（5-3）可知，若液体密度恒定，利用压差测量仪表测出压差 Δp，即可测得液位 H，这就是静压式液位计的测量原理。

静压式液位计是最常用的一种液位测量仪，具有测量原理简单、工作可靠、准确度较高、适用范围广等特点。但是测量结果易受介质密度变化的影响，在使用中还要根据介质的特性和特点（如强腐蚀、易结晶、高黏度等）采取相应的措施。

此外要特别注意的是，如果差压计的安装位置不在液位零面水平线上，则当 $H=0$ 时，差压计感受的差压将不等于零。为了使 $H=0$ 时差压计的输出值为零，需调节差压计所感受差压值的正负，量程迁移有正迁移和负迁移。通过量程迁移后，当 $H=0$ 或最大值时，差压计的输出也相应地为零或最大值。

5.3.2　压力式液位计

压力式液位计

压力式液位计主要用于开口容器液位测量，压力式液位计通常有三种形式，测量原理如图 5-5 所示。

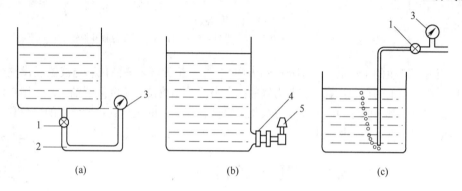

(a) (b) (c)

图 5-5　压力式液位计

(a) 压力表式液位计；(b) 法兰式液位变送器；(c) 吹气式液位计
1—截止阀；2—导压管；3—压力表；4—法兰；5—液位变送器

图 5-5 (a) 适用于黏度小，洁净液体的液位测量。而对黏稠、易结晶、含颗粒的液体及易腐蚀性液体可用法兰式压力变送器，如图 5-5 (b) 所示。应注意的是，图 5-5 (a) 和 (b) 的测压基准点与取压基准点不一致时，应考虑附加液柱的影响，并进行修正。

对于腐蚀性、高黏度或含有悬浮颗粒液体的液位，通常采用吹气法测量，如图 5-5 (c) 所示。在敞口容器中插入一根导管，压缩气体经过滤器、减压器、节流元件转子流量计，最后由导管下端敞口处溢出。当正确调整好压缩气体压力后，在储罐液位上升或下降时，致使从导管下端溢出的气量也要随之减小或增加，导管内的压力几乎与液封静压相等，所以由压力表所显示的压力值即可反映出液位的高度 H，且由于导管下端口总有气体溢出，所以导管下端口不易封堵。

5.3.3　差压式液位计

差压式液位计

差压式液位计主要用来测量密封容器的液位。在液位测量时，都要求取压口（液位零点）与检测仪表在同一水平线上，否则会产生附加静压误差。由于现场的安装条件不同，不一定能满足这个要求，为了使差压变送器能够正确地指示液位高度，必须对压力（差压）变送器进行零点调整，这种将差压变送器的起始点由零迁移到某一数值的方法称为零点迁移。差压变送器测量时的安装如图 5-6 所示，零点迁移包括无迁移、正迁移和负迁移三种情况。

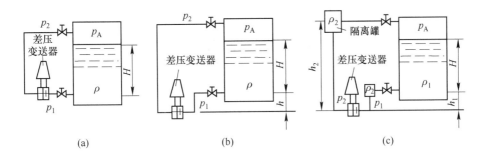

图 5-6　差压变送器测量时的安装

（a）无迁移；（b）正迁移；（c）负迁移

差压式液位计
零点迁移问题

5.3.3.1　无迁移

如图 5-6（a）所示，设被测介质的密度为 ρ，容器顶部为气相介质，气相压力为 p_A，p_1 是取压口的压力，根据静力学原理可得：

$$p_2 = p_A，\quad p_1 = p_A + \rho g H \tag{5-4}$$

因此，差压变送器正负压室的压力差为：

$$\Delta p = p_1 - p_2 = \rho g H \tag{5-5}$$

差压变送器的正压室取压口正好与容器的最低液位（$H_{min}=0$）处于同一水平位置，作用于变送器正、负压室的差压 Δp 与液位高度 H 的关系为：$\Delta p = \rho g H$。

当 $H=0$ 时，正负压室的差压 $\Delta p=0$，变送器输出 4mA；当 $H=H_{max}$ 时，差压 $\Delta p_{max}=\rho g H_{max}$，变送器的输出信号为 20mA，因此无迁移。

5.3.3.2　正迁移

如图 5-6（b）所示，当差压变送器的取压口低于容器底部时，差压变送器上测得的差压为：

$$p_2 = p_A，\quad p_1 = p_A + \rho g H + \rho g h \tag{5-6}$$

所以：

$$\Delta p = p_1 - p_2 = \rho g H + \rho g h = \rho g H + Z \tag{5-7}$$

为了使液位的满量程和起始值仍能与差压变送器的输出上限和下限相对应，就必须克服固定差压 $Z=\rho g h$ 的影响，采用零点迁移就可实现。由于 $Z>0$，所以称为正迁移。

5.3.3.3　负迁移

如图 5-6（c）所示，当被测介质有腐蚀性时，差压变送器的正、负压室之间就需要装隔离罐。如果隔离液的密度为 $\rho_2（\rho_2 > \rho_1）$，则：

$$p_2 = p_A + \rho_2 g h_2，\quad p_1 = p_A + \rho_1 g H + \rho_2 g h_1 \tag{5-8}$$

所以：

$$\Delta p = p_1 - p_2 = \rho_1 g H + \rho_2 g (h_1 - h_2) = \rho_1 g H + Z \tag{5-9}$$

由于 $Z = \rho_2 g (h_1 - h_2) < 0$，所以称为负迁移。

从以上分析可知，零点迁移的实质是通过调整变送器的零点，同时改变量程的上、下限，而不改变量程的大小。例如，某差压变送器的测量范围为 0~5000Pa，当压差由 0 变化到 5000Pa 时，变送器的输出将由 4mA 变化到 20mA，这是无迁移的情况，如图 5-7 中曲线 a 所示。负迁移 2000Pa 如图 5-7 中曲线 b 所示，正迁移 2000Pa 如图 5-7 中曲线 c 所示。

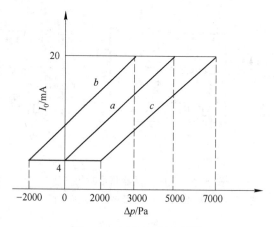

图 5-7　正负迁移示意图

5.4　电容式物位计

电容式物位计是由电容传感器与电容转换器组成的，它适于各种导电与非导电溶液的液位或粉料、粒料及块料的料位测量。它的结构简单，使用方便，应用十分广泛。

5.4.1　电容物位计工作原理

电容物位传感器大多是圆形电极，是一个同轴的圆筒形电容器，如图 5-8 所示，电极 1、2 之间是被测介质。圆筒形电容器的电容量 C 为：

$$C = 2\pi\varepsilon L/\ln(D/d) = KL\varepsilon \qquad (5\text{-}10)$$

式中　L——两极板间互相遮蔽部分的长度；

　　d，D——内、外电极的直径；

　　　ε——极板间介质的介电系数，$\varepsilon = \varepsilon_0 \varepsilon_p$；

　　　K——仪表常数。

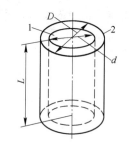

图 5-8　圆筒形电容液位传感器

其中 $\varepsilon_0 = 8.84 \times 10^{-12}$ F/m，为真空或干空气近似的介电系数；ε_p 为介质的相对介电系数：水的 $\varepsilon_p = 80$，石油的 $\varepsilon_p = 2\sim3$，聚四氟乙烯塑料的 $\varepsilon_p = 1.8\sim2.2$。

可见当传感器的 D 和 d 一定时，电容量 C 的大小与极板的长度 L 和介质的介电系数的乘积成正比。这样，将电容传感器插入被测介质中，电极浸入介质中的深度随物位高低而变化，电极间介质的升降，必然改变两极板间的电容量，从而可以测出液位。

5.4.2　导电液体电容传感器

电容传感器（简称探头）视用途不同，形式是多种多样的，主要是被测液体有的导电，有的不导电，被测物料有粉料、粒料、块料或混合料之分，因用途不同而传感器各异。

水、酸、碱、盐及各种水溶液都是导电介质，应用绝缘电容传感器。一般用直径为 d 的不锈钢或紫铜棒做电极，外套聚四氟乙烯塑料绝缘管或涂以搪瓷绝缘层。电容传感器插在直径为 D_0 容器内的液体中，如图 5-9 所示。

当容器内的液体放空、液位为零时，电容传感器的内电极与容器壁之间构成的电容为传感器的起始电容量 C_0：

$$C_0 = 2\pi\varepsilon_0' L/\ln(D_0/d) \tag{5-11}$$

式中　ε_0'——电极绝缘套管和容器内的空气介质共同组成电容的等效介电系数。

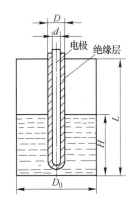

图 5-9　导电液体电容液位传感器

当液位高度为 H 时，导电液体相当于电容器的另一极板。在 H 高度上，外电极的直径为 D（绝缘套管直径），内电极直径为 d，于是，电容传感器的电容量 C：

$$C = 2\pi\varepsilon_0'\varepsilon_p H/\ln(D/d) + 2\pi\varepsilon_0(L-H)/\ln(D_0/d) \tag{5-12}$$

式中　ε_p——绝缘导管或陶瓷涂层的介电系数。

式（5-12）与式（5-11）相减，得到液位高度为 H 的电容变化量 C_X 为：

$$C_X = C - C_0 = 2\pi\varepsilon_0'\varepsilon_p H/\ln(D/d) - 2\pi\varepsilon_0'L/\ln(D_0/d) \tag{5-13}$$

由于 $D_0 \gg d$，通常 $\varepsilon_0' < \varepsilon$，则式（5-13）中的 $2\pi\varepsilon_0'H/\ln(D_0/d)$ 可忽略，于是可得到电容变量为：

$$C_X = 2\pi\varepsilon_0 H/\ln(D/d) = SH \tag{5-14}$$

式中　S——电容传感器的灵敏度系数，$S = 2\pi\varepsilon_0/\ln(D/d)$。

实际上对于一个具体传感器，D、d 和 ε 基本不变，故测量电容变化量即可知液位的高低。D 和 d 越接近，ε_0 越大，传感器灵敏度越高。如果 ε_0 和 ε' 在测量过程中变化，则会使测量结果产生附加误差。应当指出，液体的黏度或附着性大时，会粘在电极上，严重影响测量准确度。因此，这种电容传感器不适于黏度较高或者黏附力强的液体。

5.4.3 非导电液体电容传感器

非导电液体，不要求电极表面绝缘，可以用裸电极作内电极，外套以开有液体流通孔的金属外电极，通过绝缘环装配成电容传感器，如图 5-10 所示。当液位为零时，传感器的内外电极构成一个电容器，极板间的介质是空气，这时的电容量 C_0 为：

$$C_0 = 2\pi\varepsilon_0 L/\ln(D/d) \tag{5-15}$$

式中　D，d——外电极的内径与电极的外径；

ε_0——空气的介电系数。

当液位上升时，电极的一部分被淹没。设液体的相对介电系数为 ε_p，则传感器电容量 C 为：

$$C = 2\pi\varepsilon_0\varepsilon_p H/\ln(D/d) + 2\pi\varepsilon_0(L-H)/\ln(D/d) \tag{5-16}$$

式（5-16）与式（5-15）相减，得到传感器的电容变化量 C_X 为：

$$C_X = 2\pi\varepsilon_0(\varepsilon_p - 1)H/\ln(D/d) = S'H \tag{5-17}$$

式中　S'——传感器的灵敏度系数。

同样对传感器而言，D、d、ε_0、ε_p 是一定的，因此测定电容变化量 C_X 即可测定液位 H。

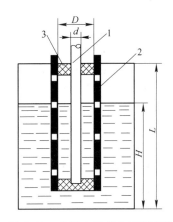

图 5-10　非导电液体电容传感器
1—内电极；2—外电极；3—绝缘环

5.4.4　电容式料位计

电容式料位计原理如图 5-11 所示，图 5-11（a）中的金属电极插入容器中央作为内电极，采用裸电极。金属容器壁作为外电极，粉料作为绝缘介质；图 5-11（b）是测量水泥料仓料位的电容传感器，钢丝绳悬在料仓中央，与仓壁中的钢筋构成电容器，粉料作为绝缘介质，电极对地亦应绝缘。测量粉粒状导电介质的粒位时，可将裸电极外套以绝缘套管，这时电容器的两电极是由粉料和绝缘套管内的电极所组成。

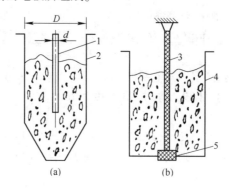

图 5-11　电容式料位计原理

（a）测量金属料仓的料位；（b）测量水泥料仓的料位

1—内电极；2—金属容器壁电极；3—钢丝绳内电极；4—钢筋；5—绝缘体

5.4.5　射频导纳电容物位计

射频导纳电容物位计是 20 世纪 90 年代发展起来的，是电容物位计的换代产品，它由检测与变送两部分组成，检测部分由探头作为电容器的一极，容器壁（或辅助电极）构成电容传感器。变送器由射频振荡器、解调器、放大器、电压/电流转换器等组成。

射频导纳电容物位计与传统电容物位计不同的是：采用 100kHz 射频电源，测量的是阻抗的倒数——导纳，这也是它名称的由来。100kHz 射频电源加在由电感和电容组成的电桥上，通过电桥的零位与相位平衡调整，使电桥平衡，输送给解调器的电压为零；当容器中的物位上升时，传感器的电容量增大，电桥失去平衡，则送给解调器电压将增大，电桥的不平衡电压信号经解调与放大处理，转换成与物位变化成比例的标准电流信号，远传至控制室进行集中显示、记录和在线控制。

射频导纳测量技术是具有独特优势的物位测量技术，测量精度高，并且不受探头挂料的影响，已被广泛应用于导电与绝缘的液体或浆体、粉末、颗粒及界面的测量。

5.5　超声波物位计

一般把振动频率超过 20kHz 的声波称为超声波，属于机械波的一种，其特征是频率高、波长短、绕射现象小，它的方向性强，能够成为射线而定向传播。

物位测量是超声学较成功的应用领域之一，国内外已广泛将超声物位计应用于液位和料位的测量。由于采用非接触的测量，被测介质几乎不受限制。由于超声波在液体介质中的衰减很小，穿透能力强，而在固体粉料中则不然，故超声波通常用于液位的检测。

5.5.1　测量原理

超声波物位计是基于回声测距原理工作的，超声测距的方法有脉冲回波法、连续调频法、相位法等，目前应用最多的是脉冲回波法，如图5-12所示。当超声波换能器（探头）发出超声波脉冲时，经过时间 t 后，探头接收到被测介质表面反射回来的回声脉冲。设超声波探头到容器底的距离为 E（空罐高度），与物料（液体）表面的距离 D，超声波在传播介质中的速度为 v（m/s），则物位高度 L 可按式（5-18）求出：

$$L = E - D = E - \frac{v}{2}t \tag{5-18}$$

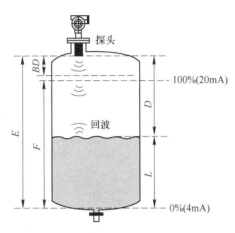

图5-12　超声波物位计测量原理

由于发射的超声波脉冲有一定的宽度，使得距离换能器较近的小段区域 BD 内的反射波与发射波重叠，无法识别，因此不能测量其距离值。这个区域称为测量盲区，盲区的大小与超声物位计的量程 F（满罐高度）有关。通过输入空罐高度 E（=零点），满罐高度 F（=满量程）及一些应用参数的设定（如顶装或底装，是测距还是物位），使输出信号对应于4~20mA输出。

5.5.2　超声波物位计测量方法及其特点

根据超声波传播介质的不同，超声波液位计分为液介式、气介式和固介式三种，如图5-13所示。

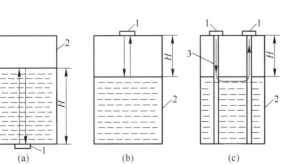

图5-13　超声波液位计测量方法
（a）液介式；（b）气介式；（c）固介式
1—换能器；2—容器；3—金属波导棒

　　图5-13（a）是液介式，一个超声波换能器（超声探头）装在容器的底部外侧，交替用作发射器和接收器。换能器所发射超声波，在液体介质中传播，到液气界面上时，便反射回来被换能器接收。从超声波发射到接收到回波，在介质中的传播速度是一定的，故超声波往返所需时间与液位高度 H（从容器底部至液面）成正比。也可采用两个换能器，分别用作发送与接收。

　　图5-13（b）是气介式，将一个换能器装在容器的顶部，超声波在气体介质中传播，到气-液界面上反射回来，超声波往返所需时间与液位高度 H（从容器顶部至液面）也成正比。

　　图5-13（c）是固介式，在液体中插入两根金属波导棒，两个换能器安装在容器的顶部，一个用作发射，另一个用作接收。假设左侧的换能器发射超声波，经波导棒中传播至液面，折射后通过液体介质传给另一波导棒，再传播给右侧换能器接收。由于两根波导棒之间的距离是固定的，因此根据超声波从发射到接收所需时间 t 即可求得液位高度 H。超声波在固体介质中传播，有较好的方向性，而且能量损失也较小。

　　超声波物位计的优点是，超声换能器可不与被测介质接触，声波传播与介质密度、导电率、导热率及介电常数等无关。

　　超声波物位计的缺点是声速受介质的温度和压力的影响，介质的翻腾、气泡和浪涌也会使声波乱反射而产生测量误差，蒸汽和粉尘等均会对超声波物位计的声波传导产生一定阻碍，影响测量效果。但超声波物位计也有它自身的优异之处，如与放射性测量技术相比，超声技术不需要防护；与激光测距技术相比，简单、经济，故至今仍被许多生产厂家广泛采用。

超声波物位计特点

5.6　其他物位检测方法

其他物位检测方法

5.6.1　雷达物位计

　　雷达物位计也称为微波物位计。雷达（Radar）是英文 Radio detection and raging 首字母的缩写，意思是无线电检测与测距。利用回波雷达测距技术，由微波发射天线向被测物料面发射微波，微波传播到不同相对介电率的物料表面时会产生反射，并被天线所接收。发射波与接收波的时间差与物料面和天线的距离成正比，测出传播时间即可得知距离，其原理示意图可参照图5-12。

　　根据测量原理的不同，目前广泛使用的雷达物位计有脉冲式、调频连续波式（FMCW，Frecquenecy Modulated Continuous Wave）和导波雷达（GWR，Guided Wave Radar）三种类型。

5.6.1.1　脉冲雷达物位计

　　脉冲雷达物位计是一种采用脉冲原理的非接触式雷达物位计。工作时，物位计的电子单元控制天线向被测物料面发射微波脉冲，微波传播到不同相对介电率的物料表面时产生反射，并被天线所接收。微处理器对此信号进行处理，识别出微波脉冲在物料表面所产生的回波，发射波与接收波的时间差被转换成物位信号，并可送到终端显示器进行显示、报警、操作等。

　　脉冲雷达物位计的结构非常简单，主要由仪表系统、过程连接和天线系统组成，如图5-14所示。图中所示为杆形法兰连接，天线起始处有一将脉冲延迟发射、长度100mm或250mm的屏蔽管，以确保测量不受安装接管处冷凝或黏附的影响。杆形天线适用于存储罐或过程容器腐蚀性液体、水溶液储罐、小型储油罐、浆料储罐与固体颗粒仓等，适用温度在 $-40\sim150℃$，压力-1×10⁵~20×10⁵Pa。喇叭形天线适应性更广，可用于存储计量或过程检测中，如各种溶液、酸碱液体、浆料、原油、轻油、挥发性液体、腐蚀性液体储罐，以及原煤、粉煤仓位、焦炭料位与固体颗粒料位等，适于的温度和压力也更广，分别为-10~250℃、-1×10⁵~40×10⁵Pa。

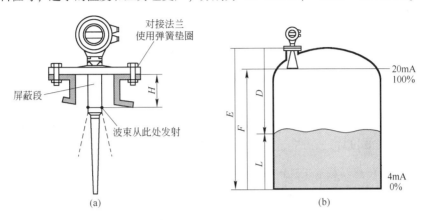

图 5-14　脉冲雷达物位计检测原理图

脉冲雷达物位计结构简单，性能优良，即使在工况比较复杂的情况下，存在虚假回波，用最新的微处理技术和调试软件也可以准确地分析出物位的回波。它已广泛应用于测量液体、浆料及黏稠物等的物位、体积、重量及明渠流量的测量，也可用于测量粉末、颗粒、块状等固体介质。即使在多粉尘、有搅拌的应用场合中，也可以稳定测量。

5.6.1.2　调频连续波微波物位计

调频连续波雷达物位计的天线与脉冲雷达物位的发射天线结构相同，但在测量过程中发射的是频率被线性调制的连续波，当回波被天线接收时，天线发射频率已经改变。回波和雷达物位计发射波频率之间的差值与天线到被测介质的距离成正比，距离越大，差值越大。经过快速FFT变换等处理，频率差被转化为频谱差，进而换算出测量距离。

FMCW雷达物位计将线性调频微波信号由雷达天线向被测介质发射，发射频率是按一定时间间隔（即扫描频率）线性增加的调频连续波，其测量线路及信号处理较复杂，价格较高。

5.6.1.3　导波式微波物位计

导波式微波物位测量采用时域反射法（TDR，Time Domain Reflectometry），通常也采用脉冲波方式工作。它与微波物位计不同点在于雷达发射的高频脉冲不是通过空间传播，而是沿一根（或两根）从罐顶伸入直达罐底的导波体传导。导波体可以是金属棒（杆）或柔性金属缆绳等，如图5-15所示。

导波式微波物位计属于接触式测量，且在杆上或杆间或管内部容易积料，以致产生虚假回波，故主要用于液体介质。

导波式微波物位计虽然丧失了非接触的优点，但在下列应用领域有其独特优势：介电常数较低的液体，如液化气、轻质汽油等；测量油罐中的油位及油-水界位或类似场合；测量固态物

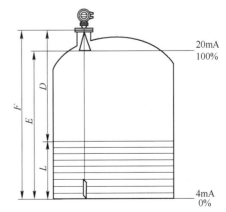

图 5-15　导波式雷达液位计原理

位，特别是粉状物位或介电常数很低的塑料粒子（如聚乙烯）的物位；高温、高压的液位测量，如锅炉汽包及加热器水位。

5.6.1.4 雷达物位计的选用

与其他物位计相比，雷达物位计具有结构简单、安装简便、测量灵敏、精度高、量程大（上百米）、适用范围广、免维护等优点，不受压力、温度变化、惰性气体、真空、烟尘、噪声、蒸汽、粉尘等工况影响，是差压、磁致伸缩、射频导纳、磁翻板仪表的优良替代产品，已成为最主要的物位测量仪表之一。

影响雷达性能的是介电常数，被测介质的介电常数不能太小。被测介质的挥发气体会在天线上聚集，水蒸气会在天线上聚结，此时会影响雷达波的发射，严重时雷达波不能发出。

5.6.2 磁致伸缩液位计

磁致伸缩液位传感器是基于磁致伸缩效应，所谓磁致伸缩效应，是指铁磁材料或亚铁磁材料在居里点温度以下于磁场中会沿磁化方向发生微量伸长或缩短，又称为焦耳效应。当两个不同磁场相交时，在铁磁材料上产生的形变，经过磁电转换产生一个应变脉冲信号，通过检测这个应变脉冲信号，然后计算从同步脉冲发出至检测到这个信号所需的时间周期，从而换算出发生磁致伸缩的准确位置。

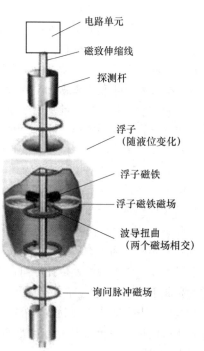

磁致伸缩液位传感器主要由探测杆（不锈钢管）、波导管（磁致伸缩线）、可移动浮子（内有永久磁铁）和电路单元等部分组成，如图5-16所示。

传感器工作时，电路单元将在波导丝上激励出脉冲电流，该脉冲沿着磁致伸缩线向下传输，并产生一个环形的磁场。在探测杆外配有浮子，浮子沿探测杆随液位的变化而上下移动。由于浮子内装有一组永磁铁，所以浮子同时产生一个磁场。当电流磁场与浮子磁场相遇时，产生一个"扭曲"脉冲，或称为"返回"脉冲。将"返回"脉冲与电流脉冲的时间差转换成脉冲信号，从而计算出浮子的实际位置，测得液位。磁致伸缩传感器的工作原理与波形如图5-17所示。

磁致伸缩液位计结构精巧，安装简单方便，环境适应性强，不需定期重标和维护，具有精度高、稳定性好、使用寿命长、安全可靠等优点。与其他液位变送器及液位计相比，它具有明显的优势，可广泛应用在石油、化工、制药、食品、饮料等各种液罐的液位计量和控制。

图 5-16 磁致伸缩传感器结构

（图注）电路单元／磁致伸缩线／探测杆／浮子（随液位变化）／浮子磁铁／浮子磁铁磁场／波导扭曲（两个磁场相交）／询问脉冲磁场

5.6.3 射线式物位计

射线式物位测量仪表是基于被测物质对 γ 射线的吸收原理工作的。这类仪表具有非接触测量的优点，可以连续或定点测量物位、料位或界面，特别适用于高压、高温、低温等容器中的高黏度、强腐蚀性、易燃、易爆等介质的物位、介质分界面、散料、块料的料位及特殊环境下的物位厚度测量。但此类仪表的成本高，使用维护不方便，射线对人体的危害大，使用时必须采取严格的防护措施。

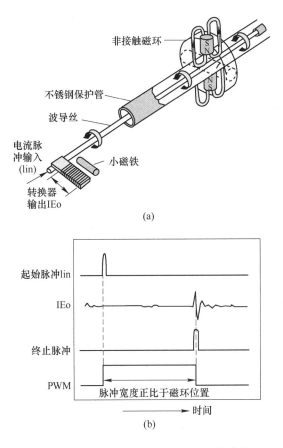

图 5-17　磁致伸缩传感器的工作原理(a)与波形图(b)

5.6.3.1　检测原理

放射性同位素能放射出 α、β、γ 射线，它们都是高速运动的粒子流，能穿透物质使沿途的原子产生电离。当射线穿过物体时，由于粒子的碰撞和克服阻力，粒子的动能要消耗，如粒子能量小，射线全被物体吸收；如粒子能量大，则一部分穿透物体，另一部分被物体吸收。

核辐射强度随着射线通过介质厚度的增加而减弱，入射强度为 I_0 的放射源，穿透物质层时一部分被吸收，另一部分则穿透介质，其强度随物质的厚度而变化规律为：

$$I = I_0 \mathrm{e}^{-\mu H} \tag{5-19}$$

式中　I_0——辐射源射入介质前的射线强度；

I——透过介质后的射线强度；

H——介质的厚度；

μ——介质对射线的吸收系数。

介质及其厚度不同，吸收射线的能力也异，固体吸收能力最强，液体次之，气体最弱。当放射源强度、被测介质及其厚度一定时，I_0 和 μ 都是常数，则介质厚度 H 与射线强度 I 的关系为：

$$H = (\ln I_0 - \ln I)/\mu \tag{5-20}$$

式（5-20）表明，测出透过介质后的射线强度，便可求出被测介质的厚度 H。因此，可以利用放射性同位素测量物位与厚度。放射性物位计由放射源、接收器和显示仪表三个基本部分组成，如图5-18所示。

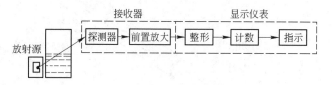

图 5-18 放射性物位计结构框图

5.6.3.2 检测方法

放射性物位计检测物位的方法，一般有定点检测和自动跟踪等方式。定点放射源检测法如图5-19所示，图5-19（a）中的放射源安装在容器底部，接收器安装在顶部，放射线需透过液体从容器底部至液面上部，液位越高被吸收的射线越多，因此，接收器接收到的射线强弱，可以表达液位的高低，此法可连续测量液位。图5-19（b）中的放射源和接收器安装在同一平面上，当液位超过或低于此平面时，由于液体（或固体）吸收射线的能力比气体强，接收器接收到的射线强度发生急剧变化，仪表发出越限报警，实现定点控制，此法准确性高。图5-19（c）中的放射源安装在容器底部的适当位置，接收器安装在一定高度上，只能接收到一定射角范围内的射线，故这种方式只能检测较窄的液位（或料位）变化或作越限报警。

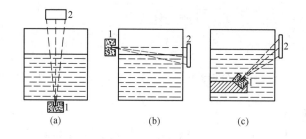

图 5-19 定点放射源的不同检测方式
（a）放射源在底部、接收器在顶部；（b）放射源和接收器安装在同一平面；
（c）放射源在底部适当位置，接收器在上部适当位置
1—放射源；2—接收器

5.6.4 光纤液位计

光纤液位计不受环境的电磁干扰、耐高压、耐腐蚀的影响，本质上是防爆的，适用于易燃、易爆、强电磁干扰等恶劣场合；具有高度灵敏、高精度、非接触测量等特点，且能量损失极小，能满足各种结构形式的要求，因此光纤传感器也迅速在液位检测中发展起来。

5.6.4.1 光纤液位传感器基本结构

基于全内反射原理，可以设计成光纤液位传感器。光纤液位传感器由以下三部分组成：接触液体后光反射量的检测器件即光敏感元件、传输光信号的双芯光纤、发光、受光和信号处理的接收装置。

图5-20所示为光纤液位传感器的基本结构。这种传感器的敏感元件和传输信号的光纤均由玻璃纤维构成，故有绝缘性能好和抗电磁噪声等优点。

5.6.4.2 光纤液位传感器的工作原理

如图 5-21 所示，发光器件射出来的光通过传输光纤送到敏感元件，在敏感元件的球面上，有一部分透过，而其余的光被反射回来。当敏感元件与液体相接触时，与空气接触相比，球面部的光透射量增大，而反射量减少。因此，由反射光量即可知道敏感元件是否接触液体。反射光量取决于敏感元件玻璃的折射率和被测物质的折射率。被测物质的折射率越大，反射光量越小。来自敏感元件的反射光，通过传输光纤由受光器件的光电晶体管进行光电转换后输出。敏感元件对反射光量的变化，若以空气的光量为基准，在水中则 $6\sim7dB$，在油中为 $-25\sim30dB$。

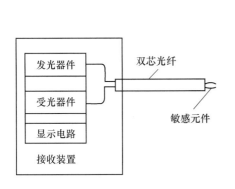

图 5-20 光纤液位传感器基本结构图   图 5-21 光纤液位传感器工作原理

在装有液体的槽内，将敏感元件安装在液面下预定检测的高度。当液面低于这一高度时，从敏感元件产生的反射光量就增加，根据这时发出的信号就能检测出液面位置。若在不同高度安装敏感元件，则可检测液面的高度。

5.6.5 电阻式物位计

电阻式物位计既可用于导电液体的液位测量，也可用于导电性良好或导电性能虽不好，但含有一定水分物料的料位检测；既可以进行连续测量，也可进行定点物位控制，如图 5-22 所示。图 5-22（a）中，导电液体高度变化引起电极间电阻变化，电桥失衡，桥路输出电势反映了液位高低，通过跨接在测量电桥两端的显示仪表即可指示出液位。在图 5-22（b）中，当导电物料上升或下降到一定位置时引起电路的接通或断开，引发报警器报警或开关控制等。

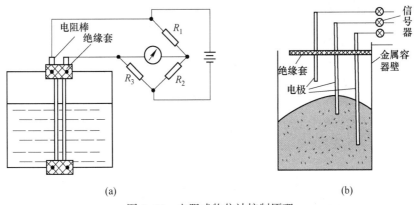

(a)   (b)

图 5-22 电阻式物位计控制原理

（a）连续测量电阻式物位计；（b）电极接触式物位计

5.6.6　温差法液位检测技术

温差法液位检测技术的主要原理：两种不同物理状态的物质间会存在温度场（如气体与液体之间）。在同一温度场内的两点可以认为温差近似为零，或者低于某一临界值，而不同温度场中的两点则会存在较大的温差，显著高于某一临界值。此时通过判断温度差即可判断出液面的位置。测温法液位计主要由温度传感器、信号处理电路和液位显示电路构成。一般在液体容器壁表面的上下方向安装多个温度传感器，由信号处理电路采集温度传感器信号并比较各相邻传感器的温度差，根据设定的临界值即可判断出当前的液位，如图 5-23 所示。

5.6.7　料位计

在生产实际中，许多场合都需要检测固体物料的料位。由于固体物料的状态特性与液体有些差别，因此料位检测既有其特有的方法，也有与液位检测类似的方法，但这些方法在具体实现时又略有差别。下面介绍一些典型的和常用的料位检测方法。

5.6.7.1　称重式料位计

一定容积的容器内，物料质量与料位高度应当是成比例的，因此可用装于料仓底部的称重传感器或测力传感器测算出料位高低，如图 5-24 所示。这种料位计适于装车料斗及金属仓料位的检测。

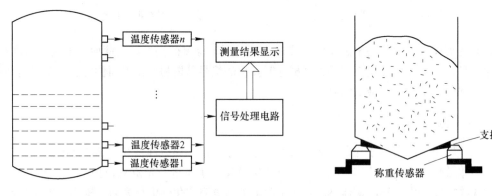

图 5-23　测温法液位计原理　　　　图 5-24　称重式料位计

5.6.7.2　重锤式料位计

重锤探测法料位计的原理示意图如图 5-25 所示。重锤连在与伺服电机相连的鼓轮上，每次测量时重锤从仓顶起始位置开始下降，通过计数或逻辑控制等记录重锤下降的位置；当重锤碰到物料时，产生失重信号，控制执行机构停转-反转，伺服电机迅速提升重锤返回原点位置，等待下一次测量，通过对重锤下降过程传感信号的处理得到仓顶到料面的距离，从而得出料位高度。

重锤式料位计特别适合于重粉尘环境下的料位测量，是重粉尘测量环境下的最佳选择，广泛应用于 PVC 粉仓、水泥料仓、电厂灰仓等恶劣环境。

5.6.7.3　阻旋式料位计

阻旋式料位计，也称为阻旋式料位控制器或阻旋式料位开关，主要用于各种物料（如粉状、颗粒状或块状）料仓极限料位的自动检测与控制，在粮食、冶金、建材、水泥、电力、煤炭、化工、环保除尘等行业的物料输送与控制过程中有着广泛的应用。

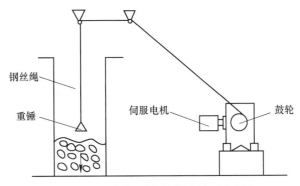

图 5-25　重锤探测式料位计原理示意图

如图 5-26 所示，阻旋式料位计采用转速电机带动叶片旋转，当被测物料上升到叶片位置时，叶片受物料阻挡停止转动，并通过控制机构输出开或关的触点信号反映被测物料的位置高度，同时切断电机电源使电机停止转动；当物料下降离开叶片时，在弹簧的作用下，叶片恢复原位，自动启动电机继续转动探测物料的位置变化。

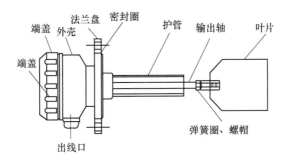

图 5-26　阻旋式料位计结构原理图

复习思考题

5-1　恒浮力式液位计与变浮力式液位计有何不同？试举例说明。

5-2　用差压或液位计测量液位，为什么常遇到零点迁移问题，零点迁移的实质是什么？正迁移和负迁移有何不同？

5-3　法兰式差压（液位）变送器是怎样测量液位的，适用于什么场合？

5-4　用差压变送器测量密闭容器的液位（见图 5-27），设被测液体的密度 $\rho_1 = 0.8 \text{g/cm}^3$，连通管内充满隔离液，其密度 $\rho_2 = 0.09 \text{g/cm}^3$；设液位变化范围为 1250mm，$h_1 = 50$mm，$h_2 = 2000$mm。试问：

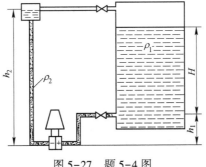

图 5-27　题 5-4 图

（1）差压变送器的零点要进行正迁移还是负迁移，迁移量多少？

（2）变送器的量程应选择多大？

（3）零点迁移后测量上、下限各是多少？

5-5 用单法兰电动差压变送器来测量敞口罐中硫酸的密度，利用溢液来保持罐内液位 H 恒为 1m。如图 5-28 所示。已知差压变送器的输出信号为 4～20mA，硫酸的最小和最大密度分别为 $\rho_{min} = 1.32\text{g/cm}^3$，$\rho_{max} = 1.82\text{g/cm}^3$。试问：

（1）差压变送器的测量范围；

（2）若要提高仪表的灵敏度，怎么办？

（3）如不加迁移装置，可在负压侧加装水恒压器（见图 5-28 中的虚线），以抵消正压室附加压力的影响，请计算水恒压器所需高度 h。

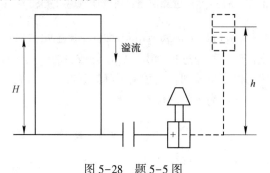

图 5-28   题 5-5 图

5-6 用一台双法兰式差压变送器测量某容器的液位，如图 5-29 所示。已知被测液位的变化范围为 0～3m，被测介质密度 $\rho = 900\text{kg/m}^3$，毛细管内工作介质密度 $\rho_0 = 950\text{kg/m}^3$。变送器的安装尺寸为 $h_1 = 1\text{m}$，$h_2 = 4\text{m}$。求变送器的测量范围，并判断零点迁移方向，计算迁移量。当法兰式差压变送器的安装位置升高或降低时，问对测量有何影响？

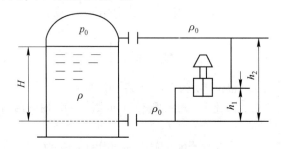

图 5-29   题 5-6 图

5-7 测量导电与非导电液体所用的电容传感器有何不同，为什么？

5-8 射频导纳电容传感器有何优点？

5-9 阻力式物位计有哪些类型，适用于哪些场合？

5-10 微波物位计是如何测量物位的，为何有的要用导波管，其优势何在？

5-11 光纤液位计是如何工作的，光缆与电缆如何转换？

5-12 电导物位计有哪几种类型，它们是如何工作的？

5-13 放射性物位计如何组成，根据什么原理工作？这种物位计有何特点？

5-14 超声波液位计是根据什么原理测量液位的，有几种基本形式？这种液位计有哪些缺点和优点？

5-15 磁致伸缩液位计是如何工作的，有哪些优点？

6 机械量检测与仪表

第 6 章课件

机械量检测
与仪表

机械量包括速度（线速度、转速）与加速度、位移（线位移、角位移）、力（重力或质量力）与力矩、振动等参数，这些参数不仅是运动控制等系统中的重要参数，也是动力力学性能的重要技术参数，同时也是其他参数，如温度、压力、流量等检测的前提。

机械量测量仪表一般由传感器、测量电路、显示（或记录）器和电源组成。与其他检测仪表一样，传感器仍是机械量测量仪表的关键部件，传感器的优劣决定了仪表的测量准确度、范围、动态特性和各项性能。机械量测量仪表常用机械、光学和电学等检测方法，在生产过程中多采用电测原理的仪表。电测仪表的特点是能进行连续测量，尤其是和现代计算机检测控制系统连接方便，信号处理比较简单，响应快，对被测量的影响小。

6.1 转速、转矩与功率测量

转速、转矩和功率是表征动力力学性能的重要技术参数，动力机械的工作能力与工作状态都可以用它们来描述和表征，转速与功率又有着密不可分的联系，如发动机的输出功率、压缩机的轴功率等都与它们的转速有直接关系。因此，转速、转矩与功率的测量在动力机械的性能测试中占有重要的地位。

6.1.1 转速测量

转速测量

转速是指在单位时间内转轴的旋转次数，工程上采用 1min 内转数的多少为转速测量单位，即转/分（r/min），也可用角速度表示转速。用来测量转速的仪表称为转速表，转速测量的方法很多。按工作方式的不同，转速测量可以分为接触测量和非接触测量两大类，按原理可分为离心式、感应式、光电式与闪光式等。表 6-1 为常用速度传感器的性能及其特点，以下介绍几种最常用的速度检测方法。

表 6-1　各种常用速度测量传感器的工作原理和主要技术性能

类型	原理	测量范围	精度	特点
线速度	磁电式	10～500Hz	≤10%	灵敏度高,性能稳定,移动范围±(1～15)mm,尺寸、质量较大
	空间滤波器	1.5～200km/h	±0.2%	无需两套特性完全相同的传感器
转速	交流测速发电机	400～4000r/min	<1%满量程	示值范围在小范围内可通过调整预扭弹簧转角来调节
	直流测速发电机	1400r/min	1.5%	有电刷压降形成死角区,电刷及整流子磨损影响转速表精度
	离心式转速表	30～24000r/min	±1%	结构简单,价格便宜,不受电磁场干扰,精度较低
	频闪式转速表	0～1.5×10^{5}r/min	1%	体积小,量程宽,使用简便,精度高,是非接触式测量

续表 6-1

类型	原　理		测量范围	精　度	特　点
转速	光电式	反射式转速表	30～4800r/min	±1 脉冲/s	非接触式测量,要求被测轴径大于 3mm
		直射式转速表	1000r/min		在被测轴上装有测速圆盘
	激光式	测频式转速仪	每分钟几万至几十万转	±1 脉冲/s	适合高转速测量,低转速测量误差大
		测周式转速仪	1000r/min		适合低转速测量
转速测量	汽车发动机转速表		70～9999r/min	$0.1\%n\pm1$r/min（$n\leqslant4000$r/min）；$0.2\%n\pm1$r/min（$n>4000$r/min）	利用汽车发动机点火时线圈高压放电感应出脉冲信号,实现对发动机不剖体测量

6.1.1.1　磁电式速度表

磁电式速度传感器是一种利用电磁感应原理将速度转化为电信号的传感器,它不需要供电电源,电路简单,性能稳定,输出阻抗小且频率响应范围广;适用于动态测量,通常用于振动、转速、扭矩等测量。

磁电式速度表

磁电感应式传感器可分为恒定磁通式（动圈式）和变磁通式（磁阻式）两种类型。动圈式速度传感器的结构与工作原理如图 6-1 所示。图 6-1（a）为线圈在磁场中做直线运动时产生感应电势的磁电传感器,可测量线速度;图 6-1（b）为线圈在磁场中做旋转运动时产生感应电势的磁电传感器,用来测转速。

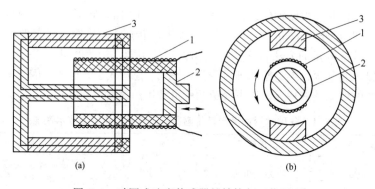

动圈式速度
传感器

图 6-1　动圈式速度传感器的结构与工作原理

（a）直线运动；（b）旋转运动

1—线圈；2—运动部分；3—永久磁铁

当线圈在磁场中运动时,它所产生感应电势为:

$$e = N\frac{\mathrm{d}\Phi}{\mathrm{d}t} = \begin{cases} NBLv\sin\alpha & （直线运动） \\ NBS\omega\sin\alpha & （旋转运动） \end{cases} \tag{6-1}$$

式中　N——线圈匝数；

B——磁场磁感应强度；

L——单匝线圈的有效长度；

v——线圈与磁场的相对运动速度；

α——线圈运动方向（直线运动）或线圈法线方向（旋转运动）与磁场方向的夹角；

S——单匝线圈的截面积；

ω——角速度。

可以看出，当传感器结构一定时，N、B、L、S、α 均为常数时，感应电势与线圈对磁场的相对运动速度 v（或 ω）成正比，因此可用来直接测定线速度和角速度。

磁阻式转速传感器分为开路式和闭路式两种，如图6-2所示。开路式转速传感器［见图6-2（a）］由永久磁铁1、感应线圈2与软铁3组成，齿轮4安装在转轴上，将与被测轴一起旋转。将传感器正对齿轮边缘，当齿轮随转轴旋转时，由于齿轮的凹凸引起磁阻变化，线圈2中感应出交变电压，其频率 f 为齿轮齿数 n 与转速 ω 的乘积 $f = n\omega$，则转速 $\omega = f/n$。

闭路式转速传感器［见图6-2（b）］由安装在转轴5上的内齿轮6，外齿轮7a和7b、线圈2与永久磁铁1组成，内齿轮与外齿轮的齿数是相同的，但安装时要错开一个齿，相当于电角180°，即当7a与内齿轮6的气隙最小时，7b与内齿轮6的气隙最大，构成差动形式，因而感生电势大，灵敏度高。当转轴连接到被测轴上后与被测轴一起旋转时，由于内、外齿轮的相对运动，产生磁阻变化，在线圈中感生交变电势。已设计制造好的传感器，线圈匝数、磁场强度气隙大小都是定值，因此感生电势只取决于转速，即感生电势与转速成正比。

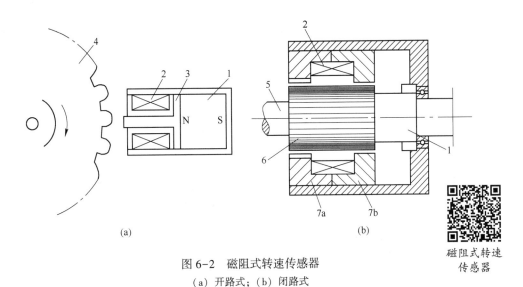

(a) (b)

磁阻式转速
传感器

图6-2　磁阻式转速传感器

（a）开路式；（b）闭路式

1—永久磁铁；2—感应线圈；3—软铁；4—齿轮；5—转轴；6—内齿轮；7a，7b—外齿轮

由于速度与位移或加速度之间有内在联系，它们之间存在着积分或微分的关系。因此，如果在感应电势测量电路中接一积分电路，那么输出电压就与运动位移成正比；如果在测量电路中接一微分电路，那么输出电压就与运动的加速度成正比。这样磁电传感器除可测量速度外，还可以用来测量位移和加速度。

6.1.1.2 光电式转速表

各种电磁感应方法，都可用来将转速转换成电脉冲。采用光电不接触测量方法，与转轴不直接接触，不会给转轴增添任何附加负荷而影响被测对象的正常旋转。光电式转速测量很容易做成高频脉冲频率传感器，例如在每转中发出几万脉冲，因此分辨率高，可以测量极低的转速，测量范围几乎可从零转开始。其缺点是需要光学系统，对环境要求较高，有灰尘时会影响输出。光电式转速表从光路系统看，分为透射（直射）式和反射式两种。

A 透射式光电转速表

透射式光电转速表（见图 6-3）包括随被测轴 7 一起转动的测量盘 3、不动的读数盘 4、光源 1、透镜 2 和 5，以及由光敏元件 6 组成的光电测量系统。测量盘沿外缘圆周刻有等距的径向透明光缝，靠近测量盘一侧固定有读数盘，在读数盘上刻有同样间距的透光缝隙，当测量盘随被测轴一起转动时，每转过一个缝隙由光源射来的光线就照到光敏元件上一次，光敏元件相应地输出一个电脉冲，输出电脉冲经整形放大后，就可以得到一个便于测量记数的频率信号，可由频率计直接测量，此时被测转速 $n(\text{r/min})$ 为：

$$n = 60N/M \tag{6-2}$$

式中 N——测得的脉冲频率，次/s；

M——每转脉冲数（等于圆周上所开缝隙数）。

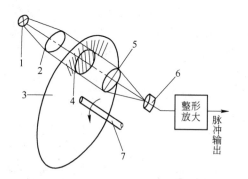

透射式光电转速表

图 6-3 透射式光电转速表
1—光源；2，5—透镜；3—测量盘；4—读数盘；6—光敏元件；7—被测轴

B 反射式光电转速表

在转轴上不便于安装测量转盘时，可以采用在测量转轴上贴反射镜的方法，如图 6-4 所示。为了提高分辨率，可以在转轴圆周方向等距地贴多块反射镜。当有光线入射时，在转轴每旋转一周时就有多次（等于所贴反射镜数）光的反射。配合简单光学系统将反射光投射到光敏元件上，就可以输出相应的电脉冲，以求出被测轴的转速。

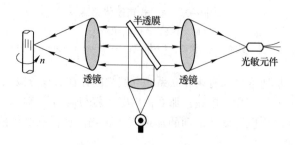

反射式光电转速表

图 6-4 反射式光电转速表

反射式转速表使用比较方便，尤其是在转速较高时更显优越，它不给转轴带来附加载荷。为了便于贴反射镜，转轴不能太细，一般直径在 3mm 以上，它适于测量的转速范围为 30 ~ 480000r/min。

6.1.1.3　霍尔式转速表

霍尔式转速表

霍尔式转速表由霍尔转速传感器和转速数字显示仪组成，霍尔转速传感器结构如图6-5所示。在测量齿轮转动时，切割永久磁铁产生的磁力线，使磁通量在霍尔片的感应面上发生变化，在霍尔片上被感应出霍尔电动势，此电动势随转速作交替变化，形成电脉冲信号，供测量电路检测。

霍尔式转速表采用霍尔元件，利用霍尔效应，以接触式测量方法进行工作，适用于低速和中速测量。霍尔式转速传感器具有体积小、结构简单、起动力矩小、可靠性高、频率特性好、可进行连续测量等特点，适用于固定式安装，不宜在强磁场环境中使用。

6.1.2　转矩测量

转矩测量

转矩测量仪表主要用于直接测量电动机、发动机和其他旋转机械的转矩。一般情况下，转矩的测量是基于机器转轴在承受转矩时产生扭应力或扭转角位移的原理。因此，这类仪表按工作原理可分为扭应力式（包括电阻应变式、磁弹性式等）和扭转角位移式（包括相位差式、振弦式等）两类。

6.1.2.1　电阻应变式转矩检测仪表

电阻应变式
转矩检测仪表

电阻应变式转矩测量仪是一种扭应力式转矩测量仪表，其结构是在扭转轴上按与轴线成规定方向粘贴四片电阻应变片，组成应变电桥，如图6-6所示。当扭转轴受转矩影响而产生扭转变形时，各应变片的阻值随之发生变化，电桥输出的不平衡电压与转矩成比例。由于转轴在测量中是连续旋转的，所以应变电桥的供电和信号输出需要用滑环、电刷或旋转变压器、无接触信号传输器等。这种仪表能测量静态和动态转矩，测量准确度可达±(1%~2%)。

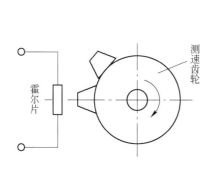

图6-5　霍尔式转速传感器

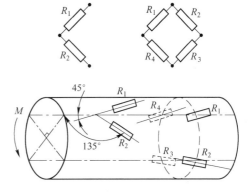

图6-6　电阻应变片转矩传感器贴片方式

这种传感器结构简单，制造方便，但因使用导电滑环，振动频率较低，所以不适于高速旋转体和扭轴振动较大的场合使用。

6.1.2.2　光电式转矩检测仪表

光电式扭矩测量仪属于扭转角式转矩测量仪表，这种仪器是在扭轴上固定两个边缘刻有光栅的圆盘，如图6-7所示。当被测轴不承受扭矩时，两片光栅的明暗条纹完全错开，遮挡住光路，因此，放置于光栅另一侧的光敏元件无光照射，输出信号为零。当有扭矩作用于被测轴上时，安装光栅处的两个截面产生相对转角，两片光栅的暗条纹逐渐重合，部分光线透过两光栅照射到光敏元件上，光敏元件产生电信号。扭转角越大，照射到光敏元件上的光越多，因而输出的电信号也越大。

6.1.2.3 相位差式转矩检测仪表

相位差式转矩测量仪也属于扭转角位移式测量仪表，它应用的是电磁感应原理。如图 6-8 所示，在被测轴上相距一定距离的两端处各安装一个齿形转轮，靠近转轮沿径向各放一个感应式脉冲发生器，即在永久磁铁上绕一固定线圈。当齿轮的齿顶对准永久磁铁的磁极时，磁路的气隙减小，磁阻减小，磁通量增大；当转轮转过半个齿距时，齿谷对准磁极，磁路气隙增大，磁通减小，变化的磁通在感应线圈中产生了感应电势。无扭矩作用时，被测轴上安装转轮的两个截面间无相对角位移，两个脉冲发生器产生的脉冲前沿是同步的；如果有扭矩作用，两个齿形转轮有了相对转角，两个脉冲发生器不再同步，便产生了相位差。因而可通过测量相位差来测量扭矩。

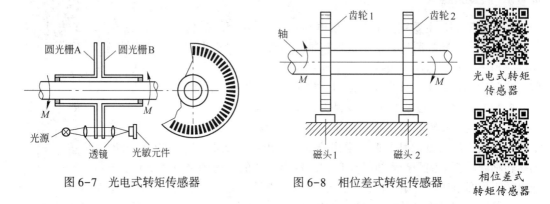

图 6-7 光电式转矩传感器　　图 6-8 相位差式转矩传感器

这种转矩测量仪表在采矿、地质中有广泛的应用。它的二次仪表包括整形和鉴相电路，相位差信号可通过 A/D 转换后由微处理器处理。

相位差式转矩测量仪和光电式（光栅式）扭矩测量仪都属于非接触测量，它们具有结构简单、工作可靠、对环境要求不高等特点，测量准确度一般可达±0.2%。

6.1.3 功率测量

功率是表征机械的动力力学性能的一个十分重要的性能参数，不同的机械，其含义不同。内燃机和涡轮机的功率是指单位时间发出的功率；压缩机和风机的功率是单位时间所吸收的功。功率的测量可以通过电功率测量和转矩间接测量两类方法进行：电功率测量是先测出电动机输入功率，再利用损耗分析计算电动机的输出功率，即为动力机械的轴输出功率；转矩间接测量是根据轴功率与转矩和转速的乘积成正比的关系，分别测出转矩和转速，由式（6-3）求得功率：

$$P = \frac{Tn}{9550} \tag{6-3}$$

式中　P——功率，kW；

T，n——分别为被测动力机械的输出转矩（N·m）、转速（r/min）。

目前，动力机械的功率测量基本上都是通过转矩间接测量。根据测量过程，又可以采用测功机和转矩仪进行测量。测功机也称为测功器，主要用于测试发动机的功率，也可作为齿轮箱、减速机、变速箱的加载设备，用于测试它们的传递功率。发动机的输出功率一般采用吸收式测功器来测量，所谓吸收式测功器是指不仅完成扭矩测量，而且能将发动机发出的功率吸收掉。常用的吸收式测功机有水力测功机、电力测功机和电涡流测功机；在发动机台架实验中，用测功器作为负载，也可以采用各种扭矩仪来测量扭矩。

6.1.3.1　电力测功机

电力测功机是指利用电机测量各种动力机械轴上输出的转矩，并结合转速以确定功率的设备。因为被测量的动力机械可能有不同转速，所以用作电力测功机的电机必须是可以平滑调速的电机，目前应用较多的是直流测功机、交流测功机和涡流测功机。

A　直流电力测功机

直流测功机由转子、定子外壳（浮动于支座）、测力机构（拉压力传感器）构成，结构简图如图 6-9 所示。直流电机的定子由独立的轴承座支撑，它可以在某一角度范围内自由摆动。机壳上带有测力臂，它与测力计配合，可以检测定子所受到的转矩。根据直流电机原理，电机的电磁转矩同时施加于定子和转子。定子所受到的转矩与转子所受到的转矩大小相等，方向相反，所以转轴上的转矩可以由定子测量。运行中轴承、电刷和风致摩擦等引起的机械转矩，会使定子和转子所受的转矩不完全相等，这给测量带来的误差需要加以考虑。

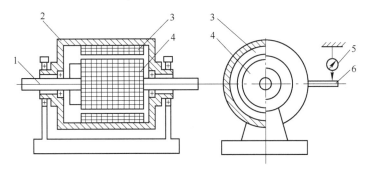

图 6-9　直流电力测功机结构图

1—转子；2—定子；3—励磁绕组；4—电枢绕组；5—测力机构；6—力臂

直流测功机可作为直流发电机运行，作为被测动力机械的负载，以测量被测机械的轴上输出转矩；也可以作为直流发电机运行，拖动其他机械，以测量其轴上输入转矩。

B　交流电力测功机

交流测功机通常由一台三相交流换向器电动机和测力计、测速发电机组合而成，交流测功机的测功原理与直流测功机相同。常用的三相交流发电机组可以看作最简单的交流电力测功机。由发电机的电压 u、电流 i、功率因数 $\cos\varphi$ 和效率 η 可知，发动机的有效功率 P_e 为：

$$P_e = \sqrt{3}\,\frac{ui}{1000\eta}\cos\varphi \tag{6-4}$$

如果将电机的定子外壳用轴承浮动起来，使之可以绕轴摆动，并在外壳与底座之间安装测力机构，则可直接测量发动机转矩。

根据原理不同，交流测功机又可分为三相同步电机测功机、绕线式异步电机测功机和无换向器电机测功机。

6.1.3.2　电涡流测功机

电涡流测功机是利用涡流产生制动转矩来测量机械转矩的装置，由定子（励磁线圈、涡流环、冷却系统）、转轴（感应子）、支座与测力机构组成，结构如图 6-10 所示。转子轴上的感

148

应子形状犹如齿轮，与转子同轴安装有一个直流励磁线圈。励磁线圈通入直流电后，产生磁场，磁力线通过感应子、气隙、涡流环和磁轭定子闭合。感应子为齿型，齿顶处磁阻小，磁通密度高；齿根处磁阻大，磁通密度低。感应子旋转时，涡流环各处的磁通密度不断变化，产生感应电动势形成涡流，力图阻止磁通的变化，从而对感应子产生制动力矩，使电枢摆动，通过电枢上的力臂，将制动力传给测量装置。

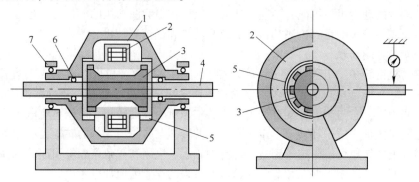

图 6-10　电涡流测功机结构简图

1—定子；2—助磁线圈；3—感应子；4—转轴；5—涡流环；6—轴承；7—摆动轴承

　　电涡流测功机只能产生制动转矩，不能作为电动机运行。一般用于测量转速上升而转矩下降，或转矩变化而转速基本不变的动力机械。

6.1.3.3　水力测功机

　　水力测功机利用水对旋转的转子形成摩擦力矩吸收并传递动力机械的输出功率，图 6-11 为水力测功机的工作原理与结构简图。水力制动器是水力测功机的主体，它由转子和外壳组成，外壳由滚动轴承支撑，可以自由摆动。

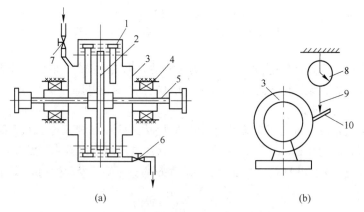

图 6-11　水力测功工作原理（a）与结构简图（b）

1—定搅棒；2—动搅棒；3—外壳；4—滚动轴承；5—转子轴；6—出水阀门；
7—进水阀门；8—表盘；9—测力机构；10—力臂

　　目前主要有定充量水力测功机和变充量水力测功机。定充量水力测功机的吸收腔内始终充满具有一定压力的水，通过调节测功机的闸套开合位置（即调节测功机转子与定子间的工作面积）来改变测功扭矩大小，这类测功机稳定性好，但结构复杂。

　　变充量水力测功机又称为水涡流测功机。它是通过进、出水阀来调节水力测功机吸功腔内水量的多少，以达到改变其制动扭矩大小的目的。变充量水力测功机工作时水压高，噪声大，而且在转速高、制动扭矩小的区段几乎不能稳定工作。

6.2 位移与厚度测量

6.2.1 位移测量仪表

位移测量概述

位移是最基本的机械量之一，分为线位移与角位移。线位移是指物体沿某一直线运动的距离；角位移是指物体绕某一点转动的角度，一般称角位移的测量为角度测量。

根据位移检测范围的不同，可分为微小位移检测、小位移检测和大位移检测三种。根据传感器转换结果，可分为模拟式和数字式两类。模拟式传感器将位移转换为模拟信号，如自感式位移传感器、差动变压器、涡流传感器、电容式传感器、电阻式传感器、霍尔传感器等；数字传感器是将位移转换为数字信号，如光栅、磁栅、光电码盘与感应同步器等。以下介绍几种最常用的位移检测方法。

6.2.1.1 电容式位移检测仪表

电容式位移检测仪表

电容式位移传感器有改变电极工作面积和变极间距两种方式，其中变极间距式测量范围较小；变面积式测量的位移较大，转角也大。电容式位移传感器结构简单、可靠、灵敏度高、动态特性好，但由于连接导线的寄生电容干扰不易消除，故测量准确度不高。在小位移测量中多采用变极距结构，但在这种情况下，其线性较差，差动式电容检测可明显改善其线性。无论是变面积还是变极距，都是极间距越小，检测位移的灵敏度越高，一般极间距都在 1mm 以下。

图 6-12 所示为采用先进 IC 技术制造的基于相位检测的电容耦合型位移传感器结构。它的

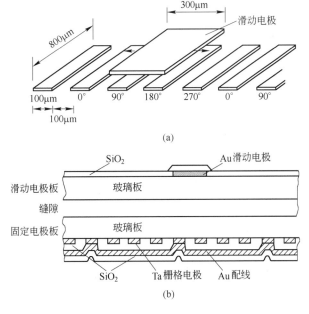

(a)

(b)

图 6-12 基于相位检测的电容耦合型位移传感器结构

（a）传感器电极的相位关系；（b）传感器断面结构

滑动电极与固定驱动电极相耦合，耦合容量随滑动电极的位置变化而改变。相邻两固定电极上施加幅度相同的相位相差为90°的正弦波电压，这时滑动电极的感应电压的相位是固定电极排列方向上位移 x 的函数，因此，可以检测位移。图6-12中所示的栅格电极为四个电极一组，有九组，全长只有8.2mm。

6.2.1.2　涡流位移传感器

涡流位移
传感器

电涡流式检测仪基于电涡流效应原理而制成。所谓电涡流效应，是指当通过金属体的磁通发生变化时，会在导体中产生感生电流，这种电流在导体中是自行闭合的电涡流。电涡流的产生必然消耗一部分能量，使励磁线圈阻抗（互感抗）发生变化，称为涡流效应。励磁线圈最终在导体上产生涡流的实质是两者之间存在互感。

根据所用激磁电流频率的不同，涡流式检测仪分为高频反射式与低频透射式两种，一般高频选用几兆赫到几百兆赫，而低频选用几百到一两千赫。低频透射式一般只用来测量导体的厚度；而高频反射式涡流传感器可测量位移、振幅、厚度、速度等多种参数，应用较广。

高频反射式涡流传感器结构如图6-13所示。高频检测线圈绕制在聚四氟乙烯框架的开槽中，形成一个扁平线圈，线圈用高强度漆包线绕制。当线圈中通以高频电流 i_1，产生交变磁场 H_1，将金属板置于磁场中时；在高频磁场作用下，金属板内产生涡流 i_2，涡流产生二次磁场 H_2，反过来削弱传感器的磁场 H_1，如图6-14所示。

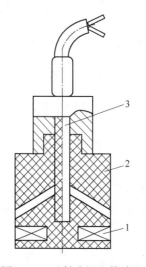

图6-13　反射式涡流传感器

1—线圈；2—骨架；3—引线

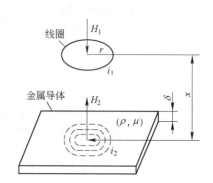

图6-14　涡流产生原理

由物理学原理可知，线圈阻抗发生的变化不仅与电涡流效应有关，而且与静磁学效应有关。即与金属导体的电阻率 ρ、磁导率 μ、励磁频率 f 及传感器与被测导体间的距离 x 有关，可用式（6-5）表示：

$$Z_C = F(\rho, \ \mu, \ f, \ x) \tag{6-5}$$

当金属导体的电阻率 ρ、磁导率 μ 和励磁频率 f 保持不变时，式（6-5）可写成

$$Z_C = F(x) \tag{6-6}$$

由此可见，检测线圈阻抗 Z_C 的变化只与线圈到金属板表面之间的距离 x 有关，利用合适的测量电路，可测定传感器与导电体间的距离，这就是涡流传感器测量原理。

涡流传感器不但具有测量范围大、灵敏度高、抗干扰能力强、不受油污等介质的影响、结构简单、安装方便等特点，而且还具有非接触测量的优点，因此被广泛应用于工业生产和科学研究的各个领域。例如，汽轮机振动监测、镀层厚度检测与无损探伤等。

6.2.1.3 数字式位移传感器

数字式位移
传感器

数字式位移传感器将被测位移转换为数码信号输出的测量元件，又称为编码器。编码器按编码方式分为绝对编码器和增量编码器两类。

（1）绝对编码器。它对应每一位移量都能产生唯一的数字编码，因此在指示某一位移时，编码器不必要存储原先的位移。编码的分辨力决定于编码器输出数字的位数。编码器的结构与所利用的物理现象（电、光或磁）的变化有关。例如，电刷编码器一般是一个盘子，上面有若干条同心的轨道，称为数道。数道上导电面积和一些绝缘面积构成代码，每条数道对应输出数字的一位数。当盘子随被测物转动时，电刷以接触的方式读出每个数道上的导电区和绝缘区，产生数字编码。磁性编码器和光学编码器的结构与电刷编码器相似，只是位移的编码输出由磁或光束来表示。绝对编码器的特点是误差不会累计，而且在位移快速变化时不必考虑电路的响应问题。

（2）增量编码器。它在测量物体位移时，能发生电流或电压的跃变，输出信号的每次跃变所对应的位移增量决定于编码器的分辨力。为了测量位移，必须利用存储器计数跃变的次数，属于这一类传感器的有感应同步器、磁栅和光栅。增量编码器的特点是零点可以任意设定，分辨率为 $1\mu m$。数字式位移传感器测量精确度高、测量范围宽，适用于对大位移的测量，在精密定位系统和精密加工技术中得到广泛应用。

6.2.2 厚度测量

厚度测量仪表主要用来测量板材、带材、管材、镀层、涂层等的厚度。厚度测量是位移测量的一种特殊形式，因此很多位移传感器都可用来检测厚度。按测量原理可分为接触式测量和非接触式测量两大类。常用的有电感式、高频涡流式、微波式、射线式和超声波式，其中超声波式测厚仪发展迅速，下面主要介绍超声波式测厚仪。

6.2.2.1 超声波式测厚仪测量原理

超声波是一种机械纵波，它在同一均匀介质中传播时，其波速为常数。而当它从一种介质传播到另一种介质时，在两分界面上会产生反射。如图6-15所示，超声波换能器向被测件表面发出的脉冲，并接收被测件底面的反射脉冲，从发出脉冲到接收到脉冲的时间间隔与材料的厚度成正比。即被测件的厚度可用式（6-7）求出：

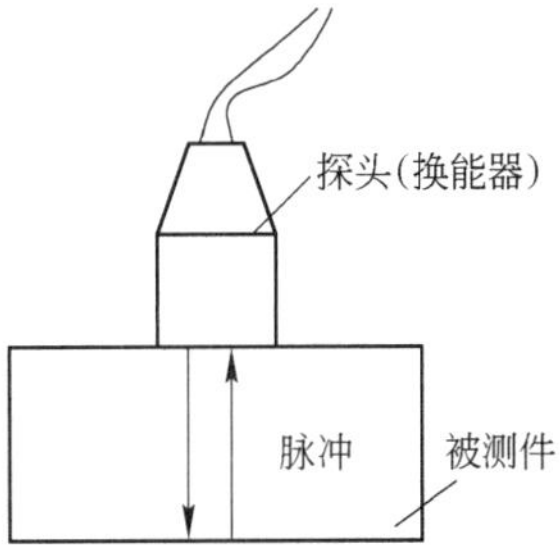

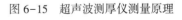

图6-15 超声波测厚仪测量原理

$$d = \frac{vT}{2} \qquad (6-7)$$

式中　v——超声波在被测件中的传播速度；

　　　T——超声脉冲在被测件两表面之间往返一次的时间；

　　　d——被测件的厚度。

超声波测厚仪有共振法、干涉法和脉冲发射法等。共振法、干涉法可测厚度为0.1mm以上的材料。这两种方法的测量准确度较高，可达0.1%，但对工件的表面粗糙度要求较高。脉冲反射法只能测量厚度为1mm以上的材料（采用特殊电路也可测量厚度为0.2mm的材料），测量准确度约为1%。但它对被测件的表面粗糙度要求不高，可测量表面略微粗糙的材料。

6.2.2.2 超声波式测厚仪测量系统的组成

超声波式测厚仪的测量系统由超声波发射电路、接收电路、微处理器、控制电路和显示驱动电路等组成，图6-16所示为脉冲式智能超声波测厚仪的框图。由微处理器控制发射电路输出宽度很窄、前沿很陡的周期性电脉冲，通过换能器，激励压电晶片产生脉冲超声波，超声波在被测件上下两面形成多次反射，反射波由压电晶片转变成电信号；经放大滤波处理后，由控制电路测出声波在被测件上下两面之间的传播时间 t，将此时间送入微处理器计算处理后，换算为厚度，最后送入驱动电路在显示器上进行厚度显示。

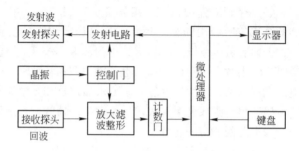

图6-16　智能超声波厚度测量仪的框图

6.3　振动与加速度检测

振动与
加速度检测

6.3.1　振动测量仪表

在机械工程领域中，振动是极为普遍的现象，特别在动力机械内，振动的存在会引起许多不良后果，如产生噪声、影响机器正常运行，甚至导致零部件的损坏等。振动测量是解决振动问题和进行振动控制的重要手段，具有十分重要的实际意义。

描述振动特征的主要参量为频率、振幅和相位，因此振动测量最基本的目的就是测量这三个参量。在动力机械中，有时还必须对系统频谱和振型进行分析与测量。在测振动时经常在轴的径向按水平和垂直位置安装多个涡流检测探头组成一套测振系统，测振系统结构如图6-17所示。

振动测量是指位移、速度和加速度的测量。当研究振动对机械加工精度的影响时，要测量位移幅值的大小，振动位移测量的传感器有电涡流式传感器、电感式传感器、电容式传感器；当研究振动引起声辐射大小时，则需要测量振动的速度，振动速度测量传感器有相对式电动传感器、

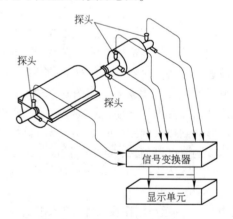

图6-17　测振系统结构示意图

惯性式电动传感器；当需要考虑机械损伤时，主要测量加速度，振动加速度传感器有压电式传感器、阻抗头、电阻应变式传感器。

图6-18为三种常用的测振传感器原理结构。图6-18（a）为差动变压器测振原理，这里差动变压器的线圈是固定的，将直线位移式差动变压器的铁芯两端用弹簧片固定在被测体上。产生振动加速度时，铁芯相对于线圈产生位移，从而得到差动输出电势信号。应用差动变压器

测振的要点是：差动变压器原边交流电源的频率必须远高于被测振动频率，所以差动变压器的供电，需将50Hz电经过倍频处理。

测量金属物体的小位移的电涡流传感器，也适于振动测量，它是由金属重块和弹簧片构成悬臂梁，如图6-18（b）所示，质量块的上下各有一个扁平线圈。受到振动时，质量块上下振动，两个扁平线圈的电感量相应产生周期性变化，引出输出信号进行处理即可。

图6-18（c）所示是应变片式加速度计，传感器壳体上安装有悬壁弹性梁，梁的一端固定有质量块m，梁的上、下侧表面贴有电阻应变片。传感器固定在被测振动体上，由于振动，质量块m产生惯性力ma，悬壁弹性梁产生应变，由电阻应变片组成的桥路产生的不平衡输出就代表了加速度a。

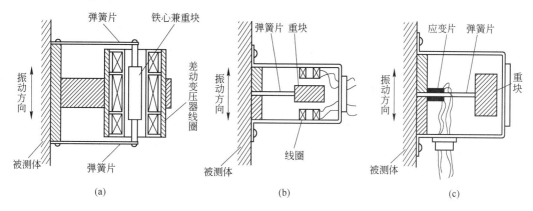

图6-18　测振传感器原理结构图
（a）差动变压器式；（b）电涡流式；（c）应变片式

总之，测振原理是利用具有质量和弹性的物体，在振动下的变形来测出振动下的惯性力，从而得出加速度。若被测体是恒定加速度，则稳态变形也是恒定的，除压电效应不适合测恒定加速度外，其他方法都可以应用。

6.3.2　加速度测量仪表

加速度是物体运动速度的变化率，不能直接测量，一般多采用所谓的质量-弹簧系统。即利用测量质量块随被测物体做加速运动时所表现出的惯性力来确定其加速度。根据牛顿第二定律，被测物体所受作用力等于物体的质量与其加速度的乘积。在质量不变的情况下，测量物体所受的惯性力就可以获得加速度值。最简单的加速度计由外壳、质量块、力敏元件、限制质量块与外壳之间相对运动的弹簧（也称为限动弹簧）构成，如图6-19所示。

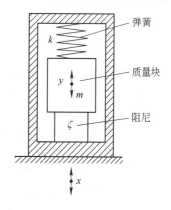

图6-19　加速度传感器原理

测量时加速度计的外壳与被测物体固定在一起运动，质量块也在限动弹簧的作用下随之运动。弹簧作用力的大小即等于质量块的惯性力，由力敏元件测得。根据力敏元件的不同，加速度计可分为压电式加速度计和应变片加速度计等。

6.3.2.1　压电式加速度计

压电式加速度计的力敏元件由石英晶体或陶瓷等压电材料制成。由于压电晶体所受的力是惯性质量块的牵连惯性力，所产生的电荷数与加速度大小成正比，所以压电式传感器是加速度传感器。压电式加速度计的种类很多，图 6-20 所示为基座压缩型压电式加速度计的结构。在基座与质量块中间压着压电晶片，用弹簧片将质量块和压电晶片压紧在基座上，改变外壳的拧紧程度，可以调整弹簧片对质量块压电片-基座间的预紧力。当传感器固紧在待测基体上时，由于振动作用，质量块将给压电晶片以周期的作用力，经压电变换后，在压电陶瓷片上产生电荷，该电荷由引出电极输出送入测量仪表，从而得到加速度。

压电式加速度计的特点是质量轻，相移小（因为它可以采用非常小的阻尼比），适于测量小质量的系统，最小的压电式加速度传感器可以做到几克重。特别是压电元件实际变形很小，可达到很高的自振频率，测量范围很大，可测量较高的加速度及冲击加速度，最高可达 $(20000 \sim 30000)g$（g 为重力加速度），其最小频率可测到 $10 \sim 60 \text{kHz}$；如果采用电荷放大器，下限可低到 $(0.3 \sim 2.0) \times 10^{-6} \text{Hz}$。

6.3.2.2　应变片加速度计

如果将图 6-20 中的压电晶片改为应变元件片，就成为应变片加速度计。应变片加速度计是利用半导体或金属应变片作为它的力敏元件。在这种传感器中，质量块支撑在弹性体上，弹性体上贴有应变片，如图 6-21 所示。

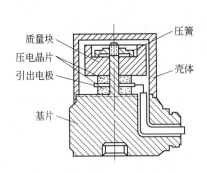

图 6-20　基座压缩型压电式加速度计的结构

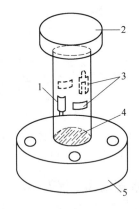

图 6-21　应变片加速度计的结构
1—弹性体；2—质量块；3—应变片；
4—截面积；5—底座

测量时，在质量块惯性力的作用下，弹性体产生形变，应变片把应变转换为电阻值的变化，最后通过测量电路输出正比于加速度的电信号。弹性体做成空心圆柱形以增加传感器的固有振动频率和粘贴应变片的表面积。

应变式加速度计适用于静、动态加速度测量，频率最低可达到 0Hz，而上限决定于自振频率和阻尼比，上限可达 3500Hz；加速度测量范围一般不超过重力加速度的几百倍。由于应变仪的通用性好，所以使用起来比较方便。

6.3.2.3　扩散硅压阻膜片的加速度传感器

扩散硅压阻膜片的加速度传感器如图 6-22 所示。它的顶部和底部的玻璃板之间夹着硅基片，硅基片上按一定晶向制成 4 个扩散硅压敏电阻，硅基片下部切割成中部厚边缘薄的杯状膜片。中部厚膜相当于一个重块，在加速度的作用下，产生的惯性力使膜片变形。膜片的变形由压敏电阻变化检测出来，进而测出加速度。为防止过度变形以至膜片损坏，并且使膜片振动以适当速度减弱，硅基片的上部和下部与上下面的玻璃板之间都留有几微米的缝隙间隔，空气层起阻尼作用。这种加速度传感器已安装入缓冲汽车撞击的空气包中，因此它又称为微机械加速度传感器。

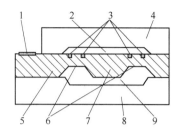

图 6-22　扩散硅压阻膜片的加速度传感器的结构
1—引线接点；2—缝隙；3—扩散硅压敏电阻；4—顶帽；5—硅基片；6—悬梁；7—质量块；8—底座；9—缝隙

6.4　力与电子称量仪表

力与电子
称量仪表

在第 3 章中介绍的应变效应、霍尔效应、压电效应等都可以直接应用于力的测量，力的测量与压力测量有很多类似之处，只是压力是均匀地作用在物体表面上的力，这里所说的力大多是比较集中地作用在受力体上。因此，压力测量方法大多也适用于力的测量，只是在传感器的结构上有所不同而已，在此不重复。本节主要介绍压力传感器在工业中的应用。

冶金生产过程中广泛应用电子秤进行配料和给料的自动称量和控制，电子秤发展极快，类型也多，常用的有皮带电子秤、吊车电子秤及料斗电子秤。电子称量仪表所用重力传感器，主要是圆筒形、圆柱形、S 形及压磁重力传感器等。

6.4.1　皮带电子秤

生产原料及半成品料中很多是粒状、粉状或块状散料，它们的传送普遍采用皮带输送机，而一台皮带输送机传送的距离有限，往往是若干台皮带输送机接力式传送；在传送过程中需要称取输送的物料量，这就需要皮带电子秤。

皮带电子秤是用来检测固体散料输送量的，利用它可实现自动称料、装料或配料。根据皮带速度的不同，皮带电子秤有两种工作模式，一是定速传送，二是变速传送。前者无需检测速度；后者则采用摩擦滚轮带动速度变换器（测速电机或感应式测速传感器等），把正比于皮带传送速度的滚轮转速，转变成频率信号 f，再通过测速单元把 f 转变成电流 I，供作检测桥路的电源。可见检测桥路的电源电流 I 是随皮带传送速度变化的，它就代表皮带传送速度 v_t，图 6-23 是变速传送皮带电子秤原理图。

在皮带中间的适当位置上，设置一个专门用作称量的框架，这一段的长度 L 称为有效称量段。某一瞬时刻 t 在 L 段上的物料量为 ΔW，则在有效称量段 L 单位长度上的称重 q_t 为：

$$q_t = \Delta W / L \tag{6-8}$$

设皮带的移动速度为 v_t，则皮带的瞬时输送量 Q 为：

$$Q = q_t v_t \tag{6-9}$$

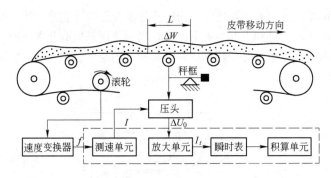

图 6-23　皮带电子秤原理图

q_t 通过称量框架传给压头使之产生形变，安装在压头上的应变电阻（组成应变电桥）将检测出此形变。当输送量 q_t 变化时，传感器受力引起应变电阻变化 ΔR（$\propto q_t$）。设电桥输入电流为 I（$\propto v_t$），则检测电桥的输出电压 ΔU_0 为：

$$\Delta U_0 = k\Delta RI = K_U q_t v_t = K_U Q \tag{6-10}$$

式中　k，K_U——常数。

由此可见，压头上应变检测桥路的输出信号 ΔU_0 就代表皮带的瞬时输送量 Q，该信号经放大单元放大后，输出代表瞬时输送量的电流 I_t，由显示仪表指示瞬时输送量，并由积算单元累计输送总量 W。

在某一时间间隔 $0 \sim t$ 时间内，皮带输送的总量 W 为：

$$W = \int_0^t Q\mathrm{d}t = K\int_0^t I_t\mathrm{d}t \tag{6-11}$$

输送总量是由积算单元完成的，它将电流信号 I_t 转换成频率信号 f_t，并对时间积分，即得 $0 \sim t$ 时间内的脉冲总数 N：

$$N = \int_0^t f_t\mathrm{d}t \tag{6-12}$$

将代表皮带输出物总量的脉冲数 N 送到电磁计数器或脉冲计数器，则能够显示输送总量。

6.4.2　吊车电子秤

吊车电子秤的传感器是安装在吊钩或者行车的小车上，在吊车运行过程中，可直接称量出物体的质量。它适于工厂、仓库、港口等，最大称量从几吨到百吨以上。吊钩安装式吊车秤如图 6-24（a）所示，在起吊后由于重物的传动使传感器受扭力而产生误差。为了克服此扭力，在吊环与吊钩之间加了两个防扭转臂，此转臂对被测质量无影响。扭力的作用通过吊钩、转臂作用在吊环上，而传感器与吊环和吊钩之间是螺纹活连接，所以扭力对传感器的影响就很小了。在安装时必须注意转臂与吊钩、吊环上连板的配合，上、下限位螺母不能拧得太紧。固定安装式吊车秤如图 6-24（b）所示，传感器安装在定滑轮适当部位上，结构简单，但行车移动的扭力影响较大，宜在行车稳定后读记所称的质量，还要应用应变测力计对大质量砝码进行检定，在有些方面可以用应变传感器传递力取代砝码检定法。

吊车秤的称重传感器，可以设计在吊车的小车承重主轴上，直接感测全部质量；也可与承重小车间接相连，感测全部或部分质量。一般都用电阻应变片做成筒形、柱形或轮壳形传感器。这里需要注意解决的问题是，要消除在吊车行进中产生的附加加速度的影响，否则也必须在吊车停稳时才能正确称重。

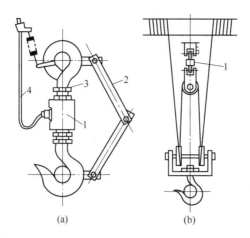

图 6-24　吊车电子秤的结构

（a）吊钩安装方式；（b）固定安装方式

1—传感器；2—防扭转臂；3—限位螺母；4—信号电缆

6.4.3　料斗电子秤

料斗电子秤由四个应变传感器支撑，如图 6-25 所示。在安装时要考虑冲击力对传感器的影响，所以要求采取适当的防振措施；也要注意保持料斗位置的稳定，为此安装了四根限位杆，把料斗拉紧，使料斗在水平方向的移动受到限制。

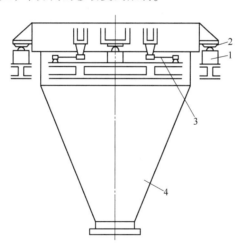

图 6-25　料斗电子秤

1—传感器；2—防振垫；3—限位杆；4—料斗

四个应变传感器联合组成质量检测桥路，其输出信号代表所称的料重，它可以用作简单的储料称量。如果用作生产过程的定量给料，则要求二次仪表具有自动进行运算、核算与相应的自动运行程序。一般定量给料系统是集散控制系统的现场级仪表，是由单片机构成的自动给料系统，通过上下位机的通信和信号传输，能保证按要求进行自动称量和定量给料，并能自动消除料斗在进料时受到无规律冲击力的影响。

影响皮带电子秤等称量仪表运行的因素很多，也很复杂，采用常规仪表局限性很大。现在都采用微处理机进行数据处理和称料控制，不但大大地提高测量准确度与可靠性，而且具有自动标定、自动去皮等多种功能，并支持 RS485 等协议，可与上位计算机等设备通信，有的甚至具有配料功能。

除了以上介绍的几种外，生产生活中还大量使用汽车电子秤、轨道衡、台秤等称重仪表，它们的称量原理与结构大体相似，请参考其他书籍。

复习思考题

6-1　机械检测仪表有哪些类别和用途？

6-2　简述磁电式转速表的基本原理。

6-3　光电式转速表有哪两种？分别说明其工作原理。

6-4　转矩是如何检测的？

6-5　常用的测功机有哪几种，各有什么特点？

6-6　在测量发动机的转速时，应选用哪种转速传感器？并提出具体的测量方案。

6-7　常用的位移检测方法有哪些？试举例说明其应用。

6-8　电涡流式检测仪基本原理是什么？

6-9　简述超声波厚度检测仪的基本原理。

6-10　速度、加速度与振动三者之间有何联系，它们的检测方法有何特点？

6-11　简述振动测量的意义及常用的测量方法。

6-12　为什么说位移传感器可以当作振动传感器来使用，在什么条件下应采用位移传感器来测量物体的振动？

6-13　电子秤有什么特点，它们是如何构成的？

7 过程分析仪器

第7章课件

过程分析仪器是用来对物料的成分组成，以及各种物理、化学特性进行测量分析的仪器。在工业生产过程中，为了保证原材料和中间产品及成品的质量和产量，通常采用温度、压力、流量等过程参数作为主要的检测和控制变量，这种间接控制的结果很难令人满意。而过程分析仪器可以随时对原材料、半成品和成品的成分及含量进行监视，达到直接检测和控制的目的。例如，通过分析工业炉窑烟气中的氧含量，在确保工艺温度、气氛的条件下，对燃烧过程进行控制，实现最优化燃烧、节约能源、减少环境污染的目的。因此，过程分析仪器对保证和提高产品的质量，降低原材料及能源的消耗，保证安全生产，防止环境污染等方面都起着十分重要的作用，在工业生产过程中有广泛的用途，它是自动化仪表的一个重要组成部分。

过程分析仪器品种很多，限于篇幅，本章仅介绍工业红外线气体分析仪、氧化锆氧量分析仪、其他气体分析仪、溶液浓度计、工业酸度计和湿度检测仪表的工作原理。

7.1 红外线气体分析仪

红外线气体分析仪

红外线气体分析仪是一种吸收式光学分析仪器，是利用不同气体对红外辐射能选择性吸收原理来工作的。它常用来检测 CO、CO_2、SO_2、CH_4 和 H_2O 等气体的浓度，能连续测量，测量范围宽，精度高，灵敏度高，并且有良好的选择性。在石油、化工、冶金、环保等领域得到了广泛的应用，已成为过程分析仪器的一个重要分支。

7.1.1 工作原理

红外线气体分析仪工作原理

红外气体分析仪主要利用红外线中 $1 \sim 25\mu m$ 的一小段光谱。凡是不对称结构的双原子和多原子气体（CO、CO_2、SO_2、CH_4 和 H_2O 等）对红外线都有一定吸收能力，但不是在红外波段的整个频谱范围内都吸收，而只是吸收其中的某些波段的红外线，即所谓的选择性吸收，这些波段称为特征吸收波段，不同结构的分子或原子具有不同的特征吸收波段。图 7-1 给出了 CO、CO_2 两种气体的红外吸收特性。例如，CO_2 气体有两个特征吸收波段 $2.6 \sim 2.9\mu m$ 及 $4.1 \sim 4.5\mu m$，而对波长为 $2.78\mu m$ 和 $4.26\mu m$ 红外线具有最大的吸收峰；CO 对波长为 $2.37\mu m$ 和 $4.65\mu m$ 附近的红外线能吸收。气体吸收红外辐射后，气体的温度上升或压力升高，这种温度和压力的变化与被测气体组分的浓度有关，通过测量温度或压力的变化就可以准确地获得被分析气体的浓度。

红外线通过介质层时，介质吸收了相应特征波段的红外线能量，透过介质的红外线能量减弱，其减弱程度遵循朗伯-比尔定律：

$$I = I_0 e^{-\mu cl} \tag{7-1}$$

式中　I——红外线被吸收后的射线强度；

　　　I_0——红外线被吸收前的射线强度；

　　　μ——待测组分对波长为 λ 的红外线的吸收系数；

　　　c——待测组分浓度；

　　　l——入射光透过的光程。

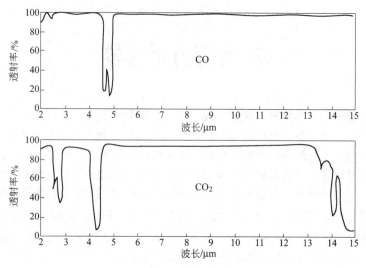

图 7-1 CO、CO₂ 气体的红外线吸收特性

在红外气体分析仪中，光源入射光强度不变，被测样品的光程不变，对于特定的被测组分，吸收系数也不变，因此，透射的红外光谱的强度就只是被测组分的函数。通过测定透射特征波长红外光谱的强度 I，可确定被测组分的浓度 c。

7.1.2 基本组成

典型红外分析仪结构如图 7-2 所示，下面介绍其主要部件的工作机制及功能。

光源的作用是产生两束能量相等而又稳定的平行红外光束，光源多由镍铬丝制成，镍铬丝被加热到 $600 \sim 1000^\circ C$，此时光源辐射出的红外线波长范围为 $2 \sim 10 \mu m$。辐射区的光源有两种：一种是单光源，另一种是双光源。单光源只有一个发光元件，经两个反光镜构成一组能量相同的平行光束进入参比室和测量室。而双光源结构则是参比室和测量室各用一个光源。与单光源相比，双光源因热丝放光不尽相同而产生误差。

切光片在电机带动下对光源发出的光辐射信号做周期性切割，将连续信号调制成一定频率（一般为 $2 \sim 25 Hz$）的交变信号（一般为脉冲信号），以避免检测信号发生时间漂移。

吸收或滤去干扰气体对吸收峰的红外辐射能，去除干扰气体对测量的影响。滤光系统通常有两种：一种是充以干扰气体的滤光室；另一种是干涉滤光片。干涉滤光片能使红外分析仪根据需要更换干涉滤光片，以满足检测不同气体的需要，提高仪器的通用性。

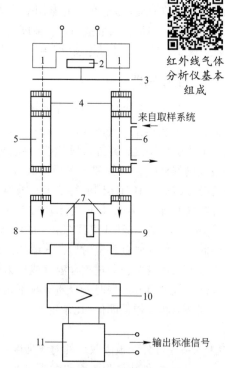

红外线气体分析仪基本组成

图 7-2 红外线气体分析仪原理图

1—光源；2—同步电机；3—切光片；4—滤波室；
5—参比室；6—测量室；7—检测室；8—薄膜；
9—定片；10—电气单元；11—微机系统

　　测量室和参比室的两端用透光性能良好的 CaF_2 晶片密封。参比室内封入不吸收红外辐射的惰性气体,测量室则通入流动的被测气体。测量室的长短与被测组分浓度有关,根据朗伯-比尔定律,气体浓度低,测量信号小,采用的测量室较长,一般测量室的长度为 $0.3 \sim 200mm$。在测量腐蚀性气体时,一般采用镀膜气室。

　　检测室(检测器)的作用是用来接收从测量室和参比室射出的红外线,并转化成电信号。检测器被分成等容积的两个接收室,充满等浓度的待测组分气体。两个接收气室间用薄金属膜片隔开,薄金属膜与固定金属片组成一个电容器。通过参比室特征吸收峰的红外光谱辐射保持不变,而透过测量室的红外光谱能量对应的特征吸收峰的能量却已被吸收,这使得检测器内参比室一侧因待测组分对光谱辐射能的吸收而产生气体温度的升高和压力的增大,测量室这一侧却因入射的对应吸收峰能量的降低而温度较低,压力较小。由于检测器参比接收室中的气压大于样品接收室的气压,金属隔膜移向固定金属片一方,改变了电容的极距,这个电容量的变化与测量室内红外线被吸收的程度有关。故此电容量的变化可指示气样中待测气体的浓度。

　　微机系统的任务是将红外探测器的输出信号进行放大转换成统一的直流电信号,并对信号进行分析处理,将分析结果显示出来,还可根据需要输出浓度极值和故障状态报警信号。对信号的处理包括:干扰误差的抑制,温漂抑制,线性误差修正,零点、满度和中点校准,量程转换、量纲转换、通道转换、自检和定时自动校准等。

7.1.3　应用举例

　　为了评价窑炉中燃料燃烧是否充分,通常需要检测尾气中 CO 和 CO_2 的含量。测定气体中的 CO 和 CO_2,常用的有利用不分光红外吸收法原理制成的不分光吸收式红外线气体分析仪和利用电导法原理制成的电导法气体分析仪。以下介绍利用红外气体分析仪的方法。

　　不分光吸收式红外线气体分析仪的使用应与取样技术结合起来。取样系统一般包括杂质过滤、干燥、压力控制和流量控制等,对于高温烟气还需有冷却装置。此外,根据现场实际需要,增设温度控制装置、流路切换装置等预处理设备,以保证成分分析系统可靠运行。

　　由于窑炉尾气属于高温、高粉尘,并具有一定腐蚀性的气体,采样环境极为恶劣。如何防止发生取样探头烧损与堵塞现象,保证采样的正常进行和采样装置的使用寿命是取样系统设计的关键。图 7-3 为带有自动反吹系统的取样装置。

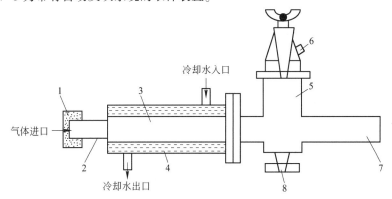

图 7-3　带有自动反吹系统的取样装置

1—过滤器;2—陶瓷取样管;3—不锈钢管;4—冷却系统;5—过滤器;
6—样气出口及清扫过滤器气体入口;7—反吹气体入口;8—排尘口

探头外敷多孔过滤器，滤去固体颗粒物质，也可很大程度减少探头内部结渣现象；由于回转窑尾气温度高达1300℃，添加水冷系统可防止探头的烧断事故；采用不锈钢管输送气体，可有效防止管路腐蚀性堵塞；样气中不可避免会携带有微尘，微尘的积累将导致探头的堵塞。设置自动反吹系统，定期自动反吹清扫取样管及过滤器，可有效解决探头堵塞现象。

7.2 氧化锆氧量分析仪

氧含量分析仪是目前工业生产自动控制中应用较多的在线分析仪表，主要用来分析混合气体（多为窑炉废气）中氧的含量。目前工业上常用的氧量分析仪为氧化锆氧量分析仪，其具有结构简单，反应快捷、灵敏和适于分析高温气体等特点，成为发展最为迅速的氧量分析仪表，现已在冶金、动力、化工、炼油及环保等领域得到广泛的应用。

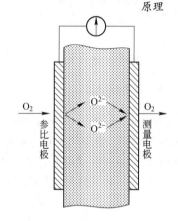

氧化锆氧量
分析仪工作
原理

7.2.1 工作原理

氧化锆氧量分析仪根据浓差电池原理设计而成。如图7-4所示，氧浓差电池由两个"半电池"构成：一个"半电池"是已知氧气分压的铂参比电极，另一个"半电池"是氧含量未知的测量电极。两个"半电池"电极之间用固体电介质——氧化锆连接。氧化锆介质是由ZrO_2和少量的CaO（或氧化钇Y_2O_3）按一定比例混合，在高温下烧结形成晶型稳定的萤石型立方晶体，晶格中产生的一些氧离子空穴，在温度600~800℃时，就成为氧离子的良好导体，两个"半电池"之间的氧离子通过氧化锆（ZrO_2）固体电解质中存在的氧离子空穴进行交换。当ZrO_2两侧氧的浓度（分压）不同时，则在两电极之间出现电势，称为氧浓差电势。

氧浓差电动势由下列浓差电池产生：

$$O_2(p_1),\ p_t\,|\,Z_rO_2\cdot CaO\,|\,p_t,\ O_2(p_2)$$

图 7-4 氧浓差电池原理

高温下，在氧化锆的氧分压（p_1）即氧浓度高的一侧（参比电极侧）发生如下反应：

$$O_2(p_1) + 4e \longrightarrow 2O^{2-}$$

参比电极（Pt）给出四个电子，自身带正电。生成的氧离子"O^{2-}"通过固体电介质中的氧离子空穴到达氧浓度低的一侧，即氧分压（p_2），并发生如下反应：

$$2O^{2-} \longrightarrow O_2 + 4e$$

放出的四个电子交给测量电极的铂电极，使其带负电。总的电池反应为：

$$O_2(p_1) \longrightarrow O_2(p_2)$$

氧气从分压高的一侧（p_1）向分压低的一侧（p_2）迁移，并且伴有电荷的定向迁移，因此在氧化锆两侧的铂电极之间产生了电动势，其数值可由恩斯特公式计算：

$$E = \frac{RT}{nF}\ln\frac{p_1}{p_2} \tag{7-2}$$

式中 R——气体常数，为8.314J/K；

T——被测气体进入电极中的热力学温度，K；

F——法拉第常数，为 96487C/mol；

n——反应时一个氧分子输送的电子数，为 4；

p_1——参比气体（即参比电极侧）的氧分压，通常采用空气作参比气体。

p_2——被分析气体（即测量电极侧）的氧分压。

若被测气体与参比气体的总压均为 p，则恩斯特公式可表示为：

$$E = \frac{RT}{nF}\ln \frac{\varphi_1}{\varphi_2} \tag{7-3}$$

式中　φ_1——参比气体中氧的容积含量；

　　　φ_2——被分析气体中氧的容积含量。

若稳定 p_1 和 T，可由测得的电动势 E 确定 p_2，从而可测定待测气体中氧的容积含量。

由于电极工作在高温下（800℃附近），被测气体中如果含有 H_2、CO 等可燃气体时，气样中将发生燃烧反应而耗氧，不仅会造成测量误差，而且还有爆炸的危险，故本仪器一般不用于可燃性气体组分的氧分析。

氧化锆氧量
分析仪使用
条件

7.2.2　基本组成

以单片机为控制核心的智能型氧量分析仪可在线连续测量烟气中的氧浓度，数字显示炉内氧气的百分含量、温度等多种参数，并能输出 4~20mA 的线性模拟信号，与其他自动控制系统相连接实现生产过程的自动化，它是氧量分析仪的发展趋势。如图 7-5 所示，智能型氧量分析仪主要由氧化锆氧量传感器、氧量变送器及输出单元组成。

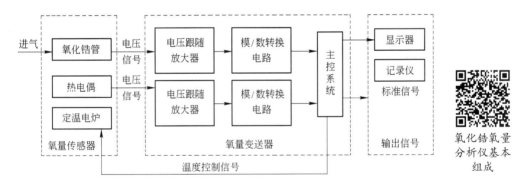

图 7-5　智能型氧化锆氧量分析仪组成框图

7.2.2.1　氧量传感器

氧量传感器也称为氧化锆探头，由测量电池、加热器、热电偶、过滤元件、电缆接线端子及金属外壳等组成，如图 7-6 所示。作为氧传感器的核心元件，测量电池的本体为内外两侧涂有多孔性铂电极的氧化锆管。被测气体通过过滤器（或校验气体通过传导管）进入测量电池测量端，与测量电极接触作为测量臂，而另一侧参比电极与吸入的自然对流空气接触构成参比臂。

由于只有将氧化锆检测器保持在恒定的工作温度（如 800℃），才能产生便于检测的浓差电势，因此一般在探头内附有加热电丝，与测温元件（常用热电偶）、温控仪（主控系统）及固态继电器组成恒温控制系统，使之满足测量条件。

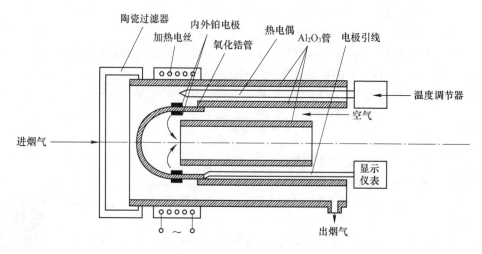

图 7-6　氧化锆探头结构

7.2.2.2　氧量变送器

氧量变送器由电压跟随放大电路、模/数转换电路、主机控制单元等组成，主要完成氧量传感器温度的控制、浓差电势的检测及氧量的显示与输出等功能。因为氧化锆探头在高温下阻抗为 $1k\Omega$ 左右，浓差电池的内阻较大，为了获得较好的检测效果，设置电压跟随倒相放大电路。

7.2.3　应用举例

氧化锆氧量分析仪已经用于需要进行氧量分析的各个领域，如根据废气或烟气中的氧含量确定燃烧的燃烧率，以便进行各种燃烧炉的燃烧监督及控制，如均热炉、热风炉、回转窑的热工控制等；或者通过对炼钢转炉烟气成分的分析，检测与监控钢水的质量；此外，在化工过程、空气分离、粮食果品储存、汽车排放物污染监控等场合，也常用到氧化锆氧量分析仪。

氧化锆氧量分析仪轧钢加热炉烟气氧量在线监控中的应用如图 7-7 所示。

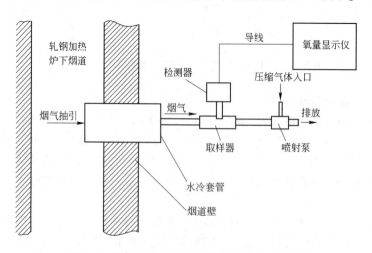

图 7-7　轧钢加热炉氧量在线分析系统示意图

　　由于炉膛排出的烟气在烟道内形成负压，且温度较高，因此检测器不能直接插入上升烟道，一般采用压缩空气喷射泵抽引烟气。被抽引的烟气经过水冷管，使烟气温度降低，在经过取样器取样检测出氧含量后，由喷射泵排出系统外。采用此系统，可实时监控转炉烟气中的氧含量，对控制燃烧时的空燃比，调节炉内气氛，实现合理燃烧，提高产品质量，降低能耗，有非常重要的实用意义。

　　为满足中低温条件下氧量直接测量的要求，科研工作者在低温型氧化锆传感器方面进行了有益的尝试，如减少氧化锆电池的厚度、改变氧化锆电解质中各氧化物的比例、采用高催化性能的电极材料、采用表面处理改善电极表面结构等。目前，已将氧化锆电池工作温度由通常的 $700\sim800℃$ 降至 $500℃$ 以下。

7.3　其他气体分析仪

7.3.1　气相色谱仪

　　自从 1906 年植物学家维茨特报道了一种称为色谱的分离技术以来，色谱作为分离科学的一个重要分支已经经历了一个多世纪的发展历史。随着现代物理、电子学及计算机的不断发展，现已形成了气相色谱、液相色谱、离子色谱及光色谱等多种色谱分离技术。作为重要的多组分成分分析仪表，色谱分析仪具有分离效能高、速度快、灵敏度高等特点，现已在科学研究与工业生产中得到广泛的应用。

色谱仪

7.3.1.1　工作原理

　　色谱仪基本分析过程可分为两步：第一步将混合在待测物质中的各种组分进行分离；第二步将已经分离的各单一组分依次进行检测，输出按时间分布的幅值不同的一组峰状信号曲线，即色谱图，据此进行定性和定量分析。

　　色谱仪的主体包括分离及检测两大系统。色谱柱是最常用的分离系统，由空心色谱柱管、流动相、固定相三个基本部分构成。流动相是不与固定相及待测试样起作用的某种流动介质，运载样品进入色谱柱中；根据流动相性质，色谱分析仪可分为气相色谱仪与液相色谱仪。固定相装在色谱柱管中，为不随流动相与样品移动的填充物，是一种对各被分析组分有不同吸附作用的吸附剂；根据固定相形态，色谱仪又可分为气-固色谱仪、气-液色谱仪、液-固色谱仪、液-液色谱仪等。

　　气体色谱仪测量原理可用图 7-8 的示意图进行说明。图中绘出混合气体中 A、B、C 三种组分不同时间内在色谱柱中的状态。

　　气相色谱仪的流动相又称为载气，常用载气有氮气、氢气、氩气等。由 A、B、C 三种组分组成的混合气体（样品）随载气进入色谱柱，柱内的固定相对 A、B、C 三种组分具有不同的吸附能力，或者说表现出不同的"阻力"。在这里固定相对 A 的吸附力最小，B 次之，C 最大。当载有样品的流动相流过固定相表面时，气样中的各组分沿色谱柱长度反复在流动相和固定相两相中进行分配，吸附力不同，样品中的三种组分在流动相和固定相中的分配比例就不同。对于不易被固定相吸附的 A 组分，固定相中留得少一些，流动相中带走得多一些，因而 A 组分就走得快一些，最先离开色谱柱到达检测器，被检测后记录仪上便记下 A 组分的峰状曲线，同样道理，B 及 C 组分相继达到，最后在记录纸上形成 A、B、C 的峰状曲线构成的色谱图。

　　色谱图中信号峰值对应的时间 τ 称为保留时间，由保留时间就可定性确定相应信号所代表的物质；根据各信号包围的面积在全部信号曲线包围的面积的比例可以定量分析各组分浓度。

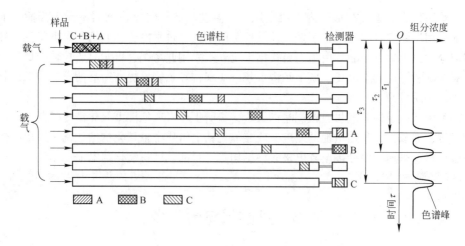

图 7-8　气相色谱仪测量原理示意图

7.3.1.2　基本组成及应用

　　气相色谱仪一般由载气系统、进样系统、分离系统（色谱柱）、检测及温控系统、数据处理系统组成，典型的气相色谱仪器结构如图 7-9 所示。

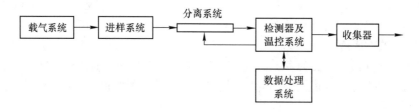

图 7-9　气相色谱仪器结构图

　　载气系统包括气源、气体净化器及气路控制系统（压力流量调节），其作用是将载气进行稳压、稳流及净化，以满足分析的要求。进样系统包括进样器和汽化室，它的功能是引入试样，汽化室的作用是把液体样品瞬间加热变成蒸汽，然后由载气带入色谱柱。

　　数据处理系统目前多采用配备操作、分析软件包的工作站，既可以对色谱数据进行自动处理（绘制色谱图、测量色谱峰面积及分析处理等），又可对色谱系统的参数进行自动控制。

　　在色谱分析中，固定相的选择很重要。混合物中各组分能否完全分开，取决于固定相能否对待分析的各组分产生不同的吸附能力，也就是表现出对它们的流动有不同的"阻力"。因此必须依据所分析样品的性质选择适合的固定相（各种固定相可分别用于哪些样品，在色谱分析专著上可以查到）。目前，改性硅胶、凝胶、液晶等基质已被应用于新型的固定相的研制中。

　　色谱仪以标准物的保留时间及保留体积作为待测分离样品中各组分的定性定量依据，因此流动相流量必须适当并稳定在设定数值，同时色谱柱也应当保持恒温，方能获得稳定、准确的分析结果。

　　检测器的任务是将随载气而来的、已在色谱柱中分离的各组分依次地检测出来，并在记录仪上留下相应的色谱峰。气相色谱仪最常用的检测器有热导检测器（TCD）和火焰电离检测器（FID）。热导检测器属于通用性成分检测仪，其根据混合气体的组分性质和含量不同，导热系数不同的性质进行成分的分析。通过测定热导室内气体（载气与某一组分的混合气）导热系数便可获得被分离的某组分的浓度。只要被分离出来的组分与载气导热系数有较大差别，此检测器均可使用。火焰电离检测器属于选择性检测仪，如氢火焰电离检测器只对碳原子的有机物很敏感，但对无机物根本没有反应，它就成为有机物分析中一个有效的检测装置。此外，在实际中使用的还有电子俘获检测器（ECD）、氮磷检测器（NPD）、光电离检测器（PID）和火焰光度检测器（FPD）等。近年来，检测器在结构和电路有了重大的改进，检测器工作原理实现交叉与整合，仪器性能如灵敏度、选择性和线性范围等也相应地有了很大的提高。另外，新型三维影像技术、电子扫描技术也已开始用于定量色谱分析中。

　　成分高效分离的前提是进样精确，定位准确。目前，用于样品定量点加的装置已由传统的微量注射器、定剂量管发展为程控自动进样仪，在大大缩短了进样时间的同时，显著提高了剂量点取的复现性与定位的准确性。

7.3.2　激光在线气体分析仪

　　激光在线气体分析仪通过分析气体对激光的选择性吸收来获得气体的浓度。激光由媒质的粒子（原子或分子）受激辐射产生。半导体激光吸收光谱技术（DLAS）是利用激光能量被气体分子"选频"吸收形成吸收光谱的原理来测量气体浓度的一种技术。激光在线气体分析仪的工作原理与红外线气体成分分析仪类似，半导体激光器发射出的特定波长的激光束穿过被测气体时，被测气体对激光束进行吸收导致激光强度产生衰减，激光强度的衰减与被测气体含量成正比，因此，通过测量激光强度衰减信息就可以分析获得被测气体的浓度，可测的气体有O_2、CO、CO_2、H_2O、H_2S、HCl、NH_3、CH_4、C_2H_2、HF 和 NO_x 等。与传统红外光谱吸收技术的不同之处在于，半导体激光光谱宽度远小于气体吸收谱线的宽宽，因此，它能够更好地降低其他气体对待测气体的干扰。

　　激光在线气体分析仪在现场可直接安装测量，从而解决了大多成分分析仪所面临的响应滞后问题；它利用激光良好的单线避免背景气体交叉干扰，也不受粉尘及仪器视窗污染带来的影响，检测数据可靠。DLAS 技术的出现和激光在线气体分析仪器的应用，实现了真正意义上的在线实时监测，是成分分析仪发展的一个重要里程碑。

　　即便是对同一行业，工艺工况也千差万别，如在钢铁行业就有高炉炉气分析、高炉喷煤安全控制分析、转炉煤气分析等多种应用系统，因此，激光气体分析系统应在实际应用中充分考虑环境参数技术指标的要求，针对工艺工况进行特殊的设计，以实现设计的个性化。如果工艺现场气体温度很高，有的可达 1500K，在某些特殊场合，如航天发动机的尾气，温度高达3000K 以上，这时需对机械连接装置进行冷却处理设计；如果气体中粉尘含量特别高，如干法水泥生产工艺中煤粉仓的粉尘含量（标态）高达 $100g/m^3$ 以上，导致激光透光率大大下降，那么需对现场气体进行简单的除尘处理设计；如果气体管道有振动，比如炼铁厂的磨机入口，那么现场安装的装置上要加装波纹管，以消除振动产生的光路偏差；如果工艺过程不允许停机，那么需在连接管道上加装球阀，以方便气体分析仪的装卸和维护等。

7.4　工业酸度计

　　在工业生产过程及污水处理中，水溶液的酸碱度对氧化反应、还原反应、结晶、吸附、沉淀等过程具有重要的影响。通常所说溶液的 pH 值，实际是溶液酸碱度的一种表示方法，它是溶液中氢离子浓度 $[H^+]$ 的常用对数的负值，即：

$$pH = - \lg[H^+] \tag{7-4}$$

因此，所谓 pH 值计，就是检测溶液中 [H$^+$] 浓度（酸碱度）的仪器。以下介绍自动检测酸碱度的工业 pH 值计。

工业 pH 值计把测量 pH 值转化为测定两个电极之间的电位差，其中一个电极（称为测量电极）的电位随被测溶液中的氢离子浓度的改变而变化，另一个电极（称为参比电极）具有固定的电位。这两个电极复合制成一体，形成一个原电池，测量原电池的电动势即可测出溶液的 pH 值。仪器由发送器和测量仪器两大部分组成。

pH 值发送器由参比电极和测量电极组成，如图 7-10 所示。工业中常用的参比电极有甘汞电极和银—氯化银电极，测量电极有玻璃电极或锑电极等。

7.4.1 参比电极

甘汞电极是一种由金属（Hg）及该金属的难溶性盐（Hg$_2$Cl$_2$）和与此盐有相同的阴离子（Cl$^-$）的可溶性盐溶液（KCl）组成的电极，其结构如图 7-11 所示。它的外壳是一个玻璃容器，顶端的铂丝导线作电极电位的引出线，铂丝下端浸在汞中。汞的下端装有糊状甘汞——Hg$_2$Cl$_2$；汞和甘汞用纤维丝托住，使其不致下坠，但离子可以通过。纤维丝的下边充有饱和 KCl 溶液，其下端的晶体状态 KCl 是为了保证溶液呈饱和状态，末端用多孔陶瓷芯堵住。甘汞电极置于待测溶液中时，通过多孔陶瓷芯，渗出少量 KCl 以实现离子迁移，建立电的联系。

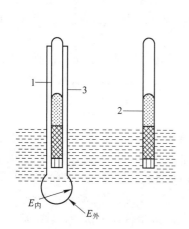

图 7-10 pH 值发送器

1—内电极；2—参比电极；3—玻璃电极

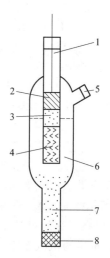

图 7-11 甘汞电极结构图

1—引出导线；2—汞；3—甘汞；4—纤维丝；
5—KCl 溶液加入口；6—KCl 饱和溶液；
7—KCl 晶体；8—多孔陶瓷芯

甘汞电极电位取决于内部溶液 Cl$^-$ 的浓度，依 KCl 浓度不同，分别有 0.1mol/L、1mol/L 及饱和三种。参比电极的电势不随被测溶液氢离子浓度的变化而变化，在 25℃ 时，分别对应 +0.3365V、+0.2810V 及 +0.2458V 三种电极电位。

银-氯化银电极的工作原理及结构类似于甘汞电极，电极电位 $E = +0.197$V；在较高的温度（250℃）时，仍较稳定，可用于温度较高的场合。

7.4.2 测量电极

测量电极的电极电位是随着被测溶液的 pH 值而变化的，这里介绍应用最广泛的玻璃电极，其结构如图 7-12 所示。玻璃电极的底部呈球形，由能导电、能渗透 H^+ 的特殊玻璃薄膜制成，其壁厚约 0.2mm，玻璃壳内充有 pH 值恒定的标准溶液（又称为缓冲溶液）。玻璃膜的内外两侧均与水溶液接触而产生 $E_{内}$ 和 $E_{外}$ 两个电位，它们与相应溶液的 $[H^+]$ 有关且遵从恩斯特公式。为了测量玻璃膜内外两侧的电势差，在玻璃膜的内侧溶液中插入一个电极电位已知的内电极，在被测溶液中插入另一个电极（参比电极）。内电极通常采用上述甘汞电极或银—氯化银电极。由于被测溶液的 pH 值与溶液的温度有关，因此外发送器内还装有进行温度自动补偿的校正电阻，以提高测量的准确度。

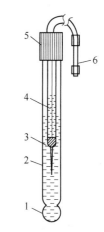

图 7-12　测量电极结构图
1—玻璃膜；2—厚玻璃外壳；
3—标准溶液；4—内参比电极；
5—绝缘套；6—电极引出线

若内电极及参比电极均采用甘汞电极，则玻璃电极测量系统的原电池表达式为：

$$Hg | Hg_2Cl_2(固), KCl(饱和) \| 缓冲溶液 | 玻璃膜 | 待测溶液 \| KCl(饱和), Hg_2Cl_2(固) | Hg$$
$$\quad E_1 \qquad\qquad\qquad\qquad E_{内} \qquad E_{外} \qquad\qquad\qquad\qquad\qquad E_2$$

上述表达式中，单竖线表示界面上产生电极电位，双竖线则表示该处不存在电极电位。这一测量系统的电动势为 E，可写为：

$$E = (E_1 - E_2) + (E_{内} - E_{外})$$

由于内电极与参比电极相同，有 $E_1 = E_2$，故：

$$E = (E_{内} - E_{外}) = \frac{RT}{F}(\ln[H_0^+] - \ln[H^+])$$

换为常用对数，并考虑到 pH 值的定义，则有：

$$E = 2.303\frac{RT}{F}(\lg[H_0^+] - \lg[H^+]) = 2.303\frac{RT}{F}[pH - pH_0] \tag{7-5}$$

pH_0 是已知的一个固定值，R、F 分别为气体常数及法拉第常数。在温度 T 一定的条件下，产生的电动势 E 与被测溶液的 pH 值之间成对应的单值函数关系，测得 E 值，就可知被测溶液的 pH 值，这就是工业酸度计发送器的工作原理。

7.5　湿度检测仪表

工业生产过程中常要求自动检测和控制原材料或成品中的含水量，以及空气（或气体）中的含水量，统称为湿度检测。被测对象的物态不同，所处场合不同，所选取的仪表不同。

7.5.1 自动干湿球湿度计

干湿球湿度检测是根据干湿球温度差效应原理进行工作的。干湿球温度差效应是指在潮湿物体表面的水分蒸发而冷却的效应，冷却的程度取决于周围空气的相对湿度、大气压力及风速。如果大气压力和风速保持不变，相对湿度愈高，潮湿物体表面的水分蒸发强度愈小，潮湿物体表面温度与周围环境温度差就愈小；反之亦然。

自动干湿球
湿度计

　　它由两支相同的温度计组成：一个的感温元件外包有棉纱，棉纱浸在水中，经常保持湿润状态，称为湿球；另一个的感温元件置于待测湿度的气体中，称为干球。如果待测气体的湿度很低，湿球表面的水分蒸发得就很快，由于水分蒸发需带走热量，所以湿球的温度就会明显降低，致使干球、湿球之间的温差增大。根据干球、湿球温度和两者的温差，可以求出待测气体的相对湿度。

　　自动干湿球湿度计的测量电路如图 7-13 所示。干球温度和湿球温度分别用铂电阻 R_d 和 R_m 检测，它们作为电桥的一个桥臂接入两个直流电桥或交流电桥中，而两个电桥其余桥臂的电阻和供桥电压均相同，两电桥输出信号经同向并联后输入到电子放大器。干球铂电阻电桥的输出电压从滑线电阻 W 上分压取出，滑线电阻由自动平衡电桥的可逆电机带动，可随时平衡湿球电桥的输出信号。滑线电阻的触点处在平衡位置时，仪表示值即为干、湿球温度差，或按相对湿度刻度。

　　影响测量准确度的主要因素是湿球温度的测量误差。使用时要求棉纱始终有部分与水接触，浸在其中不能断水。经过湿球处的气体应有适当的流速，一般要求在 $2.5 \sim 4 \mathrm{m/s}$，保证热交换方式仅有对流传热。如果气流速度太小，会带来明显的示值误差。

7.5.2　露点湿度计

　　普通露点湿度计的结构如图 7-14 所示，主要由一个表面光滑的金属盒（盛有乙醚）、橡皮鼓气球（或打气筒）及两支温度计构成。用橡皮鼓气球（或打气筒）向盒内打气，乙醚会迅速蒸发并吸收周围空气里的热量，从而使周围空气温度降低；当空气里的水蒸气开始在金属盒外表面凝结时，插入盒中的温度计读数就是空气的露点温度。利用露点温度和干球温度，通过查焓湿图即可确定空气湿度。

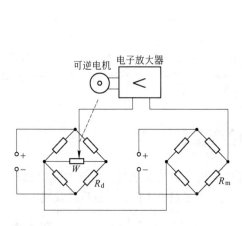

图 7-13　自动干湿球温度计的测量电路

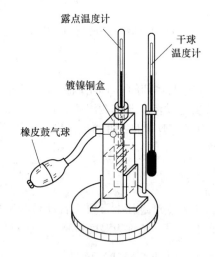

图 7-14　露点湿度计的结构

　　这种湿度计的缺点在于，当冷却表面上出现露珠的瞬间，需立即测定表面温度，否则露点温度的测量结果将偏低；因此，很难测准，容易造成较大的测量误差。

　　光电式露点湿度计使用高精度的光学与热电制冷系统，弥补了普通露点湿度计的上述不足，其基本结构如图 7-15 所示。

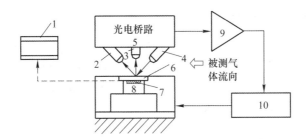

图 7-15　光电式露点湿度计的基本结构

1—露点温度指示器；2—反射光敏电阻；3—散射光敏电阻；
4—光源；5—光电桥路；6—露点镜；7—铂电阻；
8—半导体热电制冷器；9—放大器；10—可调直流电源

　　露点镜 6 温度由半导体热电制冷器 8 控制，当露点镜温度高于气体的露点温度时，光源 4 发出的光绝大部分被反射光敏电阻 2 接收，散射光敏电阻 3 接收到的光极少；当露点镜温度降至露点温度时，靠近该表面的相对湿度达到 100%，露点镜表面上将有露珠形成，露点镜的反射性能减弱而散射性能增强，相应地，反射光敏电阻接收的光减弱、散射光敏电阻接收的光增强，从而导致两个电阻阻值向相反方向变化；光电桥路 5 检测到这一变化，通过半导体热电制冷器保持露点镜温度。

　　光电式露点湿度计准确度高，测量范围宽。计量用的精密露点仪测量露点温度的准确度可达 ±0.2℃ 甚至更高，常常可以作为标准仪器使用，但制造成本较高，价格昂贵。

7.5.3　金属氧化物陶瓷湿度传感器

　　金属氧化物陶瓷湿度传感器是由金属氧化物多孔性陶瓷烧结而成。烧结体上有微细孔，可使湿敏层吸附或释放水分子，造成其电阻值的改变。金属氧化物陶瓷烧结体的电阻值随湿度的增大而减小，电阻值与湿度的关系为非线性，但其电阻的对数值与湿度的关系为线性。铬酸镁-二氧化钛陶瓷湿敏元件是较常用的一种湿度传感器。它是以 $MgCr_2O_4$ 为基材，加入一定比例 TiO_2 感湿材料，压制成 4mm×5mm×0.3mm 的薄膜片后在高温下烧结而成，其结构如图 7-16 所示。这种材料的表面电阻值能在很宽的范围内随湿度的增加而变小，即使在高湿条件下，对其进行多次反复的热清洗，性能仍不改变。电极材料二氧化钌通过丝网印制到陶瓷片的两面，在高温烧结下形成多孔性电极。在陶瓷片外附设有电阻丝绕制的加热清洗线圈，其作用是通过加热排除附着在感湿片上的有害气氛及油雾、灰尘，使其恢复对汽水的吸附能力。金属氧化物陶瓷湿度传感器的灵敏度高、响应特性好、测试范围宽、性能稳定，目前已经商品化，且应用广泛。

　　另外，还有利用 CrO_3、Fe_3O_4、Al_2O_3、Mg_2O_3、ZnO 及 TiO_2 等金属氧化物的细粉吸附水分后有极快的速干特性，研制的金属氧化物膜湿度传感器。

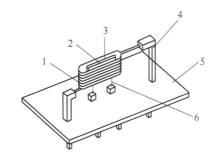

图 7-16　$MgCr_2O_4$-TiO_2 湿度传感器结构

1—镍铬丝加热清洗线圈；
2—$MgCr_2O_4$-TiO_2 湿敏陶瓷片；
3—二氧化钌电极；4—固定端子；
5—陶瓷基片；6—引线

7.5.4　氯化锂电阻湿度传感器

氯化锂（LiCl）是一种在大气中不分解、不挥发，也不变质，具有稳定的离子型无机盐类。其吸湿量与空气的相对湿度成一定函数关系，随着空气相对湿度的增大，氯化锂吸湿量也随之增大，从而使氯化锂中导电的离子数也随之增加，导致它的电阻减小；当氯化锂的蒸气压高于空气中的水蒸气分压时，氯化锂放出水分，导致电阻增大；氯化锂电阻湿度传感器就是根据这个原理制成的。

DWS-P 型氯化锂湿敏电阻，是近年来生产的一种新型湿敏电阻。它采用真空镀膜工艺在玻璃片上镀一层梳状金电极，然后在电极上涂一层氯化锂和聚氯乙烯醇等配制的感湿膜。由于聚氯乙烯醇是一种黏合性很强的多孔性物质，它与氯化锂结合后，水分子会很容易地在感湿膜中吸附与释放，从而使湿敏电阻的电阻值发生迅速的变化。为了提高湿敏电阻的抗污染能力，在湿敏电阻表面涂覆一层多孔性的保护膜。

每一个传感器的测量范围较窄（一般为 15%~20%RH），为扩大测量范围，可采用多片组合传感器。

传感器使用交流电桥测量其阻值，不允许用直流电源，以防止氯化锂发生电解。最高使用温度 55℃，当温度高于 55℃时，氯化锂将蒸发。

复习思考题

7-1　红外线气体分析仪工作的基本依据是哪些？

7-2　氧化锆为什么能测量气体中的氧含量，适用于什么场合？测量过程为什么要求介质温度稳定？

7-3　简述气相色谱仪的工作原理。影响其分析结果的因素有哪些，应如何考虑？

7-4　试述电导式浓度分析仪的工作机理。为什么它能测量 98%的硫酸溶液？

7-5　激光在线气体成分分析仪与近红外气体分析仪相比，有何特点？

7-6　工业酸度计由哪些部分组成，有哪些参比电极和测量电极？请简述甘汞电极的测量原理。

7-7　常见湿度检测方法有哪些，各有何特点？

7-8　成分检测仪表使用时要注意哪些问题？

8　显示仪表与虚拟仪器

第 8 章课件

在工业生产、科学研究及其他许多领域，除了需要用各种传感器、变送器把温度、压力、流量、成分等参数大小检测出来，还要把这些测量值准确无误地指示、记录或用字符、数字、图形等形式显示出来，显示仪表就具备了这样的功能。显示仪表是接收检测元件、变送器等设备的输出信号，通过适当的处理和转换，以易于识别的形式将被测参数的值显示或记录下来。显示仪表也称为二次仪表，它提供生产所必需的数据，让操作者了解生产全过程，更好地操作并管理生产。

8.1　概　　述

概述

早期的显示仪表只作参数指示，常常与检测装置集成在一起，只能就地指示而不能集中显示。随着工业生产的发展，生产规模不断扩大，生产过程逐步由手工操作过渡到局部自动化或全部自动化，故所检测参数增多，精度要求也相应提高，检测信号必须远传实行集中显示和控制，此时单一指示型的显示仪表已不能满足需要。因此，逐渐发展成为检测和显示功能分开的只接收传送信号的显示仪表，目前显示技术及仪表已发展成为一门专门的学科。

由于非电量电测、非电量电转换技术的发展，电信号的传输方便、快速及与计算机的通信，电动显示仪表在显示仪表体系中占有绝对地位，我国已生产的显示仪表种类很多。早期按照显示方式，通常可分为模拟式、数字式和屏幕显示三种。

(1) 模拟式显示仪表：是以指针与标尺间的相对位移量或偏转角来指示被测参数连续变化的显示仪表。模拟式显示仪表出现最早，常见的模拟式显示仪表有动圈式、电位差计式、自动平衡电桥式等。模拟式显示仪表结构简单、工作可靠、价格低廉，易于反映被测参数的变化趋势；然而，也具有准确度较低、线性刻度较差、信息能量传递效率低、灵敏度低等缺点。因此，除了在一些要求较低或特定场合仍使用外，模拟式显示仪表已基本上被其他类型显示仪表所取代。

(2) 数字式显示仪表：是直接以数字形式指示被测参数的显示仪表，一般采用 LED 数码管或 LCD 液晶显示。其测量速度快，抗干扰性能好，精度高，读数直观，工作可靠，具有自动报警、打印和检测等功能。现在的数字式显示仪表中通常都带有 CPU，通过对 CPU 的编程，可以对数字信号进行滤波及各种运算。由于数字式显示仪表的优越功能，因此已在相当广泛的领域内取代了模拟式显示仪表。

(3) 屏幕式显示：就是将被测参数等信息以数字、字符、图形和曲线等方式直接在显示屏（LCD、TFT、LED、IPS 等）上进行显示。屏幕式显示装置对信息的存储及综合处理能力大大加强，几乎可以是同一瞬间在屏幕上显示出一连串的数据信息及其构成的曲线或图像。由于功能强大、显示集中且清晰，便于操作监视，屏幕式显示装置已成为计算机控制系统的重要组成部分，是现代检测仪器系统与虚拟仪器的主要显示方式。

随着大规模和超大规模集成电路、计算机技术、通信网络技术的不断发展，将计算机的硬、软件技术和仪器仪表的设计相结合，仪器仪表的研制与生产进入了一个崭新的阶段。大致形成了智能仪表和虚拟仪器两个分支。

为了与传统仪器仪表相对应，习惯上将仍具有仪表外形、内部装有 CPU 等芯片的可以编程监控的仪表称为智能仪表。智能仪表一般都具有量程自动转换、自校正、自诊断等人工智能分析能力；传统仪表中难以实现的问题如通信、复杂的公式计算及非线性校正等问题，对于智能仪表而言，只需软硬件设计配合得当就可顺利解决。其硬件结构更为简单，且稳定、可靠，与传统仪器仪表相比，性价比大提高。功能强是传统的模拟仪表、数字仪表所不能比拟的，智能仪表已是现代仪表工业的发展方向。

虚拟仪器是计算机技术与测量技术结合的另一种方式。它通过应用程序将通用计算机和必要的数据采集硬件结合起来，在计算机平台上创建的一台仪器。用户可以用计算机自行设计仪器的功能，自行定义一个仿真的仪器操作面板，然后操作这块虚拟面板上的旋钮和按键，实现各项测量任务，如对数据的采集、分析、存储和显示等，以计算机软、硬件为平台的虚拟仪器原则上都可取代这些种类繁多的仪器仪表。

8.2 模拟式显示仪表

模拟式显示仪表以指针与标尺间的相对位移量或偏转角来指示被测参数连续变化，它出现最早，常见的模拟式显示仪表有动圈表、自动平衡式等类型。模拟式显示仪表结构简单、工作可靠、价格低廉、易于反映被测参数的变化趋势；然而，也具有准确度较低、线性刻度较差、信息能量传递效率低、灵敏度低等缺点。因此，模拟式显示仪表现在基本上不使用了，在此，只对模拟式仪表进行简单介绍。

8.2.1 动圈式模拟显示仪表

动圈式显示仪表是发展较早的一种模拟式显示仪表，它的准确度等级为 1.0 级，是我国自行设计、定型、实际使用最多的一种仪表。由于这类仪表的体积小、质量轻、结构简单、价格低、指示清晰，因此既能对参数单独显示（如 XCZ 型），又能对参数显示控制（如 XCT 型）。

动圈式显示仪表是测量元件将被测量的变化转换成电压、电流或电阻等这类电信号，再由表内的转换电路将之前测得的电信号转换成流过动圈（可转动的线圈）的电流；线圈位于表内特定的磁场中，根据带电导体在磁场中受到安培力的电磁原理，此电流可使线圈偏转，并且它是带动指针在刻度盘上指示出被测参量数值的一种模拟仪表。

8.2.2 自动平衡式显示仪表

自动平衡式显示仪表是模拟仪表的另一大类，用来对被测量参数进行指示和记录。相对于动圈仪表来说，它的结构较为复杂，组成环节多，但它的精度高、性能稳定，且具有自动记录功能。工业上常用的自动平衡式显示仪表包括自动电子电位差计式显示仪表和自动平衡电桥显示仪表。电子电位差计是用来测量电压信号的，凡是能转换成毫伏级直流电压信号的工艺变量都能用它来测量。在电动单元组合仪表中，如温度、压力、流量、液位、成分等变送器都可与电子电位差计相配套，用来指示这些相应的变量。

自动平衡电桥式显示仪表（简称自动平衡电桥）是与热电阻配套使用，对被测温度进行指示及记录的装置，也常用于显示记录其他电阻类敏感元件对被测参数的测量值。它将电阻类敏感元件直接接入电桥的一个桥臂，以电桥平衡的原理进行工作。

随着智能仪表、虚拟仪器的涌现，自动平衡仪表的应用领域基本上被其他仪表所占领。但手动电子电位差计作为测试工具，在实验室和生产现场广泛使用。

8.3　数字式显示仪表

数字式显示
仪表概述

模拟式显示仪表的精度有限，存在主观读数误差、测量速度较慢、抗干扰能力弱的缺点，不适应现代快速数据处理的要求。而数字式显示仪表正好可以克服上述缺点，具有测量准确度高、显示速度快及没有读数误差等优点，而且可与计算机连用，因此数字式显示仪表发展迅速，得到广泛的应用。

8.3.1　概述

数字式显示仪表是把与被测参数成一定函数关系的连续变化的模拟量，变换为断续的数字量来显示的仪表。数字式显示仪表直接以数字形式指示被测参数。

8.3.1.1　数字式显示仪表的分类

数字式显示仪表的品种规格齐全，分类方法较多。例如，可按照仪表功能划分为显示型、显示报警型、显示调节型、巡回检测型和无纸记录仪等类型；按输入信号的不同可分为电压型和频率型两大类。

8.3.1.2　数字式显示仪表的性能指标

数字式显示仪表的主要性能指标有量程、分辨率、准确度等，此外还有响应时间、数据输出、绝缘电压、环境要求等指标。数字式显示仪表的技术指标见表 8-1。

表 8-1　数字式显示仪表的技术指标

项　目	技　术　指　标	项　目	技　术　指　标
量程	-1999～+1999（3 位半）	环境温度	0～50℃
准确度	±0.1+1 个字，±0.2+1 个字，±0.1+3 个字，±0.5+1 个字	相对湿度	85%～90%
分辨率	温度：0.1℃，1℃；直流电压：0.1%，0.01%	输出接点容量	220V AC，3A
控制点误差	±0.5%	控制点设定范围	0%～100%量程

目前数字式显示仪表的显示位数，一般为 3 位半到 4 位半，所谓半位的显示，是指最高位是 1 或为 0。3 位半的数字式显示仪表，能表达的数字范围为 0～1999，即 2000 个离散的状态，且每一瞬间的数字显示值只能是 2000 个状态中的某一个，而不可能再取其间的任一状态。其精确度一般在（±0.5%FS±1 个字）～（±0.2%FS±1 个字）之间，智能型仪表精度在（±0.1%±1 个字）～（±0.2%±1 个字）。FS 为 Full-scale 的缩写，意思为量程的范围。

数字式显示仪表的分辨率是仪表在最低量程上最末一位改变一个字时所代表的量。对于常用的数字式显示仪表，当显示为 3 位半时，其分辨率：温度仪表为 0.1℃ 和 1℃。

8.3.1.3　数字式显示仪表的特点

数字式显示仪表的主要特点有：

（1）准确度高，可避免视差；

（2）灵敏度高，响应速度快，而且不受输送距离限制；

（3）量程和极性可以自动转换，因而量程范围宽，能直接读出测量值和累计值；

（4）体积小，质量轻，易安装，可以在恶劣环境中工作；

（5）其中的智能型数字式显示仪表，还有量程设定、报警参数设定、自动整定 PID 参数、仪表数据掉电保护、可编程逻辑控制等功能。

8.3.2　数字显示仪表构成原理

数字式显示仪表的组成框图如图 8-1 所示。它由模拟信号调理电路、模拟-数字（A/D）转换器、非线性补偿器与标度变换及显示装置等部分组成，其中 A/D 转换、非线性补偿和标度变换的顺序是可以改变的，以组成适用于不同场合需求的数字式显示仪表。由检测元件或变送器送来的信号，经信号调理电路处理后由 A/D 转换器转换成数字量信号，最后由数字显示器显示其读数，同时还可送往报警系统和打印机构，需要时也可将数字量输出，供数字控制器或其他设备使用。

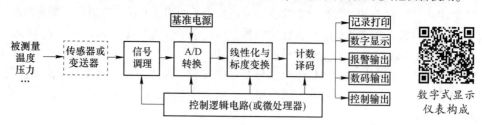

图 8-1　数字式显示仪表组成框图

模拟-数字转换器（简称模-数转换器）是数字仪表的核心，在它前面的是模拟信号处理环节，一般包括多路模拟开关、滤波、信号转换、信号隔离、放大及非线性补偿等单元。一方面，由传感器送来的电流、电压或其他中间信号，一般都比较微弱，并且包含着在传输过程中产生的各种干扰成分；另外，A/D 转换芯片通常要求的输入为电压（伏级），因此在进行 A/D 转换之前，首先要进行信号的滤波、转换（如将热电阻的电阻转换为电压）与放大等处理，以提高仪表的适应能力、灵敏度、输入阻抗及信号的信噪比。

在数字仪表中，逻辑控制电路指挥整个仪表各部分协调工作，是数字仪表中不可缺少的环节之一。随着集成电路技术和微型计算机应用技术的迅速发展和不断成熟，以微处理器等集成电路芯片代替了常规数字仪表中的逻辑控制电路，仪表的工作过程可以由软件进行程序控制。微处理器的应用强有力地推动了数字仪表智能化和多功能化，仪表具备了自动量程调整、自动诊断、数字滤波、非线性补偿、强大的输出控制等功能，使得带微处理器的智能仪表成为当前数字式显示仪表的主要类型。

由于检测元件的输出信号与被测参数之间往往具有非线性关系，因此数字式显示仪表必须进行非线性补偿。在生产过程中的显示仪表须直接显示被测参数值，例如温度、压力、流量、物位等大小，而 A/D 转换后的数字量与被测参数值往往并不相等，故数字显示器的显示值并不是被测变量值。为了使读数直观，往往需要进行标度变换，使仪表显示的数字即为参数值。所以，模-数转换、非线性补偿和标度变换是数字式显示仪表的三要素。下面将对组成数字仪表的这三个要素，分别予以介绍。

8.3.3　模数（A/D）转换

所谓模数（A/D，Analog to Digit）转换就是把连续变化的模拟信号转换为数字信号，它是数字式显示仪表的一个关键部件。实现 A/D 转换的方法及器件很多，分类方法也不一致，若从其比较原理来看，可划分为直接比较型、间接比较型和复合型三大类。

A/D 转换

（1）直接比较型。该类型 A/D 转换的原理是基于电位差计的电压比较原理，即用一个作为标准的可调参考电压 U_R 与被测电压 U_x 进行比较，当两者达到平衡时，参考电压的大小就等于被测电压。通过不断比较、不断鉴别，并在比较鉴别的同时就将参考电压转换为数字输出，实现了 A/D 转换。其原理如图 8-2 所示。

（2）间接比较型。该类型 A/D 转换是被测电压不直接转换成数字量，而是转换成某一中间量，然后再将中间量整量化转换成数字量。该中间量目前多数为时间间隔或频率两种，即 U-T 型或 U-F 型 A/D 转换。把被测电压转换成时间间隔的方法有积分比较（双积分）法、积分脉冲调宽法和线性电压比较法。使用最多的是双积分型 A/D 转换，其原理是把被测（输入）电压在一定时间间隔内的平均值转换成另一时间间隔，然后由脉冲发生器配合，测出此时间间隔内的脉冲数而得到数字量。其原理如图 8-3 所示。

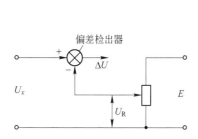

图 8-2　直接比较型转换原理示意图

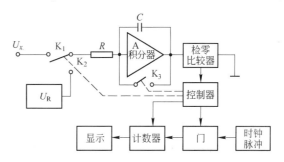

图 8-3　双积分型 A/D 转换原理框图

（3）复合型。该类型 A/D 转换就是将直接比较型和间接比较型的 A/D 转换两种技术结合起来。直接比较型一般精度较高，速度快，但抗干扰能力差；间接比较型一般抗干扰能力强，但速度慢，而且精度提高也有限。由于复合型 A/D 转换利用了它们的各自优点，因而精度高、抗干扰能力强，故也称为高精度 A/D 转换。

8.3.4　非线性补偿

非线性补偿

在检测与控制中，绝大多数的传感器和敏感元件都具有非线性特征，即输出信号和被测变量之间为非线性的函数关系。例如，热电偶的热电势与被测温度之间，流体流经节流元件的差压与流量之间，皆为非线性关系。

模拟式仪表一般在表盘上采用非线性刻度来规避输入信号的非线性问题，例如，模拟万用表的电阻挡就是典型的非线性刻度。但在数字仪表中，由于放大器 A/D 转换器等都是线性元件，在将非线性输入信号转换成线性化的数字显示过程中，必须进行非线性补偿。补偿的方法很多，可采用硬件的方式实现，也可以用软件的方式实现。硬件非线性补偿，放在 A/D 转换前的称为模拟式线性化；放在 A/D 转换之后的称为数字式线性化；在 A/D 转换中进行非线性补偿的称为非线性 A/D 转换。模拟式线性化精度低，但调整方便，成本低；数字线性化精度高；非线性 A/D 转换则介于上述两者之间，补偿精度可达 0.1%～0.3%，价格适中。

8.3.4.1　模拟式线性化

根据仪表的静特性，模拟式线性化可采用开环或闭环的方式进行。开环式线性的原理如图 8-4 所示。由于检测元件或传感器的非线性，当被测变量 x 被转换成电压量 U_1 时，它们之间为非线性关系，而放大器一般具有线性特性，故经放大后的 U_2 与 x 之间仍为非线性关系。因此，利用线性化器的非线性静特性来补偿检测元件或传感器的非线性，使 A/D 转换之前的 U_0 与 x 之间具有线性关系。

$$x \rightarrow \boxed{传感器} \xrightarrow{U_1} \boxed{放大器} \xrightarrow{U_2} \boxed{线性化器} \xrightarrow{U_0} \boxed{模-数转换}$$

图 8-4　开环式线性化原理图

闭环式线性化是利用反馈补偿原理，引入非线性的负反馈环节，用负反馈环节本身的非线性特性来补偿检测元件或传感器的非线性，使 U_0 和 x 之间关系具有线性特性。闭环式线性化的原理如图 8-5 所示。

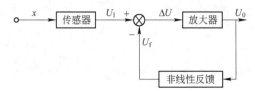

图 8-5　闭环式线性化原理图

8.3.4.2　数字式线性化

数字式线性化是在模-数转化之后的技术过程中，进行系数运算而实现线性补偿，基本原则仍然是"以折代曲"。将不同斜率的斜线乘以不同的系数，就可以使非线性信号转换为同一斜率的线性输出，达到线性化的目的。

8.3.4.3　A/D 转换线性化

A/D 转换线性化是通过 A/D 转换直接进行线性化处理的法。例如，利用 A/D 转换后的不同输出，经过逻辑处理后发出不同的控制信号，反馈到 A/D 转换网络中去改变 A/D 转换的比例系数，使 A/D 转换最后输出的数字量 N 与被测量 x 成线性关系。常用的有电桥平衡式非线性 A/D 转换。

8.3.5　信号标准化及标度变换

由传感器、检测元件送给显示仪表的信号类型千差万别，信号的标准化或标度变换是数字式显示仪表设计中必须解决的基本问题，也是数字信号处理的一项重要任务。

8.3.5.1　信号标准化

一般情况下，由于测量和显示的过程参数多种多样，因而仪表输入信号的类型和性质千差万别。即使是同一种参数或物理量，因检测元件和装置的不同，输入信号的性质、电平的高低也不相同。以测温为例，用热电偶作为测温元件，得到的是电势信号；以热电阻作为测温元件，输出的是电阻信号；而采用温度变送器时，其输出又变换为电流信号。不仅信号的类别不同，且电平的高低也相差极大，有的高达伏级，有的低至微伏级。这就不能满足数字仪表或数字系统的要求，尤其在巡回检测装置中，会使输入部分的工作发生困难。因此，必须将这些不同性质的信号与不同电平的信号统一起来，这就称为输入信号的规格化，或者称为参数信号的标准化。

规格化的统一输出信号可以是电压、电流或其他形式的信号，但由于各种信号变换为电压信号比较方便，且 A/D 转换器都要求输入电压信号，所以大多数情况下都将各种不同的信号变换为电压信号。我国目前采用的统一直流信号电平有 $0 \sim 10\text{mV}$、$0 \sim 30\text{mV}$、$0 \sim 40.95\text{mV}$ 和

0~50mV等。使用较高的统一信号电平能适应更多的变送器，可以提高对大信号的测量精度；采用较低的统一信号电平，则对小信号的测量精度高。所以，统一信号电平高低的选择应根据被显示参数信号的大小来确定。

8.3.5.2 标度变换

数字式显示仪表接受温度、压力、流量等传感器输出参数中的一个或多种，经过 A/D 转换后变成无单位的数字量。例如，某温度数显表配 DDZ-Ⅲ 热电偶温度变送器测量温度，温变输出的 4~20mA DC 信号经一个 250Ω 电阻转换为 1~5V 电压给 A/D 转换器。仪表中采用的是一个 12 位 A/D 转换器，其输入为 0~5V，对应输出数字量为 0~4095。设变送器量程为 0~1000℃，则 A/D 转换器输出范围是 819~4095。当实际温度为 500℃ 时，对应的数字量是 2457。显然，直接把"2457"显示在显示器上是不行的，必须对其进行"翻译"，即实施所谓的标度变换，将 A/D 转换得到的数字量（无单位）转换成有量纲的被测工程量。

图 8-6 所示为数字仪表标度变换的一般性框图，由图可得仪表的刻度方程：

$$y = S_1 \cdot S_2 \cdot S_3 \cdot S_4 \cdot S_5 \cdot x = S \cdot x \tag{8-1}$$

式中 y——数字仪表显示值；

x——测量参数值；

S——数字仪表的总变换系数，为各环节变换系数的乘积。

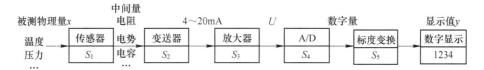

图 8-6 数字仪表的标度变换

要使显示结果与被测变量或物理量在数值上相等，而单位相同，可以通过改变数字仪表任一环节变换系数的方法来实现。可以在模拟部分进行，也可以在数字部分进行，前者称为模拟量的标度变换，后者称为数字量的标度变换。

数字量标度转换是在 A/D 转换之后，进入计数器前，通过系数运算实现的。进行系数运算，即乘以（或除以）某系数，可使被测物理量和显示数字值的单位得到统一。由于微处理器具备强大的数学运算及逻辑判断能力，因此利用软件来实现数字量标度转换已成为智能仪表的标配。

A 线性信号的标度变换

当被测物理量与传感器或仪表的输出关系为线性关系（如差压变送器测液位）时，采用线性变换。变换公式为：

$$Y = Y_0 + \frac{Y_m - Y_0}{N_m - N_0}(X - N_0) \tag{8-2}$$

式中 X，Y——待变换的数值和变换后的结果；

Y_0，Y_m——被测量量程的下限、上限；

N_0，N_m——Y_0 与 Y_m 对应的 A/D 转换结果。

例 8-1 现有一温度测量系统，其量程为 200~800℃，温度变送器将 200~800℃ 的温度信号变换成 4~20mA 传送到智能仪表的接口。智能仪表采用 8 位的 A/D 转换器，A/D 转换器的输入端信号范围是 0~5V，经 A/D 转换后输出数字信息是 0~255。请问：（1）智能仪表的下限 N_0 是多少？（2）如果转换后的数字信息 X 是 205，实际温度是多少？

解：（1）智能仪表配变送器使用时，通常在输入电路配接一个 250Ω 标准电阻将变送器输出的 4~20mA 信号转换成 1~5V 的电压信号，再视 A/D 转换器输入电压的要求配接合适的放大器。本例中，A/D 转换器输入端电压是 0~5V，因此，1V 是被测量的下限对应的电压信号，其对应的 A/D 输出结果为 $\dfrac{1-0}{5-0} \times 255 = 51$，即智能仪表的数字量下限 $N_0 = 51$。

（2）由题目给出条件，将数据代入式（8-2）中，即可计算出标度变换后的测量值。

$$Y = Y_0 + \frac{Y_m - Y_0}{N_m - N_0}(X - N_0)$$

$$= 200 + \frac{800 - 200}{255 - 51}(255 - 51) = 652.3℃$$

B　非线性信号的标度变换

当被测物理量与传感器或变送器的输出关系为非线性关系时，应采用非线性变换。非线性变换方法应具体问题具体分析，可采用公式变换法、多项式变换法及表格法。

a　公式变换法

当传感器的输出信号与被测信号之间的关系可以用公式表示时采用公式变换法。例如用标准节流装置配差压变送器测量流量，流量与压差的关系为 $Q = K\sqrt{\Delta p}$，则不考虑流体密度修正时的流量标度变换公式为：

$$Y = \frac{\sqrt{X} - \sqrt{N_0}}{\sqrt{N_m} - \sqrt{N_0}}(Y_m - Y_0) + Y_0 \tag{8-3}$$

式中，各参数意义同式（8-2）。

b　多项式变换法

若传感器输出信号与被测物理量之间的关系已知但无法用公式表示，这时可以用多项式变换法进行标度变换。多项式变换法的关键是找出一个较准确地反映传感器输出信号与被测量之间关系的多项式。寻找多项式的方法有很多，如最小二乘法、代数插值法等。

c　表格法

表格法是指在被测量与传感器输出关系曲线上选取若干个样点，并将样点数据以表格形式存储在计算机中，对需要做标度变换的数据 y，在其所在区间用线性插值公式 $y = y_i + \dfrac{y_{i+1} - y_i}{x_{i+1} - x_i}(x - x_i)$ 进行计算，即可完成标度变换。这种变换方法速度很快，在智能型数字显示仪表中得到了大量使用。

通常，表格被固化在 EPROM 中，A/D 转换器的输出 x（二进制数）作为地址访问 EPROM，EPROM 存放的表格内容将被取出，作为显示器的显示值 y。例如，某数字温度显示仪表配 K 型热电偶，放大器的放大倍数为 100 倍，温度测量范围为 0~800℃。则当 $t = 800℃$ 时，$E = 33.275\text{mV}$，放大器的输出为 3327.5mV。如果 A/D 转换的最大输入为 4V，输出为 10 位二进制数，则在 $t = 800℃$ 时，A/D 转换器的输出为 $\dfrac{3327.5 \times 1023}{4000} = 851$。这样，只要在 EPROM 地址为 851 单元中存放 800，即可完成标度变换。如果热电偶的热电势与温度之间具有线性关系，则其他单元按上述比例关系存放相应数值。例如，在地址单元 425 中存放 400。但是，热电偶是一个典型的非线性元件，当 $t = 400℃$ 时，热电势不等于 $\frac{1}{2} \times 33.275\text{mV}$，而是 16.397mV，$\frac{16.397 \times 100 \times 1023}{4000} = 419$。因此，地址单元 419 存放 400。从这个例子可以看到，查表法不仅能实现标度转换，还能进行线性处理。

8.4　虚 拟 仪 器

8.4.1　从传统仪器到虚拟仪器

从传统仪器
到虚拟仪器

测量显示仪表发展至今，大体可分为四个阶段，即模拟式仪器、数字化仪器、智能仪器和虚拟仪器。

（1）模拟式仪器。它们的基本结构是电磁机械式的，借助指针来显示最终结果。这类仪器在某些实验室仍能看到，如指针式万用表、晶体管电压表等。

（2）数字化仪器。这类仪器目前相当普及，如数字电压表、数字频率计等。这类仪器将模拟信号的测量转化为数字信号的测量，并且以数字方式输出最终结果，适用于快速响应和最高准确度的测量。

（3）智能仪器。这类仪器内置微处理器，既能进行智能测试又具有一定的数据处理功能，可取代部分脑力劳动，习惯上称为仪器。它的功能块全部都是以硬件（或固化的软件）的形式存在，无论是开发还是应用，都缺乏灵活性。

（4）虚拟仪器。它是现代计算机技术、通信技术和测量技术相结合的产物，如果把前面三种仪器归属于传统仪器，那么虚拟仪器的诞生完全颠覆了传统仪器的设计观念，是将来仪器产业发展的一个重要方向。

虚拟仪器（VI，Virtual Instrument）是由美国国家仪器公司（National Instruments）于 1986 年提出的一种仪器系统的新概念。基本思想是：用计算机资源取代传统仪器中的输入、处理和输出等部分，实现仪器硬件核心部分的模块化和最小化，用计算机软件和仪器软面板实现仪器的测量和控制功能。

虚拟仪器技术的出现和发展是与计算机技术的不断发展分不开。一方面，计算机技术的进步为新型测控仪器的产生提供了现实基础，主要表现在：

（1）微处理器和 DSP（Digital Signal Processing）技术的快速进步及性价比的不断提高，极大改变了传统电子行业的设计思想和观念，原来许多由硬件完成的功能今天能依靠软件实现。

（2）面向对象技术，可视化程序开发语言在软件领域为开发更多的易于使用、功能强大的软件提供了可能。

另一方面，传统的测量仪器越来越满足不了科技进步的要求。鉴于上述原因，基于计算机的测试仪器逐渐变得现实，并随着计算机软、硬件技术不断创新而不断发展。

8.4.2　虚拟仪器的概念

所谓虚拟仪器，就是指在以计算机为核心的硬件平台上，其功能由用户设计和定义，具有虚拟面板，其测试功能由测试软件实现的一种计算机仪器系统。

　　虚拟仪器的实质是利用计算机显示器的显示功能来模拟传统仪器的控制面板，以多种形式表达输出检测结果；利用计算机强大的软件功能实现数据的运算、分析、处理；利用 I/O 接口设备完成信号的采集、测量与调理，从而完成各种测试功能的计算机仪器系统。使用者利用鼠标或键盘操作虚拟面板，就如同使用一台专用测量仪器一样。

　　虚拟仪器将计算机技术和模块化硬件结合在一起，建立起功能强大又灵活易变的基于计算机的测试与控制系统来替代传统仪器的功能。这种方式不但能使用到普通计算机不断发展的性能，还可体会到完全自定义的测量和自动化系统功能的灵活性，最终构建起满足特定需求的虚拟仪器系统。从而在整个过程的各个环节中提高工作效率和性能。

　　与传统测量仪器相比，虚拟仪器在设计理念、系统结构和功能定位方面都发生了根本性的变化。虚拟仪器主要有以下特点：

虚拟仪器特点

　　（1）软件是系统的关键，强调"软件即仪器"的新概念；

　　（2）功能由用户自己定义，用户可以方便地设计、修改测试方案，构成各种专用仪器；

　　（3）基于计算机的开放系统，可方便地同外设、网络及其他设备连接，可以将信号的分析、实现、存储、打印和其他管理均由计算机完成，打破了传统仪器小而全的现状；

　　（4）系统功能、规模可通过软件修改、增减，简单灵活；

　　（5）价格低廉，可重复使用；

　　（6）技术更新快，开发周期短；

　　（7）采用软件结构、功能化模块，由于软件复制简单，大大节省了硬件开发和维护费用；

　　（8）面向总线接口控制，用户通过软件工具组建各种智能检测系统。

8.4.3　虚拟仪器的基本结构

虚拟仪器的
基本结构

　　虚拟仪器是以计算机为核心的、通过测量软件支持的、具有虚拟仪器面板功能的、足够的仪器硬件及通信功能的测量信息处理装置。它通常包括计算机、应用软件和仪器硬件三部分，虚拟仪器组成系统如图 8-7 所示。

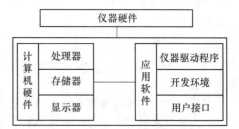

图 8-7　虚拟仪器组成系统框图

8.4.3.1　计算机硬件平台

　　计算机硬件平台可以是各类型的计算机，如普通台式计算机、便携式计算机、工作站、嵌入式计算机等。计算机管理着虚拟仪器的软件资源，是虚拟仪器的硬件基础。计算机技术在显示、存储能力、处理性能、网络、总线标准等方面的发展，促进了虚拟仪器的快速发展。

8.4.3.2　模块化的 I/O 接口硬件

　　I/O 接口硬件根据不同的标准接口总线转换输入或输出信号，供其他系统使用，在此基础上组成了虚拟仪器测试系统。

　　I/O 硬件部分可由数据采集卡、GPIB 接口、串/并行接口、VIX 接口、LAN 接口、现场总线接口等构成，负责完成对被测信号的采集、传输和显示测量结果。

8.4.3.3　虚拟仪器软件

　　在虚拟仪器系统中，硬件仅仅是解决信号的输入/输出问题的方法和软件赖以生存、运行的物理环境，软件才是整个仪器的核心构件，任何使用者只要通过调整或修改仪器的软件，便可方便地改变和增减仪器的功能和规模，甚至仪器的性质。在很大程度上，虚拟仪器系统能否成功地运行，就取决于虚拟仪器的软件。

虚拟仪器的软件可以分为多个层次，其中包括仪器驱动程序、应用程序和软面板程序。仪器驱动程序主要用来初始化虚拟仪器，设置特定参数和工作方式，使虚拟仪器保持正常工作状态；应用程序用来对输入计算机的数据进行分析和处理，用户就是通过编制应用程序来定义虚拟仪器的功能。软面板程序用来提供虚拟仪器与用户的接口，它可以在计算机屏幕上生成一个与传统仪器面板相似的图形界面，用来显示测量结果等。用户还可以通过软面板上的开关和按钮，模拟传统仪器的各种操作，通过鼠标实现对虚拟仪器的各种操作。

8.4.4 虚拟仪器的构成方式

虚拟仪器的硬件平台由计算机和其 I/O 接口设备两部分组成，I/O 接口设备主要执行信号的输入、数据采集、放大、模/数转换等任务。

根据 I/O 接口设备总线类型的不同，虚拟仪器的构成方式主要有插卡式 DAQ、GPIB、VXI、PXI、串口总线、现场总线六种标准硬件体系结构，如图 8-8 所示。

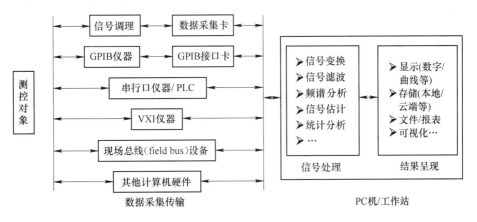

图 8-8 虚拟仪器结构的基本框图

8.4.4.1 基于 PC-DAQ 测量系统

PC-DAQ 测量系统是以数据采集板、信号调理电路及计算机为硬件平台配以专用软件组成的测试系统，是构成虚拟仪器的基本构成方式。其中插入式数据采集板（卡）是虚拟仪器中常用的接口形式之一，其功能是将现场数据采集到计算机，或将计算机数据输出给被控对象，用数据采集板（卡）配以计算机平台和虚拟仪器软件便可构成各种数据采集控制仪器系统。目前，插入式数据采集板（卡）技术主要应用于高采样速率及直接控制方面。

8.4.4.2 通用接口（GPIB）仪器控制系统

通用接口 GPIB（General Purpose Interface Bus）是仪器系统互联总线规范，它能够把可编程仪器与计算机紧密地联系起来，使电子测量由独立、手工操作的单台仪器向大规模智能检测系统方向迈进。利用 GPIB 技术，可用计算机实现对仪器的操作和控制，替代传统的人工操作方式，排除人为因素造成的测量误差。同时，由于可预先编制检测程序，实现自动检测，提高了检测效率；由于计算机中可加入更多的数据分析处理算法，扩展了仪器的功能，可充分挖掘现有仪器的潜力。

一个典型的 GPIB 仪器控制系统由一台 PC 机、一块 GPIB 接口板（卡）和若干台 GPIB 仪器通过标准 GPIB 电缆连接而成，如图 8-9 所示。在标准情况下，一块 GPIB 接口板可带 14 台仪器，电缆长度可达 20m。利用 GPIB 技术，可以很方便地将多台仪器组合起来，形成较大的自动测试系统，高效灵活地完成不同规模的检测任务。

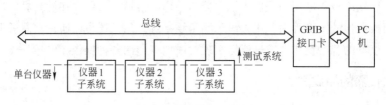

图 8-9　GPIB 通用接口仪器系统

利用 GPIB 技术，可以很方便地扩展传统仪器的功能。因为仪器是同计算机连接在一起的，仪器的测量结果送入计算机，给计算机增加各种不同的处理算法，就相当于增加了仪器的功能。例如，把示波器的信号送入计算机后，增加频谱分析算法，就可以把示波器扩展为频谱分析仪。

8.4.4.3　VXI 总线仪器系统

VXI（VEM Bus Extensions for Instrument）总线仪器系统是基于 VXI 总线平台技术的自动检测系统，是结合 GPIB 仪器和数据采集板（DAQ）的最先进技术发展起来的高速、开放式工业标准。它是 VME（Versabus Module Eurocard）总线的扩展，从电磁干扰、冷却通风功率耗散等方面，弥补了 PC 平台无统一插卡物理结构、机箱结构不利于散热和插卡接触可靠性差等缺陷，并增大了模块的间距及模块间的通信规程、配置、存储器定位和指令等，为电子仪器提供了一个开放式结构，使 VXI 系统的组建和使用越来越方便，特别是在组建中大规模的智能检测系统，以及对速度和精度要求较高时，VXI 有着与其他仪器系统无法比拟的优势。因此，可以看出 VXI 具有互操作性好、数据传输速率高、可靠性高、体积小、质量轻、可移动性好等特点。

8.4.4.4　PXI 仪器总线系统

PXI（PCI Extensions for Instrumentation）是一种专为工业数据采集与自动化应用度身定制的模块化仪器平台，也是虚拟仪器的理想平台。PXI 充分利用了当前最普及的台式计算机高速标准结构——PCI。PXI 规范是 Compact PCI 规范的扩展。它将 Compact PCI 规范定义的总线技术发展成适合于试验、测量与数据采集的机械、电器和软件规范，从而产生了新的虚拟仪器体系结构。Compact PCI 定义了封装坚固的工业版 PCI 总线架构，在硬件模块易于装卸的前提下提供优秀的机械整合性。因此，PXI 产品具有级别更高、定义更严谨的环境一致性指标，符合工业环境下振动、撞击、温度与湿度的极限条件。PXI 在 Compact PCI 的机械规范上强制增加了环境性能测试与主动冷却装置，以简化系统集成并确保不同厂商产品之间的互用性。此外，PXI 还在高速 PCI 总线的基础上补充了测量与自动化系统专用的定时与触发特性。

8.4.4.5 串口测试系统

串口系统是以串行标准总线仪器与计算机硬件平台组成的虚拟仪器测试系统，主要有 RS-232/485 和 USB 两种。

（1）RS-232/485 总线与其他总线相比，它的接口简单、使用方便，应用于速度较低的测量系统中，其优势十分明显。目前，有许多测量仪器都带有 RS-232/485 总线接口，通过 RS-232/485 总线接口，将多种测量仪器组合起来，构成特定的虚拟仪器，能够有效地提高原有仪器的自动化程度及测量效率。

（2）USB（Universal Serial Bus）通用串行总线是一种新的 PC 互连协议，具有总线供电、低成本、即插即用、热插拔、方便快捷等优点，USB 总线结构的虚拟仪器有效地解决了 RS-232/485 结构速度慢的问题。目前，该类虚拟仪器已得到了广泛的应用。

8.4.5 虚拟仪器的开发平台

目前，较流行的虚拟仪器软件开发环境有两类：一类是文本式编辑语言，如 Visual C++、Visual Basic、LabWindows/CVI；另一类是图形化编程语言，如 LabVIEW（Laboratory Virtual Instrument Engineering Workbench）、Agilent VEE 等。因为 LabVIEW 功能强大、方便快捷，最为流行，通常采用 LabWindow/CVI 和 LabVIEW 等专用工具开发 VI 应用，本节仅简单介绍这种开发平台。

LabVIEW 开发平台是一种编译性图形化编程语言（也称为 G 语言），它具备常规语言的所有特性，为编程、查错、调试提供了简单、方便、完整的环境和工具。使用 LabVIEW 编程时，基本上不需写程序代码，只需按照菜单或工具图标提示选择功能（图形），并用线条把各种功能（图形）连接起来即可。用 LabVIEW 编写的程序，因为它的界面和功能与真实的仪器十分相似，故称为虚拟仪器程序，简称 VI。VI 很像程序流程图，用户可根据需要创建一个或多个 VI 来完成检测任务。作为一个功能完整的软件开发环境，LabVIEW 的程序查错与调试功能完善，且使用非常简单便捷。例如，当存在语法错误时，LabVIEW 会马上给出提示；而进行程序调试时，可以任意设置断点与数据探针，检查程序运行情况及中间运算结果。同传统的编程语言相比，采用 LabVIEW 图形编程方式可以节省大约 80% 的开发时间。

LabVIEW 是一个具有革命性的图形化开发环境，其丰富的扩展函数库为用户编程提供了极大的方便。这些扩展函数库主要面向数据采集，GPIB 和串行仪器控制、数据分析、数据显示和数据存储等方面，利用 LabVIEW，人们能够很快捷地建立符合自己要求的应用解决方案，且具备很强大的功能，如精度高、速度快的数据采集功能及灵活多变的数据显示方式；进行快速傅里叶变换（FFT）与频率分析、信号发生、曲线拟合与插值，以及时频分析等高级数据处理的能力；可生成样式多样的报告并共享，采集数据与处理结果均能够很方便地进行 WEB 发布，甚至进行交互式管理等。它已经在数据采集与信号处理、仪器控制、自动化测试与验证、嵌入式监测与控制、科学研究等领域得到广泛应用。

8.5 显示仪表选用

8.5.1 显示仪表性能比较

前面几节对模拟式显示仪表、数字式显示仪表、智能显示仪表和虚拟仪器进行了介绍，现对各类显示仪表的工作原理和特点进行简单总结，仪表性能见表 8-2。

表 8-2　显示表特性比较简表

类别	名称（型号）	工作原理	使用特点
模拟式	动圈表（指示型：XCZ；调节型：XCT）	磁电式仪表。动圈（可转动线圈）位于磁场中，当电流流过时，动圈偏转，并带动指针在刻度盘上指示出被测变量数值，可与热电偶、热电阻等配合显示温度；加上调节电路和执行机构来控制温度	精度不高，为 1.0 级；仪表分度与元件分度号必须一致；没有冷端自动补偿能力。已基本不再使用
	自动平衡式显示仪表：自动电位差计与自动平衡电桥（XW、ER、EH等系列）	热电偶产生的热电势与测量桥路的电势相比较后的偏差电压（自动平衡电桥中为电桥输出的不平衡电压；热电阻是测量桥路的一臂，当热电阻温度为起始温度时电桥平衡），经检零放大器放大后驱动可逆电机，可逆电机带动滑动臂移动并指示（记录）温度值，同时改变滑线电阻的阻值，使测量桥路的电势与热电势相等（或电桥重新平衡）；通过附加的调节机构来实现对温度的自动控制	自动电位差计配热电偶测温（有冷端温度自动补偿功能）；自动平衡电桥配热电阻使用；仪表分度与检测元件分度号必须一致；精度高，一般 0.5 级以上。已基本不再使用
数字式	不带微处理器数显表（显示型：XMZ；调节型：XMT）	检测元件送来的电流、电压或电阻信号，经前置放大器放大后由 A/D 转换器转换成数字量信号，最后由 LED、LCD 等数字显示器显示其读数。调节型有位式、PID、移相触发与过零触发可控硅等输出方式。	显示精度 0.5 级，调节 1.0 级；不同型号配合不同传感器、变送器使用；已基本被淘汰
	带微处理器数显控制表（俗称智能表）	智能型内含微处理器，具备逻辑判断、自动校正、自动补偿、自诊断、变送输出及通讯联网能力，功能更强大，有一定的智能	万能输入，组态实现，功能丰富。当前主流产品，广泛应用于自动检测与控制系统中，是当前主要显示仪表
虚拟式	LabVIEW/Visual C++、Visual Basic、LabWindows/CVI	用计算机资源取代传统仪器中的输入、处理和输出等部分，用计算机软件和仪器软面板实现仪器的测量和控制功能	采用软件结构；功能化模块；用户定义；面向总线接口

8.5.2　显示仪表的选型

当前，在过程自动检测与控制系统中的主要显示方式是数字式和屏幕式，其中使用 CRT、LCD、TFT 或 LED 等显示屏显示的虚拟仪器产品通常在专用测试系统中或计算机控制系统中使用，因此下面仅介绍数字显示仪表的选择注意事项。

在选择数字显示仪表时，除了仪表量程、精度、线性度、分辨力、工作电源、使用环境等指标外，还需明确以下几个问题。

（1）输入信号要求。现在主流的显示仪表是智能表，号称"万能输入"，但选型时仍需确定现场输送来的信号类型与数目是否与仪表规定相符。如现场为非标信号，需向仪表厂家特别申明，量身定做。

（2）仪表功能。除了显示测量值的最基本功能外，数显表还有以下可选功能：报警功能及报警输出的组数（即继电器等开关动作输出）；馈电电源输出及输出电压的大小及功率；变送输出及变送输出的类型（是 4~20mA，还是 0~10V 等）；通信输出及通信方式和协议（485或 232，是 Modbus 还是其他协议）等。对于调节控制仪表，可选功能就更多，如需确定是配继电器还是 SSR（单相或三相），或者是电动阀；具体要参照厂家的选型谱选出一个规范的型号，并与厂家确认无误后才可以订货。

（3）仪表外形尺寸。数字显示仪表通常安装在柜体上，要考虑在柜体上整体的协调性，过大了可能装不下，过小了看不清显示数字。另外，体积大的仪表一般功能扩充性较强，同样功能价格可能会贵，体积小的仪表可能功能扩充性较差，接线不方便。目前显示仪表面板的国际标准尺寸主要有 48mm×48mm、48mm×96mm、72mm×72mm、96mm×96mm、96mm×48mm、160mm×80mm、80mm×160mm 等规格，可根据输入、输出信号类型与数量等实际需要进行选择。

8.5.3　显示仪表的使用

智能仪表初次使用时，应根据其输入、输出规格及功能要求，正确设置其输入、输出、报警、通信、调节控制、系统功能、给定值及现场参数，才能实现仪表理想的功能。仪表功能设置也称作仪表组态。现在市面上的智能仪表产品型号、种类繁多，功能、结构、外观各式各样，但其组态、操作与使用均大同小异。下面以 AI519 为例简单介绍现在流行的智能数显示仪表的使用，如图 8-10 所示。

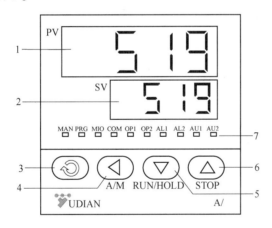

图 8-10　AI519 仪表面板

1—PV/参数名称窗；2—SV/参数值窗；3—设置键；4—数据移位；5—数据减键；6—数据加键；7—状态指示

AI519 经济型人工智能调节器，采用先进的模块化结构，提供丰富的输出规格（继电器触点或可控硅无触点开关输出、固态继电器 SSR 电压输出、可控硅触发输出、0~20mA 线性电流输出等），能满足多种应用场合的需要。输入可自由选择热电偶、热电阻、电压及电流，内含非线性校正表格，无需校正，测量精确（0.3 级精度）稳定。采用先进的 AI 人工智能 PID 调节算法，无超调，具备自整定、手动/自动无扰动切换及上电软启动功能。

在正式使用 AI519 之前，需定义其输入信号规格、报警输出、控制输出等一系列参数。其常用的功能参数见表 8-3，输入信号规格代码（InP）请参阅仪表使用手册，其输出控制等方面的参数请参见第 11 章表 11-1 和表 11-2。

表 8-3　AI519 智能显示表常用功能参数

变量名	类型	注 释	变量名	类型	注 释
sv	数值型	给定值	LOC	数值型	参数锁 808
pv	数值型	测量值	mv1	数值型	手动输出 0~100%
mv	数值型	输出值	OPL	数值型	输出下限
DIL	数值型	输入下限显示值	OPH	数值型	输出上限
DIH	数值型	输入上限显示值	run	数值型	运行 18H
DIP	数值型	显示的小数点位置	OPT	数值型	输出方式
sn	数值型	信号输入规格	addr	数值型	仪表地址
HIAL	数值型	上限报警值	LOAL	数值型	下限报警值
mm	开关型	通信状态	op	数值型	调节器输出

　　某电炉温度控制系统中，用 AI519 来进行温度显示与控制，炉温测量使用 S 型热电偶，为了满足温度检测及控制的需要，应将输入信号规格代码 InP 设置为 1，同时，根据 S 型热电偶测温范围设置输入下限显示值 DIL、输入上限显示值 DIH，并将热电偶的负极接端子 18，正极接到端子 19，如图 8-11（b）所示，S 型分度热电偶与显示仪表连接要用补偿导线，且注意正、负不能接错。而如果采用热电偶配温度变送器的测温模式，则应将 InP 设置为 33（输入信号为 1~5V），并按图 8-11（c）所示接线。

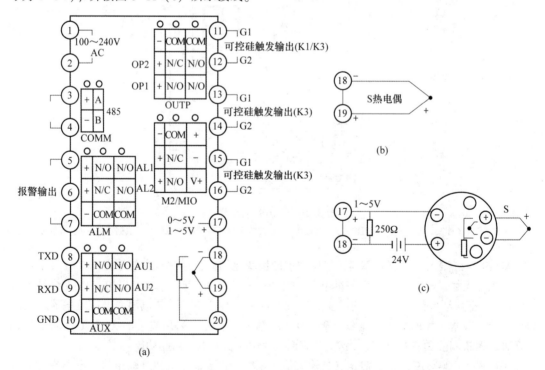

图 8-11　AI519 智能温控仪端子排布及接线示例

（a）后盖端子排布；（b）直接配 S 型热电偶；（c）配接变送器

复习思考题

8-1 显示仪表有哪几种类型，各有何特点？

8-2 数字显示仪表主要由哪几部分组成，各部分有何作用？

8-3 数字显示仪表有何特点？

8-4 A/D 转换器有何作用，有哪些类型，各有何特点？

8-5 什么是线性化，为什么要进行线性化处理？

8-6 什么是智能仪表，它有什么特点，它与一般的数字仪表的区别是什么？

8-7 什么是标度变换？

8-8 数字仪表与智能仪表进行标度变换有何不同，各有哪些标度变换方法？

8-9 压力传感器（量程为 0~10MPa）的输出信号为 4~20mA，西门子 EM235 将 0~20mA 转换为 0~ 32000 的数字量，设转换后得到的数字量为 N，求以 kPa 为单位的压力值。

8-10 某生产过程要求测量温度，温度测量范围为 0~100℃，选用测温范围为 0~100℃的一体化线性温度变送器，温度信号变换成 4~20mA。智能仪表采用 12 位的 A/D 转换器，A/D 转换器的输入端信号范围是 0~5V。请问：

    （1）如何将变送器输出的 4~20mA 转换为 0~5V？

    （2）A/D 转换后的数字信息范围是多少？

    （3）传输信号是 12mA 时，A/D 转换后的数字量是多少？

    （4）智能仪表进行标度变换后的实际测量温度值是多少？

8-11 什么是虚拟仪器，它与传统仪器有什么区别？

8-12 虚拟仪器由哪几部分组成，有哪些常见的构成方式？

8-13 用 AI519 直接配 Pt100 测量温度（0~500℃），问：

    （1）如何接线？

    （2）确定输入信号规格代码（InP）。

9 现代检测系统与检测新技术

第 9 章课件

随着生产的发展和技术进步，在实际应用中对参数的检测也提出了更高的要求，往往需要对一个生产过程中多参数、多工况进行连续、长期检测。单独地使用一种仪表进行测量已经满足不了要求，需要采用一些新的技术和方法完成复杂系统的检测。现代仪器仪表以数字化、自动化、智能化、网络化等共性技术为特征获得了快速发展，作为检测过程中的重要工具也进入了"智能"时代。本章主要介绍现代检测系统、数据采集系统的组成。

9.1 现代检测系统

现代检测系统

随着计算机技术的出现，为现代检测系统的发展提供了有效手段，使传统的检测仪器采用计算机进行数据分析处理成为现实。计算机技术与测量控制技术结合在一起，组成新一代的全新的微机化产品。由于它拥有对数据的存储、运算、逻辑判断及自动化操作等功能，具有一定程度的智能，因而称之为智能仪器。从广义上说，智能检测系统包括以计算机为核心的智能仪器、以 PC 机为核心的自动测试系统和具有模糊判断、故障诊断、容错技术、传感器融合等功能的专家系统。

现代检测系统可以分为智能仪器、个人仪器、自动测试系统、计算机辅助测试系统四种基本结构体系，下面分别进行介绍。

9.1.1 智能仪器

智能仪器是将传感器与微处理器、存储器、接口芯片融合在一起的检测系统，具有数据存储、运算、逻辑判断及自动化操作（能根据被测参数的变化自选量程，可自动校正、自动补偿、自寻故障）等功能，有键盘、开关、按键及显示器等专用的外围设备，体积小，专用性强，具有智能的作用。智能仪器的硬件结构如图 9-1 所示。

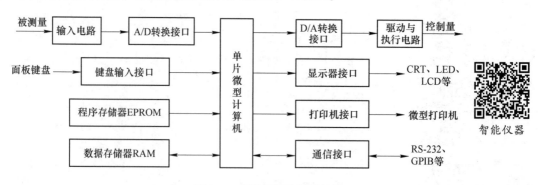

图 9-1　智能仪器的硬件结构

9.1.2 个人仪器

个人仪器也称 PC 仪器，是在智能仪器发展基础上出现的一种新型的微型计算

个人仪器

机化仪器。与传统的智能仪器相比，由于有丰富的个人计算机（PC，Personal Computer）软硬件资源可供利用，因而具有研制周期短、成本低、使用灵活方便的特点，显示出广阔的发展前景。

个人仪器的基本构想是将原智能仪器中测量部分的硬件电路以附加插件或模板的形式插入到 PC 机的总线插槽或扩展机箱中，而将原智能化仪器中的控制、存储、显示和操作运算等任务都交给 PC 机来完成。

各种形式的仪器插件通过计算机总线与 PC 机融合在一起就构成个人仪器的硬件，如图9-2所示。其中仪器插件接受上位计算机或自身所带微处理器的控制，完成数据的采集工作，测量结果通过总线送到上位计算机并在软面板中显示出来。所谓"软面板"，是指在计算机屏幕上由作图生成的仪器面板图形。软面板根据测控仪器的性质不同可以有很多种形式，但一般包括仪器面板显示、软按键操作、状态反馈栏和系统控制窗口等。用户不再使用仪器的硬面板，而是通过软面板上的"软按键"实现对仪器的操作，这是个人仪器不同于普通智能仪器的一个显著特点。

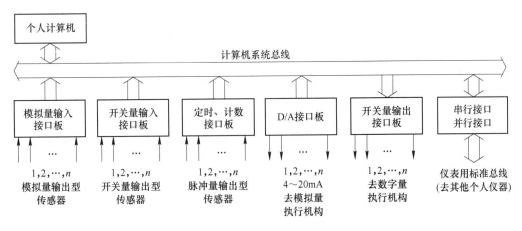

图 9-2　个人仪器的硬件结构图

9.1.3　自动测试系统

自动测试系统

自动测试系统（AST，Automated Test System）是指在人极少参与或不参与的情况下，自动进行量测，处理数据，并以适当方式显示或输出测试结果的系统。

自动测试系统是以工控机为核心，以标准接口总线为基础，以多台智能仪器为下位机组合而成的一种现代检测系统。将自动测试系统接入到 Internet 网络中，可实现远程监测、远程控制、远程实时调试等（作为物联网分支）功能。自动测试系统的原理框图如图9-3所示。

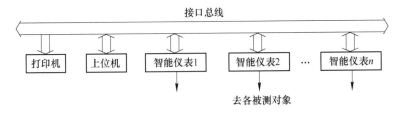

图 9-3　自动测试系统的原理框图

9.1.4 计算机辅助测试系统

计算机辅助测试（CAT，Computer Aided Test）是一门新兴的综合性学科，它涉及测试技术、微计算机技术、数字信号处理、可靠性及现代控制理论等多门知识，在科研、生产中应用十分广泛。

计算机辅助
测试系统

计算机辅助测试系统和自动数据采集系统相比，CAT 的范围更广些，不仅能完成对测量对象的数据采集、数据加工任务，还能够实现对系统的控制，当计算机测试系统独立存在时，一般是自动数据采集系统（DAQ，Data Acquisition System），或者说是自动测试系统（AST）；它也可以作为一个独立的单元，集成到更大的测控系统或监控网络中，融入物联网。

9.2 数据采集系统

数据采集系统

数据采集（DAQ，Data Acquisition）又称为数据获取，是指将被测对象的各种参量通过传感器进行采集与转换后，再经信号调理、采样、量化、编码转换成数字量，以便由计算机进行数据处理、存储、显示和打印的过程。在所有现代检测系统中，首先需解决所谓的数据采集问题。用于数据采集的成套设备称为数据采集系统（DAS，Data Acquisition System）。

作为获取信息的基本手段，数据采集已经广泛应用于互联网信息产业、工农业生产、科学技术研究及分布式领域，作用和地位越来越重要，其应用广度、深度都大大增强。

9.2.1 数据采集系统的组成

数据采集系统是结合基于计算机的测量软硬件产品来实现灵活的、用户自定义的测量系统，其结构如图 9-4 所示。

数据采集
系统的组成

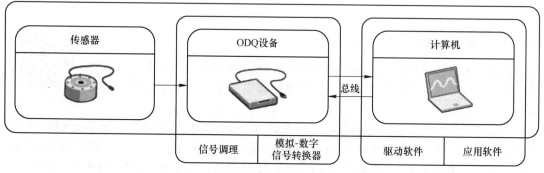

图 9-4 数据采集系统结构图

数据采集系统的软件分为驱动程序与应用软件两部分，驱动程序在 DAQ 设备与计算机之间创建一个沟通的桥梁，使得它们间的数据交换成为可能，驱动软件可使用户不需要顾及 DAQ 设备是如何工作的，只需进行必要的配置即可。应用软件是指完成对采集数据的转换、存储、分析、处理以满足实际需求的计算机程序，应用软件通常由用户自己定制，其开发工具包括汇编语言、C 语言等，现在通常采用通用组态软件或厂家提供的专用工具进行开发。

数据采集系统的硬件包括传感器、DAQ 设备及计算机等单元，下面逐一介绍。

（1）传感器部分：它的作用是感受被测对象各种物理量，如力、线位移、角位移、应变和温度等，并把这些物理量转变为电信号，本教材前面几章进行了介绍。

（2）DAQ 设备（数据采集仪）：其作用是将传感器、变送器送来的电信号转换成数字量，然后将这些数据传送给计算机进行处理。通常 DAQ 设备可单独使用，也可与其他 DAQ 设备一起组成分布式数据采集系统。有的 DAQ 设备本身也带有微处理器，可与上位计算机或其他的 DAQ 设备通信。

（3）计算机部分：包括主机、显示器、存储器、打印机、绘图仪、键盘及传输通信接口等。计算机下达数据采集命令，收集 DAQ 设备上传的数据，并对数据进行存储、分析和处理，DAQ 设备按上位机下达的命令进行数据采集和上传。上位计算机与 DAQ 设备通过传输通道和通信接口实现信息的交互，传输通道可以是有线的，也可以是无线的。

从硬件来看，可将数据采集系统分为微型计算机数据采集系统和集散型数据采集系统两种结构形式，分别如图 9-5 和图 9-6 所示。

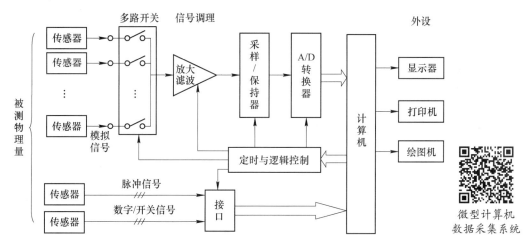

图 9-5　微型计算机数据采集系统

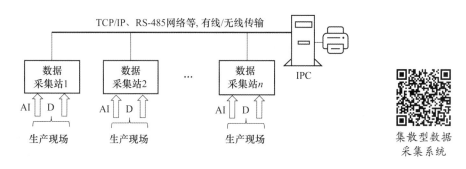

图 9-6　集散型数据采集系统

（1）微型计算机数据采集系统由传感器、模拟多路开关、信号调理、采样/保持器、A/D转换器、接口电路、微机及外部设备、定时与逻辑控制电路等部分组成。当系统工作时，计算机发出指令，定时与逻辑控制电路给出控制信号，选用相应的 AI 通道或 DI 接口，将被测量转换为计算机能够接受的数字量，然后交由计算机分析、处理，完成数据采集工作。

微型计算机数据采集系统结构简单，容易实现，能够满足中、小规模数据采集的要求，这是智能仪器、巡检仪等最常采用的方式，它也可作为集散型数据采集系统的一个基本单元使用。

（2）集散型数据采集系统由若干个"数据采集站"和一台上位机及其通信线路组成。数据采集站一般是由单片机数据采集装置组成，位于生产现场附近，可独立完成数据采集和预处理任务，还可以将数据以数字形式传送给上位机。上位机一般为 PC 机或工控机，配置有打印机和绘图机等设备，并对各数据采集站来的数据进行分析、处理并输出。此外，还可以将系统的控制参数发送给各个数据采集站，以调整数据采集站的工作状态。集散型数据采集系统具有适应能力强、可靠性高、实时响应性好及对系统硬件的要求不高等特点，是当前数据采集的主要形式。

9.2.2　常用 DAQ 设备

数据采集部分主要包括多路模拟信号量传感器、信号预处理电路、A/D 转换电路等组成。在大规模的集成电路出现和单片机广泛应用在生产中后，特别是近年来微电子技术与网络通信技术发展迅速，不断推进数据采集技术的革新与发展，DAQ 设备多种多样、丰富多彩，呈现出模块化、智能化、无线化发展特点。图 9-7 是一些可选的数据采集系统解决方案，下面介绍其中一些常用的 DAQ 设备与模块。

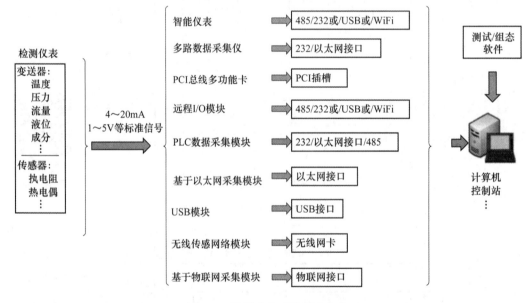

图 9-7　数据采集系统可选方案

9.2.2.1　多路数据采集仪

多路数据采集仪又称为智能数字巡检仪，采用新型大规模集成电路，对输入、输出、电源、信号采取可靠保护和强抗干扰设计，具有万能信号输入功能（通过组态选择输入为标准电压、标准电流、各种热电偶与热电阻、频率、毫伏信号等）。智能数字巡检仪允许各路选择不同的输入传感器，并且每路有独立的零点、增益修正功能，并有独立的报警限值设定功能。与温度、湿度、压力、液位、流量等传感器或变送器配合使用，可实现 4 路、8 路、16 路，甚至更多路物理量的测量、显示和超限报警与控制；通过 RS485 通信接口，可将数据上传到计算机中；双 4 位高亮度 LED 数字显示窗，切换显示各路输入信号。有的多路数据采集仪，如超薄大屏与彩色触摸屏等无纸记录仪，不但具有强大的显示功能（数字、棒图显示），还能够实现实时曲线显示、历史曲线追忆等功能。

多路数据采集仪可以单独使用，用户根据需要选取通道数量；也可作为下位机，与计算机一起构成分布式数据采集系统；多路数据采集仪基本上是采用标准 MODBUS 协议，用组态软件开发应用非常方便。

9.2.2.2　数据采集卡

数据采集卡是为使用计算机进行数据采集与控制而设计的，这类板卡均参照计算机总线技术标准设计和生产，在一块印刷电路板上集成了多路开关、程控放大器、采样/保持器、A/D 和 D/A 转换器等器件，可同时接收多个模拟、数字（开关）或脉冲信号，亦可同时输出多路模拟和数字信号，将其插入计算机的总线扩展槽，即可迅速、方便地搭建一个数据采集与监督控制系统（SCADA，Supervisory Control And Data Acquisition），节省大量的硬件研制时间，如图9-8 所示。

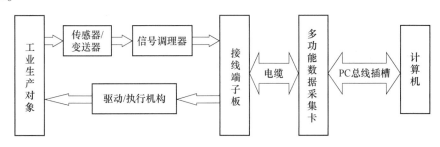

图 9-8　基于数据采集板卡的 SCADA 系统

根据总线的不同，数据采集卡有 PCI 板卡和 ISA 板卡，现在主要使用 PCI 板卡。

9.2.2.3　远程 I/O 模块

远程 I/O 模块又称为牛顿模块，是近年来比较流行的一种 I/O 方式，它安装在工业现场，就地完成 A/D、D/A 转换、I/O 操作及脉冲量的计数、累计等操作。远程 I/O 模块采用工业级元器件，10~30V DC 宽电压输入，能够在 -30~60℃ 范围内正常工作，支持 RS232、RS485 或以太网等通信模式，具有易扩展、线缆用量少、使用和维修方便等特点，是构建分布式数据采集系统的一种理想解决方案。

市场上可供选用的远程 I/O 模块很多，几乎所有的仪表、工控厂家都有自己的产品，如研祥公司推出的 Ark 系列、研华公司的 ADAM 系列产品。

A　ADAM-4000 系列

ADAM-4000 系列是通用传感器到计算机的便携式接口模块，是专为恶劣环境下的可靠操作而设计的。

ADAM-4000 系列在工业应用时有很多优点：一是可以采集多种范围和多种类型的模拟量信号，是符合成本效益的远程 I/O 系统的最佳选择；二是内置看门狗电路，可以使模块自动复位，极大减少了维修工作；三是接线简单，网络配置灵活，只需要两条连接线即可与 RS-485 网络及所属控制器通信。ADAM-4000 模块采用 EIA RS-485 通信协议；在与计算机连接时，支持 MODBUS、ASCII 协议，使其与任何计算机兼容。ADAM-4000 系列中有多种数据采集模块：热电阻专用模块 4015、通用模块 4017、热电偶专用模块 4018、AO 输出模块 4024、运动模块、计数模块等品种。

B　ADAM-5000 系列

ADAM-5000 系列是一套功能强大的分布式 DA&C 系统，它具有可扩展、易整合等多种特点。在通用工业数据通信网络如 RS-485 和 Modbus 的基础上，提供两种不同的系统架构。

ADAM-5000/XXX 系列是一种低成本的分布式 I/O 系统，它可以和 PC 主机进行通信；ADAM-55XX 系列是一种带有独立运行内核的独立控制器，用户可以在不同的主单元和各种 I/O 模块之间进行选择，建立自己的 DA&C 平台。此外，ADAM-5000 支持各种软件，可使用它建立满足不同的 SCADA 系统。

ADAM-5000/TCP 是一个以以太网为基础的 I/O 系统。没有中继器，ADAM-5000/TCP 的传输距离可达 100m。它通过以太网支持远程配置，8 台个人计算机能够同时存取数据。ADAM-5000/TCP 对于 eAutomation 是一种配置简单、高效管理、低成本、理想的解决方案。

9.2.2.4　USB 数据采集模块

USB 数据采集模块，是一种通过 USB 总线与计算机交换数据的 DAQ 设备，它不需要单独供电并且支持热插拔，即插即用。通过 USB 数据采集产品，用户能够很方便地实现数据采集与控制，因此，基于 USB 总线设备的数据采集系统已经得到了广泛的应用。

国内外的企业推出了很多运用 USB 总线传输的产品，产品种类众多，有着不同采样精度，可以满足不同情况下的采样要求。其中，典型的基于 USB 的数据采集系统有 NI 公司的 USB9000 和 USB6000 系列产品、研华公司的 USB4700 系列产品、阿尔泰的 USB2800/5800/5900 系列产品、凌华科技的 USB-1901/1902/1903 产品。这些产品智能化程度高，易于连接，操作简单，国内普及度很高。

9.2.2.5　无线数据传输模块

无线传输是指利用无线技术进行数据传输的一种方式，可分为 GPRS、2G/3G/4G/5G 等公网数据传输和数传电台、WiFi、ZigBee 等专网数据传输两种方式。无线模块主要由发射器，接收器和控制器组成。由于 433MHz 近距离无线通信技术具有无须申请频点、无需挖沟布线、提供了透明的 RS232/RS485 接口、可实现点对点或点对多点通信、不需要编写程序、极高的抗干扰能力和低误码率、能工作于各种恶劣环境及等诸多特质，可以直接与 PLC、DCS、RTU 或计算机相连，因此在包括测控的许多领域得到了广泛应用。

采用 DTD433F 与 DTD433M 无线通信数据终端、DTD433H 无线开关量测控终端构建的主从分布式无线数据采集与监督控制方案如图 9-9 所示。

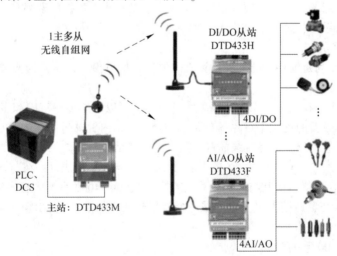

图 9-9　主从分布式无线 SCADA 方案

9.2.2.6 以太网数据采集模块

以太网 I/O 数据采集模块采用工业标准 Modbus TCP 协议，通用性好，能够直接接入基于 Modbus TCP 协议的系统，无需对系统做改动。客户可以基于自己的个性化需求定制相关协议，灵活方便。

例如，研华 ADAM-6000 系列模块通过互联网技术，很方便地实现了这种集成，能够更加灵活地远程监控设备的状态。研华 ADAM-6000 模块具备点对点（P2P）和图形条件逻辑（GCL）功能，并能作为独立的产品，用于测量、控制和自动化。ADAM-6000 系列包括通信控制器、模拟输入/输出模块和数字输入/输出模块。

9.2.3 数据采集系统应用实例

9.2.3.1 测试对象与要求

针对某实验室的 SK2-2-10 型管式电炉（功率为 2000W、额定温度为 1000℃、额定电压为 220V、相数为 1、加热室尺寸为 φ40mm×1000mm），设计一个数据采集与控制系统，系统需求见表 9-1，测点分布如图 9-10 所示。

表 9-1 数据采集系统需求表

序号	参数名称	温度变化范围/℃	要　求	测控设备选型
1	测点 1	0~800	显示、记录、报警	K 分度热电偶
2	测点 2	0~1000	显示、记录、报警	K 分度热电偶
3	测点 3	0~1000	控制、记录、报警	AI519（配 K 偶）+SSR
4	测点 4	0~1000	显示、记录、报警	K 分度热电偶
5	测点 5	0~800	显示、记录、报警	K 分度热电偶

9.2.3.2 数据采集系统方案设计

本例中除了指定检测元件及采用智能 PID 温控仪 AI519 配固态继电器控制炉温外，未指明采集速度、采集精度、传输方式等具体的技术指标，因此，可以从图 9-7 所示的可选方案中任意选择一个或几个 DAQ 设备构建数据采集与控制系统，下面只是给出其中几种可行方案，但并不进行方案论证。读者在实际工作中可根据具体情况确定 SCADA 方案。

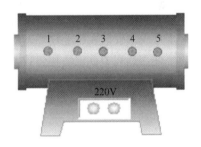

图 9-10　电阻炉测点分布示意图

A　基于智能仪表的方案

基于智能仪表的数据采集与控制系统方案，是指所使用的 DAQ 设备均为智能仪表，如智能温控仪、智能巡检仪等。

因为已选择 AI519 智能温控仪作为温度控制器，为了减少仪表类型和仪表备件种类，可选择全部采用 AI519 来完成数据采集与控制系统的方案，如图 9-11 所示。图中 AI519 的通讯接口采用的是 RS-485，因此配置一个 RS-485 转 RS-232 转换器。当然配置一个 RS-485 转 USB 转换器也可以实现 AI519 与 PC 机互联；在某些情况下，甚至可以使用无线传输方式。

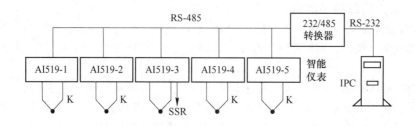

图 9-11　基于 AI519 的 SCADA 系统示意图

B　基于智能仪表+数据采集卡方案

本方案是指测点 3 温度采集与控制用 AI519，而除测点 3 之外的其他 4 个测点温度的采集使用一个数据采集卡（AI 通道数大于 4）的方案，如图 9-12 所示。图中使用了温度变送器将热电偶输出的毫伏电压转化成 4~20mA DC 信号，再由端子板送到采集。但实际上也可以不用变送器，只需选用带冷端温度补偿功能的接线端子板配合输入信号低至毫伏级的采集卡（大增益）即可。例如，PCI-1710HGU+PCLD 8710，但一般不推荐这种方式。

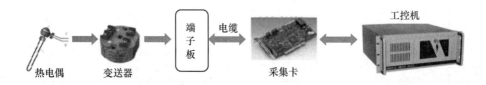

图 9-12　基于数据采集卡的 SCADA 系统示意图

由于使用时需将数据采集卡插入计算机总线扩展槽，采集卡通过一根长度有限的电缆与端子板相连，因此这种方案一般用于离现场较近且采集点数不多的场合。

C　基于智能仪表+远程 I/O 模块的数据采集系统

远程 I/O 模块安装在工业现场，就地完成 A/D、D/A 转换、I/O 操作及脉冲量的计数、累计等操作，使用远程 I/O 模块构建数据采集系统，可以通过一条通信线和上位机、PLC 或 DCS 连接，节省布线，能够减少 PLC、DCS/FCS 系统的 I/O 点数，是实现计算机远程分布式数据采集的一种理想的方式。图 9-13 为采用八路热电偶输入模块 ADAM-4018 构建的数据采集方案示意图。

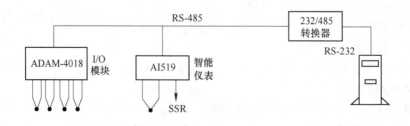

图 9-13　基于 I/O 模块数据采集方案示意图

9.3 检测新技术

9.3.1 网络化智能传感器

网络化智能传感器是在智能传感器技术上融合通信技术和计算机技术，使传感器具备自检、自校、自诊断及网络通信功能，从而实现信息的采集、传输、处理，真正成为统一协调的一种新型智能传感器。

网络传感器的产生使传感器由单一功能、单一检测向多功能和多点检测发展；从被动检测向主动进行信息处理方向发展，从就地测量向远距离实时在线测控发展；使传感器可以就近接入网络，传感器与测控设备间再无需点对点连接，大大简化了连接电路，节省投资，易于系统维护，也使系统更易于扩充。网络传感器特别适于远程分布式测量、监控和控制。

网络传感器的核心是使传感器本身实现网络通信协议，可以通过软件方式或硬件方式实现传感器的网络化。软件方式是指将网络协议嵌入到传感器系统的 ROM 中；硬件方式是指采用具有网络协议的网络芯片直接用作网络接口。

9.3.2 多传感器数据融合技术

所谓多传感器信息融合（MSIF，Multi-sensor Information Fusion），就是指利用计算机对按时序获得的若干观测信息，在一定准则下加以自动分析、综合，以完成所需的决策和评估任务而进行的信息处理技术。

多传感器信息融合是用于包含处于不同位置的多个或者多种传感器的信息处理技术。随着传感器应用技术、数据处理技术、计算机软硬件技术和工业化控制技术的发展成熟，多传感器信息融合技术已形成一种热门新兴学科和技术。

多传感器信息融合技术的基本原理就像人的大脑综合处理信息的过程一样，将各种传感器进行多层次、多空间的信息互补和优化组合处理，最终产生对观测环境的一致性解释。在这个过程中要充分地利用多源数据进行合理支配与使用，而信息融合的最终目标则是基于各传感器获得的分离观测信息，通过对信息多级别、多方面组合导出更多有用信息。这不仅利用了多个传感器相互协同操作的优势，而且也综合处理了其他信息源的数据来提高整个传感器系统的智能化。

9.3.3 图像检测技术

图像检测技术是指利用图像作为检测信息传递的媒介，从中提取有用信息的一种测量方法。它是以现代光学为基础，融光电子学、计算机视觉与图像学、信息处理等现代科学技术为一体的现代测量技术，包括摄影测量、光测和利用图像传感器测量等多种测量方法。作为一种非接触式的测量方法，它已经广泛地应用到外观检测、工业监测、生物医学、国防等领域。

9.3.3.1 图像检测系统的构成

图像检测系统可以分为图像获取和图像处理两大部分。目前，在图像检测系统中主要使用的是数字图像。为了采集数字图像，需要两种设备：一是对某个电磁能量频谱段（如可见光、X 射线、紫外线、红外线等）敏感的物理器件，以产生与所接收的电磁能量成正比的（模拟）电信号；二是数字化设备，它将上述的模拟电信号转化为数字（离散）的形式，即进行模数转换。此外，为了对图像进行分析处理，存储设备、计算机是必不可少的。为了将处理的结果展现出来，还要有图像或检测结果显示设备，完整的图像检测系统如图9-14所示。

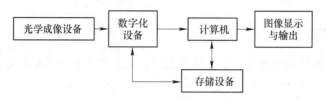

图9-14 图像检测系统框图

（1）光学成像设备：图像检测系统中可用的成像设备很多，如摄像机、电荷耦合器件（Charge Coupled Device，CCD）摄像机和CMOS（Complementary Metal Oxide Semiconductor）摄像机、红外辐射计与红外摄像仪及雷达等。其中，CCD摄像机具有灵敏度高、光谱响应宽、线性度好、动态范围大、结构紧凑、体积小、质量轻、寿命长和可靠性高等优点，因此性价比高，在各个行业都有着广泛应用。目前CMOS摄像机发展迅速，虽然它还有一些弱点，但在光学分辨率、感光度、信噪比和高速成像等主要指标上都已呈现出超过CCD的趋势，具有在高速、监控等方面占领主流市场的潜力。

（2）数字化设备：数字化设备是完成将光学成像设备得到的模拟电信号转化为数字信号的电路组件，可以集成在成像设备中，也可以独立在成像设备之外。前者就是目前流行的数字摄像机，后者即是各类图像采集卡（Frame Grabber 或 Image Card）。数字式摄像机是将数字化转换功能集成在摄像机内，直接输出数字图像信号。这样就避免了将模拟信号转化为视频信号，再将视频图像转化为数字图像过程中的图像信息损耗。这种摄像机具有很好的感光像元点和像素点的几何对应性，避免了模拟视频信号数字化中因水平扫描不能精确同步而造成的像素抖动问题。

9.3.3.2 数字图像处理技术

数字图像测量技术的核心是图像处理。图像处理是指通过计算机对图像进行去噪、变换、增强、复原、分割、提取特征、识别等处理的方法和技术。经过这些处理后，不仅使输出图像的质量得到了很大的改善和提高，而且也便于计算机对图像进行分析、处理、测量和理解等。数字图像处理过程如图9-15所示。

图9-15 数字图像处理过程

A 图像预处理

图像在获取、传送和转换的过程中，总要受各种因素的影响造成图像的某些降质，为了不影响图像识别和理解等后续处理，必须对获取的图像进行一定的预处理。图像预处理的目的是改善图像质量，增强图像的视觉效果，或者将图像转换成一种更适合于人或机器进行分析处理的形式。图像的预处理包括去噪、变换、增强、复原等手段。

（1）图像变换。图像变换是简化图像的处理过程和提高图像处理效果的基本技术，包括空间变换和变换域（通常为频域）变换两种手段。空间变换是指图像中物体（或像素）的空间位置发生改变，如对图像进行缩放、旋转、平移、镜像翻转等。变换域变换是指将原定义在图像空间的图像，采用各种图像变换的方法，如傅里叶变换、沃尔什变换、离散余弦变换等间接处理技术，将空间域的处理转换为变换域处理，借助于正交变换的特性可使在空域上的复杂计算转换到变换域后得到简化，更有利于获得图像的各种特性和进行特殊处理。

（2）图像增强。图像增强是指按特定的需要突出一幅图像中的某些信息，同时削弱或去除某些不需要信息的处理方法。其主要目的是使处理后的图像对某种特定的应用来说，比原始图像更适用。图像增强技术主要包括直方图修改处理、图像平滑化处理、图像尖锐化处理及彩色处理技术等。在实际应用中可以采用一种方法，也可以结合几种方法联合处理。

（3）图像复原。图像复原的主要目的是改善给定的图像质量，即对给定的一幅退化了或者受到噪声污染了的图像，利用退化现象的某种先验知识来重建或恢复原有图像。

B　图像分割技术

图像分割是一种重要的图像处理技术，是指按照一定的规则将一幅图像或景物分成若干部分或子集的过程。其目的是把图像划分成具有一定意义的区域，每个区域的像素有着相同的特性，以便将图像中有意义的特征或者需要应用的特征提取出来做进一步分析。图像分割算法是建立在亮度值的非连续性和相似性两个基本概念之上。

图像分割方法大体上也可以分为阈值分割方法、边缘检测方法、区域提取方法和结合特定理论工具的分割方法等。

C　特征提取与图像识别

图像的特征就是用于区别其他图像的一些物理属性，一般是基于人眼视觉系统的，比如亮度、色度、对比度、边缘轮廓和结构等。从目标图像中提取颜色、形状、区域或纹理等图像特征或其他有用数据与信息的过程称为图像特征提取。根据不同类型的图像特征，提出了许多不同的方法，如利用颜色直方图提取颜色特征；利用统计方法、几何方法或信号处理法等提取纹理特征等。

图像特征提取属于图像分析的范畴，是数字图像处理的高级阶段，同时也是图像识别的开始。图像识别实际上是一个分类的过程，将目标图像与其他不同类别的图像区分开来，它属于模式识别的范畴。在图像识别的发展中，主要有统计模式识别、结构模式识别、模糊模式识别等类型，每类方法中又包含多种不同具体算法。其中，统计识别方法是建立在概率论及数理统计基础上成熟的分析方法，可对图像进行特征提取、学习和分类，是研究图像识别的主要方法之一。在统计学中，描述样本相似性的方法有距离系数、相关系数等。

随着人工智能技术研究的深入及应用扩展，神经网络、遗传算法、深度学习等 AI 方法也被引入到图像处理中，图像处理进入智能化时代。基于图像处理的智能检测技术随着图像处理技术、智能信息处理技术的发展而不断成熟，具有广阔的应用前景。

9.3.4　软测量技术

软测量（soft sensing）技术的基本原理为：利用较易测量的辅助变量（或称为二次变量，secondary variable），依据这些辅助变量与难以直接测量的待测变量（称为主导变量，primary variable）之间的数学关系（称为软测量模型），通过各种数学计算和估计方法以实现对主导变量的测量。软测量通常是在成熟的硬件传感器基础上，以计算机技术为核心，通过软测量模型运算处理而完成的。以软测量技术为基础，实现软测量功能的实体称为软仪表（soft sensor）。软仪表以目前可有效获取的测量信息为基础，其核心是以实现参数测量为目的的各种计算机软件，可方便地根据被测对象特性的变化进行修正和改进，因此软仪表易于实现，且在通用性、灵活性和成本等方面具有优势。

软测量技术，自20世纪80年代中后期作为一个概括性的科学术语被提出以来，研究异常活跃，发展十分迅速，应用日趋广泛，几乎渗透到了工业领域的各个方面，已成为过程检测与仪表技术的主要研究方向之一。软测量技术发展的重要意义在于：

（1）能够测量目前由于技术或经济原因无法或难以用传统的仪表直接检测而又十分重要的过程参数。

（2）能够综合运用多个可测信息对被测对象做出状态估计、诊断和趋势分析，以适应现代工业发展对被测对象特性日益提高的测量要求。

（3）能够在线获得被测对象微观的二维/三维时空分布信息，以满足许多复杂工业过程中参数测量的需要。

（4）能够对测量系统进行误差补偿处理和故障诊断，从而提高测量精度和可靠性。

（5）能够为测量系统动态校准和动态性能改善提供一种有效手段。

（6）能够为一些由于测量障碍，目前停留在理论探讨而不能工业实用化的控制策略和方法，提供一条有效的解决途径。

复习思考题

9-1 简述现代检测系统的分类？

9-2 什么是智能仪器？简述智能仪器的组成。

9-3 什么是个人仪器？

9-4 什么是自动测试系统？

9-5 如何理解计算机测试系统中"计算机"的含义？

9-6 什么是数据采集，什么是数据采集系统？

9-7 数据采集系统由哪几部分组成？简述各部分的功能和作用。

9-8 常用的DAQ设备有哪些？分别简单说明。

9-9 无线通信（数据）传输方式及技术有哪几种？

9-10 查阅资料，论述无线网络传感器的新进展。

9-11 什么是数据信息融合，信息融合系统的体系结构有哪几种？

9-12 图像检测系统由哪几部分组成？画出图像检测系统框图。

9-13 数字图像处理过程由几部分组成，各部分的作用是什么？

下篇 过程控制

10 过程控制系统的基本概念

过程控制一般是指冶金、石油、化工、电力、轻工、建材等工业部门生产过程的自动化，即通过采用各种自动化仪表、电子计算机等自动化技术工具，对生产过程中的温度、压力、流量、液位和成分等工艺参数进行自动监测和自动控制。

随着自动控制理论、电子技术、计算机技术的不断发展，自动化技术已取得了惊人的成就，在工业生产过程中起到关键的作用。过程控制系统已成为现代工业生产过程必不可少的设备，是保证企业安全、高效、低耗、环保与高品质生产的重要手段。

10.1 过程控制系统的组成与分类

10.1.1 过程控制系统实例

自动控制系统是在人工手动控制的基础上产生和发展起来的。在生产过程中，要维持正常生产，并能得到高产优质，就必须控制好影响过程顺利进行的有关参数，使这些参数稳定在某一范围，或按预定的规律变化。为了实现控制要求，可以采用手动控制和自动控制两种方式。以图 10-1 所示的锅炉汽包水位控制为例，分别说明手动控制和自动控制的执行过程及其差异。

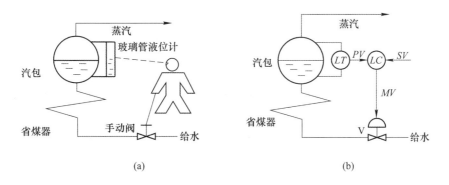

图 10-1 锅炉汽包液位控制
(a) 手动控制；(b) 自动控制

如图 10-1 (a) 所示，操作人员进行手动控制时，首先通过观察安装在锅炉汽包上的玻璃管液位计得到实际的锅炉汽包水位，然后根据实际水位偏离期望水位的情况做出判断，并手动调整给水阀门的开度，即手动改变给水流量使汽包水位稳定在规定数值。人工控制不仅劳动强度大，而且对于某些变化迅速、条件又要求严格的生产过程，很难满足要求。

与人工手动控制不同，在图 10-1（b）的锅炉汽包水位自动控制系统中，采用检测变送器 LT 代替人眼观察来获取实际的水位数据，并通过信号转换及传输装置将该数据送到液位控制器 LC。控制器将变送器送来的水位测量结果（PV）与水位期望值（SV）进行比较得到两者的偏差，然后根据一定的控制算法对该偏差进行运算得到相应的控制信号（MV），执行机构根据控制信号的大小改变给水阀 V 开度，从而调节给水量，使水位恢复到规定的高度，完成水位的自动控制。

由图 10-1 可以看出，自动控制系统与人工手动控制的区别在于：用过程控制仪表代替人的作用，具体就是用测量变送器代替人眼来获得被控量，用控制器代替人脑来进行运算处理，用执行机构代替人手的操作来改变阀门开度，从而可使被控量自动稳定在预先规定的数值。显然，控制器等自动控制装置的引入，使操作人员的劳动强度大为减轻，汽包液位控制的质量也得到了较可靠的保证。

在图 10-1 中，用一些图形符号与文字代号等标出了主要生产设备和工艺流程，以及对该工艺进行控制所需的检测点、控制回路等信息，这种图形称为工艺控制流程图（或管道仪表流程图 P&ID），其图形符号意义请参见附录 2（见附表 2-1），详见国家标准《过程检测和控制流程图用图形符号和文字代号》（GB/T 2625—1981）或有关行业标准。

10.1.2 控制系统的组成

从锅炉汽包水位控制系统可以看出，简单的控制系统由下列基本单元组成。

（1）被控对象。被控对象是指那些工艺参数需要实现控制的生产过程、设备或装置，如加热炉、高炉、沸腾炉、回转窑，以及储存物料的槽罐或输送物料的管段等。被控对象也称被控过程，通常简称为对象或过程。

（2）检测元件（或称为敏感元件）及变送器。检测元件的功能是感受并测出被控量的大小，例如热电偶及孔板等；变送器的作用则是将检测元件测出的被控量变换成控制器所需要的信号形式，例如电动控制器所需要的电信号。变送器必须与检测元件配套，它们才能协调工作。

（3）控制器。控制器将检测元件或变送器送来的信号与被控变量的设定值信号进行比较得出偏差信号，根据这个偏差信号的大小按一定的控制规律运算得到控制信号，然后将控制信号传送给执行器。

（4）执行器。执行器的作用是根据控制器送来的控制信号，改变进入对象的物料或能量的数量，使被控量回复至设定数值，工业领域最常用的执行器是控制阀。

在一个自动控制系统中，上述四个部分是必不可少的。除此之外，还有一些辅助装置，例如给定装置、转换装置、显示仪表等。

10.1.3 控制系统方框图

在研究自动控制系统时，为了更清楚地表示系统各功能环节、各环节间的相互关系及系统中的信号流动情况，一般都采用方框图。简单控制系统的方框图可用图 10-2 表示，图中每一个方框表示组成系统的一个环节，两个方框之间用带箭头的线段表示信号联系，箭头表示信号传递方向。

对方框图中出现的一些控制系统常用术语加以解释说明。

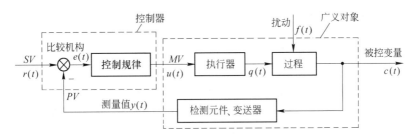

图 10-2　闭环控制系统的组成

（1）被控变量 c。被控变量也称为被控量，是指被控对象中需要控制的物理量，如锅炉汽包的水位、反应器出口温度、燃料流量等。被控量是自动控制系统的输出信号，但它只是理论上的真实值，能够实际获得的是测量值 y。y 由检测元件得到，并由变送器变换成控制器所需要的信号形式。在过程控制系统中，通常称测量值 y 为过程值（PV，Process Value）或实测值。

（2）给定值 r。给定值也称为设定值（SV，Set Value 或 SP，Set Point），是被控变量的期望值。当其值由控制器内部给出时称为内给定；当产生于外界某一装置并输入至控制器时称为外给定。

（3）偏差信号 e。偏差应是被控量 c 与给定值 r 之差，由于控制系统能够直接获取的信息是被控量的测量值，因此，通常把给定值与测量值的差作为偏差，即 $e = r - y = SV - PV$。

（4）控制信号 u。控制信号是控制器送到执行器的信号。当控制器工作于"自动"模式，即控制系统自动控制时，控制信号（MV，Manipulation Variable）是根据偏差 e 按一定的控制规律运算后得到的结果；当控制器工作于"手动"模式时，该信号为控制器手操单元的输出。

（5）操纵变量 q。受控于执行器，用以克服干扰影响，具体实现控制作用、使被控量保持一定数字的变量称为操纵变量。它是执行器的输出信号，通常为物料或能量。在图 10-1 所示的例子中，操纵变量就是锅炉给水流量。化工、炼油等工厂中流过控制阀的各种物料或能量，或是由触发器控制的电流都可以作为操纵变量。

（6）干扰（或外界扰动）f。引起被控量偏离给定值、除操纵变量以外的各种因素。最常见的干扰因素是负荷改变，电压、电流的波动，对象环境的变化等。锅炉水位控制中，蒸汽用量的变化就是一种干扰。

（7）闭环与开环系统。在自动控制系统中，信号沿着箭头的方向前进，最后又回到原来的起点，形成一个闭合的回路，这样的系统叫做闭环系统。而在开环系统中，信号是单向传递的，没有形成闭合的回路。

（8）反馈。把系统的输出信号又引回到输入端的过程称为反馈，反馈分负反馈和正反馈两种。负反馈起到与输入相反的作用，使系统被控量与系统目标的偏差减小，系统趋于稳定；而正反馈的作用方向与输入相同，可以放大控制作用，会使系统偏差不断增大，使系统振荡。工业中的自动控制系统多是具有负反馈的闭环系统。

注意：方框与方框之间的连接线，是代表方框之间的连接信号，并不代表方框之间的物料联系；方框之间连接线的箭头，也只是代表信号作用的方向，与工艺流程图上的线条不同（工艺流程图上线条是代表物料从一个设备流动到另一个设备）。方框图上的线，只是代表施加到对象的控制作用，而不是具体通过执行器的操纵量（物料或能量）；如果操纵量确实是流入对象的，那么操纵量的流动方向和信号的作用方向就是一致的。

此外，自动控制系统可以简化为由控制器和广义对象两大部分组成，这时检测元件与变送器、执行器、被控对象的组合称为广义对象。

10.1.4 过程控制系统的分类

自动控制系统有多种分类方法，可以按被控量分类，例如温度控制系统、流量控制系统等；也可以按控制器的控制作用来分类，例如比例（P）控制系统、比例积分微分（PID）控制系统等。为了便于分析自动控制系统的性质，可将控制系统按设定值形式的不同分为三类。

10.1.4.1 定值控制系统

所谓定值就是设定值恒定，不随时间而变。生产过程中往往要求控制系统的被控量保持在某一定值不变；当被控量波动时，控制器动作，使被控量回复至设定值（或接近设定数值）。大多数生产过程的自动控制，都是定值控制系统。上述锅炉汽包水位的自动控制，就是一种定值控制系统。在定值控制系统中，有简单的控制系统，也有复杂的控制系统。

10.1.4.2 程序控制系统

在程序控制系统中，设定值在时间上按一定程序变化，被控量在时间上也按一定程序变化。例如某些热处理炉温度的自动控制，需要采用程序控制系统，因为工艺要求有一定的升温、保温、降温时间，如图10-3所示。图中0-1-2线段是升温曲线，2-3线段是保温时间，3-4-5线段是降温曲线；通过系统中的程序设定装置，可使设定值按工艺要求的预定程序变化，从而使被控量也跟随设定值的程序变化。

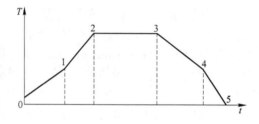

图10-3 时间程序控制曲线

10.1.4.3 随动控制系统

在随动系统中，设定值随时间不断的变化，而且预先不知道它的变化规律，但要求系统的输出即被控量跟着变化，而且希望被控量随设定值的变化既快又准。例如在燃料燃烧过程中，空气与燃料量之间的比值是有一定要求的，但是燃料量需要多少，则随生产情况而定，而且预先不知道它的变化规律。在这里燃料需要量相当于设定值，它随温度的变化而变化，故这样的系统称为随动控制系统。在这样的随动控制系统中，由于空气量的变化必须随着燃料量按一定比值而变，因此又称为比值控制系统，比值控制系统是工业中较常见的随动控制系统形式。

10.1.5 过程控制系统的发展概况

在过程控制发展的历程中，生产过程的需求、控制理论的发展、过程控制装置的进步三者相互影响、相互促进，推动了过程控制不断地向前发展。纵观过程控制的发展历史，大致经历了以下几个阶段。

第一阶段是20世纪50年代，采用基地式仪表和部分单元组合仪表（多数为气动仪表，信号为2~10Pa）实现单回路控制。

第二阶段是20世纪60年代，主要采用晶体管制造的电动Ⅱ型仪表（统一信号标准为0~10mA DC），控制策略主要是PID控制，可以实现串级、比值、均匀、前馈和选择等常用的复杂控制功能。工业规模的不断扩大，工业生产过程要求集中操作与控制，采用中央仪表控制室对工业生产过程进行操作、监视与控制。同时，计算机开始在工业生产过程中应用，实现直接数字控制（DDC，Directly Digital Control）。

第三阶段是 20 世纪 70 年代，采用 4~20mA DC 统一标准信号的电动Ⅲ型仪表（使用集成电路）在工业上投入使用并成为主流。同时，以微处理器为核心的集散控制系统（DCS，Distributed Control System）的出现，取代原有 DDC 系统，在工业生产过程中开创了计算机控制的新时代。此外，可编程控制器（PLC）亦在生产过程中得到广泛应用。这个阶段，控制策略仍以 PID 为主，辅以一些先进控制算法。

第四阶段是 20 世纪 80 年代，DCS 在工业生产过程中广泛应用，实现了控制分散、危险分散，操作监测和管理集中。同时，自动化仪表数字化、智能化不断创新，网络、通信技术引入到自动控制系统中，友好的人机界面及工业电视等成为工业自动化的重要手段之一。

自 20 世纪 90 年代至今，随着信息技术、网络技术等的飞速发展，现场总线控制系统（FCS，FieldBus Control System）的出现，引起过程控制系统体系结构和功能结构上的重大变革，过程控制进入新时代，形成了真正意义上的全数字、全分散的过程控制系统。

随着计算机技术、网络与通信技术在企业管理和控制中使用，过程控制与管理的联系也越来越紧密，从而形成工厂计算机综合优化控制系统（CIPS、CIMS、ERP 等），集生产控制与优化、企业生产调度、管理及经营决策等功能于一体的综合自动化成了当前自动化发展的趋势。

10.2 过程控制系统的过渡过程和品质指标

10.2.1 自动控制系统的静态与动态

静态与动态

当一个自动控制系统的输入（设定值和扰动）及输出均恒定不变时，整个系统就处于一种相对的平衡状态，系统的各个组成环节如变送器、控制器、控制阀都不改变其原先的状态，它们的输出信号都处于相对静止状态，把这种被控量不随时间而变化的平衡状态称为系统的静态（稳态）。必须注意，这里所指的静态并不是一般所说的静止不动，而是指各参数（或信号）的变化率为零，即参数保持不变。因为系统处于静态时，生产还在进行，物料和能量仍有进出，只是平稳地进行没有波动而已。如图 10-1 所示的锅炉汽包水位控制系统，当给水量与蒸汽的排出量相等时，锅炉汽包水位就不会改变，此时系统处于平衡，也就是系统处于静态。

如果由于扰动作用破坏了系统的平衡状态，则被控量就会随之变化，从而使控制器等自动装置也会改变操纵量以克服扰动的影响，并力图使系统恢复平衡。从扰动的发生、经过自动控制装置的作用、调节物料或能量大小，直到系统重新建立平衡，在这一段时间中，整个系统的各个环节和参数都处于变化之中，把这种被控量随时间而变化的不平衡状态称为系统的动态。

由于控制系统的输入不可避免地处于变化中（定值系统中，扰动一直存在；随动系统中，给定值不断变化），也就是说系统一直处于动态之中，静态是动态过程的特例。因此，在进行控制系统分析设计时，应更加重视对系统动态特性的掌握。

10.2.2 自动控制系统的过渡过程

过渡过程

当改变控制系统的设定值，或系统中出现扰动时，系统原有的平衡被破坏，被控量偏离原始状态，即系统从静态进入动态。通过自动控制装置不断的干预，系统最终克服输入变化的影响，到达新的平衡状态。这种自动控制系统从一个平衡状态（静态）到达另一个平衡状态所经历的过程称为控制系统的过渡过程。

在生产过程中，扰动是客观存在，且是不可避免的，一个控制性能优良的过程控制系统，在受到外来干扰或设定值发生变化后，要求被控量平稳、快速和准确地恢复到或趋近设定值，系统过渡过程的表现如何成为衡量自动控制系统工作质量的依据。

因为阶跃作用很典型，实际上也经常遇到，而且它是一种突变作用，一经加上就持续不变，因此它被视为给对象影响最为不利的扰动形式。如果一个系统能够很好地克服阶跃形式的主要扰动的影响，那么其他形式的扰动影响就不难克服，因此在实践中通常研究以阶跃作用为输入时的过渡过程。在阶跃扰动作用下，常见的系统过渡过程形式如图 10-4 所示。

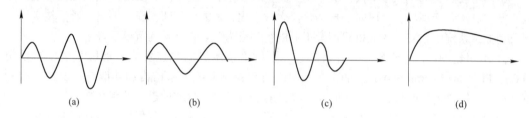

图 10-4　过渡过程的几种基本形式
（a）发散振荡；（b）等幅振荡；（c）衰减振荡；（d）非振荡衰减过程

图 10-4（a）是发散振荡过程，说明被控量不但不能调回设定值，而且波动振幅越来越大，应尽力予以避免。图 10-4（b）是等幅振荡过程，被控量始终在某一幅值上下波动；这只有在生产过程允许此种情况出现时才可使用，例如采用双位控制器组成的控制系统，其过渡过程就是这样。图 10-4（c）是一个衰减振荡过程，它经过一段较短时间的振荡后，最终能够趋向于一个新的平衡状态，多数情况下都希望得到这种形式的过渡曲线。图 10-4（d）是非振荡的衰减过程，在生产上被控量不允许有波动时，这种过程是可以采用的。

10.2.3　控制系统的品质指标

控制系统的品质指标

控制系统的过渡过程是衡量控制系统品质的依据。由于大多数情况下，都是希望得到衰减振荡过程，所以选取误差振荡的过渡过程形式来讨论控制系统的品质指标。

图 10-5 所示是定值控制系统和随动控制系统在阶跃作用下的典型过渡过程响应曲线。自动控制系统的品质指标是用来衡量系统工作品质优劣和调节效果好坏的标准，也表征了控制系统克服外来干扰恢复到设定值的能力，因此在稳定性、准确性、快速性三个方面提出各种单项控制指标和综合性控制指标。习惯上采用下列几个品质指标。

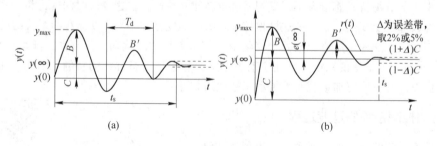

图 10-5　阶跃扰动作用时过渡品质指标示意图
（a）扰动作用（定值控制）；（b）设定值作用（随动控制）

10.2.3.1 衰减比 *n*

衰减比表示振荡过程的衰减程度，是衡量过渡过程稳定性的动态指标，它等于被控量产生周期性振荡前后两个峰值比；在图 10-5 中，衰减比就是 $B:B'$，习惯上表示为 $n:1$。如果 $n=1$，则表示过渡过程曲线不衰减，呈等幅振荡；假如 n 只比 1 稍大一点，说明过渡过程的衰减程度很小，它与等幅振荡过程接近，由于振荡过于频繁不够安全，一般不采用；如果 $n<1$，则就是发散振荡；如果 $n \gg 1$，则接近非周期衰减（或单调过程），这都不是生产上所欢迎的。通常以 $n = 4\sim10$ 为宜，因为递减比在 4:1 到 10:1 之间时，过渡过程开始阶段的变化速度比较快，被控量在受到扰动的影响和控制作用的影响后，能比较快地达到一个峰值，然后就马上降下来，又较快地达到一个低峰值。

10.2.3.2 最大偏差或超调量

最大偏差或超调量用来描述被控量瞬时偏离设定值的最大程度，是衡量过渡过程稳定性的一个动态指标。

定值控制系统的最大偏差是指阶跃扰动下被控变量偏离给定值的最大值，对于图 10-5（a）的系统，最大偏差为 $B+C$。最大偏差又称为短时偏差，偏离越大，偏离的时间越长，则系统离开规定的生产状态就越远，严重时就会发生事故，显然这是不希望得到的情况。对于一些有危险或有约束条件的系统，或者被控量波动对生产影响较大的系统，考虑到扰动会不断出现，偏差可能是叠加的，因此对最大偏差的限制就更加严格。

在设定值作用下的控制系统（随动控制系统）中，通常用超调量来表征被控量的偏离程度。如图 10-5（b）中超调量用 B 表示，一般超调量以百分数给出：

$$\sigma = \frac{B}{C} \times 100\% \tag{10-1}$$

10.2.3.3 余差 *C*

余差是指控制系统过渡过程终了时设定值与被控变量稳态值之差，又称为长时偏差，其值为 $C = e(\infty) = r - y(\infty)$。它是反映控制精确度的一个稳态指标，值越小，精度越高。在实际控制过程中，余差的大小只要能满足生产工艺要求就可以了。

10.2.3.4 稳定时间

从阶跃扰动开始作用起至被控量又建立新的平衡状态止，这一段时间叫做稳定时间（或称为过渡时间）。严格地讲，被控量完全达到新的稳定状态需要无限长的时间，但实际上由于仪表灵敏度的限制，当被控量靠近设定值时，指示值就基本不变了。因此规定：被控量达到并保持在稳态值某个允许误差（±5% 或 ±2%）范围内所需的最短时间为调节时间。稳定时间短，表示过渡过程进行得比较迅速，这时即使扰动频繁出现，系统也能适应，系统质量较高；反之，稳定时间太长，几个叠加起来的扰动影响，可能会使系统不能符合生产的要求。

10.2.3.5 振荡周期或频率

过渡过程曲线中同向两个波峰之间的间隔时间称为振荡周期或工作周期，其倒数称为频率。在递减比相同的条件下，周期与稳定时间成正比，一般希望周期短一些为好。

必须注意，上述指标在不同的系统中各有其重要性，且相互之间有联系，某一质量指标对一个系统是最好的、最重要的，而对另一个系统就不一定如此。因此应根据不同系统的特点和需要，实事求是地提出质量要求，而且要分清主次，当几个指标发生矛盾时，就要优先保证主要的指标。

例 10-1 某温度控制系统在单位阶跃干扰作用下的过渡过程曲线如图 10-6 所示。试分别求出最大偏差、余差、衰减比、振荡周期和过渡时间。

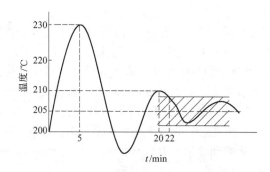

图 10-6   温度控制系统过渡过程曲线

解：最大偏差：$e_{max} = y_{max} - y(0) = 230 - 200 = 30℃$

余差：$e(\infty) = r(\infty) - y(\infty) = 200 - 205 = -5℃$

由图 10-6 中可以看出，第一个波峰值 $B = 230 - 205 = 25$，第二个波峰值 $B' = 210 - 205 = 5$，故衰减比为 $B : B' = 25 : 5 = 5 : 1$。

振荡周期为同向两波峰之间的时间间隔，故周期 $T_d = 20 - 5 = 15(min)$。

取误差带 $\Delta = 2\%$，则 $(1 + \Delta)C = 209.1$；$(1 - \Delta)C = 200.9$，在图 10-6 中画两条水平线（纵坐标分别为 209.1℃ 和 200.9℃）。从图 10-6 中可以看出，当 $t > 22min$ 后，温度在 200.9 ~ 209.1℃ 之间且不再越出。根据定义可知，过渡时间等于 22min。

10.3   被控对象特性

在过程控制系统中，锅炉、热交换器、反应器、加热炉、窑炉、料仓、储槽、流体输送设备及一些动力设备等是最常见的被控对象。各种对象千差万别，被控对象特性每个对象都有其自身固有的特性，而对象特性的差异对整个系统的运行控制及控制品质有着很大的影响。有的对象很容易操作，控制比较平稳；有的生产过程很难操作，只要不小心就会超出正常工艺条件，轻则影响生产，重则造成事故。因此，只有全面了解和掌握被控对象动态特性，才能合理地设计控制方案；选用合适的检测和控制仪表，才能获得满意的性能指标。

了解对象的特性，就是在某一扰动作用下，没有控制器作用时，观察被控量的变化情况。因此可以把被控量当作对象的输出，而把引起输出变化的所有因素，统统作为对象的输入加以研究。以炉温控制为例，对象的输出是温度，输入就是破坏热平衡的所有因素，例如加料、出料及通过调节机构的控制量等。要特别注意的是，不同的扰动或控制作用，对被控量的影响是不同的。但不管是扰动作用或控制作用所引起的被控量的变化，都是输入量引起输出量的变化，因此所谓被控对象特性，就是指对象各个输入量与输出量之间的函数关系。

若以被控量作为输出，以操纵量（或控制作用）作为输入，则它们之间的关系称为对象的控制通道特性；若以被控量作为输出，以扰动量作为输入，则它们之间的关系称为对象的扰动或干扰通道特性。这两种关系可用图 10-7 表示。

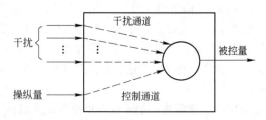

图 10-7   被控对象的控制通道与扰动通道

10.3.1　对象特性的类型

根据阶跃输入作用下的输出响应特点，多数工业过程的特性分属以下四种类型。

10.3.1.1　自衡的非振荡过程

在阶跃作用下，被控量无须外加任何控制作用、不经振荡过程能逐渐趋于新的状态的性质，称为自衡的非振荡过程。如图 10-8 所示的液体储槽中的液位高度 L 和图 10-9 所示的蒸气加热器出口温度 θ，都具有这种特性，它们的阶跃响应曲线如图 10-10 所示。

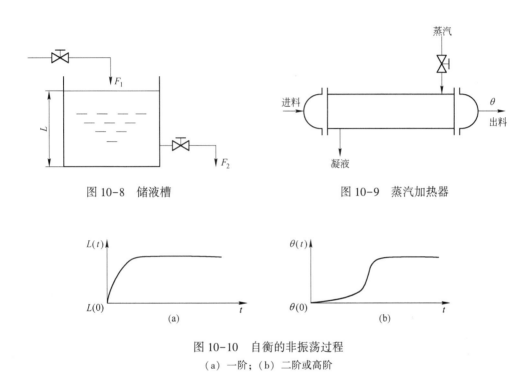

图 10-8　储液槽　　　　　　　　　　图 10-9　蒸汽加热器

图 10-10　自衡的非振荡过程
（a）一阶；（b）二阶或高阶

图 10-8 中的水槽开始处于平衡状态，$F_1 = F_2$。当进料量阶跃增加时，由于进料多于出料，过程原来的平衡状态将被打破，液位上升；随着液位的上升，出料量也因静压头的增加而增大。这样液位上升速度也逐渐变慢，最终自发地趋于新的平衡。图 10-9 所示蒸汽加热器也有类似的特性，但因为热量是经由加热器蛇管（列管）后再间接传给物料，因此温度初始变化速度较慢，曲线呈"S"形，即所谓的二阶或高阶惯性特性，过程曲线如图 10-10所示。

10.3.1.2　无自衡非振荡过程

如图 10-11（a）所示的液体过程，出水用泵排送。水的静压的变化相对于泵的压头可以近似忽略，当泵的转速不变时，出水量恒定。当进料作阶跃变化后，如果不依靠外加控制作用，不能建立起新的物料平衡状态，这种特性称为无自衡非振荡过程。其影响曲线如图 10-11（b）所示。

具有无自衡的非振荡过程，也有可能出现如图 10-12 所示的响应曲线。通常无自衡过程要比自衡过程难控制一些。

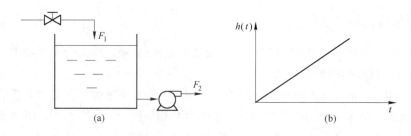

图 10-11　无自衡的非振荡液位过程

10.3.1.3　有自衡的振荡过程

在阶跃作用下，被控变量出现衰减振荡过程，最后趋于新的稳态值，称为有自衡的振荡过程，其响应曲线如图 10-13 所示。在过程控制中，这类过程不多见。

10.3.1.4　具有反向特性的过程

有少数过程会在阶跃作用下，被控变量先降后升，或先升后降，即起始时的变化方向与最终的变化方向相反，出现图 10-14 所示的反向特性，例如锅炉气泡水位是经常遇到的具有反向特性的过程。处理这类过程必须十分谨慎，要避免误向控制动作。

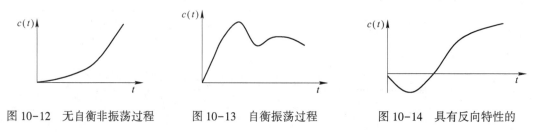

图 10-12　无自衡非振荡过程　　　图 10-13　自衡振荡过程　　　图 10-14　具有反向特性的

10.3.2　被控对象数学模型

10.3.2.1　对象数学模型概念与要求

过程特性的数学描述称为过程的数学模型。对过程数学模型的掌握是进行控制系统分析和设计的基础。

工业过程的数学模型分为动态和静态（稳态）数学模型两种。动态数学模型是表示输出变量与输入变量之间随时间而变化的动态关系的数学描述，而静态数学模型是输入变量和输出变量之间不随时间变化情况下的数学关系。工业过程的静态数学模型用于工业设计和最优化等，同时也是考虑控制方案的基础。工业过程的动态数学模型则用于各类自动控制系统的设计和分析，用于工业设计和操作条件的分析和确定。动态数学模型的表达方式很多，对它们的要求也各不相同，主要取决于建立数学模型的目的，常用的数学模型包括微分方程、传递函数、方框图及状态空间模型等。

对工业过程数学模型的要求随其用途不同而不同，总的说就是简单且准确可靠。但这并不意味着越准确越好，应根据实际应用情况提出适当的要求。在线运用的数学模型还有实时性的要求，它与准确性要求往往是矛盾的。

一般说，用于控制的数学模型由于控制回路具有一定的鲁棒性，所以不要求非常准确。因为模型的误差可以视为扰动，而闭环控制在某种程度上具有自动消除扰动影响的能力。

实际生产过程的动态特性是非常复杂的。控制工程师在建立其数学模型时，不得不突出主要因素，忽略次要因素，否则就得不到可用的模型。为此，往往需要做很多近似处理，例如线性化、分布参数系统集总化和模型降阶处理等。

10.3.2.2 建模方法

目前建立研究对象数学模型一般有两种方法。对于简单的对象，可以根据过程进行的机理和生产设备的具体结构，用分析计算的方法，推导出对象的数学模型。对于复杂对象，用解析方法求取数学模型比较困难，因此，通常采用现场实验测试方法来获得。另外，也可将两者结合起来。

A 机理建模

机理建模是根据对象或生产过程的内部机理，写出各种有关的平衡方程，如物料、能量、动量或相平衡方程，以及反映流体流动、传热、传质、化学反应等基本规律的运动方程，某些物性方程、设备的特性方程等，从而获取对象数学模型。应用这种方法建立的数学模型，其最大的优点是具有非常明确的物理意义，所得的模型具有很大的适应性，便于对模型参数进行调整。但是，由于过程对象较为复杂，某些物理、化学变化的机理还不完全了解，而且线性的并不多，加上分布参数元件又特别多（即参数同时是位置与时间的函数），所以对于某些对象，人们还难以写出它们的数学表达式，或者表达式中某些系数还难以确定。

B 实验建模

机理模型的建立方法虽然具有较大的普遍性，但是工业生产过程机理复杂，其数学模型建立很难。此外，工业对象多半含有非线性因子，在数学推导时常常作一些假设和近似，这些假设和近似，究竟会产生什么影响，也很难估计。因此在实际工作中，常用实验方法来研究对象的特性，它可以比较可靠地得到对象的特性，也可对数学方法得到的对象特性加以验证和修改。另外，对于运行中的对象，用实验法测定其动态特性，虽然所得结果颇为粗略，且对生产也有些影响，但仍然是了解对象特性的简易途径，因此在工业上应用较广。

所谓对象特性的实验测取法，就是直接在原设备或机器中施加一定的扰动，然后测取对象输出随时间的变化规律，得出一系列实验数据或曲线，对这些数据或曲线再加以必要的数学处理，使之转化为描述对象特性的数学形式。

对象特性的实验测取法有很多种，这些方法往往是以所加扰动形式不同来区分的，其中用得最多的是时域法。时域法中通常又分响应曲线法与矩形脉冲法，下面作一些简单的介绍。

a 响应曲线法

响应曲线法就是用实验的方法测取对象在阶跃扰动下，输出量 y 随时间 t 的变化规律。假定在时间 t_0 之前，对象处于稳定工况，输入、输出量都保持在某一稳定的初始值上，在 t_0 时突然加一扰动量 $\Delta x = X$，然后保持不变，这就是阶跃扰动。在此扰动作用下，将输出量 y 随时间 t 的变化规律绘成曲线（称为响应曲线，或称飞升曲线）。然后根据曲线推算对象的近似传递函数，具体方法可参阅 10.3.3 节的相关表述。

响应曲线法比较简单。如果输入量是流量，只要将阀门的开度作突然的改变，便可认为施加了阶跃扰动，因而不需要特殊的信号发生器，在装置上也极易进行。测量输出量的变化情况，可以利用原有的仪表记录（原有仪表准确度要符合要求），不需增加仪器设备，测试工作量也不大。但由于一般对象较为复杂，扰动因素较多，易受外来因素的影响，因而测试准确度受到限制。为提高准确度就必须加大扰动量的幅值，但扰动幅值加大，又是工艺上所不允许的。因此通常取额定值或设定值的 5%~10%，也有的取 5%~20%，实际取 8%~10%。

响应曲线法虽较简易，但也存在一些缺点，主要是测试准确度较差，测试时间较长，对正常生产的影响较大；尽管如此，应用仍较普遍。

b　矩形脉冲响应曲线法

当对象不允许长时间的阶跃扰动时，可以采用矩形脉冲法。即利用控制阀加一扰动后，待被控量上升（或下降）到将要超过生产上允许的最大偏差时，立即切除扰动，让被控量回到初始值，测出对象的矩形脉冲响应曲线（见图 10-15 中的黑粗线）。然后利用脉冲响应与阶跃响应的关系，计算得到完整阶跃响应曲线（见图 10-15 中的黑细线），进而就可以通过前述方法求得模型参数。换算方法如下：

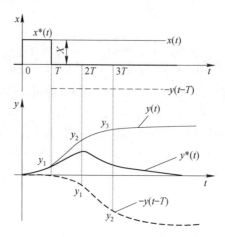

图 10-15　由矩形脉冲曲线求阶跃响应曲线

对象输入矩形脉冲信号的幅值为 X，宽度为 T。矩形脉冲信号可以分解为两个方向相反、幅值相等的阶跃信号（见图 10-15）：一个是从 $t=0$ 开始，幅值为 X 的正阶跃；另一个是从 $t=T$ 开始，幅值为 X 的负阶跃。它们在时间上相差 T，即 $x^*(t)=x(t)-x(t-T)$。假设对象是线性的，则根据叠加原理知，对应的矩形脉冲响应 $y^*(t)=y(t)-y(t-T)$，所以有：

$$y(t)=y^*(t)+y(t-T) \tag{10-2}$$

式中　$y(t)$——正向阶跃响应曲线；

　　　$y^*(t)$——矩形脉冲响应曲线；

　$y(t-T)$——负阶跃响应曲线；

　　　　T——滞后正向阶跃响应曲线。

利用式（10-2），就可以由矩形脉冲曲线 $y^*(t)$ 画出阶跃响应曲线 $y(t)$。

在 $0 \sim T$ 时间段内，$y(t)$ 等于脉冲响应，即 $y(t)=y^*(t)$；而后（$t>T$），$y(t)$ 等于当时的脉冲响应 $y^*(t)$ 加 T 时间以前的阶跃响应 $y(t-T)$。例如，$y_2=y(2T)=y^*(2T)+y(T)=y^*(2T)+y_1$，$y_3=y(3T)=y^*(3T)+y(2T)=y^*(3T)+y_2$。随着时间推移就可得到完整阶跃响应曲线，如图 10-15 所示。

用矩形脉冲来测取对象特性时，由于加在对象上的扰动经过一段时间即被除去，因此扰动的幅值可取得较大，从而提高了实验准确度；同时，对象输出量又不至于长时间地远离设定值，因而对生产的影响较小，所以这种也是测取对象特性常用的方法之一。这种方法的精确度也不高，同时对工况漂移等干扰比较敏感，限制了其应用。

10.3.2.3　机理建模举例

以图 10-16 所示的单容水槽对象为例，说明建立机理模型的过程。

如图 10-16 所示，设水槽起始处于平衡状态，即流入量 F_{10} 等于流出量 F_{20}；水位稳定在

L_0。现在改变控制阀 1 的开度 μ，则经过一段
时间流入量 F_1 变化，从而引起液位 L 的改变。
根据物料平衡的关系，液体流入量与流出量之
差应等于水箱中储存量的变化：

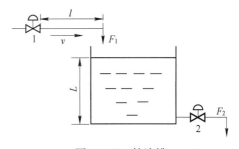

$$F_1 - F_2 = A \frac{\mathrm{d}L}{\mathrm{d}t} \qquad (10\text{-}3)$$

将式（10-3）表示为增量形式：

$$\Delta F_1 - \Delta F_2 = A \frac{\mathrm{d}\Delta L}{\mathrm{d}t} \qquad (10\text{-}4)$$

图 10-16　储液槽

式中，ΔF_1、ΔF_2、ΔL 分别为偏离初始平衡状态 F_{10}、F_{20}、L_0 的增量；A 为水箱截面积。

流出量 F_2 随液位 L 变化，L 越高，液体出口静压越大，F_2 就越大。当流过阀 2 的液流是
层流的情况下，F_2 正比于 L；当流过阀 2 的液流是紊流时，$F_2 \propto \sqrt{L}$ ，如图 10-17 所示。

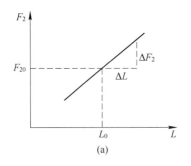
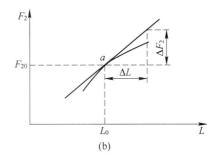

图 10-17　水槽流出流量与液位关系

（a）线性特性；（b）非线性特性

对于图 10-17（a）情况，设流出量 F_2 与液位 L 关系为：

$$F_2 = \frac{L}{R} \quad \text{或} \quad \Delta F_2 = \frac{\Delta L}{R} \qquad (10\text{-}5)$$

式中　R——阀门 2 的阻力（$\mathrm{m}^{-2} \cdot \mathrm{s}$），称为液阻，其物理意义是产生单位流量变化所必需的液
位变化量。

而对于图 10-17（b）所示的情况，可在曲线上工作点 a 附近不大的范围内，用切于 a 点
的一段切线，代替原曲线上的一段曲线，即进行线性化处理，得：

$$\Delta F_2 = \frac{\Delta L}{R} \qquad (10\text{-}6)$$

在工作点 a 附近，$R \approx \left. \frac{\mathrm{d}L}{\mathrm{d}F_2} \right|_{\text{工作点}a处} = \frac{2L_0}{F_{20}}$ ，可认为是常数。

将式（10-5）式（10-6）代入式（10-4），并化简可得：

$$AR \frac{\mathrm{d}\Delta L}{\mathrm{d}t} + \Delta L = R\Delta F_1 \qquad (10\text{-}7)$$

写成微分方程的一般形式为：

$$T_\mathrm{c} \frac{\mathrm{d}\Delta L}{\mathrm{d}t} + \Delta L = K\Delta F_1 \qquad (10\text{-}8)$$

式中　T_c——时间常数，s，$T_\mathrm{c} = RA$。

K——放大系数，$K = R$，$m^{-2} \cdot s$。

由式（10-8）可得以流入量 F_1 为输入，以液位 L 为输出时的水槽对象传递函数 $G(s)$ 为：

$$G(s) = \frac{L(s)}{F_1(s)} = \frac{K}{T_c s + 1} \tag{10-9}$$

式中，$L(s)$、$F_1(s)$ 分别为液位 $L(t)$ 与流入流量 $F_1(t)$ 的拉氏变换，s 是拉普拉斯算子。

若以控制阀 1 的开度 μ 为输入，假设 ΔF_1 与阀 1 开度增量 $\Delta \mu$ 的关系为：

$$\Delta F_1(t) = k_\mu \Delta \mu(t - \tau_0) \tag{10-10}$$

式中　k_μ——阀门比例系数；

$\quad\quad \tau_0$——液体从控制阀 1 出口流入水槽所需时间，s，也称为传输时间或滞后时间，$\tau_0 = 1/V$。

将式（10-10）带入式（10-8），则可得广义对象的微分方程与传递函数模型如下：

$$T_c \frac{\mathrm{d}\Delta L(t)}{\mathrm{d}t} + \Delta L(t) = K_P \Delta \mu(t - \tau_0) \tag{10-11}$$

$$G_P(s) = \frac{L(s)}{\mu(s)} = \frac{K_P}{T_c s + 1} e^{-\tau_0 s} \tag{10-12}$$

式中　K_P——广义对象放大系数，$K_P = k_\mu R$。

10.3.3　对象特性的参数

由 10.3.2 节可知，描述对象特性的参数主要包括放大系数 K、时间常数 T 及滞后时间 τ，下面介绍这些参数的定义及其内涵。

10.3.3.1　放大系数 K

假定 F_1 在 t_0 时刻出现阶跃变化，变化量为 ΔF，则根据式（10-8）可得 $t > t_0$ 后液位的变化规律如下：

$$\Delta L(t) = K \Delta F [1 - e^{-(t-t_0)/T_c}] \tag{10-13}$$

式（10-13）就是水槽对象在受到单位阶跃干扰作用后，被控变量 L 随时间变化的规律，称为被控变量的响应函数。根据式（10-13）可画出 $L\text{-}t$ 曲线，称为阶跃反应曲线或飞升曲线，如图 10-18 所示。

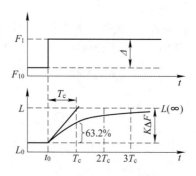

图 10-18　液位和流量变化曲线

当 $t \to \infty$ 时，被控变量不再发生变化而达到新的稳态值 $L(\infty)$，此时有：

$$\Delta L(\infty) = K \Delta F \quad 或 \quad K = \frac{\Delta L(\infty)}{\Delta F} \tag{10-14}$$

式（10-14）说明，放大系数 K 是对象受到阶跃输入作用后，对象被控变量处于新的稳定状态时输出的变化量 Δy 与输入的变化量 Δx 之比。它表示对象受到输入作用后，重新达到平衡状态时的性能，只与被控量的变化过程起点与终点有关，而与被控量的变化过程没有关系，是对象的静态参数。

被控对象的静态特性有线性与非线性关系两种，如图 10-17 所示。对于静态特性为线性关系的对象，可由响应曲线很容易得到放大系数 K。若是非线性对象，则不能直接由其输出与输入比值求得对象放大系数，必须采用线性化方法将其特性近似地视为线性。考虑到控制对象经常在额定工况下工作，变化不大，所以绝大多数非线性对象可以在其额定工作点附近采用线性化获得 K 值。

显然，不同输入通过不同通道进入对象时，对输出的影响各不相同，也即对象的放大系数是不同的。因此，在考虑控制方案时，应分析各种扰动对被控量的影响，比较它们的放大系数，分析它们的可控性能，选择放大系数较大、可控性能较好的作为操纵量，以利于迅速克服扰动对被控量的影响。

10.3.3.2　时间常数 T_c

下面讨论时间常数 T_c 的物理意义，对式（10-13）求导，并将 $t=t_0$ 代入，可得对象被控变量的初始变化速度：

$$\left.\frac{\mathrm{d}\Delta L}{\mathrm{d}t}\right|_{t=t_0}=\frac{K\Delta F}{T_c}\mathrm{e}^{-(t-t_0)/T_c}\bigg|_{t=t_0}=\frac{\Delta L(\infty)}{T_c} \tag{10-15}$$

式（10-15）表明，当对象受到阶跃输入作用后，被控变量如果保持初始速度变化，达到新的稳态值所需要的时间就是时间常数，即在响应曲线上的起始位置做切线，这条切线在新的稳定值 $L(\infty)$ 上截得的一段时间正好等于 T_c，如图 10-18 所示，这就是时间常数的物理意义。

图 10-19 给出了不同对象、不同时间常数下被控量的反应曲线，由图可知，时间常数 T_c 越大，对象惯性越大，响应速度越慢，达到新稳定值所需的时间也就越大，越难以控制，反之亦然。因此，时间常数 T_c 是用来定量表示对象被控量（输出）变化快慢的参数，是对象的一个重要的动态参数。

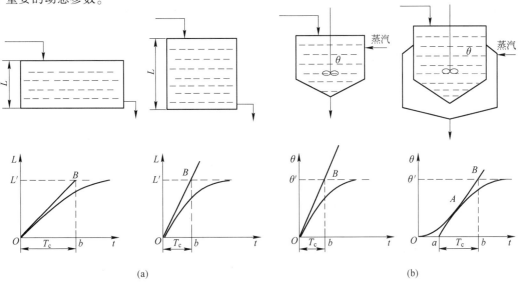

图 10-19　不同时间常数的对象及其响应曲线

（a）水槽液位单容对象；（b）蒸汽加热单容与双容（或多容）对象

图 10-19 中同时也给出了根据响应曲线求取时间常数 T_c 的方法。对于没有滞后的单容对象，其响应曲线是一条指数曲线，可直接由 O 点作响应曲线的切线交新稳态值 L' 于 B，则 Ob 即为时间常数 T_c。对于图 10-19（b）中带夹套的加热反应器来说，它已不是单容对象，而是一个双容对象了，其响应曲线不是指数曲线而是一条 S 形曲线；在 S 形曲线上求取时间常数 T_c 的方法，是通过曲线拐点 A 作切线，交 t 轴上 ab 段即为时间常数 T_c。过 A 点作切线，将双容或多容对象的响应曲线加以线性化，相当于把双容对象或多容对象当作单容对象来处理。

实验建模时，也常采用如下办法来求取时间常数。一是利用时间常数的另外一种定义：时间常数 T 是指对象受到阶跃输入作用后，被控量达到新的稳态值的 63.2% 所需的时间，这是因为 $\Delta L(t_0 + T) = 0.632K\Delta F = 0.632\Delta L(\infty)$。二是根据 $\Delta L(t_0 + 3T) = 0.95K\Delta F = 0.95\Delta L(\infty)$ 或 $\Delta L(t_0 + 4T) = 0.98\Delta L(\infty)$ 来求。

一般说来，时间常数 T_c 小，则对象惯性小，被控量变化速度大，不易控制。因为被控量变化快，势必要求系统各组成装置反应灵敏，控制及时迅速，这样才能得到好的效果；但控制速度大，又使系统不易稳定，这是生产上所不希望的。正常情况下，控制通道的时间常数越大，则控制过程将越缓慢。如果扰动通道时间常数较小，而控制通道的时间常数较大，则扰动的效应快，控制的效应慢，被控量的最大偏差不易减小；如果扰动通道的时间常数大于控制通道的时间常数，则被控量的变化将较为平稳。因此在决定控制方案时，应当分析各种扰动（即对象的各种输入）的响应情况，选择最有利的控制通道，以便获得最佳的控制效果。

10.3.3.3　滞后时间 τ

滞后时间也是对象的一个主要参数。图 10-16 所示对象，由于液体输送需要时间，则控制阀 1 开度变化后，被控量（液位）不是立即变化，而是经过一段时间后才开始变化，即存在滞后。图 10-20 所示是另外的一个存在滞后的例子，由于测温点选取不当，当对象输入的蒸汽量 F 突然增大 ΔF 时，测点温度计反映出来的温度落后蒸汽量变化一段时间 τ_0。τ_0 是由于介质的输送等因素而产生的，故称 τ_0 为纯滞后时间或传输滞后。显然，l 越长或管内流速 v 越低，则纯滞后 τ_0 就越大，其关系式为：

$$\tau_0 = \frac{l}{v} \tag{10-16}$$

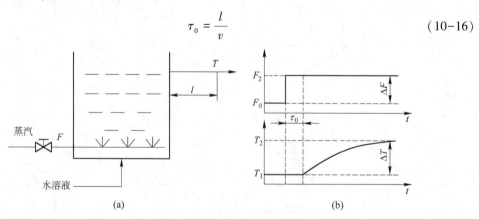

(a)　　　　　　　　　　　　　　　　(b)

图 10-20　测点在管道上的蒸汽直接加热器(a)及其特性(b)

如果将上述直接加热改为蛇管或夹套间接加热，则蒸汽突变引起的温度变化过程如图 10-21所示。被控温度在经过一段纯滞后时间 τ_0 后，在 O_1 处开始变化，由于蛇管或夹套温度上升也要一个过程，因此温度初始变化速度较慢，直到蛇管或夹套溶液有较大温差后，才有较多的热量传给溶液，使溶液温度较快地上升。到接近平衡时，蛇管或夹套的温度逐渐与溶液温度一致，此时温度上升又慢起来。从图 10-21 的曲线上看，在曲线 A 点之前，温度 T 的变化由慢逐渐变快；到 A 点时，T 变化最快；A 点之后又逐渐变慢。因此，A 点称为曲线的拐点。如果 A 点作曲线的切线，切线与 t 轴交于 B 点，从被控参数在 O_1 点开始变化 B 点之间的一段时间 τ_c，称为过渡滞后或容量滞后。这是由于加热器中加入蛇形管或夹套之后，增加了热容或热阻，使直接用蒸汽加热的单容量对象变成为双容量或多容量对象的缘故。图 10-21 所示曲线就是一个具有纯滞后的双容量或多容量对象，在受到阶跃作用后的响应曲线。

在实际生产过程中，纯滞后的现象是普遍存在的，因为控制阀门等的安装位置与对象本身之间总有一段距离，输入量（或输出量）的改变和信息的传递均需要时间；另外在被控量虽已发生变化，但要在显示仪表上反映出来，也有一个信息传递的问题。纯滞后给自动控制带来很大的困难，因为在这段时间内，控制装置无能为力，控制器不可能在感受到偏差以前就发出控制信号，所以在自动控制系统中，应当尽可能地避免或减小过程的传递滞后。过渡滞后或容量滞后与传递滞后不同，对于一定的对象，它取决于工艺设备的结构和运行条件。

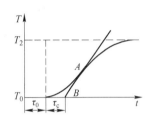

图 10-21　同时存在纯滞后与
过渡滞后的对象特性

纯滞后与过渡滞后尽管在本质上不同，但实际上却很难严格区别，以近似方法处理问题时，往往将过渡滞后时间也折算为纯滞后时间，用总的滞后时间 $\tau=\tau_0+\tau_c$ 来表示。总体来讲，滞后 τ 对自动控制是不利的，但是不同的通道，滞后影响是有差别的。例如，控制通道滞后的影响显然不利于控制，控制作用的效果要隔一段时间之后才能显现出来，这样将使控制不够及时；当扰动作用频繁时，将使被控量波动幅度增加，且波动频率增高，严重影响控制质量。通常比较关注的是滞后与时间常数之比 τ/T_c。这个比值越大，被控量越容易振荡，对象越难以控制。可见减少控制通道的滞后，有利于提高控制质量。与此相反，对被控量的影响也就随之减小了。

综上所述，放大系数 K 是用来表征对象静态特性的参数，而时间常数 T_c 和滞后时间 τ 都是用来表征对象受到扰动作用后被控量是如何变化的，是反映对象动态特性的参数。最后还应指出，对象的特性还与其负荷变化有关。所谓对象的负荷，是指对象的生产能力或运行能力。负荷的改变，是由生产需要决定的。当负荷在生产允许的极限范围内变化时，设备就正常运转，但是负荷变化后，对象的各种阻力就会改变，以致使对象的容量、放大系数和时间常数等对象特性亦会改变；另外负荷变化，物料输送量或输送速度也会随之而变，因而也会影响传递滞后。总之，被控对象在不同负荷下，它的特性参数是不同的。在设计自动控制系统时，就应当考虑到负荷变化的影响，使系统各组成环节适应对象负荷的变化，保证控制的质量要求。

复习思考题

10-1　什么叫做反馈，负反馈在自动控制系统中有何作用？为什么说一般自动控制系统是一个具有负反馈的闭环系统？

10-2　为什么说研究自动控制系统的动态比研究其静态更为重要？

10-3　自动控制系统衰减过程的品质指标有哪些，这些指标对生产有何影响？

10-4　什么叫做对象的特性，为什么要研究对象特性？

10-5　反映对象特性的参数有哪些，它们各说明什么问题？

10-6　图 10-22 所示是一反应器温度控制系统示意图。A、B 两种物料进入反应器进行反应，通过改变进入夹套的冷却水流量来控制反应器内的温度保持不变。图中 TT 表示温度变送器，TC 表示温度控制器。要求：

（1）试画出该温度控制系统的方块图；

（2）指出该控制系统中的被控对象、被控变量；

（3）操纵变量及可能影响被控变量变化的扰动各是什么？

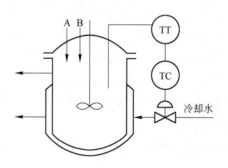

图 10-22　题 10-6 图

10-7　图 10-23 为某列管式蒸汽加热器的管道及仪表流程，试说明图中 PI-307、TRC-303、FRC-305 所代表的意义。

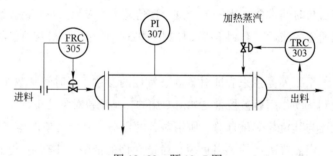

图 10-23　题 10-7 图

10-8　图 10-24 为锅炉汽包水位控制系统图，请画出锅炉汽包水位控制系统的方框图，并指出被控对象、被控变量、操纵变量及可能存在的干扰。

10-9　图 11-25 是蒸汽加热器温度控制系统示意，试解答下列问题。

（1）画出该系统的方块图，并指出被控对象、被控变量、操纵变量及可能存在的干扰。

（2）若被控对象控制通道的传递函数为 $G_0(s) = \dfrac{5}{7s+4}$；控制器 TC 的传递函数为 $G_c(s) = 1$；调节阀的传递函数为 $G_v(s) = 1$；测量、变送环节 TT 的传递函数为 $H_m(s) = 1$。因生产需要，出口物料的设定温度从 80℃ 提高到 85℃ 时，物料出口温度的稳态变化量 $\Delta T(\infty)$ 为多少？系统的余差为多少？

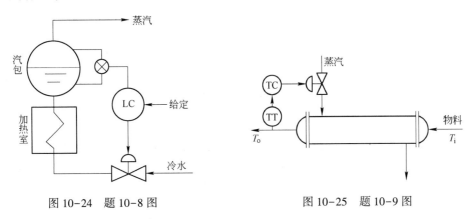

图 10-24　题 10-8 图　　　　　图 10-25　题 10-9 图

10-10　某化学反应器工艺规定操作温度为（900±10）℃。考虑安全因素，控制过程中温度偏离给定值最大不超过 90℃。现设计的温度定值控制系统，在最大阶跃干扰作用下的过渡过程曲线如图 10-26 所示。试求该系统的品质指标，并回答该控制系统能否满足题中所给的工艺要求？

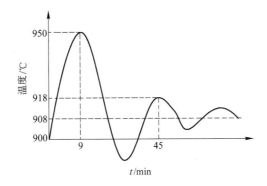

图 10-26　题 10-10 图

10-11　建立对象的数学模型有什么重要意义，建立对象的数学模型有哪两类主要方法？

10-12　机理法建模的根据是什么？

10-13　试述试验测取对象特性的阶跃反应曲线和矩形脉冲法各有什么特点？

10-14　为什么说放大系数 K 是对象的静态特性，而时间常数 T_c 和滞后时间 τ 是对象的动态特性？

10-15　对象的滞后和容量滞后各是什么原因造成的，对控制过程有什么影响？

10-16　已知一个对象的特性是具有纯滞后的一阶特性，其时间常数为 5s，放大系数为 10，纯滞后时间为 2s，试写出描述该对象特性的微分方程式。

10-17　为了测定某重油预热炉的对象特性，在某瞬间（假定为 $t_0 = 0$）突然将燃料气量从 2.5t/h 增加到 3.0t/h，重油出口温度记录仪得到的阶跃反应曲线如图 10-27 所示。假定该对象为一阶对象，试写出描述该重油预热炉特性的微分方程式（分别以温度变化量与燃料量变化为输出量与输入量）及传递函数表达式，并解出燃料变化量为 0.5t/h 时温度变化量的表达式。

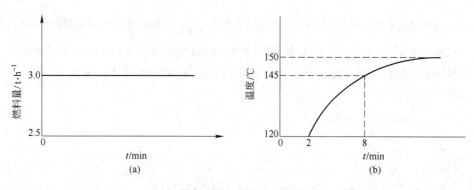

图 10-27 题 10-17 图

(a) 燃料气的阶跃变化；(b) 出口温度反应曲线

10-18 为了测定某物料干燥筒的对象特性，在 $t=0$ 时刻突然将加热蒸汽量从 $25m^3/h$ 增加到 $28m^3/h$，物料出口温度记录仪得到的阶跃响应曲线如图 10-28 所示，试写出描述物料干燥筒特性的微分方程（温度变化量作为输出变量，加热蒸汽量的变化量作为输入变量，温度测量仪表的测量范围 $0\sim200℃$，流量仪表的测量范围 $0\sim40m^3/h$）。

10-19 图 10-29 为某对象的脉冲响应曲线，给出其微分方程或传递函数，并说明这是一个什么样的对象。

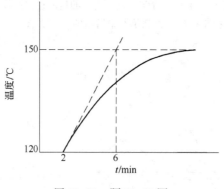

图 10-28 题 10-18 图

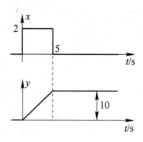

图 10-29 题 10-19 图

11　过程控制仪表与装置

过程控制仪表又称为过程控制装置，主要包括调节器（控制器）、变送器、执行器等装置，这些装置与被控对象一起构成完整的过程控制系统，各种控制方案和算法都必须借助它们才能实现控制功能，是过程控制系统的重要组成环节。在进行过程控制系统设计时，只有掌握各种过程控制仪表的原理和性能特点，才能正确选型并组成自动控制系统，并通过控制器参数的整定，实现对生产过程的最优控制。

11.1　概　　述

过程控制仪表按结构形式不同，可分为基地式仪表、单元组合式仪表、组装式综合控制装置、计算机控制装置等类型；根据使用的能源不同，可分为电动仪表和气动仪表；按信号类型不同，可分为模拟式仪表和数字式仪表。

基地式控制仪表是以指示、记录仪表为主体，附加控制机构所组成的装置。它的仪表结构比较简单，常用于单机自动化系统。

单元组合式控制仪表是将整套仪表按照功能划分成若干独立的单元（分为变送、转换、计算、显示、给定、调节、执行与辅助单元等八大类），各单元之间用统一的标准信号连接。按照连接信号的不同，单元组合式控制仪表分为气动单元组合仪表（QDZ）和电动单元组合仪表（DDZ）两类。目前，除了变送、执行等单元还有使用外，大部分的单元组合仪表都已被淘汰。

组装式综合控制装置是在单元组合控制仪表的基础上发展起来的，它的最大的特点是控制和显示操作功能分离，结构上分为控制机柜和显示操作盘两大部分，可以实现对生产的集中显示和操作，大大提高了人机联系。

由于以微处理器为核心的智能仪表快速发展和大量使用，过程控制全面进入计算机控制时代，许多以前的控制仪表与装置已经不再使用，被智能仪表、可编程控制器、现场总线仪表等所取代。另外，由于传感器技术的发展，目前大多数变送器与传感器集成形成整体，有关变送器的内容已在前面相关章节进行了介绍，故本章不再赘述，以下主要介绍控制规律、控制器和执行器等内容。

11.2　常用控制规律

在讨论控制器的结构和工作原理之前，有必要先对控制器的控制规律及其对过渡过程的影响进行研究。研究控制器的控制规律时，是把控制器和系统断开后进行研究，即只在开环时单独研究控制本身的特性。

控制规律也称为调节规律，是指控制器输出信号随输入信号（偏差）变化的规律，即：

$$u = f[e(t)] \tag{11-1}$$

式中，e 是设定值 r 与被控量 y 之差，$e = \pm(y - r)$，该值通过一个正反作用开关来选择以决定控制器的作用方向。工程上规定，如果被控量 $y(t)$ 增加，控制器的输出信号 $u(t)$ 也增加，则称为正作用控制器；反之，则称为反作用控制器。控制规律信号关系如图 11-1 所示。

虽然控制器的结构形式很多，但基本控制规律只有有限的几种，即双位控制、比例（proportional）控制、积分（integral）控制和微分控制（derivative）等。工程上所用的控制规律是这些基本控制规律之间的不同组合。不同的控制规律适应不同的生产要求，必须要根据生产要求来选用适当的控制规律。

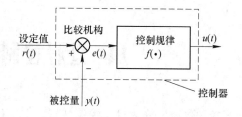

图 11-1　控制器与控制规律

11.2.1　双位控制

双位控制的输出规律是根据输入偏差的正负，控制器的输出为最大或最小。即控制器只有最大或最小两个输出值，相应的执行器只有开和关两个极限位置，因此又称为开关控制。

双位控制

理想的双位控制器其输出 u 与输入偏差 e 之间的关系为：

$$u = \begin{cases} u_{max} & e > 0（或 e < 0） \\ u_{min} & e < 0（或 e > 0） \end{cases} \tag{11-2}$$

理想的双位控制特性如图 11-2（a）所示。理想的双位控制通常只是理论上的意义、不实用，工程上常用的双位控制特性如图 11-2（b）~（d）所示。

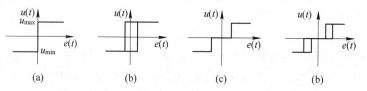

图 11-2　常见双位控制特性
（a）理想的；（b）滞环；（c）死区；（d）滞环+死区

图 11-3 是一个采用双位控制的液位控制系统，它利用电极式液位控制装置来控制储槽的液位，液体经装有电磁阀 YV 的管道流入储槽，由出料管流出。储槽外壳接地，液体应当是导电的。槽内装有一根电极作为测量液位的装置，电极的一端与继电器 K 的线圈相接，另一端调整在液位设定的位置；当液位低于设定值 H_0 时，液体未接触电极，继电器断路，此时电磁阀 YV 全开，液体以最大流量流入储槽。当液位上升至设定值时，液位与电极接触，液体与电极接触，继电器接通，从而使电磁阀全关，液体不再进入储槽。但槽内液体仍在继续排出，故液位要下降。当液位降至低于设定值时，液体与电极脱离，于是电磁阀 YV 又开启，如此反复循环，液位被维持在设定值上下一个小范围内波动。为减少继电器、电磁阀的频繁动作，可加一个延迟中间区。偏差在中间区内时，控制机构不动作，可以降低控制机构开关的频繁程度，延长控制器中运动部件的使用寿命。

在双位控制模式下，被控变量持续地在设定值上下做等幅振荡，无法稳定在设定值上。这是由于双位控制器只有两个特定的输出值，相应的控制阀也只有两个极限位置，这是过量调节所致。

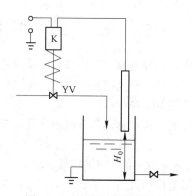

图 11-3　液位双位控制系统

11.2.2　比例（P）控制

图 11-4 所示的为液位比例控制系统，被控参数是水槽的液位，4 为杠杆支点，杠杆的一端固定着浮球，另一端和控制阀的阀杆连接。通过浮球和杠杆的作用，调整阀门开度来使液位保持在适当的高度上。当负荷减小（设出水量减少）、水槽的液位升高时，浮球随之升高，并通过杠杆立即将阀门关小；反之，当液位降低时，浮球通过杠杆使阀门开大，直到进出水量相等，液位稳定为止。这里，浮球是系统的检测元件，杠杆就是控制器。

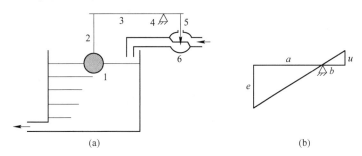

图 11-4　液位比例控制系统

（a）系统组成；（b）比例系数计算示意图

1—浮球；2—浮球杆；3—杠杆；4—支点；5—阀杆；6—控制阀

由图 11-4 可得，控制器的输出量 u（即阀门开度）与输入量 e（即液位偏差）之间的关系：

$$u = \frac{b}{a}e \qquad (11-3)$$

当杠杆支点位置确定之后，a 和 b 均为定数，令 $K_\mathrm{p}=b/a$，则式（11-3）改写为：

$$u = K_\mathrm{p}e \qquad (11-4)$$

式中，K_p 为控制器比例系数，并称这种控制器输出与输入偏差成正比的控制作用为比例控制。比例控制的特点如下。

（1）反应速度快。如图 11-5 所示，只要偏差值 e 变化，控制器输出 u 无滞后地马上变化，且 e 和 u 之间为比例关系。

（2）存在静差。因为若 $e=0$，则 $u=0$，阀门马上关闭（或变为全开），说明这种状态不能长期维持。故当被控对象的负荷发生变化之后，调节机构必须移动到某一个与负荷相适应的位置才能使能量再度平衡，使系统重新稳定，因此控制的结果不可避免地存在静差，因而比例控制器又称为有差控制器。

比例控制作用的整定参数是放大系数 K_p，它决定比例作用的强弱，但在一般控制器中，比例作用都不用放大系数作为刻度，而是用比例带 δ 来刻度。比例带的定义是：输出信号做全范围的变化时所需输入信号的变化（占全量程）百分数。比例带 δ 可用式（11-5）表示：

$$\delta = \frac{e/(e_\mathrm{max} - e_\mathrm{min})}{u/(u_\mathrm{max} - u_\mathrm{min})} \qquad (11-5)$$

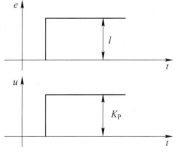

图 11-5　比例控制器动态特性

式中　$e_{max} - e_{min}$——偏差变化范围，即输入量的上限值与下限值之差；

　　　　$u_{max} - u_{min}$——输出信号变化范围，即输出量的上限值与下限值之差。

对于一个具体的控制器，$e_{max} - e_{min}$ 和 $u_{max} - u_{min}$ 都已固定，所以其比值为常数，并令 $K = \dfrac{u_{max} - u_{min}}{e_{max} - e_{min}}$，因此可得：

$$\delta = \frac{K}{K_P} \times 100\% \tag{11-6}$$

从式（11-6）可知：δ 与 K_P 成反比，δ 越小，K_P 越大，比例作用越强。

控制器比例带 δ 的大小与输入、输出的关系如图 11-6 所示。

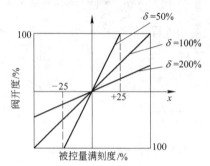

图 11-6　不同比例带时的输入和输出关

在相同幅度的阶跃干扰下，放大系数 K_P 越大，即比例带 δ 越小，则静差越小。为减小静差，可增大 K_P。但是，K_P 增大将使控制系统稳定性降低，容易产生振荡，甚至发散。在相同的 K_P 下，阶跃干扰的幅度越大，静差也越大。因此，比例控制通常应用于干扰较小、负荷变化不大，又允许存在偏差的系统中。

11.2.3　比例积分（PI）控制

比例积分控制

比例积分控制是比例控制和积分控制的叠加。所谓积分控制，是指控制器的输出量 u（或增量 Δu）与输入偏差 e 的积分成正比，即：

$$u = K_I \int e dt \tag{11-7}$$

或

$$u = \frac{1}{T_I} \int e dt \tag{11-8}$$

式中　K_I——积分增益，min^{-1}；

　　　　T_I——积分时间，min。

积分控制器在脉冲信号作用下的输出响应特性，如图 11-7 所示。

由图 11-7 可以看出，只要有偏差存在，输出信号将随时间不断增长（或减小）；只有输入偏差等于零，输出信号才停止变化，而稳定在某一数值上，因而积分控制作用可消除静差。输出信号的变化与输入偏差的大小和积分时间 T_I 成反比，T_I 越小，积分速度越快，积分作用越强。输出信号变化方向由 e 的正负决定。

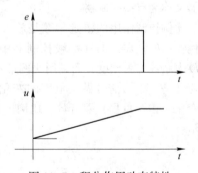

图 11-7　积分作用动态特性

积分控制作用可以消除静差，因积分作用是随着时间积累而逐渐加强，所以控制作用缓慢，在时间上总是落后于偏差信号的变化，不能及时控制。当对象的惯性较大时，被控参数将出现较大的超调量，控制时间也较长，严重时甚至使系统难以稳定。因此积分控制作用不宜单独使用，往往是将积分和比例或比例微分组合起来，构成比例积分（PI）控制器或比例积分微分（PID）控制器。

比例积分控制器的输出（或增量）可视为比例输出 u_P 和积分作用的输出 u_I 之和，即：

$$u = K_P\left(e + \frac{1}{T_I}\int e\,dt\right) \qquad (11-9)$$

脉冲响应曲线如图 11-8 所示。在阶跃信号加入的瞬间，输出突变至某值，这是比例作用 u_P；然后，输出随时间线性增加，只是积分作用 u_I。若取积分作用的输出变化量与比例作用的输出变化量相等，即 $\Delta u_I = \Delta u_P$，需要的时间 $t = T_I$。这就是积分时间的定义和测定的依据，也就是说，在阶跃信号作用下，控制器积分作用的输出等于比例作用的输出所经历的时间就是积分时间。

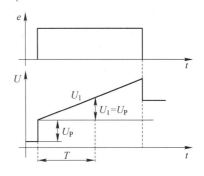

图 11-8　理想比例积分作用的脉冲响应

11.2.4　比例微分（PD）控制

生产过程中多数对象均有一定的惯性，即调节机构改变操纵量之后，并不能立即引起被控参数的改变。因此，常常希望能根据被控参数变化的趋势，即偏差变化的速度来进行控制。例如，若偏差变化的速度很大，预计即将出现很大的偏差，此时就应该过量地打开（或关小）控制阀，以后再逐渐减小（或开大），这样就能迅速克服扰动的影响。这种根据偏差变化的速度来操纵输出变化量的方法，就是微分控制：

比例微分控制

$$u = T_D\frac{de}{dt} \qquad (11-10)$$

式中　T_D——微分时间，min。

微分控制输出的大小与偏差变化速度及微分时间成正比。当输入端出现阶跃信号的瞬间（$t = t_0$），相当于偏差信号变化速度为无穷大，从理论上讲，输出也应达到无穷大，其动态特性如图 11-9（a）所示。这种特性称为理想的微分作用特性，但实际上这是不可能的。实际微分

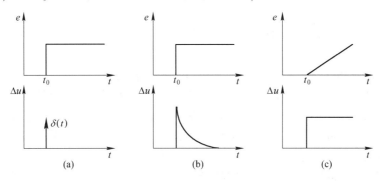

图 11-9　微分控制器动态特性
（a）理想微分作用；（b）实际微分作用特性；（c）匀速偏差输入时理想微分特性

作用的动态特性如图 11-9（b）所示。在输入作用阶跃变化的瞬间，控制器的输出为一个有限值，然后微分作用逐渐下降，最后为零。对于一个等速上升偏差来说，则微分输出亦为常数，如图 11-9（c）所示。

可见，这种控制器使用在控制系统中，即使偏差很小，但只要出现变化趋势，即可马上进行控制，故微分作用也被称为"超前"控制作用。但它的输出只与偏差信号的变化速度有关，如有偏差存在但不变化，则微分输出为零，故微分控制不能消除静差。因为控制器有失灵区，如果被调量以微分控制器不能察觉的速度缓慢变化时，调节器并不会动作。这样经过相当长时间以后，被调量偏差可以积累到相当大的数字而得不到校正。这当然是不能容许的，所以，微分控制器不能单独使用，它常与比例或比例积分控制作用组合，构成比例微分（PD）或比例积分微分（PID）控制器。

比例微分（PD）控制是比例控制与微分控制的叠加，其输出为两部分作用之和：

$$u = K_\mathrm{P}(e + T_\mathrm{D} \frac{\mathrm{d}e}{\mathrm{d}t}) \tag{11-11}$$

理想的比例微分控制作用的动态特性如图 11-10 所示。当输入信号为一阶跃变化时，微分作用的输出立即升至无限大并瞬时消失，余下便为比例作用的输出。

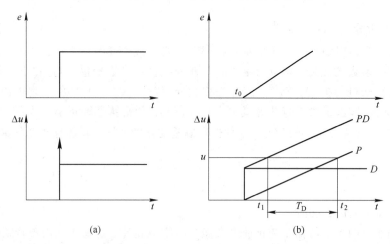

图 11-10　比例微分控制动态特性

（a）单位阶跃输入时；（b）匀速偏差输入时

为了更明显地看出微分成分的作用，设输入为一等速上升的偏差信号，即 $e = v_0 t$。当控制器只要比例作用时，其动态特性如图 11-10（b）中 P 曲线，即 $\Delta u_\mathrm{P} = K_\mathrm{P} v_0 t$；当加入微分作用后，则理想的控制器输出动态特性如图 11-10（b）中 PD 曲线，即 $\Delta u = v_0 K_\mathrm{P}(t + T_\mathrm{D})$。

比较图 11-10（b）中 P 和 PD 两条动态特性曲线可以看出，在同样输入作用下，单纯比例作用的输出要较比例加微分的小。由于有了微分作用，当 $t = t_1$ 时，输出可以达到 u 位置；而单靠比例作用，要达到同样的控制作用就要等到 $t = t_2$ 时。可见加上微分之后，总的输出加大了，相当于作用超前了，超前的时间为 $(t_2 - t_1)$ 即微分时间 T_D。

PD 控制器不能消除静差，但它在控制过程中，尤其是过程一开始，当被控参数一有变化速度，执行机构立即把控制阀门改变一个开度，这个比例加微分的控制作用，将有力地抑制偏差的变化，减小动态偏差，故在系统对象时间常数较大的控制系统中，往往采用 PD 控制规律。但是微分作用也不宜加得过大，否则由于控制作用过强，不仅不能提高系统的稳定性，反而会引起被控参数的大幅度振荡。因此，只要微分作用适当，既可增加系统的稳定性，又可减少静差。

在生产实际中，一般温度控制系统惯性比较大，常需加微分作用，可提高系统的控制质量。而在压力、流量等控制系统中，则大多不加微分作用。

11.2.5　比例积分微分（PID）控制

比例积分微分控制

比例积分微分（PID）将比例、积分、微分三种控制结合起来，从而可以得到更好的控制质量。理想 PID 控制作用的特性方程可用式（11-2）的微分方程表示：

$$u = K_{\mathrm{P}} \left(e + \frac{1}{T_{\mathrm{I}}} \int e \mathrm{d}t + T_{\mathrm{D}} \frac{\mathrm{d}e}{\mathrm{d}t} \right) \tag{11-12}$$

当有一个阶跃偏差信号输入时，PID 控制器的输出信号等于比例、积分和微分（非理想）作用三部分输出之和。同样，实际控制器中是不可能得到理想的 PID 控制作用的，例如 DDZ-Ⅲ型控制器中实际 PID 作用的传递函数为：

$$G_{\mathrm{PID}}(s) = \frac{K_{\mathrm{P}} \left(1 + \dfrac{1}{T_{\mathrm{I}}s} + T_{\mathrm{D}}s \right)}{1 + \dfrac{1}{T_{\mathrm{I}}K_{\mathrm{I}}s} + \dfrac{T_{\mathrm{D}}}{K_{\mathrm{D}}}s} \tag{11-13}$$

式中　K_{P}——比例系数；

$\quad\quad T_{\mathrm{I}}$——积分时间；

$\quad\quad T_{\mathrm{D}}$——微分时间；

$\quad\quad K_{\mathrm{I}}$——积分放大系数；

$\quad\quad K_{\mathrm{D}}$——微分增益。

实际 PID 作用的阶跃响应特性如图 11-11 所示。

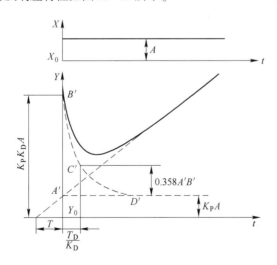

图 11-11　实际 PID 控制阶跃响应曲线

如图 11-11 可见，在输入阶跃信号后，微分作用和比例作用同时发生，PID 控制器的输出突然发生大幅度的变化，产生一个较强的控制作用，这是比例基础上的微分控制作用，然后逐渐向比例作用下降；接着又随时间上升，这是积分作用；直到偏差完全消失为止。

PID 控制作用有比例带（P）、积分时间（T_I）和微分时间（T_D）三个参数，三者匹配适当，可得到较好的控制效果：既可避免过分振荡，又能消除静差；同时还能在控制过程中加强控制作用，减少动态偏差。所以，对于一般的自动控制系统，常常将比例、积分和微分三种作用结合起来，可以得到较满意的控制质量。

11.2.6 离散 PID 控制算法

离散 PID
控制算法

计算机控制时代，PID 控制算法仍被广泛应用。由于计算机控制是一种采样控制，它只能根据采样时刻的偏差值（数字量）计算控制量，因此式（11-13）中积分和微分项不能直接使用，需要进行离散化处理。离散 PID 算法分为位置式和增量式两种算法。

11.2.6.1 位置式 PID 控制算法

因为采样周期 T 相对于信号变化周期来说很小，故可用和式（矩形计算法）代替积分，以差分代替微分，由式（11-13）可得离散的 PID 表达式为：

$$u(k) = K_P\left\{e(k) + \frac{T}{T_I}\sum_{i=1}^{k}e(i) + \frac{T_D}{T}\left[e(k) - e(k-1)\right]\right\}$$

$$= K_P e(k) + K_I\sum_{i=1}^{k}e(i) + K_D\left[e(k) - e(k-1)\right] \tag{11-14}$$

式中　k——采样时刻，$k = 0, 1, 2, \cdots, n$；

　$u(k)$——第 k 次采样时刻的计算机输出值；

　$e(i)$——第 i 次采样时刻输入的偏差值，$i = 1, 2, \cdots, k$；

　K_I——积分系数，$K_I = K_P T/T_I$；

　K_D——微分系数，$K_D = K_P T_D/T$。

式（11-14）为位置式 PID 控制算法，因为它的输出 $u(k)$ 同控制阀开度（位置）是一一对应的，也就是计算机对采样值进行 PID 运算后，其输出与控制阀开度相对应。

这种算法的缺点是：由于全量输出，所以每次输出均与过去的状态有关，计算机要对 $e(k)$ 进行累加，计算机运算工作量大；而且，因为计算机输出的 $u(k)$ 对应的是执行机构的实际位置，如计算机出现故障，$u(k)$ 的大幅度变化，会引起执行机构位置的大幅度变化。这种情况往往是生产实践中不允许的，在某些场合，还可能造成重大的生产事故。

11.2.6.2 增量式 PID 控制算法

根据式（11-14），可导出控制量的增量 $\Delta u(k) = u(k) - u(k-1)$：

$$\Delta u(k) = K_P\left[e(k) - e(k-1)\right] + K_I e(k) + K_D\left[e(k) - 2e(k-1) + e(k-2)\right]$$

$$= K_P\Delta e(k) + K_I e(k) + K_D\left[\Delta e(k) - \Delta e(k-1)\right] \tag{11-15}$$

式（11-15）即为增量式 PID 控制算式，其输出 $\Delta u(k)$ 是控制阀开度（位置）的增量（改变量）。式（11-15）亦可表示为：

$$\Delta u(k) = Ae(k) - Be(k-1) + Ce(k-2) \tag{11-16}$$

式中，$A = K_P\left(1 + \dfrac{T}{T_I} + \dfrac{T_D}{T}\right)$，$B = K_P\left(1 + 2\dfrac{T_D}{T}\right)$，$C = K_P\dfrac{T_D}{T}$。

它们都是与采集周期、比例系数、积分时间常数、微分时间常数有关的系数。由此可见，增量式 PID 算法只需保存 k、$k-1$ 与 $k-2$ 时刻的误差 $e(k)$、$e(k-1)$、$e(k-2)$ 即可。

与位置式 PID 相比，增量式 PID 算法有下列优点。

（1）位置式 PID 算法每次输出与整个过去状态有关，计算式中要用到过去误差的累加值

$\sum e_j$，这样容易产生较大的累计计算误差。而增量式 PID 只需计算增量，计算误差或精度不足时对控制量的计算影响较小。

（2）控制从手动切换到自动时，位置式 PID 算法必须首先将计算机的输出值置为原始阀门开度 u_0，才能保证无冲击切换。如果采用增量算法，则由于公式中不出现 u_0 项，这样易于实现手动到自动的无冲击切换。因此在实际控制中，增量式 PID 算法要比位置式 PID 算法应用更为广泛。

11.2.6.3 数字 PID 控制算法的改进

在计算机控制系统中，PID 控制规律是使用计算机程序来实现的，因此它的灵活性很大。一些原来在模拟 PID 控制器中无法实现的问题，在引入计算机以后，就可以得到解决，于是产生了一系列的改进算法，以满足不同控制系统的需要。例如，积分分离 PID 控制算法、遇限削弱积分 PID 控制算法、不完全微分 PID 控制算法、微分先行 PID 控制算法和带死区的 PID 控制算法等。下面简单介绍几种 PID 的改进算法。

A 积分分离 PID 控制算法

在控制作用中引入积分的目的，主要是为了消除余差、提高精度。但在过程的启动、结束或大幅度增减设定值时，短时间内系统输出有很大的偏差，会造成 PID 运算的积分积累，致使算得的控制量超过执行机构可能最大动作范围对应的限制控制量，最终引起系统较大的超调，甚至引起系统的振荡，这是某些生产过程中绝对不允许的。引进积分分离 PID 控制算法，既保持了积分作用，又减小了超调量，使得控制性能有了较大的改善。积分分离 PID 算法如下：

$$u(k) = K_P\left\{ e(k) + \beta \frac{T}{T_I} \sum_{i=1}^{k} e(i) + \frac{T_D}{T} \left[e(k) - e(k-1) \right] \right\} \tag{11-17}$$

其中，$\beta = \begin{cases} 1, & |e(k)| \leqslant \varepsilon \\ 0, & |e(k)| > \varepsilon \end{cases}$。由式（11-17）可知，当 $|e(k)| > \varepsilon$ 时，即偏差值比较大时，采用 PD 控制，可避免过大的超调，又使系统有较快的响应。而当 $|e(k)| \leqslant \varepsilon$ 时，即偏差值比较小时，采用 PID 控制，以保证系统的控制精度。

B 微分先行 PID 控制算法

微分先行 PID 控制的结构如图 11-12 所示，其特点是只对实际测量值 $c(t)$ 作微分运算（图示给出的是理想微分，也可以是实际微分），而对给定值 $r(t)$ 不进行微分。这样，在改变给定值时，输出不会改变，而被控量的变化，通常总是比较缓和的，因此它适用于给定值 $r(t)$ 频繁升降的场合，可以避免给定值升降时所引起的系统振荡，明显地改善了系统的动态特性。

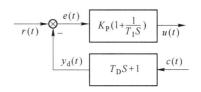

图 11-12 微分先行 PID 控制结构图

由图 11-12 可得其增量控制算式为：

$$\Delta u(k) = K_P \Delta e(k) + K_P \frac{T}{T_I} e(k) - K_P \frac{T_D}{T} \left[\Delta c(k) - \Delta c(k-1) \right] - K_P \frac{T_D}{T} \Delta c(k) \tag{11-18}$$

11.3 控 制 器

控制器又称为调节器，是自动控制系统中重要的组成部分，它接受传感器或变送器送来的检测信号，与被控制参数的给定值进行比较，将被控量的偏差按预定的规律（称为控制作用或控制规律）产生输出信号，推动执行器消除偏差，使被控参数保持在给定值附近或按预定规律变化，实现对生产过程的自动控制。

控制器种类繁多，一般可按能源形式、信号类型和结构形式进行分类。按照其信号形式，将控制器分为模拟控制器与数字控制器两大类。

随着计算机技术发展，出现了各种以微处理器为基础的控制器，在结构、功能、可靠性等各方面都使控制器进入一个新阶段。近些年出现了许多基于集散系统或现场总线或物联网或无线通信的控制器，它们除了控制功能外，还具有网络、通信等功能，适应现代社会大规模生产需要。

11.3.1　模拟控制器

虽然模拟控制器现在几乎不用，了解模拟控制器的基本结构和原理仍然有意义。因为数字控制器、计算机系统是在模拟控制器的基础上发展起来的，其功能设计、操作方式，甚至外观布置等方面都以模拟控制器为蓝本，控制规律也基本上是沿用 PID 控制。

DDZ-Ⅲ基型模拟控制器构成框图如图 11-13 所示，它由控制单元和指示单元两部分组成，控制单元包括输入电路、PD 电路、PI 电路、输出电路及软手操电路和硬手操电路等。指示单元包括测量信号指示电路和给定信号指示电路。具有一般控制器的偏差指示与 PID 运算功能、正反作用切换、产生内给定信号与进行内外给定切换、自动-软手动-硬手动切换及输出（阀位）指示等功能。

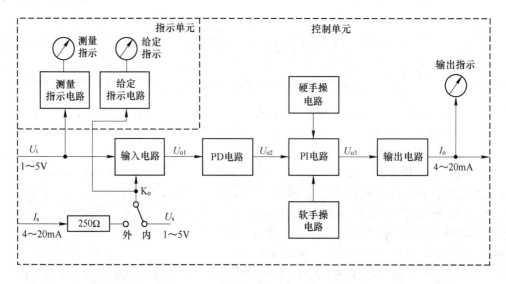

图 11-13　DDZ-Ⅲ基型模拟控制器构成框图

在基型的基础上，添加相关装置后，可构成断续（间歇）控制器、自选控制器、前馈控制器、抗积分饱和控制器、非线性控制器等特种控制器，是单元组合仪表时代的核心装置。具体电路分析、技术参数等在此不再叙述。

11.3.2　数字（智能）控制器

数字控制器是在模拟控制器的基础上，随着微电子技术、传感器技术、计算机技术、通信技术等的发展而发展起来的，其基本功能、输入输出关系与模拟控制器基本一致，也是按照预定的规律（控制规律）对输入的偏差信号进行运算以产生控制信号，并具有正/反作用方式、手动/自动控制切换等功能。由于引入微处理芯片，与模拟控制器相比，它具有适应性强、使用灵活、运算控制功能强大及具备通信能力等诸多无可比拟的优势，已完全取代了模拟控制器。

自数字控制仪表诞生以来，人们使用过多种形式的数字控制器，如早期的直接数字控制器（DDC，Direct Digital Controller）、可编程调节器（PC，Program Controller）等仪表与计算机一体化产品，以及嵌入式系统与PC-Based型控制器等。现在，所有的数字控制器，都是采用微处理机作为核心，且随着控制理论、人工智能（AI）技术等的进步与应用，具备"万能输入"、自诊断、自整定、自学习等智能功能，被赋予一定程度的人类智能，故通常称之为智能控制器。

11.3.2.1　组成原理

目前所使用的数字（智能）控制器，都是基于计算机设计与制造的。虽然外形、功能差别极大，但它们的基本构成及工作原理是完全相同的，如图11-14所示。它包括主机、过程输入通道、过程输出通道、人机与通信接口等几大部分，实际上是一个具有总线连接的微机化仪表或特殊嵌入式系统。

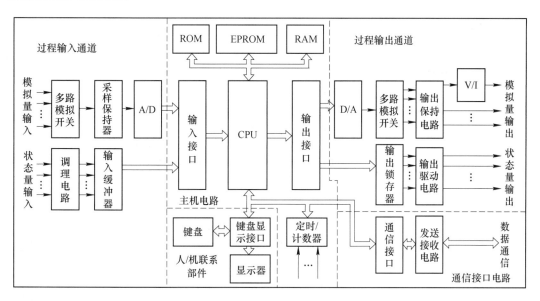

图 11-14　数字控制器的硬件电路

基于微处理器的数字控制器之所以能取代模拟控制器的关键是其软件系统。在数字控制器中储备了相当丰富的功能模块与子程序，利用它们，用户可以编制自己的应用软件。若程序不满足要求，还可以把程序"擦除"，重新编写程序，直至满意为止。由于在不更换仪表的条件下，通过修改用户程序就可以改变控制方案，并可实现模拟控制仪表难以实现的算法，故数字控制器一经推出，就大受欢迎。

11.3.2.2　功能特点及使用

智能控制器以微处理器为运算和控制核心，可由用户编制程序、提供各种通用或先进控制算法，输入、输出方式多样，测控功能强大，能广泛满足各种应用场合的需要。下面以AI519为例介绍智能控制器的功能特点及使用方式。

　　AI519 是某公司 AI 系列人工智能调节器中的一种，采用先进的 AI 人工智能 PID 调节算法，无超调，具备手动/自动无扰动切换、参数自整定（AT）及上电软启动功能。仪表硬件采用先进的模块化结构，提供丰富的输入、输出规格，能广泛满足各种应用场合的需要。

　　（1）输入规格。输入可自由选择热电偶、热电阻、线性电压（电流），并可扩充输入及自定义非线性校正表格，测量精度高，有关测量显示功能及相关参数设置内容见 8.5.3 小节。

　　（2）调节方式。具备多种控制方式：位式调节方式（回差可调）；标准 PID 或 APID（AI 人工智能 PID 调节算法）调节方式。PID 或 APID 调节方式均可启动自整定功能来协助确定 PID 等控制参数，且具备有学习功能，在使用一段时间后可得到最佳整定参数；可直接将 PV 值作为输出值，仪表作为温度变送器使用；直接将 SV 值作为输出值，可使仪表作为电流给定器使用。有的型号还具备多段时间程序控制及全新的精细控制模式。AI519 与控制相关的参数功能及设置见表 11-1。

表 11-1　AI519 控制器的控制功能参数设置表

参数名	参数含义	说　明
SP1	给定点 1	通常情况下，给定值 $SV=SP_1$。当 MIO 位置安装 I2 模块时，可通过外部
SP2	给定点 2	开关来切换：开关断开时 $SV=SP_1$，开关接通 $SV=SP_2$
CtrL	控制方式	onoF，位式调节（ON-OFF）； APId，先进的具备 AI 人工智能的 PID 调节算法； nPId，标准的 PID 调节算法，有抗饱和积分功能； POP，直接将 PV 值作为输出值，仪表作为温度变送器使用； SOP，直接将 SV 值作为输出值，仪表作为电流给定器使用
Act	正/反作用	rE，反作用调节方式：输入增大时，输出趋向减小； dr，正作用调节方式：输入增大时，输出趋向增大； rEbA，反作用，且有上电免除下限报警及偏差下限报警功能； drbA，正作用，且有上电免除上限报警及偏差上限报警功能
At	自整定	oFF，自整定 At 功能处于关闭状态； on，启动 PID 及 Ctl 参数自整定功能，自整定结束后会自动返回 oFF； FoFF，关闭自整定功能且禁止从前面板直接按键操作启动自整定
A/M	自动/手动控制选择	Man，手动控制，由操作员手动调整 OUTP 的输出； Auto，自动，OUTP 由 CtrL 决定的方式运算后决定； FMAn 固定手动控制，禁止从前面板直接按键操作转换到自动； FAut 固定自动控制，禁止从前面板直接按键操作转换到手动
CHYS	控制回差（死区、滞环）	用于避免 ON-OFF 位式调节输出继电器频繁动作。仪表执行反作用（加热）控制时，当 $PV>SV$ 时继电器关断，当 $PV<(SV-CHYS)$ 时输出重新接通。正作用（制冷）控制时，当 $PV<SV$ 时输出关断，当 $PV>(SV+CHYS)$ 时输出重新接通
P	比例带	APID 及 PID 调节的比例带，单位与 PV 值相同，而非采用量程的百分比
I	积分时间	PID 调节的积分时间，单位是 s，$I=0$ 时取消积分作用
d	微分时间	PID 调节的微分时间，单位是 0.1s。$d=0$ 时取消微分作用

（3）输出规格（模块化）。常用的输出模块包括继电器触点开关、可控硅无触点开关、SSR 电压模块、可控硅触发模块、线性电流模块、报警模块、通信模块、电源模块等，有些型号还具备手动/自动无扰动切换、阀门电机控制等功能。AI 人工智能控制器的不同输出功能通过输出类型参数 OPt 设置，表 11-2 为 AI519 人工智能控制器输出信号类型、安装模块与接线端子分配。

表 11-2　AI519 主输出类型参数代码（OPt）表

OPt	输出信号类型	安装模块	接线端子
0	SSR 驱动电压或可控硅过零触发时间比例信号	G、K1（单路）或 K3（三路）模块	11→12（配 K3 时端子 13→14，15→16）
1	继电器触点开关	L0/L1/L2/L4 继电器输出模块	11→12 或 11→13
2	0~20mA 线性电流输出	X3 或 X5 电流输出模块	11→13
3	4~20mA 线性电流输出	X3 或 X5 电流输出模块	11→13
4	单相移相输出	K5 移相触发输出模块	11→12

（4）仪表功能参数设置。仪表在初次投入使用时，需要根据实际控制系统的要求，对 AI519 进行组态，将相关的参数设置在正确的数值上以获得用户自定义仪表。需要设置的参数包括报警、调节控制、输入、输出、通信、系统功能、给定值等类型，参数修改通过仪表面板完成。在实际运行时，可以通过仪表面板或上位机重新定义现场参数表的方式来改变操作模式，如改变设定值、手动/自动控制选择、进行参数自整定等。

（5）仪表选用与接线。AI 系列智能控制器有多种面板接线方式，需根据控制系统的要求及仪表输入、输出配置来选择，图 8-11（a）所示为其中的一种接线排布方式。仪表控制信号输出外接可控硅触发器时，选用 K1/K3 模块，从 11、12 接线端子输出。而当外接控制阀、变频器、移相触发器等执行器时，选用 X3/X5 模块从 11（-）、13（+）接线端子输出。例如，采用 AI519 智能控制器通过固态继电器（SSR，参见 11.4.5 小节）控制电阻炉温度，温度测量采用 S 分度热电偶，应将输入信号规格代码 InP 设置为 1，输出控制选用 G 模块（固态继电器控制模块），输出类型参数 OPt 设置为 0，控制系统接线图如图 11-15 所示。

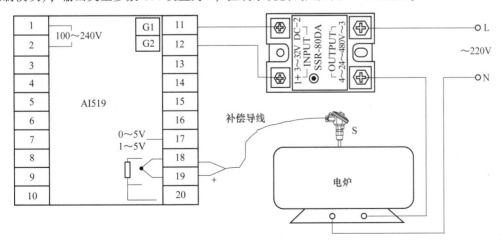

图 11-15　炉温控制系统

（AI519 智能温控仪配固态继电器 SSR）

11.4　执　行　器

11.4.1　概述

11.4.1.1　执行器概念

执行器是构成自动控制系统的重要组成环节，它接收来自调节器输出的信号，并转换成执行机构的"行程"，使调节机构（包括阀、泵与风机、调功器等）动作，从而控制流入或流出被控过程的物料或能量，将被控变量维持在所要求的数值上或一定的范围内。例如图 11-16（a）所示系统中，温度控制器 TC 输出的控制信号 MV（4~20mA）送到电/气阀门定位器，将电信号转换为 0.02~0.10MPa 信号作用到弹簧-薄膜执行机构上，转化成阀杆行程，以改变调节阀的流通面积，从而控制流入加热炉燃料油量，使出口温度保持在与给定值基本相等的数值上。而在图 11-16（b）中，可控硅触发器根据控制信号的大小改变可控硅导通角，通过控制加到电阻丝上电压的方式实现温度的自动控制。

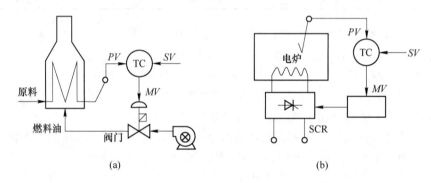

图 11-16　温度控制系统
（a）加热炉温度控制（泵送阀控）；（b）电炉温控系统（可控硅）

执行器安装在生产现场，直接与介质接触，通常在高温、高压、高黏度、强腐蚀、易结晶、易燃易爆、剧毒等场合下长期工作，如果选用不当，将直接影响过程控制系统的控制质量。同时，由于执行器原理比较简单，操作单一，人们常常会轻视这一重要环节，为保证控制系统处于良好的运行状态，必须加强对执行器的日常维护。

11.4.1.2　执行器的构成

执行器由执行机构、调节机构两部分构成。执行机构是执行器的"动力"装置，它根据输入控制信号的大小，产生相应的"行程"，推动调节机构动作。注意：这里行程的内涵比较丰富，它可以是传统意义上的行程，也可以是其他 执行器的构成
的含义，例如图 11-16（a）中的弹簧-薄膜执行机构产生的是传统意义的行程（直线位移）；而图 11-16（b）中的执行机构（可控硅触发器）的"行程"是触发器输出的 SCR 触发相位角。

调节机构是执行器的调节部分，在执行机构的作用下，调节机构的动作部件工作，使流过执行器的被控介质的流量发生改变。调节机构是各种类型的控制阀或其他类似作用的调节设备的统称，例如，图 11-16（a）中的调节机构是一个流通面积可调的调节阀，改变的是燃料油流量；而图 11-16（b）中的调节机构是可控硅调功装置，改变的是电流（功率）。

　　执行器还可以配备一定的辅助装置，常用的辅助装置是电/气转换器、阀门定位器、电/气阀门定位器及手操机构（手轮）等，如图 11-17 所示。电/气转换器的作用就是将电信号转换为气信号，图 11-16（a）系统中就使用了一个电/气转换器；阀门定位器，利用负反馈原理改善执行器性能，使执行器能按控制器的控制信号，实现准确定位；手轮用于人工直接操作执行器，以便在停电、停气、控制器无输出、执行机构失灵的情况下，保证生产的正常进行。

(a)　　　　　　　　　　　　　(b)

图 11-17　带辅助装置的调节阀实物图
（a）气动薄膜阀（配电/气阀门定位器）；（b）电动阀（配手轮）

11.4.1.3　执行器的分类及特点

　　（1）根据所使用的能源种类，执行器分为电动、气动和液动执行器三种。工业生产中多使用前两种类型。

　　（2）按动作方式，执行器可分为开关型和比例型。开关型执行器一般实现 <small>执行器的分类</small> 对阀门的开或关控制，阀门要么处于全开位置，要么处于全关位置，此类阀门不需对介质流量进行精确控制。比例型执行器能够根据输入信号对调节机构进行精确控制，从而精确调节流量。

　　（3）按输入控制信号，执行器分为空气压力信号、直流电流信号、电接点通断信号、脉冲信号等几类。

　　在流程工业控制领域，使用的执行器类型非常多，下面仅介绍几种常用的执行机构与执行器，包括调节阀、调压器与变频器等。

11.4.2　气动调节阀

　　气动调节阀又称为气动控制阀或气动执行器，是以压缩空气为动力的一种执行器。气动执行器由气动执行机构和控制阀两部分组成，如图 11-18 所示。图上部为执行机构，下部为控制阀。执行机构是执行器的推动装置，它根据输入的 0.02~0.10MPa 标准气压信号大小产生相应的推力，推动控制阀动作。控制阀是执行器的调节部分，它直接与被调介质接触，通过改变阀芯与阀座间的流通面积，控制通过阀门的流体流量。

　　气动执行器的主要特点有结构简单、输出推力大、动作可靠、性能稳定、维护方便、价格便宜、本质安全防爆等。另外，它可通过电/气转换器或电/气阀门定位器与电动调节仪表或工业控制计算机配套使用。因此，它广泛地应用于冶金、石油、化工及电力等工业部门。

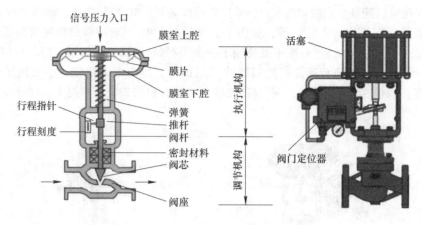

图 11-18　气动调节阀结构示意图
(a) 气动薄膜阀；(b) 气动活塞阀

11.4.2.1　气动执行机构

气动执行机构主要分为薄膜式执行机构和活塞式执行机构两大类。其中气动薄膜执行机构最为常用，它可以用作一般控制阀的推动装置，气动薄膜执行机构主要由薄膜和弹簧组成，如图 11-19 所示。

气动执行机构

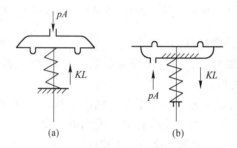

图 11-19　薄膜执行结构的动作原理
(a) 正作用式；(b) 反作用式

气动薄膜执行机构有正作用和反作用两种形式，当来自控制或阀门定位器信号压力增加时，推杆向下移动的称为正作用式执行机构，如图 11-19 (a) 所示；相反，当信号压力增加，推杆向上移动的称为反作用式，如图 11-19 (b) 所示。正作用式执行机构的压力信号是通入波纹膜片上方的薄膜气室；反作用式执行机构的压力信号是通入波纹膜片下方的薄膜气室。正、反作用式执行机构在构造上基本相同。

气动薄膜执行机构的输出是位移，它与信号压力成正比例关系。当信号压力通入膜室时，在薄膜上产生一个推力，使推杆移动并压缩弹簧，直到弹簧产生的反作用力与薄膜上的推力相平衡时，推杆稳定在一个新的位置。显然，信号压力越大，推力越大，推杆的位移亦即弹簧的压缩量也就越大。推杆的位移范围就是执行机构的行程。气动薄膜执行机构的行程规格有：10mm、16mm、25mm、40mm、60mm、100mm 等。信号压力从 0.02MPa 增加到 0.10MPa，推杆则从零走到全行程，阀门就从全开（或全关）到全关（或全开）。

气动活塞执行机构的推力较大，主要适用于大口径、高压降或蝶阀的推动装置。除薄膜式和活塞式之外，还有长行程执行机构，主要用于蝶阀或风门的推动装置。

11.4.2.2　调节机构

调节机构

调节机构即调节阀或控制阀，实际上是一个局部阻力可以改变的节流元件。通过阀杆上部与执行机构相连，下部与阀芯相连。由于阀芯在阀体内移动，改变了阀芯与阀体之间的流通面积，即改变了阀的阻力系数，被控介质的流量也就相应地改变，从而实现流量的控制，达到控制工艺参数的目的。

调节阀主要由上下阀盖、阀体、阀芯、阀座、填料及压板等零件组成，如图 11-20 所示。根据不同的使用要求，有多种结构型式。调节阀的分类方法很多，可以按其作用与用途、主要参数、介质性质（介质温度、压力、腐蚀性等）及结构型式等来分类。

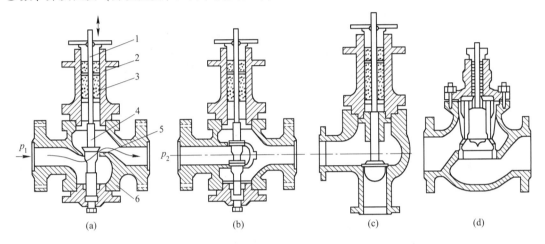

图 11-20　部分控制阀结构

（a）单座控制阀；（b）双座控制阀；（c）角形控制阀；（d）套筒控制阀

1—阀杆；2—上阀盖；3—填料；4—阀芯；5—阀座；6—阀体

目前国内、国际上最常用的是同时考虑控制阀的原理、作用及其结构型式的分类方法，一般将控制阀分为以下九大类。

（1）单座控制阀。阀体内只有一个阀芯和阀座，如图 11-20（a）所示。这种阀结构简单，价格便宜，关闭时泄漏量小。由于阀座前后存在压力差，对阀芯产生的不平衡力较大；加之阀体流路较复杂，导向处易被固体卡住，所以单座控制阀仅适用于泄漏要求较严、压差不大的干净介质场合。

（2）双座控制阀。阀体内有两个阀芯和阀座，如图 11-20（b）所示。流体作用在上、下阀芯上的推力，其方向相反大致可以抵消，所以阀芯所受的不平衡力很小，因而允许使用在阀前、后压差较大的场合。双座阀的流体能力比同口径的单座阀大。

由于两个阀芯不易保证同时关紧，所以关闭时的泄漏量较大。此外，阀体流路复杂，不适用于高黏度和含悬浮颗粒或纤维的场合。

（3）角形控制阀。阀体为角形，如图 11-20（c）所示。这种控制阀的输入与输出管道成直角形，其他方面的结构与单座阀相似。该阀流路简单，阻力小，阀体内不易积存污物，所以特别有利于高黏度、含有悬浮和颗粒状流体的控制，可避免结焦、黏结、堵塞等，也便于自净和清洗。从流体的流向看，有侧进底出和底进侧出两种，一般多采用底进侧出。

（4）套筒控制阀。其阀体为套筒阀塞，如图 11-20（d）所示。其工作原理为阀塞在套筒内运动，改变了套筒窗口的流通面积，从而对工艺参数进行调节。

　　这种阀采用平衡式阀塞机构，许用压力大，稳定性好；流通能力较双座阀大；适应性强，只要更换套筒就可改变流通能力或流量特性；节流面与密封面分开，均匀分布的窗孔减小了流体的冲蚀能力，使用寿命长；且结构简单，装拆方便，故在大部分场合可以替代直通单、双座控制阀。由于采用双密封结构，阀的泄漏大，加之阀塞自身导向，流路复杂，易堵卡。该种阀通常适合于泄漏要求不严、压差较大的干净介质场合。

　　（5）三通控制阀。阀体有三个出入口与管道相连，按作用方式可分为合流式和分流式两种，即可把两路流体合为一路，或把一路分成两路，如图11-21所示。它们是单座阀或双座阀的改型，可代替两个直通阀，适用于流体介质的配比控制，也可用于热交换器的旁路控制。

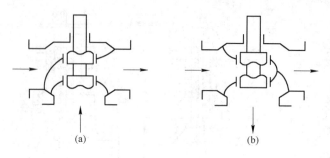

图 11-21　三通控制阀结构

(a) 合流式三通阀；(b) 分流式三通阀

　　（6）隔膜阀。它采用了具有耐腐蚀衬里的阀体和耐腐蚀的隔膜，代替阀的组件，由隔膜起控制作用，如图11-22所示。这种阀的流路阻力小，流通能力大，耐腐蚀，适用于强腐蚀性、高黏度或带悬浮颗粒与纤维的介质流量控制。但耐压、耐高温性能较差，一般工作压力小于1MPa，使用温度低于150℃。

　　（7）蝶阀。蝶阀又称为翻板阀，如图11-23（a）所示，适用于圆形截面的管道中。蝶阀的蝶板安装于管道的直径方向，绕轴线旋转，旋转角度0°~90°。它的结构简单，体积小，质量轻，防堵性能好，但泄漏量较大，特别适用于大口径、大流量、低压差且介质为气体的场合。随着工艺参数的强化，口径的不断增大，蝶阀的应用越来越广泛。

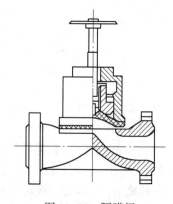

图 11-22　隔膜阀

　　（8）球阀。球阀由旋塞阀演变而来，阀芯为球体，有通孔或通道通过其轴线。根据通孔或通道形状，可分为O形球阀［见图11-23（b）］和V形球阀［见图11-23（c）］。它利用球芯转动与阀座相隔打开的面积来调节流量。球面和通道口的比例设定为当球旋转90°时，在进、出口处应全部呈现球面，从而截断流动。

　　球阀的主要特点是本身结构紧凑，易于操作和维修，流路简单，阻力损失最小，"自洁性"能好，切断压差较大，密封性强；但外形尺寸大，较为笨重，适用于水、溶剂、酸和天然气等一般工作介质，而且还适用于工作条件恶劣的介质，如氧气、过氧化氢、甲烷和乙烯等。

　　（9）偏心旋转阀。偏心旋转阀又称为凸轮绕曲阀，其阀芯为一个偏心转动的扇形球冠体，如图11-23（d）所示。它利用偏心球冠与阀座相切，打开时，球芯脱离阀座；关闭时，球芯逐步接触阀座，使球芯对阀座产生压紧力。

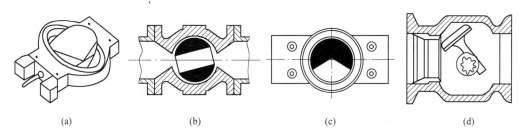

图 11-23 部分控制阀结构

（a）蝶阀；（b）O 形球阀；（c）V 形球阀；（d）偏心旋转阀

偏心旋转阀的特点是阀体流路简单，阻力小，具有较大的流通能力，体积小，质量轻，密封性能好，动态稳定性高，且通用性强。球面压紧阀座时，容易把结晶、结疤物破坏，可适用于结晶、结疤和不干净介质场合。由于比单座阀、双座阀及套筒阀具有更多的优点，该阀使用越来越广泛。

这九种产品前六种是直行程，后三种是角行程，是最基本的产品，也称为普通产品、基型产品或标准产品。各种各样的特殊产品、专用产品都是在这九类产品的基础上改进变型出来的。例如，小流量控制阀适用于小流量的精密控制，超高压阀适用于高静压、高压差的场合。

11.4.2.3　控制阀流量特性

控制阀的流量特性是指介质流过控制阀的相对流量与控制阀的相对开度（相对位移）之间的关系，即：

$$Q/Q_{max} = f(L/L_{max}) \tag{11-19}$$

式中　Q/Q_{max}——相对流量，即控制阀某一开度流量与全开流量之比；

L/L_{max}——相对开度，即控制阀某一开度的行程与全开时行程之比。

一般说来，改变控制阀的阀芯与阀座之间的节流面积，便可控制流量。实际上由于各种因素的影响，在节流面积变化的同时，还会引起阀前后压差的变化，从而使流量也发生变化。为了便于分析，首先假定阀前后压差固定，然后再引申到实际情况。因此，控制阀的流量特性有理想流量特性和工作流量特性之分。

A　理想流量特性

控制阀在前后压差固定的情况下得到的流量特性，称为理想流量特性。阀的理想流量特性主要取决于阀芯曲面的形状，典型的理想流量特性有直线、等百分比、快开和抛物线四种，如图 11-24 所示。

a　直线流量特性

直线流量特性是指控制阀的相对流量与相对开度成直线关系，即直线流量特性的斜率等于常数，与相对流量值无关，如图 11-24 中的曲线 2 所示。用数学式表示为：

$$\frac{d(Q/Q_{max})}{d(L/L_{max})} = K \tag{11-20}$$

式中　K——控制阀的放大系数，即特性曲线的斜率，是表示静态特性的参数；不同型式的控制阀，K 值往往不同。

由式（11-20）可知，直线流量特性控制阀的单位行程变化所引起的相对流量变化是相等的。以图 11-24 中曲线 2 行程的 10%、50%、80% 三点来看，由于 $K=1$，当行程变化 10% 时，

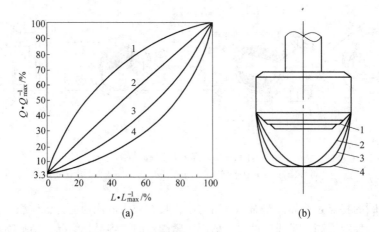

图 11-24　理想流量特性曲线(a)及对应的阀芯曲面形状(b)
1—快开特性；2—直线特性；3—抛物线特性；4—等百分比特性

相对流量的变化均为 10%，总是相等的。但直线流量特性控制阀的相对流量变化的相对值却是不同的，所引起的相对流量变化的相对值分别为：

$$\frac{20 - 10}{10} \times 100\% = 100\%$$

$$\frac{60 - 50}{50} \times 100\% = 20\%$$

$$\frac{90 - 80}{80} \times 100\% = 12.5\%$$

由此可见，直线流量特性的控制阀在流量小时，相对流量变化的相对值大，而流量大时，相对流量变化的相对值小。也就是说，阀在小开度时控制作用太强，不易控制，易使系统产生振荡；而在大开度时，控制作用太弱，不够灵敏，控制难以及时。

b　等百分比流量特性

等百分比流量特性是指相对流量与相对开度之间成对数关系，故又称为对数流量特性。用数学式表示为：

$$\frac{\mathrm{d}(Q/Q_{max})}{\mathrm{d}(L/L_{max})} = K(Q/Q_{max}) \tag{11-21}$$

式中　K——控制阀的放大系数。

随着相对流量的增加，曲线的放大系数是变大的。如图 11-24 中曲线 4 所示，以行程的 10%、50%、80% 三点来看，行程变化 10% 时所引起相对流量变化分别为 1.91%、7.3% 和 20.4%。它在行程小时，相对流量变化小；在行程大时，相对流量变化大。而相对流量变化的相对值分别为：

$$\frac{6.58 - 4.67}{4.67} \times 100\% = 40\%$$

$$\frac{25.6 - 18.3}{18.3} \times 100\% = 40\%$$

$$\frac{71.2 - 50.8}{50.8} \times 100\% = 40\%$$

　　由此可见，行程变化相同所引起的相对流量变化率总是相等，因此，对数特性又称为等百分比特性。由于此种阀的放大系数是随行程的增大而递增，即在开度小时，相对流量变化小，工作缓和平稳，易于控制；而在开度大时，相对流量变化大，工作灵敏度高，这样有利于控制系统的工作稳定。

　　c　抛物线流量特性

　　抛物线流量特性是一条抛物线，介于直线及等百分比特性曲线之间，如图 11-24 中曲线 3 所示。实际工作中通常以等百分比流量特性来代替抛物线流量特性。

　　d　快开流量特性

　　快开流量特性在开度较小时就有较大流量，随着开度的增大，流量很快就达到最大，故称为快开特性，如图 11-24 中曲线 1 所示。快开流量特性的阀芯形状为平板式，阀的有效行程在 $D_g/4$（D_g 为阀座通径）以内。当行程再大时，阀的流体面积就不再增大而失去控制作用，这种阀主要用于双位控制或程序控制系统中。

　　此外，蝶阀的流量特性在转角 70°前与等百分比特性相似，但在 70°后转矩大，工作不稳定，特性也不好，故蝶阀常在 70°转角范围内使用。隔膜阀具有快开特性，使用时一般工作在行程的 60% 以内。

　　B　工作流量特性

　　在实际生产中，控制阀是装在具有阻力的管道系统上，不仅串联有其他设备，还可能并联有旁路，因此控制阀前后压差总是变化的，这时控制阀的相对开度与相对流量之间的关系称为工作流量特性。

　　a　串联管道的工作流量特性

　　以图 11-25 所示串联系统为例来讨论，系统总压差 Δp 等于管路系统（除控制阀外的全部设备和管道的阻力之和）压差 Δp_2 与控制阀压差 Δp_1 之和，如图 11-26 所示。以 S 表示控制阀全开时阀上压差与系统压差（即系统中最大流量时阻力损失之和）之比。假定在无其他串联设备阻力，即阀上压差为系统总压差时，阀全开的流量为 Q_{max}；在有串联设备阻力时，阀全开的流量为 Q_{100}，两者的关系可表示如下：

$$Q_{100} = Q_{max}\sqrt{S} \tag{11-22}$$

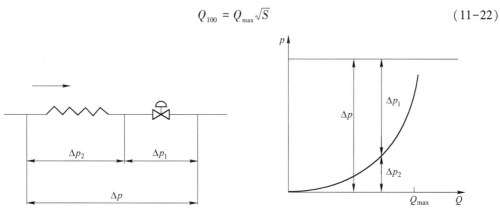

图 11-25　串联管道的情形　　　　　图 11-26　管道串联时控制阀压差变化

　　以 Q_{max} 作参比值，不同 S 值下的工作流量特性如图 11-27 所示。可见，当 $S=1$ 时，管道阻力损失为零，系统总压差全降在阀上，工作流量特性与理想流量特性一致；随着 S 值减小，特性曲线发生畸变，直线特性趋于快开特性，等百分比特性趋于直线特性。这就使得小开度时控制不稳定，大开度时控制迟缓，会严重影响控制系统的控制质量。因此在实际使用中 S 值要加以限制，一般希望 S 值为 0.3~0.5。

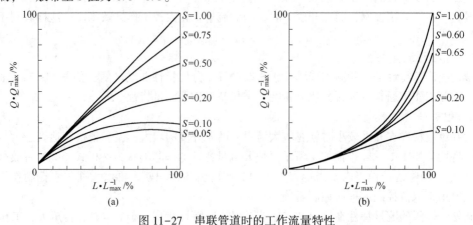

图 11-27 串联管道时的工作流量特性

（以 Q_{max} 作参比值）

（a）直线流量特性；（b）等百分比流量特性

    b   并联管道的工作流量特性

控制阀一般装有旁路，以备控制系统失灵时采用手动操作；当生产量提高或其他原因使控制阀的流量满足不了工艺要求时，也可将旁路阀打开一些，以补其不足，于是控制阀的理想流量特性就改变为工作流量特性。

图 11-28 表示并联管道时的情况。显然这时管路的总流量 Q 是控制阀流量 Q_1 与旁路流量 Q_2 之和，即 $Q = Q_1 + Q_2$。

若以 x 代表并联管道时控制阀全开的流量 Q_{1max} 与总管最大流量 Q_{max} 之比，可得到在压差 Δp 一定，而 x 为不同数值时的工作流量特性，如图 11-29 所示。可见，当 $x = 1$，即旁路关闭时，控制阀的工作流量特性与理想流量特性一致；当 x 值减小即旁路阀逐渐打开时，虽然流量特性曲线形状基本未

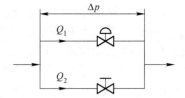

图 11-28 并联管道的情形

变，但对阀而言，泄漏量大大增加，可调节范围大大降低。因此，采用打开旁路阀的控制方案是不好的，一般认为旁路流量最大只能是总管流量的百分之十几，即希望 x 值最小不低于 0.8。

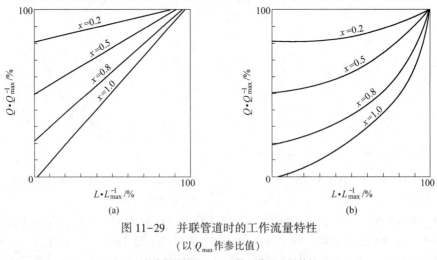

图 11-29 并联管道时的工作流量特性

（以 Q_{max} 作参比值）

（a）直线流量特性；（b）等百分比流量特性

综上所述串、并联管道的情况，可得如下结论。

（1）串、并联管道都会使阀的理想流量特性发生畸变，串联管道的影响尤为严重。

（2）串、并联管道都会使控制阀的可调范围降低，并联管道尤为严重。

（3）串、并联管道都会使控制阀的放大系数减小。串联管道时控制阀若处于大开度，则 S 值降低对放大系数影响更为严重；并联管道时控制阀若处于小开度，则 x 值降低对放大系数影响更为严重。

（4）串联管道使系统总流量减少，并联管道使系统总流量增加。

11.4.2.4　控制阀的流通能力

流通能力也称为流量系数，记做 C、C_V 或 K_V，是指当控制阀全开，阀两端压差为 $1 \times 10^5 \text{Pa}$，流体的密度为 1000kg/m^3 时，每小时流经控制阀的流量值，以 m^3/h 或 t/h 计。流通能力表明了控制阀在规定条件下所能通过的最大介质流量，与阀芯及阀座的结构尺寸、阀两端的压差、流体的种类、温度、黏度、密度等因素有关，是选用控制阀时的主要参数。

从流体力学的观点看，控制阀是一个局部阻力可以变化的节流元件。对不可压缩流体，由能量守恒原理可推导出控制阀的流量方程式为：

$$Q = \frac{A}{\sqrt{\zeta}} \sqrt{\frac{2(p_1 - p_2)}{\rho}} = \frac{\pi D_g^2}{4\sqrt{\zeta}} \sqrt{\frac{2\Delta p}{\rho}} \tag{11-23}$$

式中　Q——流体流经阀的流量，m^3/s；

p_1，p_2——分别为进口端和出口端的压力，Pa；

A——阀所连接管道的截面积，m^2；

D_g——阀的公称通经，m；

ρ——流体的密度，kg/m^3；

ζ——阀的阻力系数。

由式（11-23）可知，当 A 一定且 $(p - p_2)$ 不变时，则通过控制阀的流量仅随阀的阻力系数变化。控制阀的阻力系数主要与流通面积（即阀的开度）有关，也与流体的性质和流体的状态有关。改变阀芯行程，也即改变阀门开度，就改变了控制阀的阻力系数 ζ，从而实现流量的控制。控制阀开得越大，则其阻力系数 ζ 越小，则通过控制阀的流量就越大。对不可压缩流体，根据流通能力 C 的定义，由式（11-23）可得到：

$$C = \frac{\pi D_g^2}{4\sqrt{\zeta}} \sqrt{\frac{2\Delta p_0}{\rho_0}} \times 3600 \tag{11-24}$$

$$Q = C \sqrt{\frac{\Delta p / \Delta p_0}{\rho / \rho_0}} \tag{11-25}$$

式中　C——阀的流通能力，m^3/h；

Δp_0——标定控制阀流通能力时使用的压差，取值 1000kPa；

ρ_0——标定控制阀流通能力时使用的流体密度，取值 1000kg/m^3；

Q——流量，m^3/h；

Δp——控制阀两端的压差，Pa；

ρ——流体密度，kg/m^3；

D_g——控制阀的公称通径，m；

ζ——阀的阻力系数。

代人相关数值可得：

$$C = 4 \times 10^4 \frac{D_g^2}{\sqrt{\zeta}} \qquad (11-26)$$

$$Q = \frac{1}{10} C \sqrt{\frac{\Delta p}{\rho}} \qquad (11-27)$$

式（11-24）~式（11-27）表明，流通能力取决于控制阀的公称通径 D_g 和阻力系数 ζ。阻力系数 ζ 主要是由阀体的结构所决定的，因此，对于相同口径不同结构的控制阀，它们的流通能力也不一样。从式（11-27）可导出不同介质流通能力 C 的实用计算公式，见表11-3。

表 11-3　不同介质流通能力 C 的实用计算公式

流体条件	C 值计算公式	备　注
一般液体	$C = Q \sqrt{\dfrac{\rho}{10\Delta p}}$	式中，Q 为流过阀的流量，m^3/h；Δp 为阀前后压差，kPa；ρ 为流体密度，kg/m^3。当液体黏度不小于 $20mPa \cdot s$ 时需进行 C 值修正
气体 $(p_2 > 0.5 p_1)$	$C = \dfrac{Q_N}{3.87} \sqrt{\dfrac{\rho_N(273.15 + t)}{\Delta p(p_1 + p_2)}} \sqrt{Z}$	式中，Q_N 为气体标准状态下体积流量，m^3/h；p_1、p_2 分别为阀前、后绝对压力，kPa；Δp 为阀前后压差，kPa；ρ_N 为气体标准状态下密度，kg/m^3；t 为气体工作状态下温度；Z 为压缩系数，它与压力、温度有关，可查有关工程手册得到
气体 $(p_2 \leqslant 0.5 p_1)$	$C = \dfrac{Q_N}{3.36} \sqrt{\dfrac{\rho_N(273.15 + t)}{p_1}} \sqrt{Z}$	
饱和蒸汽 $(p_2 > 0.5 p_1)$	$C = \dfrac{118.6 M_S}{K \sqrt{\Delta p(p_1 + p_2)}}$	式中，M_S 为蒸汽质量流量，kg/h；K 为蒸汽修正系数。例如，水蒸气 $K = 19.4$，氨蒸气 $K = 25$，甲烷、乙烯蒸气 $K = 37$
饱和蒸汽 $(p_2 \leqslant 0.5 p_1)$	$C = \dfrac{137.29 M_S}{K P_1}$	
过热蒸汽 $(p_2 > 0.5 p_1)$	$C = \dfrac{6.13 M_S (1 + 0.0013) \Delta t}{\sqrt{\Delta p(p_1 + p_2)}}$	式中，Δt 为水蒸气过热度，℃
过热蒸汽 $(p_2 \leqslant 0.5 p_1)$	$C = \dfrac{7.11 M_S (1 + 0.0013) \Delta t}{p_1}$	

11.4.2.5　控制阀的选择

控制阀的选用是否得当，将直接影响自动控制系统的控制质量、安全性和可靠性，因此，必须根据工况特点、生产工艺及控制系统的工艺要求等多方面的因素，综合考虑，正确选用。在具体选型时，一般应考虑以下几个主要方面的问题。

　　A　控制阀结构与特性选择

控制阀的结构形式主要根据工艺条件，如温度、压力及介质的物理、化学特性（如腐蚀性、黏度）来选择。强酸碱或强腐蚀性介质可选隔膜阀，悬浮颗粒物或浓浊浆状介质应选球阀，大口径、大流量、低压差的场合工作时应选蝶阀。

控制阀的结构形式确定以后，还需要确定控制阀的流量特性（即阀芯的形状）。一般首先按控制系统的特点来选阀的希望流量特性，然后再考虑工艺配管情况来选择相应的理想流量特性。使控制阀安装在具体的管路系统中，畸变后的工作流量特性能满足控制系统对它的要求。目前使用比较多的是等百分比流量特性。

B 执行器作用方式的选择

执行器有正反作用两种方式。当输入信号增大时，执行器的流通面积增大，即流过执行器的流量增加，称为正作用；当输入信号增大时，流过执行器的流量减小，称为反作用。

正作用气动控制阀俗称气开阀，即阀门的初始状态是关闭的，阀门开度随输入控制信号压力的增加而增大；如果控制系统出现故障，即无控制信号时，阀门自动关闭。气关阀的作用方式与气开阀正好相反。气动控制阀开度与控制信号的关系如图 11-30 所示。

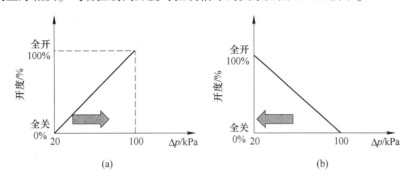

图 11-30 气动控制阀的控制信号与开度的关系
（a）气开阀；（b）气关阀

控制阀开闭形式的选择主要从生产安全角度考虑，一般在控制阀气源中断时，应切断进入被控设备的原料或热源，停止向设备外输出产品。例如，加热炉的燃料油控制应采用气开阀，即当气源信号中断时，应切断进炉燃料，以免炉温继续升高而烧坏炉子。电动控制阀亦有电开与电关两种形式，其选择原则与上述相同。

控制阀的正反作用是由阀芯部件的正装或倒装方式来确定：正装阀阀杆向下，阀芯下移时，阀芯与阀座间流通面积减少；而反装阀正好相反，如图 11-31 所示。

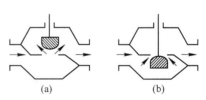

图 11-31 阀芯安装示意图
（a）正装；（b）反装

气动执行器的开、关形式是由执行机构的正、反作用和阀芯的正反安装来决定的，它们的组合方式基本上有四种，如图 11-32 所示。

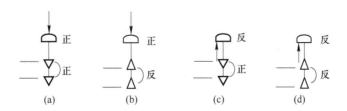

图 11-32 控制阀的组合方式
（a）气关式；（b）气开式；（c）气开式；（d）气关式

例 11-1 如图 11-16（a）所示加热炉温度控制系统，试确定气动阀的开、关形式，以及控制器的正、反作用。

解：（1）确定控制阀的气开、气关特性。因为供气中断时，应使燃料阀全关，停止供应燃料油，不致使加热炉温度过高烧坏炉子，所以选气开阀。

（2）确定调节器的正、反作用。假设加热炉出口炉温高于设定值，测量值与给定值比较，偏差增加，如果要出口温度降低，必须要减少燃料油的加入量，也就是控制阀的输出要减小，因此，控制阀要选用反作用。

C 控制阀口径的选择

在进行自动化技术改造时，阀门口径可以依据等截面积的原则来考虑，即依据在手工操作时阀门口径多大，以开启圈数多少估计开启面积，然后选用在正常工况下具有相同开启面积的控制阀。

在进行新装置的设计时，缺乏操作的资料，通常是按流通能力 C 值来确定阀门口径。常用方法有如下两种。

（1）依据实际最大流量 Q_{max}，算出相应的流通能力 C_{max}，然后从产品系列中选取稍大于 C_{max} 的 C 值及相应的阀门口径，选取时应留必要的余地。最后在实际最大流量 Q_{max} 及实际最小流量 Q_{min} 时的阀门开度进行验算：在 Q_{max} 时应不大于 90%，在 Q_{min} 时应不小于 10%。

（2）更实用的途径是按常用流量算出相应的流通能力 C_{vc}。选用阀门 C 值应使 C_{vc}/C 在 0.25~0.8 之间，即按常用流量的 C_{vc} 值乘以 4.00~1.25 倍。一般 $C_{vc}/C = 0.5$ 为相宜，当工作特性为对数型时可更小些，具体计算方法步骤请查阅相关设计手册。

11.4.3 电动执行机构

电动执行机构是电动单元组合仪表中的一个执行单元，有角行程（DKJ 型）、直行程（DKZ 型）和多转式电动执行机构等类型。它的主要任务是将控制器送来的指挥信号，成比例地转换成角位移或直线位移去带动阀门、挡板等调节机构，以实现自动控制。其主要特点有：能源取用方便，信号传输速度快，传送距离远；便于集中控制；停电时执行器保持原位不动，不影响主设备的安全；灵敏度和精度较高；与电动调节仪表配合方便，安装接线简单。其缺点是结构复杂、体积较大、推力小、价格贵，平均故障率高于气动执行器。它适用于防爆要求不高及缺乏气源和使用数量不太多的场合。

11.4.3.1 基本组成及工作原理

如图 11-33 所示为电动执行机构组成方框图，图中的操作器是终端控制单元的辅助装置，完成电动执行机构的自动/手动控制切换，远程操作和自动跟踪无扰动切换等功能。

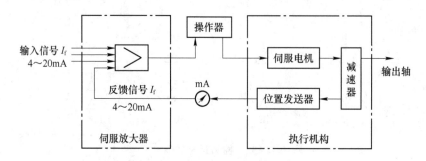

图 11-33 电动执行器主要组成方框图

电动执行机构主要由伺服放大器和执行机构两部分所组成，其工作原理是：

来自调节器的电流信号 I_i（4~20mA）作为伺服放大器的输入，与阀的位置反馈信号 I_f 进行比较，比较后的差值经伺服放大器放大后，控制伺服电机按相应的方向转动，再经减速器减速后使输出轴产生位移；同时，输出轴位移又经位置发送器转换成阀的反馈信号 I_f；当反馈信号与输入信号相等（或偏差信号小于预设值）时，伺服放大器无输出，电机不转动，执行机构就稳定在与输入信号相对应的位置上。

伺服电机是执行机构的动力部分，通常采用启动转矩大和启动电流较小的单相电容电机（对于大尺寸阀门可选用三相的）。其内部装有制动机构，用于克服执行器输出轴的惯性和负载的反力矩。减速器把电机的高速、小转矩输出功率转变为低速、大转矩的输出功率。

位置发送器是根据差动变压器的工作原理，利用输出轴的位移来改变铁芯在差动线圈中的位置，以产生反馈信号和位置信号。为了保证位置发送器稳定供压及反馈信号与输出轴位移成线性关系，位置发送器的差动变压器电源采用 LC 串联谐振磁饱和稳压，并在发送器内设置零点补偿电路，从而保证了位置发送器的良好反馈特性。

11. 4. 3. 2　智能执行机构

随着过程控制仪表中微处理器的引入，智能执行机构也应运而生。智能电动执行机构利用微机和现场总线技术将伺服放大器与执行机构合为一体，实现了双向通信、PID 控制、在线标定、控制阀输出特性补偿、自校正与自诊断、行程保护、过力矩保护、电动机过热保护、断电信号保护、故障及报警等功能，可与上位计算机及现场智能仪表一起联网构成控制系统。工作时，它接收上位计算机或其他智能仪表，甚至是手机 APP 送来的控制信号（标准模拟电流控制信号或开关量控制信号或总线信号等），将执行机构的输出轴定位于和输入信号相对应的位置上。

智能电动执行机构的构造与普通的电动执行机构一样，主要由控制器、驱动电动机、减速器和位移检测机构四部分组成，通常都有液晶显示器和手动操作按钮，用于显示各种状态信息和输入组态数据及手动操作等，如图 11-34 所示。但与常规电动执行机构不同的是，智能电动执行机构的伺服放大器都采用了微处理器，控制功能可通过组态实现，具有 HART 协议或现场总线通信功能。有的伺服放大器还采用了变频器技术，能更好地控制伺服电机的动作。减速器也采用新型传动机构，使得其运行更加平稳、传动效率更高，动作更加可靠。位置发送器采用了新技术和新方法，如采用特种导电材料的电位器；或采用霍尔传感器感应阀杆的动作；有的还采用磁阻效应角度传感器。总之，与常规电动执行机构相比，智能电动执行机构的性能可说是有了一个飞跃。

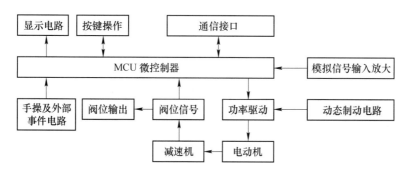

图 11-34　智能电动执行机构组成原理图

11.4.4　控制阀辅助装置

在实际工业应用中，电气两种信号常是混合使用的，这样可以取长补短。因而有各种电/气转换器及气/电转换器把电信号（4~20mA DC）与气信号（0.02~0.10MPa）进行转换。电/气转换器可以把电动变送器送来的电信号变为气信号，送到气动控制器或气动显示仪表；也可把电动控制器输出信号变为气信号去驱动气动控制阀，此时常用到电/气阀门定位器，它具有电/气转换器和气动阀门定位器的作用。

11.4.4.1　电/气转换器

电/气转换器的结构原理如图 11-35 所示，它按照力矩平衡原理工作。由电动控制器送来的电流 I 通入线圈，当输入电流 I 增大时，线圈与磁铁产生的吸力增大，使杠杆做逆时针方向转动，并带动安装在杠杆上的挡板靠近喷嘴，使喷嘴挡板的背压升高，经气动放大器功率放大后产生 0.02~0.10MPa 的输出力，完成电气转换；与此同时，该力还作为反馈信号作用于波纹管，使杠杆产生向上的反馈力矩，与电磁力矩相平衡，构成力平衡式电/气转换系统。弹簧可用来调整输出零点；移动波纹管的安装位置可调整量程；重锤用来平衡杠杆的质量，使其在各种安装位置都能准确地工作，转换器的精度可达到 0.5 级。

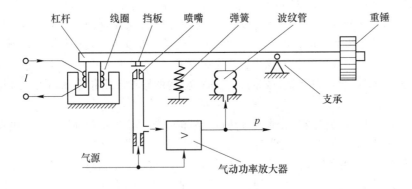

图 11-35　电/气转换器的结构原理图

11.4.4.2　电/气阀门定位器

电/气阀门定位器，一方面具有电/气转换的作用，可用电动控制器输出的 4~20mA DC 信号去操纵气动执行机构；另一方面还具有气动阀门定位器的作用，可以使阀门位置按控制器送来的信号准确定位。

电/气阀门定位器的原理如图 11-36 所示。具体的转换过程是，输入电流 I 通入绕于杠杆外的力线圈，它产生的磁场与永久磁铁相作用，使杠杆绕支点 O 转动，改变喷嘴挡板机构的间隙，使其背压改变，此压力变化经气动功率放大器放大后，推动薄膜执行机构使阀杆移动。在阀杆移动时，通过连杆及反馈凸轮，带动反馈弹簧，使弹簧的弹力与阀杆位移作比例变化，在反馈力矩等于电磁力矩时，杠杆平衡。这时，阀杆的位置必定精确地由输入电流 I 确定。由于这种装置的结构比分别使用电/气转换器和气动阀门定位器简单得多，所以价格便宜，应用十分广泛。

11.4.5　电力调整器

电力调整器有多种不同叫法，如调压器、调功器、电力控制器等，是指应用晶闸管等电力

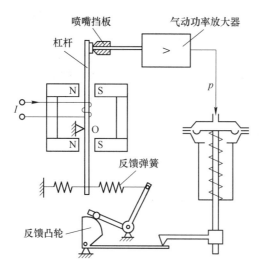

图 11-36　电/气阀门定位器的原理图

电子器件（power electronic device）及其触发控制电路用于调整负载功率的装置，也是过程自动控制系统中常用的一种执行器，应用非常广泛。

电力电子器件又称为功率半导体器件，主要用于电力设备的电能变换和控制电路方面。电力电子器件种类很多，按照器件能够被控制电路信号所控制的程度，可以将其分为：

（1）不可控器件，即二极管；

（2）半控型器件，主要包括可控硅（Silicon Controlled Rectifier，SCR）及其派生器件；

（3）全控型器件，主要包括门极可关断晶闸管（GTO）、电力场效应晶体管（电力 MOS-FET）、绝缘栅双极型晶体管（IGBT）、电力晶体管（GTR）等。

下面以 SCR 为例，介绍电力电子器件的工作原理及其在过程控制系统中的应用。

11.4.5.1　可控硅结构与工作原理

可控硅也称为晶闸管（thyristor），是一种具有四层 $P_1N_1P_2N_2$ 结构、三端引出线（阳极 A、阴极 K 和控制极 G）的大功率半导体器件，如图 11-37 所示。

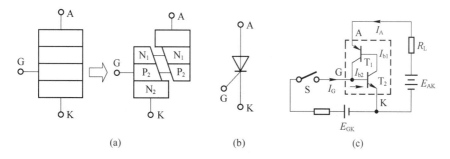

图 11-37　可控硅结构及工作原理图

(a) 结构及等效电路图；(b) 电路符号；(c) 工作原理图

可控硅的工作原理是：

如图 11-37（c）所示，在阳极 A 与阴极 K 之间加上正向电压 E_{AK}，则两个三极管均处于放大状态。若从控制极 G 输入一个正向触发信号（I_G），三极管 T_2 里便有电流（I_{b2}）流过，经放大，T_2 集电极电流 $I_{c2} = \beta_2 I_{b2}$。因为 T_1 的集电极直接与 T_2 的基极相连，所以 $I_{b1} = I_{c2}$。然后电流 I_{c2} 再经 T_1 放大，于是 T_1 的集电极电流 $I_{c1} = \beta_1 \beta_2 I_{b2}$，这个电流又流回到 T_2 的基极，形成正反馈。如此正反馈循环的结果，使得两个三极管的电流剧增，可控硅迅速饱和导通。也正是因为正反馈作用，一旦可控硅导通后，即使控制极 G 的电流消失了，可控硅仍然能够维持导通状态。由于触发信号只起触发作用，没有关断功能，所以这种可控硅是不可关断的，属半控型器件。

11.4.5.2　可控硅的应用

普通可控硅最基本的用途就是可控整流。根据电源及可控硅的连接方式，整流电路分为单相半波、单相全波、单相桥式与三相全桥式等多种形式，如图 11-38 所示为最简单的单相半波可控整流电路及波形图（电阻性负载）。由图 11-38 可知，只有在 U_2 处于正半周，在控制极外加触发脉冲 U_G 时，可控硅被触发导通，负载电阻 R 上才有电压输出（波形图上阴影部分）。U_G 到来得早，可控硅导通的时间就早；U_G 到来得晚，可控硅导通的时间就晚。

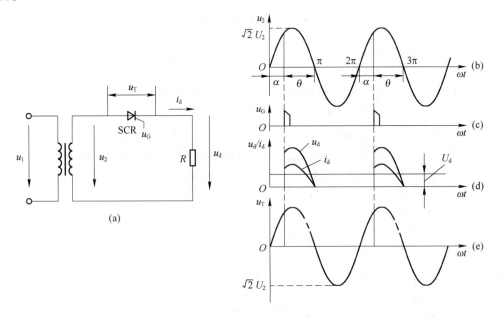

图 11-38　单相半波可控整流电路及波形图（电阻性负载）

(a) 电路图；(b) 次边电压；(c) 触发脉冲；(d) 负载电压/电流波形；(e) SCR 两端电压

通常用触发角或控制角 α 来表示 U_G 到来的时间，控制角 α 是指从晶闸管开始承受正向阳极电压起到施加触发脉冲止的电角度；显然，当 $0 < \omega t < \alpha$ 时，可控硅关断，晶闸管在一个周期内导通的电角度 $\theta = \pi - \alpha$。通过改变控制角 α（移相范围 $0° \sim 180°$），即可改变负载上脉冲直流电压的平均值 U_d，实现可控整流的目的。直流输出电压平均值 U_d 为：

$$U_d = \frac{1}{2\pi} \int_\alpha^\pi \sqrt{2} U_2 \sin\omega t \mathrm{d}(\omega t) = \frac{\sqrt{2} U_2}{2\pi}(1 + \cos\alpha) \tag{11-28}$$

11.4.5.3　电力调整器组成及应用

可控硅等功率器件能够以小电流控制大电流（电压），且控制灵活，电路简单，开关速度快，广泛应用于整流、逆变、斩波电路中，是电炉控温、电动机调速、发电机励磁、感应加热、电镀、电解电源、输配电等电力电子装置的核心部件。

基于可控硅等功率器件设计生产的电力调整器在过程自动化系统中的应用也很常见。例如，将图11-38中的输出电压 u_d 作为电炉等设备的电源，用控制器来控制可控硅的触发角构成图11-16所示的炉温自动控制。可控硅调功器相对于继电器运行更加稳定，对温度的调控更加精确。

虽然图11-38所示的电路非常简单，但输出脉动大，变压器二次侧电流含直流分量和谐波，对电网及变压器（直流磁化）运行不利，故实际中使用较少。目前在实际的电炉等通过"交流调功（调压）"实现温度等参数的自动控制系统中，通常采用可控硅等功率器件组成固态继电器模块作为调节机构。

固态继电器（SSR，Solid State Relay）是一种全部由固态电子元件组成的无触点开关器件，它利用SCR、开关三极管、IGBT等半导体器件的开关特性，达到无触点无火花地接通和断开电路的目的。如图11-39为Z型（过零触发）SSR（P型SSR是相位触发）的结构原理示意图，其中的开关器件使用双向可控硅，双向可控硅TRIAC（Tri-electrode AC switch）是晶闸管的派生器件，它在结构上相当于两个单向可控硅反向并联，其通断状态同样是由控制极决定；但与单向可控硅不同的是，在控制极上加正或负脉冲均可使其导通，这种可控硅具有双向导通功能。

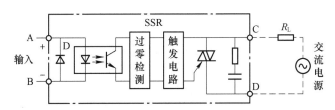

图11-39　过零触发（Z型）固态继电器结构示意图

工作时只要在输入端A、B加上一定的控制信号（DC 3～32V），过零检测电路可使交流电压变化到零状态附近时才可以控制C、D端之间的"通"和"断"，实现"开关"的功能，输入输出之间采用光电耦合器进行隔离。过零检测与触发SSR能有效防止高次谐波的干扰和对电网的污染，所以应用广泛。

由于过零触发型SSR有可能造成电源半个周期的最大延时，从而导致控制不准确，此时可采用线性固态调压器（Solid State Adjust）。固态调压器实际上是一种新型的集成移相调压式的固态继电器（P型），有多种输入控制形式，如4～20mA固态调压器接受控制器输出的4～20mA信号，输出的电压与电流成正比关系。

目前固态继电器已广泛应用于计算机外围接口设备、家用电器、工矿企业、仪器仪表、医疗器械等领域。在工业自动化领域，主要针对各种交直流供电设备的控制，例如图11-40所示的炉温控制系统。图11-40（a）中AI519控制器产生SSR电压输出（12V DC/30mA）信号，驱动SSR固态继电器工作，通过调整接通-断开的时间比例的方式来调整输出功率，实现输出电压从0V到电网全电压的调节，从而实现对温度的位式控制或PID控制等。而图11-40（b）中AI519控制器输出4～20mA线性电流信号，控制固态调压器输出电压实现对温度的PID控制。关于AI519控制器的型号、配置请查阅其使用说明书或参考11.3.2.3节。

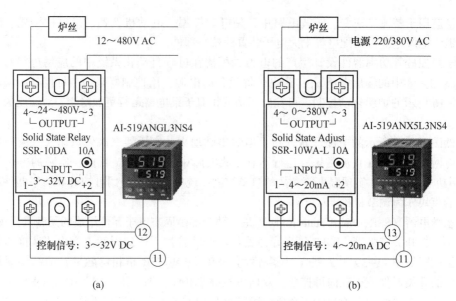

图 11-40 电炉温度控制系统

（a）AI519 控制 SSR；（b）AI519 控制 SSA

11.4.6 变频器

变频器的英文名为 VFD（Variable-frequency Drive）或 VVVF（Variable Voltage Variable Frequency），是一种应用电子变流技术将恒频恒压的电源变成电压、频率可变的电源，进而对电动机进行调速控制的电气装置。按照变频器用途，分为通用型与专用变频器。专用变频器是专门针对某一方面或领域需要而设计的变频器，具有适用于所针对领域独有的功能和优势，能够更好地发挥变频器的作用，如风机专用、水泵专用、电梯专用等变频器；根据变换方式，变频器分为交-直-交变频器和交-交变频器。目前应用最广泛的是交-直-交变频器，下面介绍这种变频器的工作原理。

11.4.6.1 变频器构成原理

如图 11-41 所示为交-直-交变频器组成结构图，主要由主电路和控制电路组成。

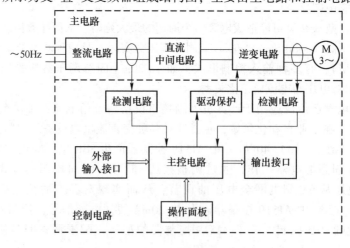

图 11-41 交-直-交变频器组成结构图

主电路是给交流电动机提供调压调频电源的电力变换部分，它由三部分构成，将工频电源变换为直流功率的"整流器"，吸收在变流器和逆变器产生的电压脉动的"平波回路"，以及将直流功率变换为交流功率的"逆变器"。根据平滑滤波电路的不同，交-直-交变频器可分为电压型和电流型两类：电压型直流回路使用电容滤波，直流电压比较平稳，直流内阻较小，相当于电压源，常用于负载电压变化较大场合；而电流型直流回路滤波是电感，直流内阻较大，可抑制负载电流的频繁急剧变化，电压接近正弦波，故常用于负载电流变化较大场合，适合需要回馈制动和经常正反转的机械。

变频器的主控电路（CPU 或 DSP）、检测传感电路、控制信号的输入输出电路、驱动保护电路组成控制电路。

交-直-交变频器工作原理是：先将工频交流电通过整流电路变成脉动直流电，再经过中间电路的电容或电感平滑滤波，为逆变电路供电。主控电路根据电压、频率控制算法，产生驱动信号，控制逆变器中 IGBT 等功率器件的导通与关断，从而得到电压、频率与输入信号相对应的交流电去控制电机。

11.4.6.2　变频器功能应用

变频器是一种集软启动控制、停机及制动控制、显示及按键设置、变频调速、电机保护等功能于一体的电动机控制装置。变频器收到启/停指令后，可根据预先设定的启动和停车方式控制电动机的启动与停机，且电机转速跟随控制器输出的控制信号（频率给定信号）而变化，主要用于需要调整转速的设备中，其功能应用如图 11-42 所示。

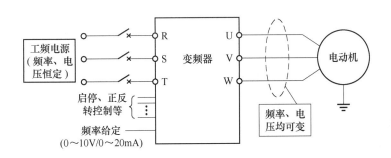

图 11-42　变频器功能应用

用变频器控制电机的转速，有以下诸多优点。

（1）节能降耗。变频器节能主要表现在风机、水泵的应用上，这是因为风机、泵类负载的实际消耗功率基本与转速的三次方成比例，风机、泵类负载采用变频调速后，节电率可达20%~60%。当用户需要的平均流量较小时，风机、泵类采用变频调速使其转速降低，节能效果非常明显。也正是基于此原因，国家政策已经规定，对新建和扩建工程需要调速运行的风机和水泵，一律不得采用挡板和阀门调节流量；对采用挡板和风机调节流量的要分期、分批、有步骤地进行调整改造。此外，电压型变频器还可以对电网的功率因数进行补偿，可以减少无功损耗，增加电网的有功功率。

（2）满足工艺要求，提高设备寿命。电机硬启动不仅会对电网造成严重的冲击，而且会对电网容量要求过高，启动时产生的大电流和震动对挡板和阀门等设备的损害极大，对设备、管路的使用寿命极为不利。而变频器的软启动功能将使启动电流从零开始变化，最大值也不超过额定电流，减轻了对电网的冲击和对供电容量的要求，保证设备的平稳运行，提高可靠性，延长设备的生命周期，使控制系统和操作步骤简单化，满足生产的工艺需求和工艺规范，同时也节省设备的维护费用。此外，采用变频调速控制后，可使机电系统简化，操作和控制更加方便，有的甚至可以改变原有的工艺规范，从而提高了整个设备的功能。

（3）满足多种自动控制特殊要求。变频器功能多，使用灵活，可满足自动化控制系统中的许多特殊控制要求，如正/反转、多段速、定时、自动启停等。此外，用变频器来控制风机水泵等设备，构成流量闭环控制系统，满足炉窑、反应器等自动控制的需要。例如，图 11-16（a）所示的加热炉温度控制系统中，采用如图 11-43 所示通过变频器直接控制油泵转速调节供油量的方案，比原系统中"泵送阀控"燃料油流量的方案更佳。随着变频器智能化程度的提高，其功能越来越丰富，许多厂家推出了具有 PID 控制，甚至具有简单 PLC 控制功能的产品，通过 485 或其他联网方式与其他智能设备通信，更易于满足自动化控制系统的需要。

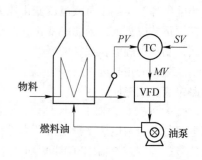

图 11-43　加热炉温度控制系统

复习思考题

11-1　控制器在控制系统中起何作用，什么是控制器的控制作用，有哪些基本的控制作用？

11-2　什么是比例控制作用，为什么比例控制会产生静差？

11-3　何谓比例控制器的比例带？一个电动比例式控制器，其输入输出范围为 4~20mA DC，当控制器的比例带置 50%，输入从 8mA 升到 12mA 时，相应的控制器输出将变化多少？

11-4　积分控制作用有什么特点，为什么它可以消除静差？

11-5　微分控制作用有什么特点，能否消除静差，为什么微分控制作用不能单独使用？

11-6　试述 DDZ-Ⅲ型电动控制器有哪几个组成部分，各部分的作用是什么？

11-7　简述数字控制器位置式 PID 算法与增量式 PID 算法的特点，举例说明其适用情况。

11-8　试述数字控制器的硬件主要由哪几部分组成。

11-9　一台 DDZ-Ⅲ型温度比例控制器，测量的全量程为 0~1000℃。当指示值变化 100℃，控制器比例度为 80%，求相应的控制器输出将变化多少？

11-10　一台 DDZ-Ⅲ型液位比例控制器，其液位的测量范围为 0~1.0m。若指示值从 0.4m 增大到 0.6m，比例控制器的输出相应从 10.4mA 增大到 13.6mA，试求控制器的比例度及放大系数。

11-11　某台 DDZ-Ⅲ型 PI 控制器，比例度为 100%，积分时间为 2min。稳态时，输出为 5mA。某瞬间，输入突然增加了 0.2mA，试问经过 5min 后，输出将由 5mA 变化到多少？

11-12　对一台 PI 控制器作开环试验。已知 $K_P = 2$，$T_I = 1min$。若输入偏差信号如图 11-44 所示，写出数学表达式，试画出该控制器的输出信号变化曲线。

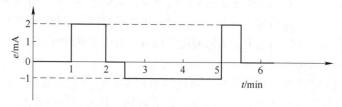

图 11-44　题 11-12 图

11-13   某模拟控制器，初始输出 V_0 为 1.5V DC，当 V_i 加入 0.1V 的阶跃输入时（给定值不变），V_0 为 2V，随后 V_0 线性上升，经过 5min 后 V_0 为 4.5V，则比例增益、比例度、积分时间和微分时间分别为多少？

11-14   一台具有 PI 控制规律的 DDZ-Ⅲ 型控制器，其比例度为 80%，积分时间 T_1 为 1min。稳态时，输出为 12mA。某瞬间，输入偏差突然增加了 0.3mA，问其比例输出为多少？经过 3min 后，其输出将为多少？

11-15   某 DDZ-Ⅲ 型控制器，其比例度 δ = 50%，积分时间 T_1 = 0.2min，微分时间 T_D = 2min，微分放大倍数 K_D = 10。假定输出初始值为 4mA。在 t = 0 时施加 0.5mA 的阶跃信号，试分别写出在该阶跃信号下比例、积分、微分的输出表达式，并计算 t = 12s 时该控制器的输出信号值。

11-16   某原油加热控制系统如图 11-45 所示，图中 TT 为温度测量变送环节，TC 为温度控制器。若被控对象控制通道的传递函数为 $\dfrac{3}{5s+4}$；调节阀的传递函数为 1；TT 的传递函数为 1。当设定值发生阶跃变化时，控制器 TC 的传递函数分别为 1、2、3 和 $\dfrac{10s+1}{10s}$ 时，分别求出原油出口温度的稳态变化量 $\Delta T(\infty)$ 和余差。

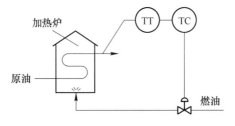

图 11-45   题 11-16 图

11-17   电动执行器和气动执行器各由哪几部分组成，各起何作用？

11-18   电动执行器是按什么原理进行工作的，有何特点？

11-19   试分别说明什么是控制阀的流量特性和理想流量特性？常用的控制阀典型的理想流量特性有哪几种，它们各有何特点？

11-20   什么是控制阀的工作流量特性？在串、并联管道中，工作流量特性和理想流量特性有什么不同（以直线结构和等百分比结构为例说明）？

11-21   已知阀的最大流量 Q_{max} = 50m³/h，可调范围 R = 30。

（1）计算其最小流量 Q_{min}，并说明 Q_{min} 是否是阀的泄漏量；

（2）若阀的特性为直线流量特性，求在理想情况下相对行程 l/L 为 0.2 及 0.8 时的流量值 Q；

（3）若阀的特性为等百分比流量特性，问在理想情况下阀的相对行程为 0.2 及 0.8 时的流量值 Q。

11-22   加热炉温度控制系统如图 11-46 所示，要求：

（1）画出控制系统的方框图，指出对象、被控参数、控制参数、可能的干扰；

（2）确定控制阀的气开、气关特性；

（3）控制器的正、反作用；

（4）如果被控温度为（90±2）℃，应选择什么测温元件，为什么，使用时注意什么问题？

（5）你认为采用什么控制规律合适？请说明理由。

11-23   为什么说等百分比特性又叫做对数特性，与线性特性比较起来它有什么优点？

11-24   什么叫做控制阀的流通能力，它取决于哪些因素，有何作用？

11-25   简述可控硅的工作原理。可控硅变流对电网有何危害，如何减少？

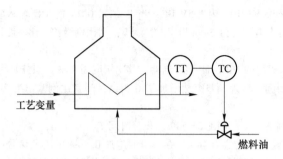

图 11-46 题 11-22 图

11-26 简述过零触发型固态继电器的工作过程，并说明其优缺点。

11-27 变频器是如何工作的，它在过程控制领域有何作用？

12　单回路控制系统

第 12 章课件

　　随着生产过程规模日益大型化、复杂化，智能仪表和计算机控制系统日益普及，各类控制系统特别是复杂控制系统和先进控制系统在生产过程中的作用越来越显得重要，但简单控制系统仍然占大多数，简单控制系统也是各类复杂控制系统和先进控制系统的基础。因此，掌握简单控制系统的基本原理和设计方法非常重要。本章主要讨论简单控制系统的设计、投运与参数整定等内容。

12.1　简单控制系统组成及分析

12.1.1　简单控制系统的组成

简单控制系统组成及分析

　　简单控制系统就是由一个被控对象、一个检测元件（变送器）、一个控制器和一个执行器（控制阀）所构成控制系统；由于控制系统信号流只有一个回路，因此也称为单回路控制系统。

　　如图 12-1 所示是一个典型的简单控制系统，图 12-2 是该系统的方框图。图中 T 表示被加热介质的出口温度，是该控制系统的被控变量，蒸汽流量是操纵变量，蒸汽换热器是被控对象。该控制系统由蒸汽换热器、温度检测元件、温度控制器（TC）和蒸汽流量控制阀组成。控制目标是通过改变进入换热器的蒸汽流量，将换热器出口物料的温度维持在工艺规定的数值上。

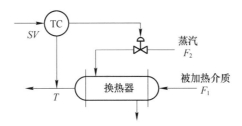

图 12-1　换热器温度控制系统

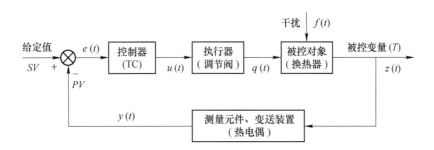

图 12-2　换热器温度控制系统方框图

12.1.2 控制过程分析

以上述换热器温度控制系统为例,分析简单控制系统的工作过程。

12.1.2.1 平衡状态

换热温度控制目标是通过改变进入换热器的蒸汽流量,将换热器出口物料的温度维持在工艺规定的数值上。假设蒸汽的流量及品质保持不变,当冷流体流量及品质保持不变时,控制系统处于平衡状态,并将保持这个状态,直到有新的扰动产生;或者对被加热物料出口温度 T 有新的控制要求。

12.1.2.2 扰动分析

该系统的主要扰动包括:

(1) 冷流体流量的变化,流量增加,物料出口温度下降;

(2) 冷流体温度的变化,冷流体温度上升,物料出口温度上升;

(3) 蒸汽流量的变化,如果加热蒸汽的压力增加,蒸汽流量增大,物料出口温度上升;

(4) 蒸汽温度、换热器环境温度的变化也会影响到出口温度的变化,这些扰动一般都是随机性质且无法预知,但它们最终影响到出口温度发生变化时。

12.1.2.3 控制过程

无论是由于何种原因、何种扰动,只要它的作用使换热器出口温度 T 有了变化,则控制系统应能通过控制器来克服各种扰动对出口温度 T 的影响,使之回到原来的平衡状态。

在对控制过程进行分析之前,一般先选择控制阀的气开、气关特性。控制阀有气开(正作用)、气关(反作用)的选择,主要是从控制系统的安全出发。在换热器温度控制系统中,从安全的角度考虑,控制阀应选择气开阀(参见 11.5.2 小节)。为保证控制系统为负反馈,控制器应选择反作用控制器(确定方法见 12.4.2 小节)。

控制过程分析:假设由于扰动的影响,当换热器出口温度 T 偏离平衡状态而下降时,温度传感器检测信号减小,作为测量值送给控制器,控制器将测量值 y 与给定值比较。由于设定值 r 保持不变,测量值 y 下降,偏差 e 增加,控制器输出信号 u 增加;由于是气开阀,使得阀门的开度增大,阀的流通面积增大,加热蒸汽流量增加,换热器出口温度 T 上升,直到回归设定值。这个控制过程可以简洁地表示如下:

扰动影响 $\rightarrow T\downarrow \rightarrow y\downarrow \rightarrow e\uparrow \rightarrow u\uparrow \rightarrow$ 阀开度 $\uparrow \rightarrow$ 蒸汽流量 $\uparrow \rightarrow T\uparrow$

类似地,当扰动作用使出口温度 T 上升时有:

扰动影响 $\rightarrow T\uparrow \rightarrow y\uparrow \rightarrow e\downarrow \rightarrow u\downarrow \rightarrow$ 阀开度 $\downarrow \rightarrow$ 蒸汽流量 $\downarrow \rightarrow T\downarrow$

另外,如果控制器和执行器的作用方向选错了,系统就不能克服扰动,达不到设计要求。

12.2 简单控制系统的设计

自动控制的目的就是使生产过程自动按照预定的目标进行,并使工艺参数保持在预先规定的数值上(或按预定规律变化)。为了达到这个目的,首先必须对工艺过程有充分的了解,然后选择合适的控制方案,并确定相应的控制装置与控制参数。这个过程就是控制系统的设计。如何构建一个控制系统,应从以下几个方面考虑:

(1) 确定被控变量,也就是控什么,如何获取被控变量?

（2）确定控制变量，用什么来控？

（3）确定执行器，怎样在保证安全的前提下满足系统控制的需要？

（4）确定控制器，选用什么样的控制策略、多大的控制作用及通过何种方式控制？

12.2.1　被控量的选择

对于每个工艺过程，反映运行状况的参数有很多，但并非每个参数都可作为系统的被控量。一般说来，应该选择那些与生产工艺关系密切的参数即"关键参数"作为被控量。所谓关键参数，是指对产品质量、产量和安全具有决定性的作用，而人工操作又难以满足要求，或者人工操作满足要求但劳动强度很大的参数。选择哪个或哪几个参数作为被控量，其设定值应设为多大？这些问题包含了对整个工艺过程的整体优化问题，不同的工艺过程都有各自的特殊要求，结果都不相同。为此，必须熟悉工艺过程，从对自动控制的要求出发，合理选择被控量。这里提出几个选择的基本原则。

（1）以工艺控制指标作为被控量。温度、压力、流量等工艺参数是能够最好地反映工艺状态变化的物理量，通常可按工艺操作的要求直接选定，因为它们为工艺某一目的服务是清楚的，大多数单回路控制系统就是这样，例如换热器温度控制、泵的流量控制等。

（2）以产品质量指标作为被控量。这是最直接也是最有效的控制，例如硫酸工厂的沸腾焙烧炉烟气中二氧化硫的含量、加热炉燃料燃烧后炉气中氧的含量等，都是反映工艺和热工过程的质量指标。然而，对于某些质量指标，目前还缺乏合适的在线检测和分析工具，往往无法获得直接信号或者滞后很大，这时只好采用间接指标作为被控量。在选择间接指标时，要注意它与直接指标之间必须是一一对应的函数关系，例如锌精矿沸腾焙烧炉的炉温控制，它是反映焙砂质量的一个间接指标。沸腾层温度稳定在（870±10）℃时，焙砂中可溶锌含量（质量分数）达94%~95%，因此它是沸腾炉工艺操作和控制的主要参数。

（3）作为被控量，必须能够获得检测信号并有足够大的灵敏度；滞后要小，否则无法得到高精度的控制质量。

（4）选择被控量时，必须考虑工艺流程的合理性，检测点的选取必须合适。

12.2.2　操纵量的选择

当被控量确定后，接着就是如何选择操纵量的问题。在控制系统中，扰动是影响系统正常平稳运行的破坏因素，使被控量偏离设定值；操纵量是克服扰动影响、使系统重新恢复平稳运行的积极因素，起校正作用，使被控量回复到设定值或稳定在新值上，应该遵循快速、有效地克服干扰的原则选择操纵量。为此必须分析扰动因素，了解对象特性，以便合理选择操纵量，组成一个可控性良好的控制系统。下面从讨论对象特性对控制质量的影响入手，归纳出选择操纵变量的基本原则。

12.2.2.1　扰动通道特性对被控量的影响

图12-3为存在扰动时的控制系统方框图，对象扰动通道的特性也可近似地用时间常数、滞后和放大系数来表征。图12-4为单位阶跃扰动作用下的系统响应，其中曲线1~3为单容量特性时响应曲线，时间常数分别为 T_1、T_2 和 T_3，对象的时间常数越大，动态响应越慢，曲线越平坦（如曲线3），则扰动对被控量的影响越缓和，有利于控制质量提高。时间常数越小，曲线越陡，影响越大（如曲线1）。曲线4为双容量特性时的响应曲线，在相同的扰动作用下，

曲线的变化呈 S 形且比单容量的缓慢。这说明扰动通道存在容量滞后，扰动通道的容量滞后越大，则扰动对被控量的影响越小。

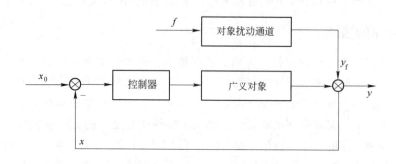

图 12-3　扰动作用下系统的方框图

如果扰动通道有纯滞后，此时被控量的变化沿时间坐标轴推迟一个相应的距离，过渡过程曲线的形状不变。对象扰动通道的静特性——放大系数 K_f，仅影响被控量变化的幅值，而不改变其过渡曲线的形状。K_f 值越大，会使被控量的超调量越大，故希望 K_f 值越小越好。

另外，扰动对控制质量的影响还与它进入系统的位置有关。例如，在图 12-5 的液位控制系统中，两个相同的单容量水箱串联成双容量对象，被控量是第二个水箱的液位 L，扰动量 f_1 和 f_2 由两处分别进入系统。操纵量是进水量，通过改变进水量控制第二个水箱的液位 L 稳定在设定值。

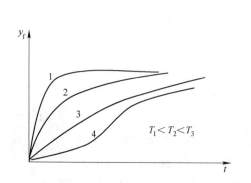

图 12-4　对象扰动通道的响应曲线

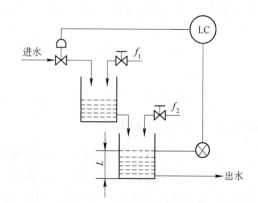

图 12-5　液位控制系统

图中扰动 f_2 进入系统的位置，距离液位（被控量）测量点较近，扰动通道是单容量对象（一个水箱），时间常数较小，故对被控量的影响较大。扰动 f_1 进入系统的位置距离液位测量点较远，扰动通道是双容量（两个水箱串联），其容量滞后，时间常数也较大，故对被控量的影响小。对于两个以上的多容量对象亦依次类推。可见，扰动进入系统的位置，远离测量元件或靠近控制阀，则扰动对被控量的影响越小。

12.2.2.2　控制通道特性对控制质量的影响

控制器的校正作用，是通过改变操纵量施加于对象影响被控量的。当对象控制通道的时间常数适当小时，对象动态特性响应快，控制及时，有利于克服扰动的影响。但是，对象时间常数也不宜过大或过小，否则会引起过渡过程振荡或校正作用迟缓；且当对象中包含多个惯性环节时，应设法使各惯性环节的时间常数错开以使系统控制品质好。总之，控制通道的动态响应应较扰动通道的快，控制方案才是可取的。

控制通道因物料输送和能量传递均需要时间而存在滞后，对控制质量是不利的。如果滞后在操纵量方面，就使它不能及时起控制作用；如果滞后在被控量方面，就使偏差不能及时发现。不论哪种情况，总是控制作用落后于被控量的变化，使过程振荡加剧。因此在选择操纵量构成控制系统时，要设法使滞后尽量小，例如缩短控制阀与对象之间的距离，检测元件安装在被控量变化灵敏的位置等。

对象控制通道的静特性——放大系数 K_0 希望大些。K_0 大表明操纵量对被控量的校正作用有足够大的灵敏度，有利于提高控制质量。

12.2.2.3 操纵量的选择原则

根据上面对象扰动通道和控制通道的特性分析，操纵量的选择原则可归纳如下。

（1）选择操纵量时应以克服主要扰动最有效为原则，应使控制通道对象放大系数 K_0 适当地大些，时间常数 T_0 适中，纯滞后 τ_0 越小越好。在控制通道中含有多个容量特性时，应设法使各环节的时间常数错开。

（2）扰动通道对象的放大系数 K_f 应尽可能小，时间常数应尽可能大。

（3）扰动作用点应尽量靠近控制阀或远离检测元件。增大扰动通道的容量滞后，可减少对被控量的影响。

（4）操纵量的选择不能单纯从自动控制的角度出发，还必须考虑生产工艺的合理性、经济性。

12.2.2.4 被控变量与操纵变量的选择举例

加热炉是工业过程中常用热工设备，如图 12-6 所示。生产中加热炉用燃料油为燃料，将原油温度加热到 200℃，设计一个原油出口温度控制系统。请确定被控变量和控制变量。

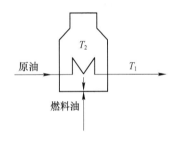

（1）被控变量的确定：根据题目要求，控制原油温度加热到 200℃，因此原油出口温度为被控制变量。

（2）控制变量的确定：影响加热炉出口温度的主要输入因素见表 12-1，根据选择原则，燃料流量为控制变量。

图 12-6　加热炉装置示意图

表 12-1　影响加热炉出口温度的主要输入因素

序　号	影响因素	可控情况	选择结果
1	燃料油成分	不可控	不选
2	烟筒抽力	不可控	不选
3	原油流量	不可控	不选
4	燃料油流量	可控	选择
5	原油温度	可控	时间常数大
6	炉膛烟气温度	可控	通道太长
7	燃料油雾化	不可控	不选

12.3 检测环节、执行器选择

12.3.1 传感器、变送器的选择

检测元件及变送器在控制系统中是一个信息获取和传送的重要环节，它的任务是对被控量进行正确测量，并将其转换为标准信号；要求它能正确、及时地反映被控量的状况，提供操作人员判断生产工况和系统进行控制作用的依据。假如测量不准确或不及时，会使生产失调或误调，影响之大不容忽视。下面从控制的角度来考虑设计控制系统时对检测与变送环节选择应注意的问题。

12.3.1.1 测量元件的时间常数

检测元件，特别是测温元件，由于存在热容和热阻，它本身具有一定的时间常数，因而造成测量滞后。12.2节关于对象特性与操纵量选择的原则性结论同样适用于检测与变送环节特性的选择，即减少滞后时间 τ 总是有利于控制品质提高的；由于它总是处于反馈回路中，其时间常数 T_m 的减少对于控制品质的提高也是有益的，即"理想"的检测与变送环节特性为一个常数。

测量元件时间常数对测量的影响如图12-7所示。由该图可知，由于时间常数的存在，测量结果总是跟不上被测量的变化，检测元件的时间常数越大，以上现象愈加显著。假如将一个时间常数大的检测元件用于控制系统，当将此测量结果作为控制系统 PV 值参与控制时，会推迟和削弱控制器的动作，引起超调量增大和稳定时间的延长，以及其他质量指标的降低，严重时可能造成失调、误调甚至事故。因此控制系统中检测元件的时间常数不能太大，最好选用惯性小的快速测量元件，例如用快速热电偶替代工业用变通热电偶。必要时也可在变送元件之后引入微分作用，利用它的超前作用补偿检测元件引起的动态误差。

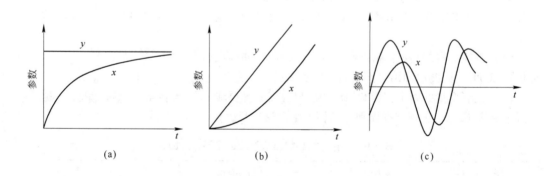

图12-7 动态测量误差

(a) 被控量 y 阶跃变化；(b) 被控量 y 匀速递增；(c) 被控量 y 周期性波动

同时，检测元件安装是否正确，维护是否得当，也会影响检测与控制。特别是温度检测元件和流量检测元件，如热电偶、热电阻和工业孔板等，必须选择合适的测点，以免由于安装位置不当（如安装在死角处）而加大时间常数的情况出现。同时，在使用过程中要注意经常维护、检查，必要时进行清理、维修或更换。如果热电偶保护套管有结垢，应该进行除垢处理；否则，会使时间常数增大，以致严重地影响控制质量。

12. 3. 1. 2   测量元件的纯滞后

纯滞后往往是由于检测元件的安装地点不当而引入的，最容易引起纯滞后的是成分分析和温度测量。例如，成分分析器通常设置有取样和预处理装置，把一小份试样送往检测变送器（热导池、色谱柱等），此时如果变送器安装在距设备或管道较远的地方，纯滞后较大，有可能高达十几分钟。也就是说，控制器是根据十几分钟以前的测量信号来控制控制阀，显然很不及时，容易引起振荡和超调量增大。

为克服纯滞后的影响，引入微分作用是徒劳的，因为在纯滞后时间内被控制量变化的速度为零。只有在合理选择检测元件安装的地点，尽量在减少纯滞后上想办法；抑或因受工艺条件限制纯滞后不可避免时，也应力求缩减。就控制系统来说，纯滞后越小越好。

12. 3. 1. 3   信号的传递滞后

测量信号在传递过程中的滞后，主要是指气动仪表的气压信号在气路中的传递滞后。为了减小气压信号的传递滞后，应尽量缩短气压信号管线的长度。如果必须使用气动控制阀，则尽量选用电-气混合控制方式，即测量变送器和控制器采用电动仪表，并将电-气转换器靠近控制阀安装或采用电气阀门定位器。

总之，在进行系统设计时必须重视检测变送环节的选型，并在考虑工艺流程的合理性基础上对检测点进行合理选取，以尽量减少其时间常数与滞后时间。

12. 3. 2   执行器的选择

执行器在自动控制系统中是一个非常重要的环节。控制阀安装在工艺管道上，直接与操作介质接触，工作条件恶劣，长期经受高温、高压、腐蚀和摩擦作用。控制阀选择得好坏，对系统控制作用关系很大。在一般工厂的控制系统中，控制阀运行不满意的情况较为常见，应该引起注意。在设计时，要根据应用场合实际情况，做好控制阀的计算选型工作，包括阀的流量特性、结构型式、开闭形式与口径计算。具体选择方法见第 11 章有关章节的讨论。

12. 4   控制器的选择

控制器是自动控制系统的"大脑"，在控制系统设计时，对象的特性是固定的不易改变；检测元件及变送器比较简单，仪表选型确定以后，一般也是不可改变的；执行器加上阀门定位器可有一定程度的调整，但灵活性不大，主要可以改变参数的就是控制器。系统设置控制器的目的，也就是通过它改变整个控制系统的动态特性，以达到控制的目的。

在选择控制器时，不但要选择控制规律，同时还需确定控制器的作用方向。控制器的控制规律对控制系统的控制质量影响很大。在系统设计时应根据广义对象的特性和工艺控制要求选择相应的控制规律，以获取较高的控制质量；确定控制器的正、反作用方式，是为了使整个控制系统构成闭环负反馈，以满足控制系统稳定性的要求。

12. 4. 1   控制规律的选择

控制器的基本控制作用主要有位式、比例（P）、比例积分（PI）、比例微分（PD）和比例积分微分（PID）等。

控制规律的
选择

12. 4. 1. 1   位式控制

位式控制器的特点是：当被控量偏离设定值时，控制器输出信号达到最大值或最小值，使控制阀全开或全关。采用位式控制要允许被控量有持续的小幅度波动，故只能用于要求较低的场合。但这种等幅振荡使控制系统动作频繁，使一些可动部件如控制阀的阀芯、阀座或磁力起动器的触头磨损较快，容易损坏。

12.4.1.2 比例控制

比例控制器的主要缺点是调节最终结果存在静差。当负荷变化较大时，为了补偿负荷变化，所需的控制阀开度变化必将很大，这就使控制器有较大的偏差输入，从而产生较大的静差；当系统的纯滞后较大，又不允许将比例度调整得小时，则静差将会较大。对于纯滞后较大、时间常数较小及放大系数较大的对象，采用比例控制器时，比例度必须整定得大些，这样静差必然较大。

比例控制器适用于负荷变化较小、纯滞后不太大、时间常数较大、被控量允许有静差的系统，例如储液罐的液位、气体和蒸汽总管的压力控制等。

12.4.1.3 比例积分控制

比例积分（PI）控制综合了比例控制与积分控制各自的优点，控制过程结束时无静差。但PI控制会使控制系统的稳定性降低，虽然加大比例度可以提供稳定性，但超调量和振荡周期增大，过渡时间也加长。

比例积分控制器适用于控制通道纯滞后较小、负荷变化不大、时间常数不太大、被控量不允许有静差的系统，例如流量、压力及要求严格的液位控制系统。对于纯滞后和容量滞后都比较大的对象，或者负荷变化特别强烈的对象，由于积分作用的迟缓性质，往往使得控制作用不及时，使过渡时间较长，且超调量也比较大，在这种情况下就应考虑增加微分作用。

12.4.1.4 比例积分微分控制

比例积分微分（PID）控制器，是前述控制器中功能最全的一种。微分作用使控制器的输出与偏差变化速度成正比例，它对克服容量滞后有显著效果。在比例的基础上加入微分作用则增加稳定性，再加上积分作用就可以消除静差。比例、积分、微分三个作用相结合，不仅加强了控制系统抗扰动的能力，而且系统的稳定性也显著提高。

PID控制器用于容量滞后较大的对象，或者负荷变化大且不允许有静差的系统，可获得满意的控制质量，例如温度控制系统。但微分作用对大的纯滞后并无效果，因为在纯滞后时间内，控制器的输入偏差变化速度为零，微分控制部分不起作用。如果对象控制通道纯滞后大且负荷变化也大，而单回路控制系统无法满足要求时，就要采用复杂的控制系统来进一步加强抗干扰能力，以满足生产工艺的需要。

12.4.2 控制器正、反作用的确定

前面已经介绍过，自动控制系统是具有被控变量负反馈的闭环系统。也就是说，如果被控变量值偏高，则控制作用应使之降低；反之，如果被控变量值偏低，则控制作用应使之升高；控制作用对被控变量的影响应与干扰对被变量的影响相反，才能使被控变量值回复到设定值，这里就有一个作用方向的问题。

控制器作用
方向的确定

控制器作用方向定义：当设定值不变，测量值增加时，控制器输出也增加的称为"正作用"方向；或者当测量值不变，设定值减少时，控制器输出增加的称为"正作用"方向；该调节器称为"正作用"调节器。反之，如果测量值增加，控制器输出减少的称为"反作用"方向，该调节器称为"反作用"调节器。

设置控制器正、反作用的目的是保证控制系统构成负反馈。控制器的正、反作用关系到控制系统能否正常运行与安全操作的重要问题。若对控制系统中有关环节的正、负符号作如下规定，则可得出"乘积为负"的选择判别式，规定：

（1）控制阀，气开式为"+"，气关式为"-"。

（2）控制器，正作用为"+"，反作用为"-"。

（3）被控对象，当通过控制阀的物料或能量增加时，按工艺机理分析，若被控量增加为"+"，反之降低为"-"。

（4）变送器，一般视为正环节。

由上述分析，控制器正、反作用选择判别式为。

（控制器方向±）×（执行器方向±）×（对象方向±）×（变送器方向±）= "-"

由该判别式可知，当控制阀与被控对象符号相同时，控制器应选反作用方式，相反时应选正作用方式。为确定控制器正反作用，可画出控制系统方框图，将每个环节的作用方向标出，只要各环节作用方式相乘后的符号为负，保证整个控制系统是负反馈系统即可。这一判别式也适应于串级控制系统副回路中控制器正、反作用的选择。

12.5 控制器参数的工程整定

一个控制系统的过渡过程，不仅与被控对象特性、控制方案、扰动形式及其幅值大小等有关，也与控制器参数的整定有关。当控制系统组成以后，对象各通道的静态和动态特性就决定了，控制质量主要取决于控制器参数的整定。控制器参数整定的任务，就是确定控制器参数，以获得满意的过渡过程，满足生产工艺所提出的质量要求。

控制器参数的整定方法分两类。一类是理论计算整定法，在确知对象的基础上，通过理论计算（频率特性、根轨迹法等）求取控制器参数。由于工业对象复杂，其特性的理论推导和实验测定都比较困难，且方法繁琐，计算麻烦，因而没有在工程上大量采用。另一类是工程整定法，就是避开对象特性的数学描述，从工程的实际出发，直接在控制系统中进行整定。此法简单，计算简便，容易掌握，可以解决一般实际问题，因此应用较广。

PID 控制器是工业过程中常用的控制器，其参数整定就是确定比例带 P、积分时间 T_I 和微分时间 T_D，下面介绍 PID 型控制器参数的工程整定方法。

12.5.1 经验凑试法

首先将控制器参数放在某些经验数值上，然后将系统闭环运行，在记录仪上观察过渡过程的曲线形状（亦可以施加一定的扰动，如改变设定值）。若曲线不够理想，根据控制器参数（P、T_I、T_D）对过渡过程的不同影响，按规定的顺序，将参数反复凑试，直到获得满意的过渡过程为止。

经验凑试法

参数预先放置的数值范围和反复凑试的顺序，是本方法的核心。控制器参数的经验数据列于表 12-2。对某些特殊系统的控制器参数，可适当超出此范围。

表 12-2　控制器参数的经验数据

调节系统	$P/\%$	T_I/min	T_D/min
温度	20~60	3~10	
流量	40~100	0.1~1.0	0.5~3.0
压力	30~70	0.4~3.0	
液位	20~80	1~5	

凑试的顺序有以下两种。

（1）比例作用是基本作用。首先把比例带凑试，待过渡过程基本过程稳定，再加入积分作用消除静差，最后加入微分作用提高控制质量。大致步骤如下。

1）在 $T_I = \infty$，$T_D = 0$，P 值按经验给定（见表12-2）的条件下，将系统投入运行。

2）按纯比例系统凑试 P 值。如观察曲线振荡频繁，需增大 P；如曲线超调量大且趋于非周期，则需减小 P，以求得基本稳定的过渡过程曲线。然后将此时的 P 值加大约为原来的1.2倍。

3）加入积分作用。将 T_I 由大而小进行整定（见表12-2）。如曲线波动较大，应增大 T_I 或 P；如曲线回复时间很长，则应减小 T_I 或 P，以求得较好的过渡过程。

4）需加入微分作用时，将 T_D 按经验值（见表12-2）或按 $T_D = \left(\dfrac{1}{3} \sim \dfrac{1}{4} \right) T_I$ 计算值，由小而大加入。如曲线超调量大而衰减慢，应增大 T_D 值；如曲线振荡厉害，则应减小 T_D；同时观察曲线形状，适当调整 T_I 和 P 值，一直调整到过渡过程两周期基本稳定（即4:1衰减曲线），品质指标达到工艺要求为止。

（2）比例带和积分时间可以在一定范围内匹配，所得过渡过程衰减情况可以一样，即减小比例带可用增加积分时间来补偿。因而可根据表12-2的经验数据，确定一个积分时间，调整比例带，由大到小，凑试到满意的过渡过程。如果需加入微分作用，可取 $T_D = \left(\dfrac{1}{3} \sim \dfrac{1}{4} \right) T_I$，预先放好 T_I 和 T_D，整定好 P 后，再适当改动一下 T_I 和 T_D，直到得出满意的曲线为止。

12.5.2　临界比例带法

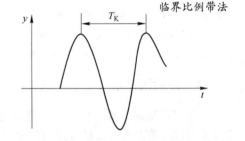

临界比例带法

在外界扰动作用下，自动控制系统出现一种既不衰减又不发散的等幅振荡过程，称为临界状态或临界过程，如图12-8所示。处于临界状态时控制器的比例带和被控量的振荡周期，分别叫做临界比例带 P_K 和临界周期 T_K。

临界比例带法是先求出 P_K 和 T_K，然后按表12-3中的计算式，求出控制器各参数。大致步骤如下。

（1）放置 $T_I = \infty$，$T_D = 0$，P 在适当值，系统投入运行，然后逐步减少 P 值，在外界扰动作用下，观察控制器输出信号和被控量的变化，寻求临界状态。

图12-8　临界振荡过程曲线

（2）根据临界状态时的控制器参数 P_K 和 T_K，按表12-3计算 P、T_I 和 T_D 值。

（3）将比例带 P 调至计算值上，观察过渡过程曲线，适当调整 T_I 和 T_D，直到获得满意曲线为止。

表12-3　临界比例带法参数计算表

控制作用	$P/\%$	$T_I/\min$	$T_D/\min$
比例	$2P_K$		
比例积分	$2.2P_K$	$0.85T_K$	
比例积分微分	$1.7P_K$	$0.5T_K$	$0.125T_K$

采用临界比例带法时应注意以下几点。

（1）在寻求临界状态时，应格外小心。因为当比例带小于临界值 P_K 时，会出现发散振荡，可能使被控量超出工艺要求的范围，造成不应有的损失。

（2）对于工艺上约束严格、不允许等幅振荡的场合，不宜采用此法。

（3）当比例带过小时，纯比例控制接近于双位控制，对于某些生产工艺不利，也不宜采用此法。例如，一个用燃料油加热的炉子，如果比例带很小，接近于双位控制，将一会儿熄火、一会儿烟囱冒浓烟。

12.5.3 衰减曲线法

衰减曲线法

衰减曲线法以 4∶1 或 10∶1 衰减过程作为整定的目标。首先在纯比例作用下，调整 P 值得到 4∶1 或 10∶1 衰减过程的曲线，如图 12-9 所示，记下此时的衰减比例度 P_S，在曲线上取得振荡周期 T_S 或上升时间 T_A。然后按表 12-4 或表 12-5 的经验公式，求出相应的 P、T_I 和 T_D 值。

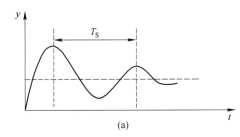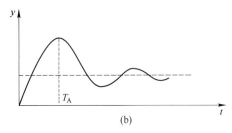

图 12-9 4∶1 和 10∶1 衰减过程曲线

（a）4∶1；（b）10∶1

表 12-4 4∶1 法控制器参数计算表

控制作用	$P/\%$	T_I/min	T_D/min
比例	P_S		
比例积分	$1.2P_S$	$0.5T_S$	
比例积分微分	$0.8P_S$	$0.3T_S$	$0.1T_S$

表 12-5 10∶1 法控制器参数计算表

控制作用	$P/\%$	T_I/min	T_D/min
比例	P_S		
比例积分	$1.2P_S$	$2T_A$	
比例积分微分	$0.8P_S$	$1.2T_A$	$0.4T_A$

比较 4∶1 和 10∶1 两个过程，前者衰减比例带较小，控制灵活；后者衰减比例带较大，系统稳定性高，因此应根据实际情况选用。衰减曲线法整定步骤大致如下：

（1）将控制器参数放置在某一比例带，系统在纯比例作用下投运，稳定操作一段时间，再进行参数整定。

（2）逐步减小比例带，根据工艺操作的许可程度加 2%～3% 的扰动（改变设定值或负荷），观察过渡过程的变化，直到找出 4∶1 或 10∶1 衰减过程为止。

（3）根据衰减比例带 P_S 和在曲线上求得的 T_S 或 T_A，按表 12-4 或 12-5 经验公式计算各参数值。

（4）将比例带放在较计算值大的数值上，然后把积分时间 T_I、微分时间 T_D 按先后次序加入。

（5）将比例带降至计算值上，观察运行，适当调整。

12.5.4　响应曲线法

响应曲线法

响应曲线法是一种根据广义对象的响应曲线来整定控制器参数的方法。在控制系统处于开环状态下，根据生产工艺许可条件，加一阶跃扰动（通常是改变设定值），则控制器输出信号将产生一阶跃变化 Δm，同时记录仪将记录下被控量 x 随时间的变化，如图 12-10 所示。在响应曲线的拐点 A 处作一切线，根据切线与初始值及稳态值的交点 B 和 C，就可获得二阶或多阶的广义对象特性，其等效滞后时间为 τ，等效时间常数为 T_P，放大系数为 K_P。K_P 应作无因次处理，其关系式为：

$$K_P = \frac{\Delta x/(x_{max} - x_{min})}{\Delta m/(m_{max} - m_{min})} \qquad (12-1)$$

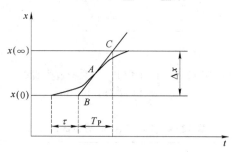

图 12-10　响应曲线法

从响应曲线上求得的 τ、T_P 和 K_P 数据，按表 12-6 的计算式，可算得具有 4∶1 衰减过程的控制器参数值。必须注意的是，此计算所得的近似值，仍需根据运行情况加以调整，然后才是实际所需的控制器参数整定值。

表 12-6　响应曲线法整定参数

控制作用	$P/\%$	$T_I/\min$	$T_D/\min$
比例	$100\dfrac{K_P}{T_P}\tau$		
比例积分	$120\dfrac{K_P}{T_P}\tau$	3.3τ	
比例积分微分	$83\dfrac{K_P}{T_P}\tau$	2τ	0.5τ

例 12-1　某一燃烧煤气的加热炉，采用 DDZ-Ⅲ 型仪表组成温度单回路控制系统，温度测量范围 0~1000℃，由温度变送器转换为 4~20mA DC 输出，记录仪刻度范围 0~1000℃。当炉温稳定在 800℃ 时，控制器输出为 12mA。此时手动改变设定值，突然使控制器输出变为 16mA，温度记录从 800℃ 逐渐上升并稳定在 860℃。从响应曲线上测得 $\tau=3\text{min}$，$T_\text{P}=8\text{min}$。如果采用 PID 控制器，试计算出整定参数值。

　　解：对照图 12-10 响应曲线，结合本控制系统求出：

$$\Delta m = 16 - 12 = 4\text{mA}, \quad m_\text{max} - m_\text{min} = 20 - 4 = 16\text{mA}$$
$$\Delta x = x(\infty) - x(0) = 860 - 800 = 60℃$$
$$x_\text{max} - x_\text{min} = 1000 - 0 = 1000℃$$

代入式（12-1）得：

$$K_\text{P} = \frac{60/1000}{4/16} = 0.24$$

由表 12-6 中 PID 控制器参数计算式，算得：

$$P = 83\frac{K_\text{P}}{T_\text{P}}\tau = 83 \times \frac{0.24 \times 3}{8} = 7.47\%$$
$$T_\text{I} = 2\tau = 2 \times 3 = 6\text{min}$$
$$T_\text{D} = 0.5\tau = 0.5 \times 3 = 1.5\text{min}$$

12.5.5　工程整定方法比较

工程整定
方法比较

　　针对以上四种自动控制系统的工程整定方法，现对各方法进行比较，供选用参考。

　　（1）经验凑试法：简单方便，容易掌握，应用较广泛，特别是对扰动频繁的系统更为合适。但此方法靠经验，要凑到一条满意的过程曲线，可能花费时间多。此方法对 PID 控制器的三个参数不容易找到最佳的数值。

　　（2）临界比例带法：较简单，易掌握和判断，应用较广。此方法对于临界比例带很小的系统不适用，因在这种情况下，控制器的输出一定很大，被控量容易突然超出允许的范围，是工艺不允许的。

　　（3）衰减曲线法：此法是在总结临界比例带的经验基础上提出来的，较准确可靠，安全，应用广泛。但对时间常数小的对象不易判断，扰动频繁的系统不便应用。

　　（4）响应曲线法：较准确，能近似求出广义对象的动态特性。但加阶跃信号测试，须在不影响生产的情况下进行。

　　最后必须指出，控制器参数的整定，只能在一定范围内改善控制品质。如果系统设计不合理，仪表调校或使用不当，控制阀不符合要求时，仅仅靠改变控制器参数仍是无济于事的。因此，在遇到整定参数不能满足控制品质要求或系统无法自动运行时，必须认真分析对象的特性、系统构成及仪表质量等方面问题，改进原设计的系统。另外，工艺条件改变及负荷有很大的变化时，被控对象特性会改变，调节品质可能降低，控制器参数就要重新整定。总之，整定控制器参数是经常要做的工作，对操作人员和仪表人员都是需要掌握的。

12.6　简单控制系统设计实例

　　本节介绍一个简单控制系统的设计实例，通过这个设计实例可全面掌握简单控制系统的设计方法，并为其他过程控制系统的方案设计提供借鉴。

12.6.1　干燥工艺流程简介

如图 12-11 是奶粉生产工艺中的喷雾式干燥设备，通过空气干燥器将浓缩乳液干燥成奶粉。已浓缩的奶液从储槽流下，经过滤后从干燥器顶部喷出。干燥空气经热交换器（蒸汽）加热、混合后，经风管吹入干燥器与乳液充分接触。滴状奶液在热风中干燥成奶粉，并被气流带出干燥器。此工艺要求保证奶粉含水量在 2.0%～2.5%。

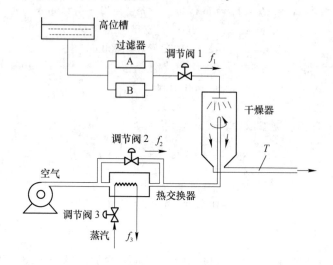

图 12-11　喷雾式干燥过程示意图

12.6.2　控制方案设计

12.6.2.1　被控参数选择

按工艺要求，应首选奶粉含水量为被控变量，但此类在线测量仪表精度低、速度慢。试验发现，奶粉含水量与干燥器出口温度之间存在单值关系。出口温度稳定在（150±2）℃ 时，则奶粉含水量符合 2.0%～2.5%。因此，选干燥器出口流体温度为被控变量。

12.6.2.2　控制变量选择

影响干燥器出口奶粉流体温度的主要可控因素有：

（1）乳液流量变化 f_1；

（2）旁路空气流量变化 f_2；

（3）加热蒸汽流量变化 f_3。

这三个因素与干燥器出口流体温度间的信号传输关系可用图 12-12 的方框图表示。通过测算，热交换器相当于两个时间常数均约为 100s 的惯性环节的串联，送风管道是一个传输时间约为 3s 的滞后环节。

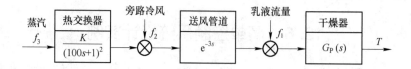

图 12-12　影响干燥器出口奶粉流体温度的主要可控因素

若分别以这三个变量为控制变量，可以得到三个不同的控制方案，三种控制方案的方框图如图 12-13~图 12-15 所示，每个方案只有一个被控变量，其他变量均视为干扰。

方案 1：取乳液流量 f_1 为控制变量（由调节阀 1 进行控制），对干燥器出口温度（被控变量）进行控制。

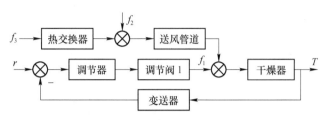

图 12-13　方案 1 控制系统方框图

方案 2：取旁通冷风流量 f_2 为控制变量（由调节阀 2 进行控制），对干燥器出口温度（被控变量）进行控制。由于有送风管路的传递滞后存在，较方案 1 多一个纯滞后环节 $\tau=3s$。

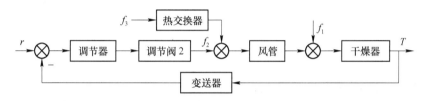

图 12-14　方案 2 控制系统方框图

方案 3：取蒸汽流量 f_3 为控制变量（由调节阀 3 进行控制），对干燥器出口温度（被控变量）进行控制。

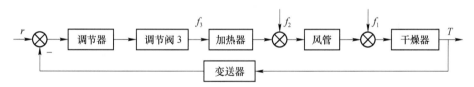

图 12-15　方案 3 控制系统方框图

12.6.2.3　控制方案的确定

方案 1 选用乳液流量 f_1 为控制变量，调节通道最短，滞后最小，控制性能最佳。但从工艺合理性考虑，乳液流量是生产负荷，如果选它作为操纵变量，就不能保证其在最大值上工作，限制了该装置的生产能力；且在浓缩乳液管道上装调节阀，容易使调节阀堵塞而影响控制效果。这种方案是为保证质量而牺牲产量，工艺上是不合理的。因此不能选择乳液流量作为操纵变量，该方案不能成立。

方案 2 选用旁路空气流量作为操纵变量，旁路空气量与热风量进行混合后经风管进入干燥器，由于有送风管路的传递滞后存在，较方案 1 多一个纯滞后环节 $\tau=3s$，其控制品质有所下降。

方案 3 选用蒸汽流量 f_3 为控制变量，由于热交换器为双容特性，因而调节通道又多了两个容量滞后，时间常数都是 $T=100s$。方案 3 的控制品质相对于方案 1 和方案 2 有很大的下降。

因此，从控制效果考虑，方案 1 的调节通道最短，控制性能最佳；方案 2 次之，方案 3 最差。但从工艺合理性考虑，方案 1 并不合适，所以，选择方案 2 比较合适。将调节阀装在旁通冷风管道上，控制系统图如图 12-16 所示。

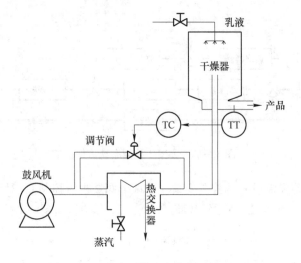

图 12-16　乳液干燥温度控制系统原理图

12. 6. 2. 4　检测仪表、控制阀及控制器的选择

（1）温度检测元件。由生产工艺可知，被控温度为（150±2）℃，在 500℃ 以下，可选用铂热电阻（Pt100）温度传感器。为了减少测量滞后，温度传感器应安装在干燥器出口附近。

（2）控制阀。根据生产安全原则、工艺介质特点及介质性质，选用气关型控制阀。根据管路特性、生产规模及工艺要求，选定控制阀的流量特性。

（3）控制器。控制器可选用 AI519 人工智能控制器；根据工艺特点和控制精度要求（偏差不大于±2℃），控制器应采用 PI 或 PID 控制规律；根据构成控制系统负反馈的原则，由控制器正、反作用选择判别式可知，选正作用控制器。

复习思考题

12-1　如何选择被控量和操纵量？

12-2　试分析对象扰动通道特性对控制质量的影响。

12-3　测量滞后与纯滞后有何不同，对控制质量有什么影响，如何减少和克服这些影响？

12-4　一个系统的对象有容量滞后，另一个系统由于测量点位置造成纯滞后，如果分别采用微分作用克服滞后，效果如何？

12-5　控制阀特性的选择应考虑哪些主要问题？

12-6　控制器正、反作用方式应该怎么样选择？

12-7　试画出图 12-17 所示锅炉汽包液位控制系统的方框图，判断控制阀的气开、气关形式，确定控制器的正、反作用，并简述当加热室温度升高导致蒸汽蒸发量增加时，该控制系统是如何克服扰动的？

12-8　图 12-18 所示为加热炉温度控制系统。根据工艺要求，出现故障时炉子应当熄火。试说明调节阀的气开、气关形式，调节器的正、反作用方式，画出控制系统方框图，并简述控制系统的动作过程。

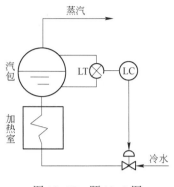

图 12-17 题 12-7 图

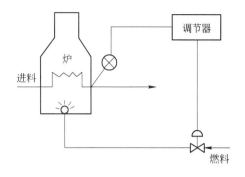

图 12-18 题 12-8 图

12-9 图 12-19 为一蒸汽加热器，它的主要作用是对工艺介质加热，要求此介质出口温度恒定。
(1) 选择被控变量和控制变量，组成调节回路，并画出方框图。
(2) 决定调节阀的气开、气关形式和调节器的正反作用。
(3) 当被加热的流体为热敏介质（过热易分解）时，应选择怎样的调节方案为好？

12-10 某温度控制系统，采用 4∶1 衰减曲线法整定控制器参数，得 $\delta_S = 20\%$，$T_S = 10\text{min}$。当控制器分别为比例作用、比例积分作用、比例积分微分作用时，试求其整定参数值。

12-11 图 12-20 为一液体储槽，需要对液位加以自动控制。为安全起见，储槽内液体严格禁止溢出，试在下述两种情况下，分别确定调节阀的气开、气关形式及调节器的正、反作用，并画出方框图。
(1) 选择流入量 Q_i 为操纵变量。
(2) 选择流出量 Q_o 为操纵变量。

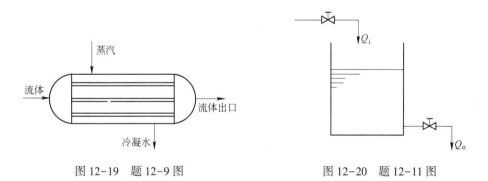

图 12-19 题 12-9 图   图 12-20 题 12-11 图

12-12 某控制系统用 4∶1 衰减曲线法整定控制器的参数。已测得 $\delta_S = 50\%$，$T_S = 5\text{min}$。试确定 PI 作用和 PID 作用时控制器的参数。

12-13 图 12-21 所示为一蒸汽加热器温度控制系统。
(1) 指出该系统中的被控变量、操纵变量、被控对象各是什么？
(2) 该系统可能的干扰有哪些？
(3) 该系统的控制通道是指哪个？
(4) 试画出该系统的方框图。
(5) 如果被加热物料过热易分解时，试确定控制阀的气开、气关形式和控制器的正、反作用。
(6) 试分析当冷物料的流量突然增加时，系统的控制过程及各信号的变化情况。

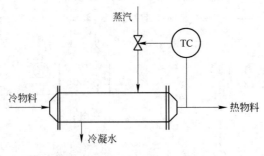

图 12-21 题 12-13 图

12-14 试比较控制器参数工程整定几种方法的特性和适用场合。

12-15 选择执行机构和控制阀的依据是什么?

12-16 如何选用电 (气) 动控制阀的开、闭形式?

13 复杂控制系统

第 13 章课件

复杂控制
系统介绍

随着工业生产过程规模的扩大和复杂性的增加，以及人们对产品质量和过程被控变量的波动范围要求的日益提高，相对简单的控制系统已经渐渐不能满足人们的要求。为了应对更高的控制需求，控制方法与控制系统也有了新的发展，体现在两个方面：一方面，在单回路控制系统的基础上增加相关控制装置（检测变送器、控制器或/和执行器），从而形成结构相对复杂的控制系统，如串级、前馈、比值、选择性、分程、多冲量、非线性及采样控制系统等；另一方面，将计算机、机器学习、人工智能等新兴技术融入控制过程，取代或改进传统的 PID 控制策略，形成了预估补偿控制、自适应控制、鲁棒控制、预测控制、推断控制、专家控制、模糊控制与神经网络控制等先进控制方法与系统。

13.1　串级控制系统

串级控制系统是一种工业上广为应用的复杂控制系统，与单回路控制系统相比，串级控制系统增加了一个控制器和一套检测变送装置。在串级控制系统中，两只控制器串联起来工作，其中一个控制器的输出作为另一个的给定值。在被控对象的滞后和时间常数较大、对象受到的干扰作用强而频繁或人们对控制质量要求较高等条件下，串级控制系统往往能够获得远远优于单回路系统的控制效果。

13.1.1　串级控制系统组成

串级控制
系统组成

为了认识串级控制系统，可以先看图 12-1 所示的换热器温度单回路控制系统。在这种方案中，所有对物料出口温度的扰动都反映在温度对设定值的偏差上，并且都由温度控制器予以校正。理论和实践均能证明，当扰动主要来自载热体方面，例如载热体压力变化（引起流量变化）较大且频繁时，这种方案的控制效果就会变差。其原因是对象控制通道的滞后较大，载热体流量变化要经过相当长的时间后，才能在物料出口温度的偏差上反映出来，致使控制不及时，控制质量下降。为了改进控制效果，办法之一是增加一个以载热体流量作为被控量的控制回路与原来的温度单回路系统构成串级控制系统，如图 13-1 所示。此时把冷流体出口温度控制器（TC）的输出，作为载热体流量控制器（FC）的设定值。载热体流量 F_2 用节流式流量计测量，其测量值输入 FC 控制器与设定值比较。根据偏差的大小和方向，控制器发出控制信号去操纵控制阀动作。这样，载热体的压力扰动因素可及时地被克服，能够较好地保证冷流体出口温度的控制质量。

用两个控制器串联工作，主控制器的输

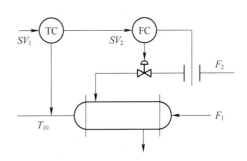

图 13-1　换热器温度串级控制系统

出作为副控制器的设定值，由副控制器操纵执行器动作，这种结构的系统称为串级控制系统，如图 13-2 所示。

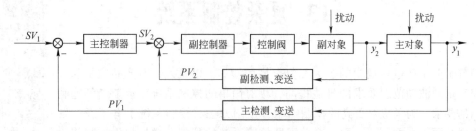

图 13-2 串级控制系统方框图

与串级控制系统相关的几个常用术语如下：

（1）主控（变）量：是指工艺控制指标，是在串级控制系统中起主导作用的被控量 y_1，如上例（图 13-1）中的冷流体出口温度 T_{10}。

（2）副控（变）量：是指为了稳定主控变量或某种需要引入的辅助变量 y_2，如上例中的载热体流量 F_2。

（3）主对象：由主控变量表征其主要特性的生产设备，如上例中的换热器及从控制阀到冷流体出口温度检测点之间的所有管道。

（4）副对象：由副控变量表征其主要特性的生产设备，如上例中载热体流量检测点到控制阀之间的管道。

（5）主控制器：按主控变量的测量值与工艺规定值（即设定值 SV_1）之间的偏差工作，其输出作为副控制器的设定值，在系统中起主导作用，如上例中的 TC。

（6）副控制器：按副控变量的测量值与主控制器设定值之间的偏差工作，其输出直接操纵执行器，如上例中的 FC。

（7）主回路：由主对象、主测量变送器、主控制器、副控制器、控制阀及副对象构成的外回路，亦称为外环或主环。

（8）副回路：由副对象、副测量变送器、副控制器及控制阀构成的回路，亦称为内环或副环。

13.1.2 串级控制系统的工作过程

在图 13-1 中，假如换热器的载热体流量、温度、压力都基本稳定，冷流体出口温度达到设定值，其所需的热量与载热体所供给的有效热量平衡，控制阀保持一定的开度，此时冷流体的出口温度稳定在设定值上。

串级控制系统
的工作过程

当扰动作用发生时，上述平衡状态被破坏，控制系统克服扰动的过程便开始。根据扰动进入系统的位置不同，可分为以下三种情况。

（1）扰动进入副回路。假如载热体的压力变化，使通过控制阀的载热体流量相应改变（控制阀开度未改变）。这时副控制器获得偏差信号，迅速地改变控制阀的开度。如果压力扰动量小，经过副回路控制后，一般可不影响冷流体的出口温度；如果扰动量大，其大部分影响为副回路所克服，剩余小部分影响到冷流体的出口温度，使主控制器也投入控制过程。主控制器根据冷流体出口温度测量值偏离设定值的程度，适当改变副控制器的设定值。此时，副控制器把流量测量值与设定值两者的变化加在一起，从而进一步加速克服扰动的过程，使主控量（出口温度）较快回到设定值，这时控制阀留在新的开度上。

总之，扰动进入副回路时，由于副回路控制通道短，滞后小，时间常数小，故可获得比单回路控制超前的作用。扰动小时，副环可完全克服扰动的影响；扰动大时，副环抢先控制，剩少量由主、副环一起控制，故整个控制过程速度快、质量高。

（2）扰动进入主回路。假如进入换热器的冷流体流量和温度变化，破坏了热平衡而使出口温度波动，这时由主控制器先起控制作用，它通过改变副控制器的设定值而使其发出控制信号，改变控制阀的开度，即改变载热体的流量，使主控量（出口温度）尽快回到设定值。在这个过程中，副回路虽然不能直接克服扰动，但由于副回路的存在，加速了控制作用。在主、副控制器的共同作用下，克服扰动的影响较单回路控制快，控制过程也较短。

（3）扰动同时作用于主回路与副回路。假如扰动使主、副被控量同方向（即同时增大或减小）变化时，例如冷流体出口温度升高，载热体流量增大，则副控制器所接受的偏差为主、副被控量两方向之和，偏差值就较大。此时副控制器的输出就以较大幅度改变控制阀的开度，使出口温度尽快向设定值靠拢。假如扰动使主、副被控变量反方向变化（即一个增大另一个减小），则副控制阀所接受的偏差信号为主、副被控变量两方向作用之差，其值将较小。此时控制阀开度需作较小的变化就可把出口温度调整回来。

13.1.3　串级控制系统的特点及应用

串级控制系统与单回路控制系统相比，在结构上增加了一个与之相连的副回路，因而具有以下特点。

串级控制系统
的特点及应用

（1）增强了系统的抗扰动的能力，对于进入副回路的扰动，不等它影响到主被控量，副控制器就先行控制。这时扰动对主被控量的影响就会减小，主被控量的控制质量就会提高。因此，对进入副回路的扰动，串级控制比同等条件下的单回路控制，具有较强的抗干扰能力。

（2）改善了被控对象的控制通道特性，即通过将被控对象"分解"为主对象和副对象事实上缩短了对象控制通道的时间常数，使得控制系统反应速度加快，具有一定的超前作用，从而有效地克服了滞后的影响，提高了控制质量。

（3）使控制系统具有一定的自适应能力。串级控制系统主回路是一个定值控制回路，副回路是一个随动控制回路，它的设定值是随主控制器的输出变化的。这样，主控制器能够按对象的操作条件及负荷变化，不断纠正副控制器的设定值，以保证在负荷和操作条件发生变化的情况下，控制系统仍然具有较好的控制品质。从这一意义上讲，串级控制系统具有一定的自适应能力，能够适应不同负荷和操作条件的变化。

为使串级控制系统能够充分发挥作用，在拟定串级控制方案时，必须把主要扰动包括在副回路中，尽力把更多的扰动包括进去，以充分发挥副回路的作用，并且把影响主被控量的最严重的扰动因素抑制到最低限度，确保被控量的控制质量。同时副回路的滞后要小，反应要快，以提高它的快速作用。

串级控制系统适用的范围较广。当对象的滞后和时间常数较大，扰动作用幅值较大且激烈，负荷变化又较大，单回路控制不能满足要求时，可采用串级控制系统，一般均能获得较好的控制质量。

13.1.4　串级控制系统的设计

由串级控制系统的基本结构和工作原理可知，该系统的设计需要考虑主、副被控变量选择、控制器规律选择、控制器作用方向选择等多方面的问题，下面具体介绍。

串级控制
系统的设计

13.1.4.1 主、副被控变量的选择

串级控制的主被控变量的选择与简单控制系统相同。副被控变量的选择必须保证它是操纵变量到主被控变量这个控制通道中的一个适当的中间变量，除此之外，副被控变量的选择还要遵照以下几个原则。

（1）使主要扰动作用在副对象上，这样副环能更快更好地克服扰动，副环的作用才能得以发挥。例如，在加热炉温度控制系统中，炉腔温度作为副被控变量一般就能较好地克服燃料热值的扰动影响；但如果燃料油压力是主要扰动，采用燃油压力作为副被控变量则能够更及时地克服扰动，如图 13-3 所示，因为这时副对象仅仅是一段管道，时间常数很小，控制作用更及时。

（2）使副对象包含适当的扰动。副被控变量越靠近主被控变量，它包含的扰动量越多，但通道也相应变长、滞后增加；而副被控量越靠近操纵变量，它包含的扰动越少，但通道越短、控制更及时。因此，要选择一个适当位置，使副对象在包含主要扰动的同时，又能包含适当多的扰动。

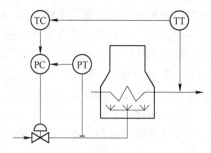

图 13-3　加热炉温度-压力串级控制系统

（3）主、副对象的时间常数不能太靠近。通常，副对象的时间常数 T_S 小于主对象的时间常数 T_M。这是因为如果 T_S 很大，说明副被控变量的位置很靠近主被控变量，它们几乎同时变化，失去设置副环的意义。

13.1.4.2 控制器规律的选择

主环是一个定值控制系统，主控制器控制规律的选择与简单控制系统类似。但采用串级控制系统的主被控变量往往是比较重要的参数，工艺要求较严格，一般不允许有余差。因此通常采用比例积分（PI）控制规律，滞后较大时也采用比例积分微分（PID）控制规律。

副环是一个随动控制系统，副被控变量的控制可以有余差。因此，副控制器一般采用比例（P）控制规律即可，而且比例度通常取得比较小，这样比例增益大，控制作用强，余差也不大。如果引入积分作用，会使控制作用趋缓，并可能带来积分饱和现象。当流量为副被控变量时，由于对象的时间常数和时滞都很小，为使副环在需要时可以单独使用，需要引入积分作用，使得在单独使用时，系统也能稳定工作。这时副控制器采用比例积分（PI）控制规律，比例度应取较大数值。

13.1.4.3 控制器作用方向的选择

控制器作用方向选择的依据是使系统为负反馈控制系统，副控制器处于副环中，这时副控制器作用方向的选择与简单控制系统情况一样，把副环作为一个负反馈控制系统即可。

主控制器处于主环中，无论副控制器的作用方向是否选择好，主控制器的作用方向都可以单独选择，而与副控制器无关。选择时，把整个副环简化为一个方框，输入信号是主控制器信号，输出信号就是被控变量，且副环方框的输入信号与输出信号之间总是正作用，即输入增加，输出亦增加。经过这样的简化，串级控制系统就成为图 13-4。

由于副环的作用方向总是正的，为使主环构成负反馈控制系统，选择主控制器的作用方向亦与简单控制系统一样，而且更简单些，因为不用选择控制阀的正反作用。

例如，图 13-3 所示加热炉温度-压力串级控制系统，从加热炉安全角度考虑，控制阀选气开阀，即如果控制阀上控制信号（气信号）中断，阀门处于关闭状态，控制信号上升，阀门开大，流量上升，故为正作用方向。副对象的输入信号是燃料流量 Q，输出信号是阀后燃料压

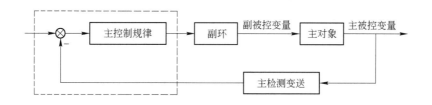

图 13-4 简化的串级控制系统方框图

力 p。Q 上升，p 亦上升，也是正作用方向。主对象的输入信号是阀后燃料压力 p，输出信号是主被控变量，即被加热物料出口温度 T_M，p 上升，T_M 亦上升，主对象作用方向为正。测量变送单元作用方向均为正，标注于图 13-5 中。接下来就可以选择控制器作用方向了。

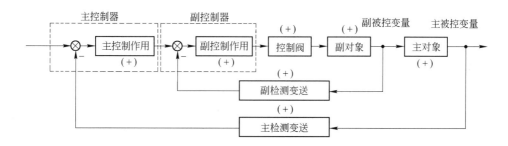

图 13-5 加热炉温度-压力串级控制系统方框图

首先要看主控制器，由于副环可以简化为一个正作用方向方框，如图 13-5 所示，主对象作用方向为正，主测量变送作用方向亦为正。根据简单控制系统中所介绍的原则，四个方框所标符号的乘积应为正，故主控制作用方框的作用方向应为正；如此，整个环路中所有符号相乘为负，系统是负反馈。因此，选择反作用控制器。

副控制器作用方向的选择，与简单控制系统一样。这里，副控制作用方框的作用方向亦应为正，结合控制器比较点的符号"－"，控制器整体为反作用控制器。如此，整个副环是负反馈控制系统。

13.1.4.4 系统投运

串级控制系统的投运，目前较为普遍采用先投副回路、后投主回路的两步投运方法。具体投运步骤如下：

（1）主、副调节器都置于手动位置，先用副调节器进行手动遥控操作，使主被控变量逐步在主设定值附近稳定下来。

（2）待副回路比较平稳后，手动操作把主调节器的输出调整在与副控制器给定值相适应的数值上（用 DCS 系统组态串级控制系统时，一般可选择主调节器的输出在副回路投入串级之前自动跟踪副回路的给定值），把副调节器切入自动（串级）。

（3）手动操作主调节器，使主变量接近于其设定值并待其比较平稳后，把主控制器切入自动，这样就完成了串级控制系统的整个投运工作。

13.1.4.5 控制器参数整定

串级控制系统的整定是"先副环，再主环"，主要有两步整定法和一步整定法。

（1）两步整定法：在系统投运并稳定后，将主控制器设置为纯比例方式，比例度放在100%，按4∶1（或10∶1）的衰减比整定副环，找出相应的副控制器比例度 P_S 和振荡周期 T_S；然后在副控制器的比例度为 P_S 的情况下整定主环，使主被控变量过渡过程的衰减比为4∶1（或10∶1），得到主控制器的比例度 P_M；最后，按照简单控制系统整定时介绍的衰减曲线法的经验公式，由 P_S、P_M、T_M、T_S 计算主控制器的 P_M、T_I 和 T_D。

将上述整定得到的控制器参数设置于控制器中，观察主被控变量的过渡过程，如不满意，再做相应的调整。

（2）一步整定法：采用一步整定法的依据是，在串级控制系统中副被控变量的要求不高，可以在一定范围内变化。因此，一步整定法根据经验设置副控制器比例度后一般不再调整，仅整定主控制器参数（整定方法与简单控制系统相同）。副控制器在不同被控变量情况下的经验比例度见表 13-1。

表 13-1　副控制器比例度经验值

副变量类型	温度	压力	流量	液位
比例度/%	20~60	30~70	40~80	20~80

13.2　前馈控制系统

单回路控制的本质是"先检测偏差，而后校正偏差"，显然，如果扰动已进入系统但被控量尚未因之而变化，控制器是不会产生校正作用的。对于一些滞后（包括纯滞后和容量滞后）较大的对象来说，单回路控制往往不及时，并产生较大且较持久的偏差。前馈控制是改善这一弊病的一种方法，它根据引起被控量变化的扰动大小进行控制，扰动一旦被测到，控制器就发出控制信号去克服这种扰动，无须等待被控量的变化。因此，前馈控制对于克服扰动的影响比反馈控制来得快。如果使用恰当，控制质量可获得改善。这种按照扰动产生校正作用的控制方法，通称为前馈控制。

13.2.1　前馈控制系统的基本原理

为了弄清前馈与反馈的区别，现仍以换热器的自动控制系统为例来说明。在第 12 章介绍的换热器单回路控制系统（见图 12-1）中，如果冷流体流量 F_1 的变化很大且频繁，并且 F_1 是被控量 T_{1o} 的主要扰动，换热器的滞后现象又较显著，那么，单回路控制往往达不到工艺要求。此时可采用一种改进方案如图 13-6 所示，该控制方案即是前馈控制。在图 13-6 所示的前馈控制中，流量变送器测量冷流体流量 F_1 的变化并转换成电信号输给前馈控制器（FC），后者按一定的规律去操纵控制阀，改变载热体的流量 F_2，以补偿 F_1 对 T_{1o} 的影响。只要流量 F_2 改变的幅值及其动态过程合适，可以显著减少扰动（F_1 的变化）所引起的出口温度 T_{1o} 的波动，甚至可实现对扰动的完全补偿。

前馈控制对扰动的补偿原理如图 13-7 所示。当流量 F_1 出现一阶跃扰动 ΔF_1，在不加控制作用时，假设温度 T_{1o} 沿图 13-7 中曲线 a 变化。前馈控制器得到扰动信号后，立即按一定规律去改变载热体控制阀的开度，例如流量 F_2 的改变而使温度 T_{1o} 沿曲线 b 变化。如果曲线 a 和 b 的幅值相等仅符号相反，便实现了对扰动 ΔF_1 的完全补偿，使出口温度 T_{1o} 几乎不受 ΔF_1 的影响，即被控量与扰动无关。实现这种补偿的关键是前馈控制作用规律，应针对对象的动态特性来确定，必须采用专用的前馈控制器。

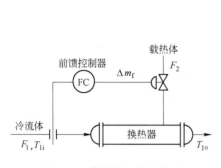

图 13-6　换热器的前馈控制

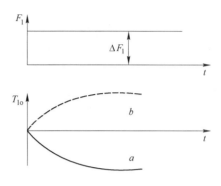

图 13-7　扰动和补偿曲线

由以上分析可以看出，前馈控制的本质可简单表述为"先检测扰动，而后补偿扰动作用"，这与"先检测偏差，而后校正偏差"的单回路控制（反馈控制）有较大区别。由于扰动的发生总是先于被控变量的改变，因而，前馈控制与单回路控制（反馈控制）相比，在快速性方面具有明显的优势。但是，前馈控制仅仅对于被引入控制器的扰动量才起补偿作用，而无法克服其他扰动量对被控变量的影响。因此，单纯的前馈控制往往难以实现对被控量的有效控制，需要和反馈控制集成使用。另外，由于多数被控对象的扰动特性复杂且差异性极大，因此前馈控制器控制规律的设计远比单回路控制（反馈控制）复杂和困难。

13.2.2　静态前馈控制

前馈控制器的输出 m_f 是其输入 D（进入控制器的扰动量）和时间 t 的函数，它表示了一个随时间因子变化的动态过程。前馈控制作用通常可以表示为如下形式：

$$m_f = f(D, t) \tag{13-1}$$

理想的前馈控制如图 13-7 所示，即前馈控制器根据式（13-1）动态变化完全补偿扰动作用，这种控制方式也被称为动态前馈控制。所谓静态前馈控制，是在按照控制规律设计时忽略扰动作用动态过程，仅对扰动的静态作用进行补偿。因此，静态前馈控制器的输出量仅是其输入量的函数而与时间因子无关，即：

$$m_f = f(D) \tag{13-2}$$

在许多工业控制对象中，为了便于工程上实施，这种关系可以近似表示为线性关系：

$$K_f = \frac{\Delta m_f}{\Delta D} \tag{13-3}$$

式中　　K_f——前馈控制器的比例系数；
Δm_f, ΔD——分别表示前馈控制器的输出和输入的变化量。

这种静态前馈控制实施起来相当方便，不需特殊的调节装置，通用的比值器、比例控制器等均可作为前馈控制器。

在实际生产过程中，一个控制对象往往存在几个扰动因素，在有条件列写各变量的静态方程时，可以按照方程式的关系来实现静态前馈控制。例如，换热器前馈控制（见图 13-6），可按热平衡关系列写出静态前馈控制方程。换热器的热平衡方程式（忽略热损失）为：

$$F_1 C_1 (T_{1o} - T_{1i}) = F_2 H_2 \tag{13-4}$$

式中　F_1，F_2——分别为冷流体和载热体的流量；

　　　　C_1——冷流体的平均比热；

　　　　H_2——蒸汽的气化潜热（假如载热体采用蒸汽）；

　　T_{1i}，T_{1o}——分别为冷流体的进口和出口的温度。

当冷流体流量 F_1 为主要扰动时，为保持出口温度 T_{1o} 不变，设冷流体增加为 $F_1 + \Delta F_1$，需要载热体相应变化到 $F_2 + \Delta F_2$，则由式（13-4）可得静态前馈控制方程为：

$$(F_1 + \Delta F_1) C_1 (T_{1o} - T_{1i}) = (F_2 + \Delta F_2) H_2$$

整理后得：

$$\Delta F_2 = \frac{C_1 (T_{1o} - T_{1i})}{H_2} \Delta F_1 = K_f \Delta F_1 \tag{13-5}$$

式（13-5）中 K_f 为比例常数。若能使 F_1 与 F_2 的变化量保持 $\Delta F_2 / \Delta F_1 = K_f$ 的关系，就可以实现冷流体流量变化对系统扰动的静态补偿，这时前馈控制器可采用一个比值器或比例控制器。

如果再把次要的扰动 F_2 和 T_{1i} 的变化考虑进系统中去，把冷流体出口温度稳定在设定值 T_x，则由式（13-4）可得静态前馈控制方程：

$$F_2 = F_1 \frac{C_1}{H_2} (T_x - T_{1i}) \tag{13-6}$$

按式（13-6）构成换热器的静态前馈控制方案，如图 13-8 所示。该图中虚线框内就是前馈控制器应起的作用，可用单元组合仪表来实现，其中包括加减器、乘除器等。实践证明，这种方案把主、次扰动都引入了系统，可显著地减少被控量的偏差，控制质量有较大提高。

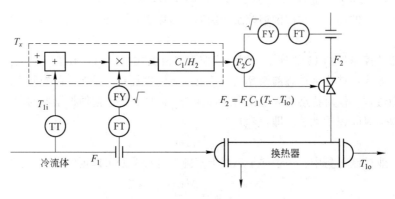

图 13-8　换热器静态前馈控制方案

静态前馈控制只能保证被控量的静态偏差接近或等于零，并不能保证在控制过程中的动态偏差也达到这个要求。在需要严格考虑控制系统动态精度的情况下，就得采用动态前馈控制方法。在理想情况下，通过适当选择前馈控制动作，可能实现完全补偿，如图 13-7 所示。显然，动态前馈控制必须考虑对象的动态特性，采用专门的控制器。由于工业对象特性复杂，扰动因素又多，加之工业用前馈控制器不能做得十分复杂，因此，动态前馈补偿实际上是有限的，使用常规模拟仪表很难做到完全补偿。在不少的场合中应用静态前馈已能获得较满意的控制品质。当采用计算机作前馈控制时，可随时自动测试对象特性，及时修正动态补偿，能使前馈控制更好地发挥作用。

13.2.3 前馈−反馈控制

在工业对象中，总会出现各种不同的扰动，但不可能对每个扰动均实行前馈控制，况且有些扰动还是无法测量的，因此，可把前馈与反馈控制结合起来构成前馈−反馈控制系统。选择对象中最主要的、反馈控制不易克服的扰动进行前馈控制，其他一些扰动则进行反馈控制。这样既发挥了前馈控制校正及时的优点，又保持了反馈控制能克服多种扰动的长处。目前在工程上应用的前馈控制系统，大多数属前馈−反馈控制的类型。

图 13-9 是换热器的前馈−反馈控制系统，它是单回路反馈控制（见图 12-1）与前馈控制（见图 13-6）的组合。在系统中前馈控制器（FC）主要克服冷流体流量的变化；而反馈控制则克服其他扰动因素的影响，例如冷流体入口温度及载热体流量等的变化。系统的校正作用是前馈控制器（FC）和温度控制器（TC）输出信号的叠加［通过加法器（FY）相加］，故也可以说是扰动控制和偏差控制的综合，控制的目的是把冷流体出口温度（T_{1o}）稳定在某个设定值（T_{SP}）上。

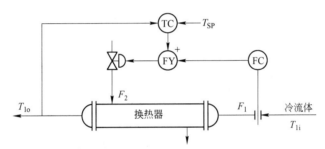

图 13-9　换热器前馈−反馈控制方案

13.3　其他复杂控制系统

复杂控制系统的结构多种多样，本节将继续介绍几种常用的、较为基础的复杂控制系统结构。当然，复杂控制系统的结构并不仅仅限于本节介绍的这几类。简单而言，只要在结构上异于单回路控制的控制系统均属于复杂控制系统，因此，基于本章介绍的这几类基础的复杂控制系统结构还能构造出更多结构更复杂、功能更强大的复杂控制系统。

13.3.1 比值控制系统

在生产过程中，经常需要两种物料以一定的比例混合参加化学反应，以保证正常生产或避免可能发生的事故。凡是使两个或两个以上参数保持一定比值关系的控制系统，称为比值控制系统。在生产过程中应用的比值控制系统，绝大多数是流量比值控制，偶尔也有其他参数例如压力的比值控制等。

在需要保持比值关系的两种物料中，必有一种处于主导地位，称之为主物料，其流量称为主流量或主动量，用 F_1 表示；另一种物料则按主物料进行配比，称之为从物料，其流量称之为副流量或从动量，用 F_2 表示。比值控制的目的就是实现 F_1 与 F_2 之比为一定的比例关系，

即满足 $F_2/F_1=k$，其中 k 表示工艺指标规定的体积（或质量）流量之比。

比值控制的实施方案有两种，即相乘方案与相除方案。在乘法方案中，把主动量的测量值乘以某一系数后作为从动量控制器的设定值，从物料随主物料按一定的比值而变化，这是一种典型的流量随动控制系统，如图 13-10（a）所示；而在除法方案中，把流量之比（F_2/F_1）作为被控变量的测得结果（PV），这是一种关于比值 k 的定值控制系统，如图 13-10（b）所示。

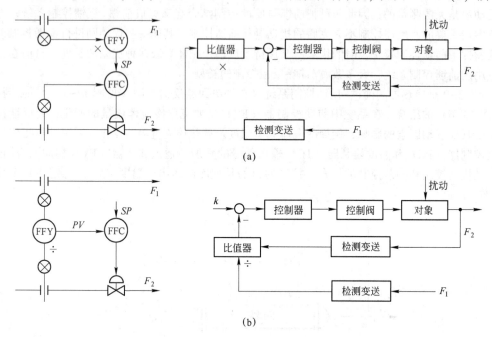

图 13-10　比值控制系统实施方案
（a）乘法方案仪表流程图与方框图；（b）除法方案仪表流程图与方框图

除法方案的最大优点是直观，可直接读出流量比值。然而在应用中发现，如果调节器参数保持不变，则在负荷增加或减少时，系统的稳定性有很大差别。在大负荷下稳定的系统，到了小负荷下可能强烈振荡；反过来，在小负荷下整定好了以后，到大负荷时又变得相当呆滞。同时，调整了比值系数后，系统的稳定情况也出现较大的变化。而乘法方案不会出现这种问题，应优先采用。

13.3.1.1　单闭环比值控制系统

图 13-10 所示的比值控制系统，都只具有一个闭合回路，称其为单闭环比值控制系统。对于图 13-10（a）的系统，主流量变送器的输出信号，经过比值器（FFY）运算后，作为控制器（FFC）的设定值。在控制器中，从（流量）变送器送来的信号与主流量信号决定的设定值进行比较，根据其偏差发出控制信号，控制从流量的大小，以获得两种流量之间为一定的比例关系。图 13-10（a）中的从（流量）变送器、控制器、控制阀及对象（指从流量的检测点到执行器之间的一段管道）等构成一个闭合的从动回路。而对于图 13-10（b）的系统，控制器将根据设定比值与实际比值之差发出控制信号，改变从流量的大小来实现主、副流量之比为定值。

在单闭环控制系统中，当主流量不变时，如果从流量受到扰动，从变送器输出信号发生变化，则可由闭合的从动回路进行定值控制，以保持原设定的比值关系。当主流量受到扰动时，主变送器的输出信号发生变化，从而比值器的输出信号也相应改变，控制器根据设定值的变化，立即发出信号调整控制阀的开度；控制从流量的大小跟随主流量而变化，以保持原设定的比值不变。当主、从流量同时受到扰动时，则控制器在克服从流量扰动的同时，又根据比值器给出新的设定值（决定于主流量的变化），迅速地调整控制阀的开度，使主、从流量在新的流量数值上保持一定的比值关系。

单闭环比值控制系统的优点是结构简单，实施起来亦比较方便，能确保两个流量的比值不变，是应用较广的方案；但主流量是不定值的，它随扰动作用和负荷的变化而改变。负荷大幅度地变化，对于某些物料直接去参加反应的场合是不适合的，因为这会使参加化学反应的反应总量波动很大，可能造成反应不完全或散热不良，给反应带来一定影响。因此单闭环比值控制方案，一般在负荷变化不大时选用。

设某冶金炉的燃料燃烧过程中，煤气量与空气量的控制采用单闭环比值控制系统，如图13-11所示。煤气的需要量（主流量）取决于炉膛温度的要求和生产负荷，由温度控制器（TC）进行控制，炉温用热电偶测量。当炉温受扰动而偏离设定值时，温度控制器便发出控制信号，改变煤气控制阀的开度，煤气量的改变使炉温向设定值靠拢；与此同时，空气量按设定的比值〔由比值器（FFY）给出〕跟随煤气量变化，直到炉温恢复到设定值为止。煤气与空气在新的流量数值下仍保持原设定的比值关系，维持合理的燃烧条件。

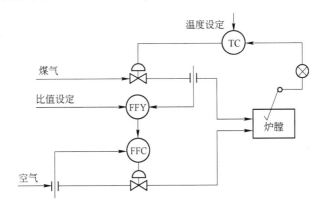

图 13-11　煤气与空气比值控制系统

13.3.1.2　双闭环比值控制系统

在负荷要求比较稳定的生产过程中，应将主物料亦加定值控制，以消除作用于主流量方面的扰动。就是说，配比的两个流量都进行控制，于是便构成具有两个闭环的比值控制系统，如图 13-12 所示。

双闭环比值控制系统，是由一个定值控制的主流量回路和一个随动控制的从流量回路所组成。当扰动作用于从回路时，由该回路本身克服，不会影响主流量回路。当扰动出现在主动回路时，主动回路一方面通过本身的控制使主流量向设定值靠拢，同时比值器（FFY）的输出信号改变从动控制器的设定值。在整个过渡过程中，从流量总是跟随主流量而变化，保持原设定的比例关系。当扰动克服后，主、从流量都回复到设定值上，两者比值关系仍不变。

双闭环比值控制系统主要优点是实现主流量的定值控制，可以大大地减弱主流量扰动的影响，使主、从流量及总物料量都比较平稳，克服了上述单闭环比值控制的缺点。但该方案所用的仪表较多，投资较高。采用两个单回路闭环控制系统分别稳定主流量和从流量，也可以达到比值控制的目的。

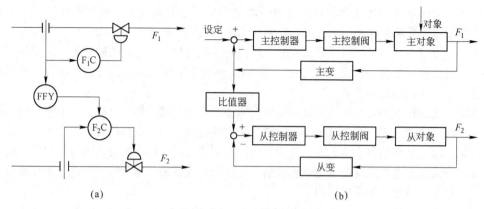

图 13-12　双闭环比值控制系统

(a) 系统原理图；(b) 系统方框图

13.3.1.3　变比值控制系统

当系统存在着除流量扰动以外的其他扰动因素，如温度、压力、成分等扰动时，前述的定比值控制系统不足以满足要求。为了保证产品质量，必须适当修正进料流量间的比值，即重新设置比值系数。这种根据第三参数的需要而不断改变两物料比值的控制系统称为变比值控制系统，如图 13-13 所示的加热炉变比值控制系统，主物料与副物料的流量及比值将根据炉温的改变而变化，这里炉温是终极指标，主副物料流量间的比值只是参考指标和控制手段。随着各种物性质量仪表的发展，这种控制方案的应用将会不断扩大。

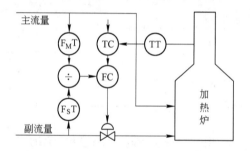

图 13-13　加热炉变比值控制系统

13.3.1.4　比值系数的计算方法

在生产工艺上，比值控制通常是解决两种物料之间的流量比的问题。在自动控制系统中，则是把流量转换成控制装置统一标准信号，建立信号之间的联系。显然，必须把工艺上的流量比值系数 k 折算成仪表上的比值系数 K，才能进行比值设定。比值系数的折算方法随流量与测量信号间是否成线性关系而不同。下面以 DDZ-Ⅲ 型仪表为例，说明比值系数的计算方法。

A　流量与测量信号成线性关系时的折算

用转子、电磁、涡轮等流量计或节流装置配差压变送器经开方器后的流量信号，均与测量信号成线性关系。

当流量由 0 变至最大值 Q_{max} 时，变送器对应的输入为 4~20mA 直流信号，则流量的任一中间流量 Q 所对应的输出电流为：

$$I = \frac{Q}{Q_{max}} \times 16 + 4 \tag{13-7}$$

即 $$Q = (I - 4)Q_{max}/16$$

于是由式（13-7）可得工艺要求的流量比值为：

$$k = \frac{Q_2}{Q_1} = \frac{(I_2 - 4)Q_{2max}}{(I_1 - 4)Q_{1max}} \tag{13-8}$$

由此可折算成仪表的比值系数 K 为：

$$K = \frac{I_2 - 4}{I_1 - 4} = k\frac{Q_{1max}}{Q_{2max}} \tag{13-9}$$

式中　　Q_{1max}，Q_{2max}——主、副流量变送器的最大量程。

B　流量与测量信号成非线性关系时的折算

用节流装置配差压变送器测量流量，但未经开方器运算处理时，流量与变送器输出电流为非线性关系。流量与电流的关系为：

$$Q \propto \sqrt{I - 4} \tag{13-10}$$

流量由 0 变至最大值 Q_{max} 时，变送器对应的输出电流为 4~20mA DC，则流量的任一中间流量 Q 所对应的输出电流为：

$$I = \frac{Q^2}{Q_{max}^2} \times 16 + 4 \tag{13-11}$$

则有 $$Q^2 = (I - 4)Q_{max}^2/16 \tag{13-12}$$

于是由式（13-12）可得工业要求流量比值为：

$$k^2 = \frac{Q_2^2}{Q_1^2} = \frac{(I_2 - 4)Q_{2max}^2}{(I_1 - 4)Q_{1max}^2} \tag{13-13}$$

可求得折算成仪表的比值系数 K 为：

$$K = \frac{I_2 - 4}{I_1 - 4} = k^2\frac{Q_{1max}^2}{Q_{2max}^2} \tag{13-14}$$

13.3.1.5　比值控制实施问题

A　主动量和从动量的选择

在流量 F_1 不可控，而流量 F_2 可控的情况下，用 F_1 作主动量，用 F_2 作从动量，这是很显然的。在流量 F_1 和 F_2 同时进行控制，即双闭环比值控制系统的情况，就比较复杂。表面上看，似乎用谁作为主动量都一样，再进一步分析，还是有区别的。

（1）如果 F_1 可能供应量不足，而 F_2 的供应量不成问题，则应以 F_1 作为主动量，因为即使它失控，流量比仍可维持。

（2）在 F_1 和 F_2 流量失控时，从安全上考虑，用 F_1 或 F_2 作为主动量的后果很可能不一样。哪种情况下必须保持比值一定，则选哪一种作为主动量较为合适。例如，在 CH_4（或轻油）与蒸汽反应转化为 CO 及 H_2 的转化炉中，如对 CH_4 和蒸汽的流量构成双闭环比值控制系统，用蒸汽量作主动量比较合适，因为水碳比低于某一数值后在转化炉管的催化剂上会产生析碳沉积，这是必须防止的。

B　比值器的选择及比值系数的确定

首先要明确是用乘法或除法形式，其次要明确 K 值是由人工设定还是由另一控制器远程设定。

（1）乘法形式，人工设定。电动仪表组成比值控制系统时采用分流器最为经济，此时 K

值需小于 1 且不宜太小；采用加法器的任一输入通道，也可实现 "×K" 要求，同样，K 值范围为 0~1。遇到 $K>1$ 的场合，可改用 $F_1 = k'F_2$，即对 F_2 乘以 $k' = 1/K$ 后作为测量值的方式。另外，也可采用乘法器，用一个定值器给出系数 K。在气动仪表中，一般采用比值器，K 值范围为 0.25~4.00，也不宜采用过小或过大。

（2）乘法形式，远程设定。一般采用乘法器，电动仪表不能用分流器或加法器。

（3）除法形式。此时通常采用除法器作比值器，且 K 值取为 0.5~0.8。这样，调节器的测量值处在整个量程中的中间偏上数值，既能保证精确度，又有一定的调整余地。另外，也可采用与调节器结合在一起的比值调节器。

在采用计算机控制或 DCS 时，应选择乘法控制方案。通过比值控制程序（功能块组态）来实现，且允许 $K>1$，不过需注意参与运算的流量信号的量程及数据类型问题。

在比值控制系统的实施上，同样有控制器参数整定和系统投运问题。因为其系统结构分别等同于简单控制系统与串级控制系统，完全可以用同样的办法，所以在此不再阐述。只是说明一点，比值控制系统应按随动系统的要求，即以非振荡或 $n = 10 : 1$ 的过渡过程为宜。

13.3.2 选择性控制系统

13.3.2.1 基本原理与结构

凡是在控制回路中引入选择器的系统都可称为选择性控制系统。在选择控制系统中，通常设置有两个控制器（或两个以上的变送器），这些控制器（或变送器）的输出信号被送到信号选择器，符合要求（如最低、最高、中间值或多数值等）的信号被选择器选择出来参与控制。选择性控制系统将逻辑控制与常规控制结合起来，增强了系统的控制能力，可以完成非线性控制、安全控制和自动开停车等控制功能。

根据信号选择器在系统结构中的位置、功能不同，选择性控制系统有多种形式，以下介绍最常用的两种形式。

A 选择器位于两个控制器与一个执行器之间

如图 13-14 所示选择性控制系统，选择器位于两个控制器与一个执行器之间。正常工况时，正常控制器 P_2C 的输出信号 m_2 小于取代控制器（或称超驰控制器）P_1C 的输出信号 m_1，低选器 LS 选 m_2 去控制阀门，以维持压缩机出口压力 p_2 稳定不变。而当压缩机进口压力 p_1 下降至一定程度时，压缩机会产生喘振，设备安全成为主要问题。由于采用了低选器 LS，当 p_1 下降至一定数值时，P_1C 的输出信号会低于 P_2C 的输出信号，LS 选择 P_1C 的输出信号为输出，系统切换成为进口压力控制系统，将阀门关小，以维持 p_1 不低于安全限（此时出口压力 p_2 不满足要求）；当进口压力 p_1 回升，P_1C 使阀门开大，p_2 回升，待 p_2 回升到一定程度时，P_2C 的输出变得小于 P_1C 的输出，低选器动作，系统又恢复正常时的工作模式。

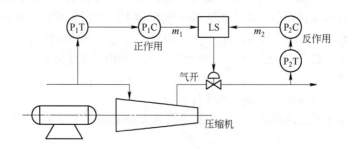

图 13-14 压缩机防喘振选择性控制系统

上述系统虽然有两个控制器，但并不同时施加控制，而是一个运行、一个备用。正常工况下，正常控制器工作，取代控制器处于开环状态。当生产处于某种不正常工况时，如果继续用前一个控制器进行控制，就可能导致生产进入不安全状况。此时通过选择器，选中取代控制器的输出作为控制信号去控制，以确保生产安全。当生产过程恢复正常时，正常工况下工作的控制器又自动恢复工作。因此，这种控制系统又称为取代（或超驰）控制系统。超驰（override）控制系统是选择性控制系统中常用的类型，主要是为系统软保护（防止停车）而设计的，故也称为软保护控制系统。

B　选择器位于几个检测变送环节与控制器之间

这种形式的选择控制系统的特点是几个变送器合用一个调节器。通常选择的目的有两个：其一是选出合适的测量值用于控制；其二是选出可靠的测量值。

如图13-15（a）所示的反应器温度竞争控制系统，为了防止温度过高，在反应器的不同位置上，装设了三个温度测点，各点温度检测信号通过高值信号选择器，选出其中最高的温度检测信号作为测量值，进行温度自动控制，从而保证了反应器温度不超限，这样的系统也称为竞争控制系统，因为系统中参与控制的是根据"最大值获胜规则"确定的测点信号，当然也可以采用图13-15（b）所示的中值（多值表决）规则。

在一些高可靠性控制场合，为防止因仪表故障造成事故，可在一个测点处安装多个传感器，由选择器选出可靠值作为该检测点的测量结果，故这类系统也称为冗余系统。图13-15（b）所示的选择器就可用于冗余系统以选出可靠的测量值，可用于容错控制。

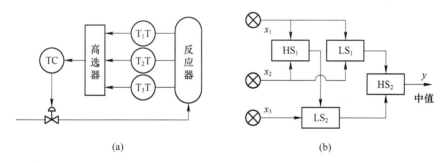

（a）　　　　　　　　　　　　　　（b）

图13-15　选择器位于几个检测变送环节与控制器之间
（a）反应器温度竞争控制系统；（b）中值（多值）选择器

13.3.2.2　选择控制系统的工程实施问题

A　控制器的选择

超驰控制系统的控制要求是超过安全软限时能够迅速切换到取代控制器，因此取代控制器一般选P作用，比例度应选择较小；正常控制器与单回路控制系统的控制器选择相同，一般情况下采用PI作用。控制器的正反作用可根据负反馈准则确定。

B　选择器类型的选择

选择器是超驰控制系统的关键设备，必须在正确选择阀门、正常控制器和取代控制器的正反作用方式基础上，根据超过安全软限时，取代控制器输出是增大还是减小，来确定是选择高选器、中选器还是低选器。当选择高选器时，应考虑发生事故时的保护措施。

C　防积分饱和

超驰控制系统中，正常工况下，取代控制器的偏差一直存在。如果取代控制器有积分控制作用，就会存在积分饱和现象，使得取代控制器不能及时切换干预，可能导致事故。同样，取代工况下，正常控制器的偏差一直存在，如果正常控制器有积分控制作用，也会存在积分饱和现象。积分饱和现象是必须避免的。防止积分饱和的方法有限幅法、积分切除法和积分外反馈法，超驰控制一般采用积分外反馈法，即将选择器输出作为积分外反馈信号，分别送两个控制器。

13.3.3　分程控制系统

如图 13-16 所示系统中，控制器的输出同时送往气动控制阀 A 和 B，阀 A 在气压 0.02～0.06MPa 范围内由全关到全开，而阀 B 在气压 0.06～0.1MPa 范围内由全关到全开，控制阀分程工作。这种使用一个控制器来同时控制两个或多个执行器，而各个执行器的工作范围不同的系统被称为分程控制系统。这里阀门 A 与 B 均为气开阀，显然若利用气开、气关的不同组合，两个阀门就有四种组合特性；而若使用两个以上的执行器，其组合特性更多，要实现阀门的精确控制就更为困难。为了实现分程的精确控制，一般需要引入门定位器。

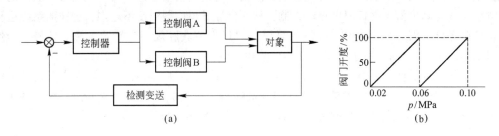

图 13-16　分程控制系统示意图

（a）方框图；（b）工作特例图

采用分程控制的目的主要有：一是扩大控制阀可调范围；二是满足工艺方面的特殊要求，如生产中对多种物料、能源进行控制的需要，或者安全生产的需要等。

可调比 R 是调节阀的一个重要指标，是指调节阀可控制的最大流量 Q_{max} 与可控制最小流量 Q_{min}（不是泄漏流量）之比，即 $R = Q_{max}/Q_{min}$。多数国产阀门的可调比等于 30，在有些场合不能满足要求，希望提高可调比，适应负荷的大范围变化，改善控制品质，这时就可以采用分程控制。

以图 13-16 为例，设两个阀可控制的最大流量均为 200m³/h，$R = 30$，可控制的最小流量为 200/30 = 6.67m³/h。对于这两只阀门并联而成的起分程控制作用的整体而言，可控制最小流量不变，但可控制最大流量 Q'_{max} 变为 400m³/h。即 $R' = Q'_{max}/Q'_{min} = 400/6.67 = 60$，增加了一倍。

分程控制也可以用于满足生产工艺方面的一些特殊要求。例如，某生产过程中有一热交换器，为了保持被加热物料的出口温度，设计用热水、蒸汽两种载热体去加热。当热水加热无法满足出口温度的要求时，则用蒸汽加热，为此对换热器出口温度采用分程控制以尽量少用优质能源，如图 13-17 所示。在这个系统中，温度控制器采用反作用方式。热水阀、蒸汽阀都用气开式，工作信号范围分别为 0.02～0.06MPa 和 0.06～0.1MPa。在正常工况下，控制器输出信号在 0.02～0.06MPa 范围内，热水阀工作，蒸汽阀关闭，以节省蒸汽。当换热器受扰动使出口温度下降时，温度控制器输出气压信号增加，当气压增到 0.06MPa，即热水阀全开仍无法稳定出口温度时，蒸汽阀开始打开，以满足被加热物料所需的热量，确保出口温度稳定。

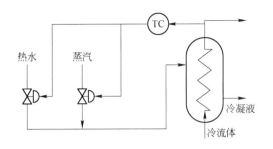

图 13-17　换热器温度分程控制系统

有些生产过程，在不同的工况需要采用不同的控制方式。如放热化学反应过程，在反应的初始阶段，需要对物料加热，使化学反应能够启动；当化学反应放出的热量足以维持化学反应进行时，就不需要外部加热，如果放出的热量持续增加，反应器的温度可能增加到危险程度，因此又反过来需要冷却反应器。为了适应这种需要，可构成如图 13-18 所示的分程控制系统。系统中，阀 A 是气关阀，阀 B 是气开阀，控制器为反作用，以保证控制系统在任何一个阀门工作时都为负反馈并满足升温与冷却的需要。

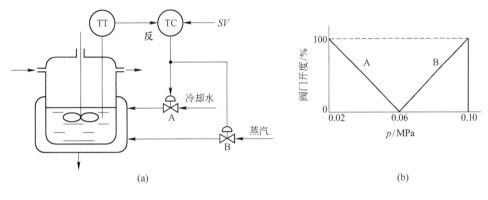

图 13-18　间歇反应器温度分程控制系统
（a）系统原理图；（b）阀门动作曲线

分程控制的特点不只是系统中有两个以上的控制阀，更主要的是每个控制阀在控制器输出信号的某段范围内（气动的或电动的信号）能进行全行程动作，即"全开→全关"或"全关→全开"；否则就不是分程控制系统。

13.3.4　均匀控制系统

在工业生产过程中，生产设备大都是前后紧密联系在一起，前一设备的出料往往是后一设备的进料，而后者的出料又源源不断地输送给其他设备。如图 13-19 所示的双塔系统中，甲塔的液位要稳定，乙塔的进料亦需要稳定，这样要求甲塔的液位和流出量两个变量，都尽可能地平稳。但如果采用图 13-19 所示的按照各自要求设计的液位与流量控制系统去控制，因为操纵量与被控量之间存在矛盾，满足不了生产的需要。此时可以采用均匀控制系统，即采用可使液位与流量这两个参数都在规定范围内均匀缓慢地变化的控制系统。

均匀控制的特点是在工业允许的范围内，前后装置或设备供求矛盾的两个参数都是变化的，其变化是均匀缓慢的。图 13-20（a）所示为液位定值控制曲线，图 13-20（b）为流量定

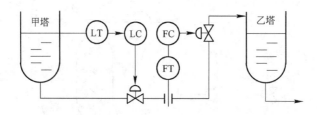

图 13-19　相互冲突的控制系统

值控制曲线，图 13-20（c）为液位与流量均匀控制的控制过程曲线，液位和流量波动都比较缓慢，实现均匀控制有下列两种方案。

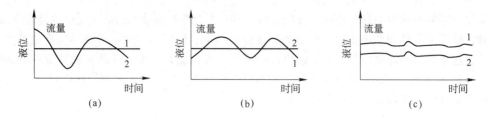

图 13-20　前一设备的液位和后一设备的进料量之关系
（a）液位定值控制曲线；（b）流量定值控制曲线；（c）液位与流量均匀控制的过程曲线
1—液位变化曲线；2—流量变化曲线

　　（1）简单均匀控制。如图 13-21 所示为精馏塔液位和流量的简单均匀控制系统。从控制流程图的方案看，均匀控制系统与液位定值控制系统的结构和所使用的仪表完全是一样的，区别主要是控制器控制规律选择及参数整定问题。在均匀控制系统中，控制器一般选用比例作用，比例度在 100% 以上，有时为了防止连续出现同向扰动时被控制参数超出工业规定的上下限范围，可适当引入积分作用，积分时间为几分钟到几十分钟。

　　（2）串级均匀控制。为了克服控制阀前后压力波动和被控制过程的自衡特性对流量的影响，设计以流量为副参数的流量控制副回路，构成如图 13-22 所示的精馏塔釜液位和流量的串级均匀控制系统。串级均匀控制系统副回路的作用与前述串级系统的副回路相同，当两塔压力波动时，副回路将迅速动作，以有效地克服塔压力对流量的干扰，尽快地将流量调回到给定值，使甲塔的液位不至受到压力波动的影响。对主回路的要求则与简单均匀控制系统相同。

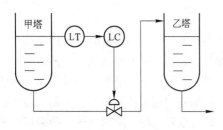

图 13-21　简单的均匀控制系统

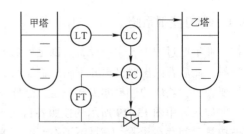

图 13-22　串级均匀控制系统

串级均匀控制系统能克服控制阀前后压力较大的扰动，使主、副参数变化均匀缓慢平稳，控制质量较高。所以，尽管该系统结构较复杂，使用的自动化仪表较多，但是，在生产过程自动化中仍然得到广泛的应用。

13.4　先进控制系统

先进控制
系统简介

先进过程控制（advanced process control）系统是控制策略不同于常规 PID 的控制系统，通常也被认为是复杂控制系统的一种。先进控制系统的控制策略有解耦控制、预测控制、推断控制、自适应控制、鲁棒控制、模糊控制、神经网络控制等，由于控制策略中融入了计算机、非线性系统、人工智能等新兴的理论与技术，先进控制系统往往可以用于处理采用常规控制效果不好，甚至无法控制的复杂工业过程控制的问题。考虑到模糊控制、神经网络控制等已被习惯性地归入智能控制，本节将主要介绍智能控制之外的几种常用先进控制策略与系统。

13.4.1　预测控制

预测控制简介

预测控制是 20 世纪 70 年代末出现的一种基于模型的计算机优化控制算法，被认为是近年来出现的几种不同名称的新型控制系统的总称。由于预测控制的先进性和有效性，近 30 年来，在理论上或工业上控制界投入了大量的人力和物力进行研究，使它有了很大的发展，成为控制理论及其工业应用的热点。

预测控制与传统的 PID 控制的基本出发点不同。常规 PID 控制是根据过程当前的输出测量值和设定值的偏差来确定当前的控制输入。而预测控制不但利用了当前和过去的偏差值，而且还通过预测模型来预估过程未来的偏差值，以滚动优化确定当前的最优输入策略。因此，预测控制优于 PID 控制。

预测控制算法是以模型为基础，即包含了预测的原理，同时具有最优控制的基本特征。预测控制的控制算法尽管其形式不同，但都有一些共同的特点，归结起来有三个基本特征：即模型预测、滚动优化和反馈校正。预测控制的基本结构如图 13-23 所示。

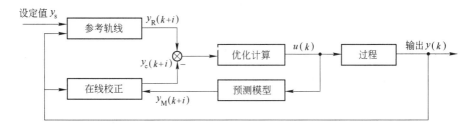

图 13-23　预测控制的基本结构

13.4.1.1　模型预测

预测模型

模型预测控制算法需要一个描述系统动态行为的模型，称为预测模型。它应能够根据对象的历史信息和未来控制输入，预测过程的未来输出，并能根据被控变量与设定值的误差确定当前时刻的控制作用，这比常规控制的效果更好。因为只强调模型的功能而不强调其结构形式，所以在实际工业过程中，采用了很多不同类型的预测模型，如在模型算法控制（MAC，Model Algorithmic Control）和动态矩阵控制（DMC，Dynamic Matrix Control）中分别采用了容易获得的脉冲响应和阶跃响应模型。随着预测控制的发展，目前也经常采用易于在线辨识并能描述不稳定过程的受控自回归滑动平均模型（CARMA，Controlled Auto Regressive Moving Average）和受控自回归积分滑动平均模型（CARIMA，Controlled Auto Regressive Integrated Moving Average）等模型。

由于预测模型能对过程未来动态行为进行预测，因此，可以像系统仿真一样，任意地给出未来控制策略，观察对象在不同控制策略下的输出变化，从而为比较这些控制策略的优劣提供了基础。

13.4.1.2　反馈校正

反馈校正

预测控制是一种闭环优化控制算法。在预测控制中，采用预测模型通过优化计算预估未来的控制作用，由于存在非线性、时变、模型失配和扰动等不确定因素，模型的预测值与实际过程总是有差别。预测控制的一个突出特点就是在每个采样时刻，通过输出的测量值与模型的预估值进行比较，得出模型的预测误差，再利用模型预测误差来校正模型的预测值，从而得到更为准确的未来输出的预测值。利用修正后的预测值作为计算最优性能指标的依据，实际上也是对测量到的变量的一种负反馈，故称为反馈校正。正是这种由模型加反馈校正的过程，使预测控制具有很强的抗扰动和克服系统不确定的能力。

13.4.1.3　滚动优化

滚动优化

预测控制是一种优化控制算法。像所有最优控制一样，它也是通过某一性能指标的最优化确定未来的控制作用，只不过这一性能指标还涉及到过程的未来行为而已。

预测控制的优化不是一次离线完成，而是随着采样时刻的前进反复在线进行，故称为滚动优化。与传统的全局优化不同，滚动优化在每一时刻优化性能指标只涉及到从该时刻起未来有限的时间，而到下一时刻，这一优化时间同时向前推移，不断地进行在线优化。这种局部的有限时域的优化目标是得不到全局最优解的，但是由于这种优化过程是在线反复进行的，将可以及时地处理控制过程中出现的各种问题，只要预测范围选择合适，可以使控制保持实际上的最优。

13.4.1.4　参考轨线

参考轨线

在预测控制中，考虑到过程的动态特性，为了使过程避免出现输入和输出的急剧变化，往往要求过程输出沿着一条期望的、平缓曲线达到设定值，这条曲线称为参考轨线。参考轨线是设定值经过在线"柔化"（通过一个惯性环节）后的结果。

预测控制
优点

由于预测控制的一些基本特征使其产生许多优良性质：对数学模型要求不高且模型的形式多样化，能直接处理具有纯滞后的过程，具有良好的跟踪性能和较强的抗扰动能力，对模型误差具有较强的鲁棒性，这是 PID 控制无法相比的。因此，预测控制在实际工业中已得到广泛重视和应用，而且必将获得更大的发展。

13.4.2　推断控制

生产过程中被控制量（过程输出）不能直接测量就难以实现反馈控制。如果扰动可测，则可以采用前馈控制。但是，在工业生产中也存在着这样一类情况，即过程的扰动、输出无法测量或难以测量（测量仪表价格昂贵、性能不可靠或测量滞后太大等），则可以采用推断控制。推断控制（inferential control）是指通过数学模型利用可测变量将不可测的输出或扰动推算出来以实现反馈或前馈控制的方法。

对于不可测的被控变量，若只需要采用可测的输入变量或其余辅助变量即可推算出来，这是推理控制中最简单的情况；习惯上称这类推断控制为"采用计算指标的控制系统"，如热焓控制、精馏塔内回流控制、转化率控制等。

对于不可测扰动的推断控制是由美国学者 C. B. Brosilow 等提出来的，它利用过程辅助输出来推断不可直接测量扰动对过程主要输出的影响，然后基于这些推断估计量确定控制量，以消除不可测扰动对过程主要输出的影响。推断控制系统通常包括信号分离、估计器 $E(s)$ 及推断控制器 $G_1(s)$ 三个基本部分，其组成方框图如图 13-24 所示。

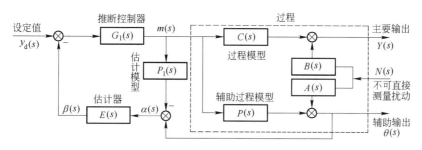

图 13-24　推断控制系统组成方框图

（1）信号分离。控制变量 $m(s)$ 经估计模型 $P_1(s)$ 对估计器 $E(s)$ 产生作用，与控制变量 $m(s)$ 经辅助过程模型 $P(s)$ 产生作用相抵消，因而送入估计器 $E(s)$ 的信号，仅为扰动变量对辅助过程的影响，即将不可测扰动 $N(s)$ 对辅助变量 $\theta(s)$ 的影响从 $\theta(s)$ 中分离出来。

（2）估计器 $E(s)$。估计器 $E(s)$ 的作用是估计不可直接测量的扰动 $N(s)$ 对过程主要输出 $Y(s)$ 的影响。估计器选取合适法如最小二算乘法估计，使估计器输出为不可直接测量扰动 $N(s)$ 对被控变量即主要输出影响的估计值。

（3）推断控制器 $G_1(s)$。推断控制器的设计原则应使系统对设定值具有良好的跟踪性能，对外界扰动具有良好的抗扰动能力，而对选定的不可测量扰动的影响起到完全补偿作用。即过程主要输出 $Y(s)$ 能完全跟踪设定值，而与不可测量扰动 $N(s)$ 无关。

图 13-24 所示的推断控制系统，实际上是一种前馈控制方案。当模型正确无误时，这类系统对设定值变化具有良好的跟踪性能，并对不可测量扰动的影响起到完全补偿作用。然而，要准确地知道过程数学模型及所有扰动的特性，在实际过程控制中往往是相当困难的；且取推断控制器 $G_1(s)$ 为过程模型的逆，这在实际系统中很难实现。为消除模型误差及其他扰动所导致主要输出的稳态误差，若 $Y(s)$ 可测，应尽可能引入反馈，构成推断-反馈控制系统。

推断控制可以有效克服不可测量扰动的影响，在工业生产中具有很大实用价值。近年来文献中介绍过不少推断控制在精馏塔产品组分、工业高压釜中心温度、聚合反应器内反应物平均分子量和放热催化反应器产品组分控制的成功例子。

13.4.3　自适应控制系统

自适应控制系统的研究始于 20 世纪 50 年代，随着控制理论与计算机技术的迅速发展，自适应控制得到迅速的发展，在工业生产中应用越来越广泛。自适应控制系统是指系统本身能自动测量被控系统的参数或运行指标，自动地调整控制的参数，以适应其特性的变化，保证整个系统的性能指标达到最优的控制系统。因此一个自适应系统必定具有以下三个部分：

（1）测量或估计环节，用来测量过程输入与输出，并能对某些参数进行实时估计；

（2）品质评价单元用来完成测量或计算性能指标工作，并评定系统是否偏离最优状态；

（3）控制决策机构用来自动调整控制参数或改变控制规律。

自适应系统的一般方框图如图 13-25 所示。系统由两个回路组成，内回路包括过程和控制器，实现对被控对象的控制；外回路包括参数估计器、品质评价与控制决策机构，用来自动调整控制器参数。

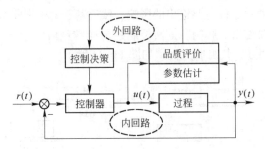

图 13-25　自适应控制的一般系统方框图

工业上常用的自适应控制系统的形式很多，根据设计原理和结构不同，目前应用较为广泛的自适应系统主要有以下三类。

（1）简单自适应控制。这类系统用一些简单、实用的方法来对过程参数或环境条件的变化进行辨识，同时也采用比较简单的方法来调整控制器的参数或改变控制规律，它实际上是一种非线性控制系统。实施时通常采用自整定控制器或自整定软件包，如 Foxboro-Exact 自整定 PID 控制器、AI519 人工智能控制器、TDC3000 中的"Looptune"整定软件包。

（2）模型参考自适应控制系统。典型的模型参考自适应控制系统的基本结构如图 13-26 所示。它利用一个具有预期的品质指标、代表理想过程的参考模型，要求实际过程的模型特性向它靠拢。参考模型与控制系统并联运行，接受相同的设定信号 r，自适应机构根据参考输出与实际输出信号的差值 e 调整控制器的参数，直至使控制系统性能接近或等于参考模型规定的性能。

（3）自校正控制系统。自校正控制系统的基本结构如图 12-27 所示。其参数估计器可以采用递推最小二乘法、广义最小二乘法、辅助变量法等实时在线参数估计方法，它依据过程的输入、输出数据，在线辨识得到过程数学模型的参数。参数调整机构将根据使某种控制指标最优的方法改变控制器参数，即得到该控制指标下的最优控制器，最优控制器可以采用最小方差控制、线性二次型最优控制、极点配置和广义最小方差控制等。

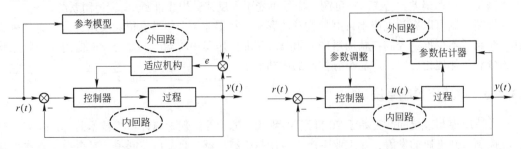

图 13-26　模型参考自适应控制系统　　　　图 13-27　自校正控制器的基本结构

13.5　智 能 控 制

智能控制（IC，Intelligent Control）是 20 世纪 80 年代出现的一个新兴的科学领域，它是继经典控制理论方法和现代控制理论方法之后的新一代控制理论方法，是控制理论发展的高级阶段。所谓智能控制就是指具备一定智能行为的系统，是人工智能、自动控制与运筹学三个主要学科相结合的产物。也可以说，智能控制是以自动控制理论为基础，应用拟人化的思维方法、规划及决策实现对工业过程最优化控制的先进技术。智能控制具有学习功能、适应功能和组织功能等特点。目前，主要的智能控制系统有模糊控制、专家控制和神经网络控制等形式。本节简单介绍这三种控制系统的原理、构成与应用。

13.5.1　专家控制

专家控制又称作基于知识的控制或专家智能控制，也就是将专家系统的理论和方法与控制理论和方法相结合，应用专家的智能技术指导工程控制，效仿专家经验实施控制，使得工程控制达到专家级控制水平的一种控制方法。专家系统是人工智能的最早形式之一，因此，专家控制系统是人工智能与控制理论方法和技术相结合的典型产物。专家系统是一个模拟人类专家解决领域问题的计算机程序系统，基本结构如图 13-28 所示。

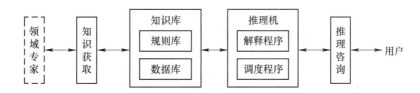

图 13-28　专家系统的基本结构

知识库主要由规则库和数据库两部分组成。规则库存放着作为专家经验的判断性知识，例如表达建议、推断、命令、策略的产生式规则等，用于问题的推理和求解。而数据库用于存储表征应用对象的特性、状态、求解目标、中间状态等数据，供推理和解释机构使用。

知识库通过"知识获取"机构与领域专家相联系，实现知识库的建立和修正更新，知识条目的查询、测试、精炼等对知识库的操作。

推理机实际上是一个运用知识库中提供的两类知识，基于某种通用的问题求解模型进行自动推理、求解问题的计算机软件系统，它包含一个解释程序，用于检测和解释知识库中的相应规则，决定如何使用判断性知识推导新知识；还包括一个调度程序，用于决定判断性知识的使用次序。推理机的具体构造取决于问题领域的特点、专家系统中知识表示方法。

专家系统通过某种知识获取手段，把人类专家的领域知识和经验技巧移植到计算机中，模拟人类专家推理决策过程，求解复杂问题的人工智能处理系统。专家系统具有以下基本特征：专家系统是具有专家水平的知识信息处理系统，对问题求解具有高度的灵活性，采用启发式和透明的求解过程，具有一定的复杂性和难度。按专家系统求解问题的性质可分为解释型、预测型、诊断型、设计型、控制型、规划型、监视型、决策型和调试型几大类。

专家控制系统总体结构如图 13-29 所示。从该图可知，专家控制系统由数值算法库、知识库系统和人–机接口与通信系统三大部分组成。系统的控制器主要由数值算法库、知识库系统两部分构成。其中数据算法库由控制、辨识和监控三类算法组成。控制算法根据知识库系统的控制配置命令和对象的测量信号，按 PID 算法或最小方差算法等计算控制信号，每次运行一种控制算法。辨识算法和监控算法为递推最小二乘法和延时反馈算法等，只有当系统运行状况发生某种变化时，才往知识库系统中发送信息。知识库系统包含定性的启发式知识，用于逻辑推理、对数值算法进行决策、协调和组织。知识库系统的推理输出和决策通过数值算法库作用于被控对象。

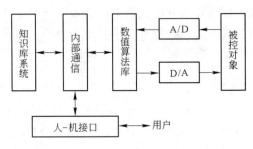

图 13-29　专家控制系统结构

专家控制把控制系统看作为基于知识的系统，系统包含控制系统的知识，按照专家系统知识库的构造，有关控制的知识可以分类组织，形成数据库和规则库。

（1）数据库：数据库中主要包括事实、证据、假设和目标几部分内容。

（2）规则库：规则库中存放着专家系统中判断性知识集合及组织结构。对于控制问题中各种启发式控制逻辑，一般常用产生式规则表示：

　　　　　　IF　　（控制局势）　　　　　THEN　　（操作结论）

其中，控制局势即为事实、证据、假设和目标等各种数据项表示的前提条件，而操作结论即为定性的推理结果。在专家控制中，产生式规则包括操作者的经验和可应用的控制与估计算法、系统监督、诊断等规则。

13.5.2　模糊控制

模糊控制（fuzzy control）是一种应用模糊集合、模糊语言变量和模糊逻辑推理知识，模拟人的模糊思维方法，对复杂系统实施控制的一种智能控制系统。模糊理论是由美国著名的控制理论学者扎德（L. A. Zadeh）教授于 1965 年首先提出，英国伦敦大学教授马丹尼 1974 年研制成功第一个模糊控制器，并用于锅

模糊控制系统
基本结构

炉和蒸汽机的控制，从而开创了模糊控制的历史。模糊控制系统基本构成如图 13-30 所示，其核心是模糊控制器。由该图可知，模糊控制器由模糊化、模糊推理、知识库和清晰化四个功能块组成。

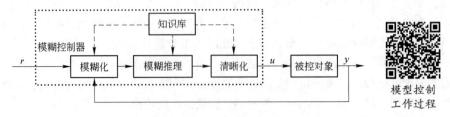

模型控制
工作过程

图 13-30　模糊控制系统的基本结构

13.5.2.1 模糊化

模糊化（fuzzification）的作用是将输入的精确量通过定义在其论域上的隶属度函数计算得到其属于各模糊集合的隶属度，从而转换成模糊化量。输入量包括系统的参考输入、系统输出或状态变量等，模糊化过程如下。

模糊化

（1）论域变换：输入量都是非模糊的普通变量，它们的论域（即变化范围）分别为实数域上的一个连续闭区间，需在模糊控制器中将它们变换为内部论域，论域变换实际上相当于乘以一个比例因子。

（2）模糊化：论域变换得到的仍为普通变量，对它们分别定义若干模糊集合，如"正大"（PB）、"正中"（PM）、"正小"（PS）、"零"（ZO）、"负小"（NS）、"负中"（NM）、"负大"（NB）等，并在其内部论域上规定各个模糊集合的隶属函数，实际应用中通常采用如图13-31所示的三角形或者梯形隶属函数。利用隶属度函数，就可计算得到各模糊集合的隶属度。例如，图13-31中变量 $x=0.8$ 属于模糊集合 "ZO" 和 "PS" 的隶属度分别为0.2和0.8。

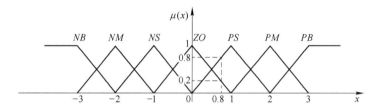

图13-31　等分三角形隶属度函数

这样，经过论域变换与模糊化，就可将普通变量的值变成为模糊变量（即语言变量）的值，完成模糊化工作。

13.5.2.2 知识库

知识库中储存了模糊控制器所需要的一切知识，包括控制指标、领域专家知识及操作经验等，是模糊控制器的核心，它通常由数据库和模糊控制规则库两部分组成。

知识库

数据库中存放有关模糊化、模糊推理、清晰化（去模糊）的一切知识，如论域变换方法及其变换因子，各语言变量的隶属度函数定义，模糊推理与去模糊算法等。

规则库中主要是一些用模糊语言变量表示的控制规则，模糊控制规则反映了控制专家的经验和知识，对整个控制器的控制效果有很大的影响。控制规则应满足完备性（完备性是指对任意的输入都有一个合适的控制输出）、一致性（一致性是指控制规则间不能互相矛盾）等要求。对 MISO 模糊控制器，其控制规则一般可表示为如下的形式：

$$R^i: \text{IF } x_1 \text{ is } X_1^i \text{ and } x_2 \text{ is } X_2^i \text{ and } \cdots \text{ and } x_n \text{ is } X_n^i, \text{ THEN } u \text{ is } U^i, \quad i=1, 2, \cdots, M \quad (13\text{-}15)$$

模糊控制规则实质上就是模糊蕴含关系，因此可简记为：

$$R^i = X_1^i \times X_2^i \times \cdots \times X_n^i \rightarrow U^i \quad (13\text{-}16)$$

其中，X_j^i 和 U^i 分别为论域 X_j 和 U 上的模糊集合，$x=[x_1, x_2, \cdots, x_n]^{\mathrm{T}} \in X_1 \times \cdots \times X_n$ 和 $u \in U$ 均为语言变量；"and"表示条件的"与"连接关系或运算规则，也可有其他的连接关系，如 or（或/并）连接关系；M 为总的规则数。

有许多不同的模糊蕴含定义，Zadeh 给出的模糊蕴含关系定义为：

$$R = A \rightarrow B = (A \wedge B) \vee (1 - A) \quad (13\text{-}17)$$

规则库中的规则是并列的，即为"或"关系，因此整个规则库的模糊关系为：

$$R = \bigcup_{i=1}^{M} R^i \tag{13-18}$$

13.5.2.3　模糊推理

模糊推理是建立在模糊逻辑基础上，由二值逻辑三段论发展而成的一种不确定性推理方法，它很好地模拟人的推理决策过程，用这种方法得到的结论与人的思维一致或相近。在模糊推理中有两种重要的推理方法，即广义取式（肯定前提）推理（GMP, Generalized Modus Ponens）和广义拒式（肯定结论）推理（GMT, Generalized Modus Tollens），如图 13-32 所示。

模糊推理

GMP 推理规则		GMT 推理规则	
大前提：	如果 X 是 A，则 Y 是 B	大前提：	如果 X 是 A，则 Y 是 B
小前提：	X 是 A'	小前提：	Y 是 B'
结　论：	Y 是 B'	结　论：	X 是 A'

图 13-32　GMP 和 GMT 推理规则

其中，A 与 A' 是论域 X 中的模糊集合，A' 接近 A，B 与 B' 是论域 X 中的模糊集合，B' 接近 B。在模糊控制中，通常采用 GMP 推理方法，利用知识库的信息，在一定的输入条件下激活相应的控制规则给出适当的模糊控制输出。

已知模糊控制器的输入模糊量为 x 是 A' 与 y 是 B'，则根据模糊控制规则进行推理得输出控制量 u 的模糊集合 U' 为：

$$U' = (A' \text{ and } B') \circ \boldsymbol{R} \tag{13-19}$$

在模糊控制器中，通常"and"采用求交（最小运算）或求积（代数积运算），而合成运算"。"通常求最大-最小或最大-积运算，模糊蕴含"→"通常采用求交或求积。

例 13-1　设论域 $X = Y = \{1, 2, 3, 4, 5\}$ 上定义的模糊子集"大""较小""小"分别为：

$$\text{"大"} = \frac{0.4}{3} + \frac{0.7}{4} + \frac{1}{5}, \quad \text{"较小"} = \frac{1}{1} + \frac{0.5}{2} + \frac{0.2}{3}, \quad \text{"小"} = \frac{1}{1} + \frac{0.7}{2} + \frac{0.4}{3}$$

已知规则为：若 x 小，则 y 大。问当 $x =$ 较小时，$y = ?$

解：已知 $\mu_{\text{小}}(x) = [1 \quad 0.7 \quad 0.4 \quad 0 \quad 0]$，$\mu_{\text{大}}(x) = [0 \quad 0 \quad 0.4 \quad 0.7 \quad 1]$，$\mu_{\text{较小}}(x) = [1 \quad 0.5 \quad 0.2 \quad 0 \quad 0]$。采用 Zadeh 推理法，$\boldsymbol{R} = A \to B = (A \wedge B) \vee (1 - A)$，可得关系矩阵如下：

$$\boldsymbol{R} = \begin{bmatrix} 0 & 0 & 0.4 & 0.7 & 1 \\ 0.3 & 0.3 & 0.4 & 0.7 & 0.7 \\ 0.6 & 0.6 & 0.6 & 0.6 & 0.6 \\ 1 & 1 & 1 & 1 & 1 \\ 1 & 1 & 1 & 1 & 1 \end{bmatrix}$$

由 $\mu_{较大}(y) = \mu_{较小}(x) \circ \boldsymbol{R}$,

$$
[1 \quad 0.5 \quad 0.2 \quad 0 \quad 0] \circ \begin{bmatrix} 0 & 0 & 0.4 & 0.7 & 1 \\ 0.3 & 0.3 & 0.4 & 0.7 & 0.7 \\ 0.6 & 0.6 & 0.6 & 0.6 & 0.6 \\ 1 & 1 & 1 & 1 & 1 \\ 1 & 1 & 1 & 1 & 1 \end{bmatrix} = [0.3 \quad 0.3 \quad 0.4 \quad 0.7 \quad 1]
$$

故可得 x 较小时的推理结果是:

$$
\mu_{较大}(y) = \frac{0.3}{1} + \frac{0.3}{2} + \frac{0.4}{3} + \frac{0.7}{4} + \frac{1}{5}
$$

13.5.2.4　清晰化

清晰化

清晰化（defuzzification）也称为去模糊，或称为解模糊，可看作是模糊化的逆过程，即将模糊推理得到的控制量（模糊量）变换为实际用于控制的清晰量（普通变量）。它包含以下两个方面的内容。

（1）去模糊：将模糊推理得到的控制量用特定清晰化方法变换成表示在论域范围的清晰量，普遍采用的清晰化方法有最大隶属度、面积重心法等，重心法最常用。

1）面积重心法。这种方法类似于重心计算，取 $\mu(u)$ 的加权平均值为 u 的精确值，即:

$$
u = \frac{\int_u u\mu(u)\,\mathrm{d}u}{\int_u \mu(u)\,\mathrm{d}u} \tag{13-20}
$$

对论域离散的情况，则为:

$$
u = \frac{\sum\limits_{i=1}^{n} u_i\mu(u_i)}{\sum\limits_{i=1}^{n} \mu(u_i)} \tag{13-21}
$$

2）最大隶属度法。以隶属度函数最大元素（单峰情况）或其平均值（多个峰值）作为输出量 u 的精确值。

例如，已知某模糊控制器的输出量为 $\mu(u) = \frac{0.3}{1} + \frac{0.6}{2} + \frac{1}{3} + \frac{1}{4} + \frac{0.5}{5}$ ，则采用面积重心的控制器输出精确值为 $\frac{0.3 \times 1 + 0.6 \times 2 + 1 \times 3 + 1 \times 4 + 0.5 \times 5}{0.3 + 0.6 + 1 + 1 + 0.5} = 3.24$ ，而采用最大隶属度法的输出控制精确值为 $\frac{3+4}{2} = 3.5$ 。

（2）论域反变换：将表示在论域范围的清晰量经尺度变换成实际的控制量。

13.5.3　神经网络控制

神经网络是人工神经网络的简称，它是利用物理器件或计算机软件来模拟生物神经元的人工神经元相互连接而成的复杂网络，具有较强的适应和自学习功能。神经网络控制是一种基本上不依赖于模型的控制方法，比较适用于具有不确定性或高度非线性的对象，随着神经网络理论和应用研究的深入，神经网络控制已成为智能控制的一个重要分支领域。

13.5.3.1 人工神经元模型

在对神经元的主要功能和特性进行抽象的基础上，人们仿照生物神经元模型，用物理器件建立了人工神经元模型，来模拟生物神经网络的某些结构和功能。图 13-33 所示为最典型的人工神经元模型。

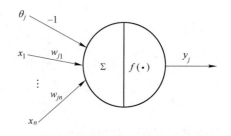

图 13-33 中 $x_i(i = 1, 2, \cdots, n)$ 为加于输入端（突触）上的输入信号，w_{ji} 为相应的突触连接权系数，用它来模拟突触传递强度。该神经元模型的输入输出关系为：

图 13-33 典型的人工神经元模型

$$s_j = \sum_{i=1}^{n} w_{ji} x_i - \theta_j = \sum_{i=0}^{n} w_{ji} x_i \quad (x_0 = \theta_j, \ w_{j0} = -1)$$
$$y_j = f(s_j) \tag{13-22}$$

式中　θ_j——神经元阈值；

w_{ji}——从神经元 j 到神经元 i 连接权权值；

$f(\cdot)$——激活函数，也称输出变换函数，常用的有线性函数 $(f(x) = x)$、双曲函数 $\left(f(x) = \dfrac{1 - e^{-\mu x}}{1 + e^{-\mu x}}\right)$、高斯函数 $(f(x) = e^{-x^2/\sigma^2})$ 等。

13.5.3.2 人工神经元网络模型

若干个神经元按一定规则联结起来构成神经网络，每个神经元在神经网络中构成一个节点，其中有的节点只接受输入而不进行任何计算，这样的节点称为输入节点；除输入节点之外的节点都称为计算节点，计算节点同时接受其他节点的输出信号，并将状态输出到其他节点。一般来说，神经网络由多层网络节点组成，根据神经网络拓扑结构，可分为前向与互联型网络两大类。

最为常用的一种人工神经网络称为反向传播（BP，Back Propagation）网络。在结构上，从信号的传输方向看，它是一种多层前向网络，图 13-34 是它的结构示意图。

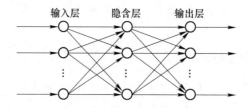

图 13-34 BP 网络结构示意图

BP 神经网络是一种多层感知机结构的前向网络，由输入层、输出层和隐含层构成，如图 13-34 所示。隐含层可以是一层或几层，但现已证明一层隐含层就能达到几层隐含层的同样功能。每一层由一个或若干个节点组成，每个节点就是一个感知器或神经元。

BP 网络的学习属于有教师学习，学习过程由正向传播与反向传播组成。输入信息从输入层正向传至隐层逐层处理，最后传向输出层。如果在输出层不能得到预期的输出，则进行反向学习，将误差信号沿原通路返回，通过修改各层神经元的权值，使得输出误差信号最小，这也是 BP 网络名称的来由。

BP 网络的节点计算像通常的神经元一样，输入加权线性和再加上阈值，而激活函数通常采用 s 形（sigmoid）函数。BP 网络有很好的逼近非线性函数的能力，已经证明，三层的网络可以实现任何非线性连续函数的转换。BP 网络在模式识别、系统辨识、优化计算、预测和自适应控制领域有着较广泛的应用。

13.5.3.3　神经网络在控制系统中的应用

由于神经网络有很强的非线性函数逼近能力并具有并行处理动作方式等诸多优异特征，在很多领域受到关注和应用。神经网络控制是在控制系统中采用神经网络，对难以精确描述的复杂的非线性对象进行建模、特征识别，或作优化计算、推理，或充当控制器，或作故障诊断等。神经网络控制在自动控制系统的应用主要有：

（1）在基于精确模型的各种结构中充当对象的模型；

（2）在传统控制系统中充当控制器的作用，或起优化计算作用；

（3）在控制过程中用作故障监测和诊断的工具；

（4）与其他智能控制方法，如模糊控制、专家控制等融合，为其提供非参数化对象模型、优化参数、推理模型等。

复习思考题

13-1　什么是串级控制，串级控制系统中副回路起什么作用？串级控制系统是怎样工作的，什么场合下采用串级控制较适宜？

13-2　某聚合反应釜内进行放热反应，釜温过高会发生事故，为此采用夹套水冷却。由于釜温控制要求高，且冷却水压力、温度波动较大，故设置控制系统如图 13-35 所示。

（1）这是什么类型的控制系统？试画出其块图，说明其主变量和副变量是什么？

（2）选择控制阀的气开、气关形式。

（3）选择控制器的正反作用。

（4）如果主要干扰是冷却水温度波动，试简述其控制过程。

（5）如果主要干扰是冷却水压力波动，试简述其控制过程，并说明这时可如何改进控制方案，以提高控制质量。

13-3　某串级控制系统采用两步整定法整定主、副调节器的参数，主调节器采用 PID 控制规律，副调节器采用 P 控制规律。测得 4∶1 衰减比的参数为 $P_1 = 0.8$，$T_{1s} = 80s$；$P_2 = 0.40$，$T_{2s} = 30s$。求主、副调节器参数的整定值。

13-4　图 13-36 为一蒸汽加热器，物料出口温度需要控制，主要扰动是进料流量。试分别设计单回路、串级、前馈控制系统满足控制要求，画出控制系统的原理图、方框图，并说明系统的控制过程、控制器与控制阀作用方式。

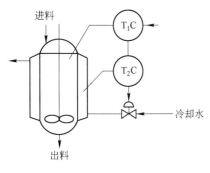

图 13-35　题 13-2 图

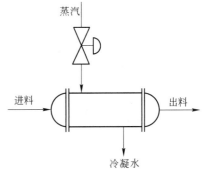

图 13-36　题 13-4 图

13-5　什么是前馈控制和前馈补偿，常规控制器与前馈控制器的控制作用有何不同，前馈控制的特点及其适用场合？

13-6　为什么必须对锅炉汽包水位进行严格的控制？图13-37为汽包水位控制示意图，要求：

(1) 画出该控制系统的方框图；

(2) 指出系统的被控对象、被控参数、操纵变量、扰动变量各是什么？

(3) 当蒸汽负荷突然增加时，试分析该系统是如何实现自动控制的。

(4) 这是一个什么样的控制系统？

13-7　什么是比值控制，比值器在比值控制系统中起什么作用？如何计算仪表的比值系数？试举例说明。

13-8　图13-38为一单闭环比值控制系统，图中 F_1T、F_2T 分别表示主、从流量的变送器，将差压信号变为电流信号，假设采用的是 DDZ-Ⅲ 型差压变送器。已知 $Q_{1max}=60m^3/h$，$Q_{2max}=50m^3/h$，要求两流量的比值 $K=Q_2/Q_1=0.5$，试确定乘法器的比值设定 K'。

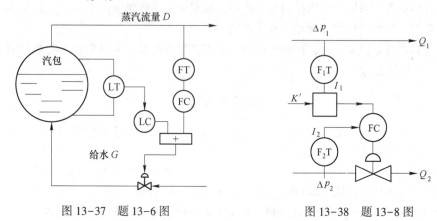

图13-37　题13-6图　　　　　　　图13-38　题13-8图

13-9　图13-39所示为液氨与磷酸在中和槽发生中和反应生成磷二氨料浆的生产工艺流程图。要求：

(1) 画出该控制系统的方框图；

(2) 指出哪个是主物料，哪个是从物料，并分析当液氨流量变化时该系统的工作过程。

13-10　为了保护压缩机的安全，要求氨蒸发器有足够的气化空间，限制氨液面的上限高度，因此，在温度控制系统的基础上，增加一个液面超限的取代单回路控制系统，如图13-40所示。

(1) 分析该系统的工作原理；

(2) 说明选择性控制的主要特点及应用场合。

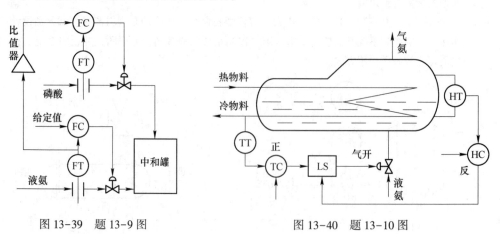

图13-39　题13-9图　　　　　　　图13-40　题13-10图

13-11　绘制图 13-15（a）所示反应器温度竞争控制系统的方框图，并绘制其中的选择器的连接图。

13-12　分析图 13-15（b）所示选择器，计算当（1）$x_1 = 150$，$x_2 = 180$，$x_3 = 170$；（2）$x_1 = x_2 = 180$，$x_3 = 170$ 时输出 y 的值。

13-13　图 13-41 所示的是防喷嘴脱火（p_2 超过某个值，导致炉膛熄火）选择性控制系统。绘制系统方框图，分析其工作原理。

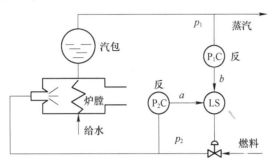

图 13-41　题 13-13 图

13-14　分析如图 13-42 所示废水处理方程控制系统，当 pH 值大于与小于 SV（$=7$）时阀门的动作逻辑。

13-15　如图 13-43 所示为扩大控制阀的可调范围，用于分程控制系统的两只调节阀的可调范围 $R_1 = R_2 = 30$。第一个阀的 $C_{1\text{max}} = 6$；第二个阀的 $C_{2\text{max}} = 150$。求该调节阀整体可调范围。

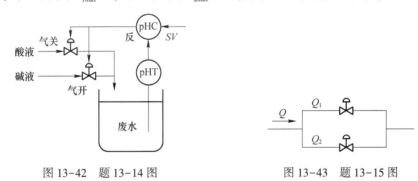

图 13-42　题 13-14 图　　　　　　　图 13-43　题 13-15 图

13-16　如图 13-44 所示，储罐顶部充填氮气，工艺要求顶部氮气压力 p 保持为微正压。为保证储罐安全（不会被吸瘪或被鼓坏），设计了储罐氮封分程控制系统。

（1）控制器的作用方式？

（2）分析液位变化时的工作原理；

（3）输出信号 $0.058 \sim 0.062\text{MPa}$ 的不动作区有何意义？

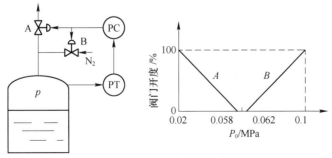

图 13-44　题 13-16 图

13-17 图 13-45 所示的系统，A、B 两种物料在反应器中生成产品 C，反应所需的热量由热水或蒸汽提供（热水热量不够时才开蒸汽）。试设计：

(1) 以 A 为主物料的比值控制系统；

(2) 反应器温度控制系统；

(3) 讨论当热水及蒸汽热量不够时，应该如何改进以保证反应的正常进行。

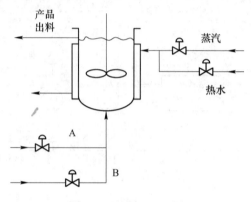

图 13-45 题 13-17 图

13-18 均匀控制有何特点，主要用于什么场合？

13-19 为什么从工作机理来讲，预测控制优于 PID 控制？

13-20 什么是推断控制？

13-21 什么是自适应控制，自适应控制可以分哪几类？

13-22 试述模糊控制器的基本结构及各部件功能，它与常规控制方案比较具有什么主要特点？

13-23 已知某模糊控制器的输出量为 $\mu(u) = \dfrac{0.2}{1} + \dfrac{0.6}{2} + \dfrac{0.8}{3} + \dfrac{1}{4} + \dfrac{0.5}{5} + \dfrac{0.3}{6} + \dfrac{0.1}{7}$，分别采用面积重心法、最大隶属度法，确定确定控制量。

13-24 设模糊集合 A 与 B，$A = \dfrac{0.2}{x_1} + \dfrac{0.7}{x_2} + \dfrac{1}{x_3}$，$B = \dfrac{0.5}{y_1} + \dfrac{0.3}{y_2} + \dfrac{0.1}{y_3}$，试求 $A \times B$。

13-25 专家控制系统怎样构成？

13-26 什么是神经网络，常用的神经网络有哪些？

13-27 神经网络学习规则有哪些，各有何特点？

13-28 神经网络控制系统有哪些方式，神经网络如何在自动控制系统中起作用？

14 计算机控制系统

随着计算机的微型化、操作系统平台的逐渐统一和网络技术的飞速发展，以及计算机控制系统性价比不断提高，计算机控制系统有了突飞猛进的发展，已广泛应用于数据采集、实时监测、实时控制和信息处理等多种场合。计算机控制系统已经从简单的单回路控制、集中控制，发展到复杂的集散型控制、现场总线控制，并通过计算机集成制造系统，参与信息管理和决策支持，给工业生产带来了可观的效益。

14.1 计算机控制系统基本构成及分类

14.1.1 计算机控制系统的基本构成

计算机控制系统由工业控制计算机和生产过程组成，其中，工业控制计算机是计算机控制系统的核心装置。计算机控制系统由硬件和软件两大部分构成，硬件构成如图 14-1 所示，包括主机、外部设备和过程控制通道等部分。

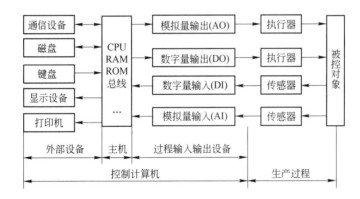

图 14-1 计算机控制系统硬件组成

（1）主机。CPU 和内存储器（RAM 和 ROM）通过系统总线连接而成，是整个控制系统的核心。它按照预先存放在内存中的程序指令，由过程输入通道不断地获取反映被控对象运行工况的信息，按照程序中规定的控制算法，或操作人员通过键盘输入的操作命令自动地进行信息处理、分析和计算，并做出相应的控制决策；然后通过过程输出通道向被控对象及时地发出控制命令，以实现对被控对象的自动控制。

（2）外部设备。计算机的外部设备有输入设备、输出设备、外存储器和网络通信设备四类。输入设备包括键盘、鼠标等，用来输入（或修改）程序、数据和操作命令；输出设备通常有 CRT、LCD 或 LED 显示器、打印机和记录仪等，以字符、图形、表格等形式反映被控对象的运行工况和有关的控制信息；外存储器包括磁盘（包括硬盘和软盘）、光盘和磁带机，用来存放程序、数据库和备份重要的数据，作为内存储器的后备存储器；网络通信设备，用来与其他相关计算机控制系统或计算机管理系统进行联网通信，形成规模更大、功能更强的网络分布式计算机控制系统。

（3）过程I/O通道。过程I/O通道，又简称为过程通道。被控对象的过程参数一般是非电物理量，必须经过传感器（又称为一次仪表）变换为等效的电信号。为了实现计算机对生产过程的控制，必须在计算机与生产过程之间设置信号的传递、调理和变换的连接通道。过程输入/输出通道分为模拟量和数字量（开关量）两大类型。

（4）生产过程。生产过程包括被控对象及其测量变送仪表和执行装置。测量变送仪表将被控对象需要监视和控制的各种参数（如温度、流量、压力、液位、位移、速度等）转换为电的模拟信号（或数字信号），而执行器将过程通道输出的模拟或数字控制信号转换为相应的控制动作，从而改变被控对象的被控量。检测变送仪表、电动和气动执行机构、电气传动的变流、直流驱动装置是计算机控制系统中的基本装置。

计算机控制系统软件包括系统软件、应用软件和支持软件。系统软件一般包括操作系统、语言处理程序和服务性程序等，它们通常由计算机制造厂为用户配套，有一定的通用性。应用软件是为实现特定控制目的而编制的专用程序，如数据采集程序、控制决策程序、输出处理程序和报警处理程序等。它们涉及被控对象的自身特征和控制策略等，由实施控制系统的专业人员自行编制。支持软件用于开发应用软件的软件，包括汇编语言、高级语言（如VB、VC、C++等）、组态软件等。对于设计人员来说，需要了解并学会使用相应的支持软件，能够根据系统要求编制开发所需要应用软件，不同系统的支持软件会有所不同。

14.1.2　计算机控制系统的典型分类

根据计算机控制系统的发展历史和在实际应用中的状态，计算机控制系统一般分为操作指导控制系统、直接数字控制系统、监督控制系统、数据采集与监视控制系统、集散控制系统、现场总线控制系统和计算机集成制造系统等。

计算机控制
系统的典型
分类

14.1.2.1　操作指导控制

操作指导控制系统如图14-2所示。操作指导系统（ODC，Operate Direction Control）是基于生产过程数据直接采集的非在线的闭环控制系统。

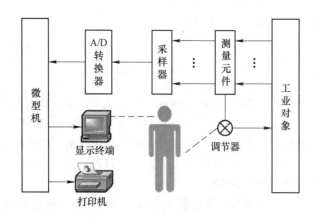

图14-2　操作指导控制系统

14.1.2.2　直接数字控制系统

直接数字控制系统（DDC，Direct Digital Control）如图14-3所示，计算机通过模拟量输入通道（AI）和开关量输入通道（DI）采集实时数据，然后按照一定的规律进行计算，最后发出控制信号，并通过模拟量输出通道（AO）和开关量输出通道（DO）直接控制生产过程。因此 DDC 系统是一个在线闭环控制系统，是计算机在工业生产过程中最普遍的一种应用方式。DDC 系统中的计算机直接承担控制任务，因而要求实时性好、可靠性高和适应性强。

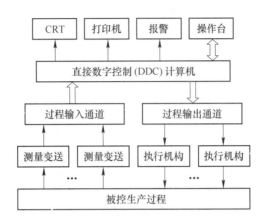

图 14-3　直接数字控制系统

DDC 通常采用全光电隔离、电源电压监视、瞬间脉冲干扰抑制、数字滤波、看门狗等多种抗干扰措施，可靠性好，性价比高，操作简单，多用于温度、液位、压力、流量等测量控制。在集散控制系统中，通常用作现场直接控制器，通过通信总线与中央控制站联络。

14.1.2.3　计算机监督控制系统

计算机监督控制系统（SCC，Supervisory Computer Control）如图 14-4 所示，是一种两级的计算机控制系统，计算机监督控制系统是针对某一种生产过程，依据生产过程的各种状态，按生产过程的数学模型计算出生产设备应运行的最佳给定值，并将最佳值自动地或人工对 DDC 执行级的计算机或对调节仪表（模拟/数字）进行调整或设定控制的目标值，由 DDC 或调节仪表对生产过程行使控制。

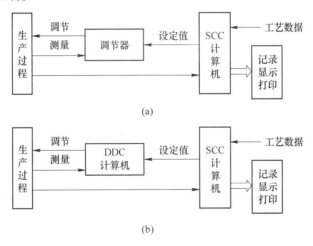

图 14-4　计算机监督控制系统

（a）SCC+调节器控制系统；（b）SCC+DDC 控制系统

14.1.2.4　数据采集与监督控制系统

数据采集与监督控制系统（SCADA，Supervisory Control And Data Acquisition）是以计算机为基础的生产过程控制与调度自动化系统，如图 14-5 所示。它可以对现场的设备进行监视和控制，以实现数据采集、设备控制、测量、参数调节及各类信号报警等各项功能，也可以应用于电力系统、给水系统、石油、化工等诸多领域。

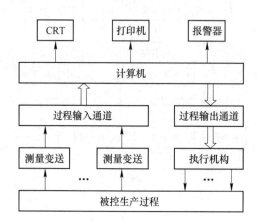

图 14-5　数据采集与监视控制系统

14.1.2.5　集散控制系统

集散控制系统（TDCS，Total Distributed Control System，简称 DCS）的体系结构如图 14-6 所示。DCS 的核心思想是"信息集中，控制分散"。它一般由四个基本部分组成，即系统网络、现场控制站、操作员站和工程师站。其中现场控制站、操作员站和工程师站都是由独立的计算机构成（这些完成特定功能的计算机被称为节点），它们分别完成数据采集、控制、监视、报警、系统组态、系统管理等功能。它们通过系统网络连接在一起，成为一个完整统一的系统，以此来实现分散控制和集中监视、集中操作的目标。

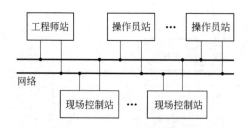

图 14-6　集散控制系统的体系结构图

14.1.2.6　现场总线控制系统

现场总线控制系统（FCS，FieldBus Control System）的核心是现场总线，根据现场总线基金会（FF，FieldBus Foundation）的定义，现场总线是连接现场智能设备与控制室之间的全数字式、开放的、双向的通信网络。其系统结构如图 14-7 所示。

现场总线的节点是现场设备或现场仪表，如传感器、变送器、执行器等。FCS 中的"现场仪表"不是传统的单功能现场仪表，而是具有综合功能的智能仪表。如智能温度变送器不仅具

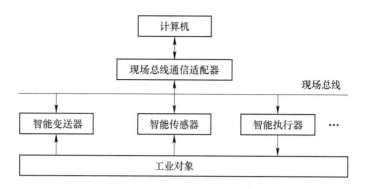

图 14-7　现场总线系统结构图

有温度信号变换和补偿功能，而且具有 PID 控制和运算功能。现场设备具有互换性和互操作性，采用总线供电，具有本质安全性。

14.1.2.7　计算机集成制造系统

计算机集成制造系统 CIMS 是英文 Computer Integrated Manufacturing Systems 的缩写。计算机集成制造 CIM 的概念最早是由美国学者哈林顿博士提出的，其基本出发点是：

（1）企业的各种生产经营活动是不可分割的，要统一考虑；

（2）整个生产制造过程实质上是信息的采集、传递和加工处理的过程。

CIMS 是通过计算机硬软件，并综合运用现代管理技术、制造技术、信息技术、自动化技术、系统工程技术，将企业生产全部过程中有关的人、技术、经营管理三要素及其信息与物流有机集成并优化运行的复杂的大系统。

14.2　计算机输入/输出通道与接口

为实现对生产过程的控制，生产过程的各种参数（温度、压力、流量、液位等）应按合适方式送入计算机，而计算机发出的控制信号也要送给现场执行器或被控过程。因而，在被控过程与计算机之间必须有一座信息传递的"桥梁"。这座"桥梁"就是所谓的过程输入/输出（I/O）通道，根据信号形式，分为模拟量输入/输出（AI/AO）通道与数字量输入/输出（DI/DO）通道。

14.2.1　模拟量输入/输出通道

14.2.1.1　模拟量输入通道

模拟量输入通道一般由信号调理（包括 I/U 变换、滤波等电路）、多路转换器（多路开关）、程控放大器、采样保持器、A/D 转换器、接口及控制逻辑等组成，如图 14-8 所示。为了提高抗干扰能力，保证计算机系统的安全，通常在 A/I 通道中设置光电隔离等部件。模拟量输入通道工作时，计算机发出指令，接口与逻辑控制电路给出控制信号，由多路转换器选择相应的输入通道，采样保持器对经程控放大器放大后的电压信号进行采样，由模拟数字转换器（ADC）将被测量转换为计算机能够接收的数字量，然后交由计算机分析、处理，完成数据采集工作。

A/D 转换器是将模拟量转换为数字量的器件，是数据采集系统中的重要部件，它的性能指标对整个系统起着至关重要的作用，也是系统中的重要误差源。选择 A/D 转换器时，必须考

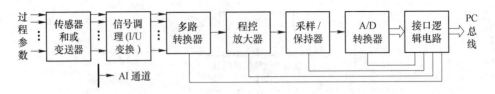

图 14-8 模拟量输入通道的结构（共用 ADC）

虑分辨力、精度、速度、输入信号极性与量程等多方面因素。

14.2.1.2　模拟量输出通道

模拟量输出通道是计算机控制系统实现控制的关键，它的任务是将计算机内部数字信号转化为现场仪表可接收的 4~20mA DC 等标准信号，以便驱动相应的执行机构，达到控制的目的。模拟量输出通道一般由接口电路、D/A 转换器、V/I 变换等部分组成，有两种结构形式，如图 14-9 所示。图 14-9（a）为一个通路设置一个数/模转换器的形式，它具有速度快、转换可靠的特点；而图 14-9（b）为公用数/模转换器的形式，这种形式只适用于通道数较多，且速度要求不高的场合。

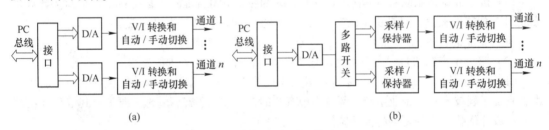

图 14-9 模拟量输出通道结构形式

（a）一个通路设置一个 D/A 转换器；（b）共用 D/A 转换器

模拟量输出通道同样也涉及隔离问题，隔离的方法有两种：一种是在 D/A 转换器后的现场侧直接隔离模拟信号，如隔离放大器；另一种是在 D/A 转换器前的计算机侧用数字光耦合器隔离数字信号（包括数据、地址及命令总线）。

14.2.2　数字量输入/输出通道

被控对象中，被测参数除了模拟量外，还有开关（数字）量，如物位开关的开断、按钮的闭合等；同时还有许多执行器，如接触器、步进电机、指示灯等需要开关量进行控制，这时需要用到开关量（数字量）输入与输出通道。

14.2.2.1　数字量输入通道

数字量输入通道（简称 DI）的任务是把被控对象的开关状态（或数字）信号传送给计算机，通常由信号调理和输入接口构成，如图 14-10 所示。图 14-11 所示为一个典型的 DI 通道原理图，开关 K 状态（开/关）经由 RC 滤波克服开关通断时的抖动、稳压二极管的过电压和反电压保护、光电隔离器的信号隔离及数据锁存器进入计算机中。

14.2.2.2　数字量输出通道

数字量输出（简称 DO）通道的任务是把计算机发出的数字信号（或开关信号）转换成生产过程所需的外部信号电平，并驱动步进电机、电磁阀、继电器、接触器、指示灯等各种负载设备。开关量输出通道一般由输出接口电路和驱动电路组成（见图 14-12），其中输出驱动

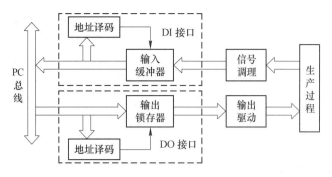

图 14-10　开关量输入/输出结构示意图

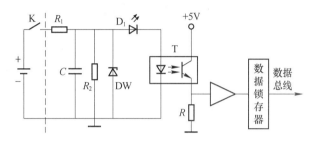

图 14-11　开关量输入通道原理图

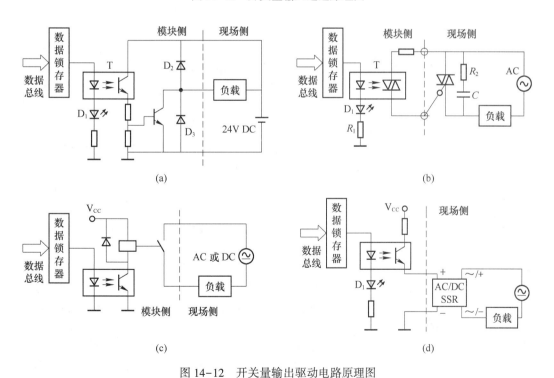

图 14-12　开关量输出驱动电路原理图

（a）晶体管输出；（b）可控硅输出；（c）继电器输出；（d）固态继电器输出

电路是进行 DO 通道设计和选型的重要关注点，其功能有两个：一是进行信号隔离；二是驱动开关器件。

　　根据输出开关器件的种类，DO 分为晶体管输出、可控硅输出、继电器触点输出与固态继电器输出方式等类型，图 14-12 为相应输出模块电路原理图。其中晶体管输出响应速度最快，但只能驱动小功率直流负载，若要求较大的输出电流，可考虑选择达林顿复合管；继电器输出型属于交直流两用输出模块，使用安全灵活，但响应速度最慢，如果系统输出量的变化不是很频繁，建议优先选用继电器型的。可控硅输出和固态继电器输出型 DO 均可用于驱动大功率负载，但可控硅输出型只适用于交流负载；如果要驱动大电流直流负荷，可换用直流固态继电器。

14.2.3　接口与通信技术

　　接口与通信是计算机控制系统的关键之一，采用标准通信协议、配备了标准接口之后，设计人员可以任意组合，完成所要求的数据采集与控制系统设计，简化组建过程，降低系统成本，提高效率。标准通信协议、标准接口与总线的推行实施，对推动和发展数据采集具有重要的意义。

　　数据通信可分为并行通信、串行通信。并行通信是指利用多条数据传输线将一个数据的各位同时传送，通常以 8 位、16 位、32 位的数据宽度同时进行传输。串行通信是指利用一条传输线将二进制数据一位位顺序传送或在两个站点之间进行传送。串行通信的特点是通信线路简单，成本较低，适用于远距离通信，但传输速度慢。

　　在工业控制、智能仪表等领域，通常情况下是采用串口通信的方式进行数据交换。最初采用的是 RS-232 接口，由于工业现场比较复杂，各种电气设备会在环境中产生比较多的电磁干扰，会导致信号传输错误。此外，RS-232 接口只能实现点对点通信，不具备联网功能，不能满足远距离通信（不超过 20m）要求。而 RS-485 则解决了这些问题，数据信号采用差分传输方式，可以有效地解决共模干扰问题，最大距离高达 1200m，并且允许多个收发设备接到同一条总线上。1979 年施耐德电气制定了一个用于工业现场的 Modbus 协议，现在使用 RS-485 通信场合大多采用 Modbus 协议。

　　通用串行总线（USB，Universal Serial Bus）是一种新兴的并逐渐取代其他接口标准的数据通信方式，由 Intel、Compaq、Digital、IBM、Microsoft、NEC 及 Northern Telecom 等 7 家公司于 1995 年联合制定，并逐渐形成了行业标准。USB 总线作为一种高速串行总线，其极高的传输速度可以满足高速数据传输的应用环境要求，且该总线还兼有供电简单（可总线供电）、安装配置便捷（支持即插即用和热插拔）、扩展端口简易（通过集线器最多可扩展 127 个外设）及兼容良好（产品升级后向下兼容）等优点而得到了广泛应用，并在工业控制、智能仪器等领域逐渐流行开来。

　　无线通信技术是数据采集系统中经常用到的一种数据通信的传输方式。它的特点是：无实体线连接，传输速率快，有很多仪器设备内部都直接内置了 802.11 无线接口。在某些应用场合，使用无线通信技术更方便。应用范围广且具有良好发展前景的短距离无线通信技术，如 ZigBee、蓝牙（Bluetooth）和无线宽带（WiFi）。

　　ZigBee 是一种近距离、能耗低的无线通信方式。ZigBee 的特点是短距离，其通常传输距离在百米之内；低功耗，在低功率模式下，两节 AA 干电池能够使一个终端联通两年甚至更长的时间；制作成本低，ZigBee 协议可免费使用，并且以低成本制造芯片；ZigBee 具有较短的延迟和较快的响应速度等。它适用于家庭和办公室，工农业区域及其他需要测试的区域，并且可以使用各种工具进行开发设计。

　　蓝牙（Bluetooth）可以检测半径 10m 内从一点至另一点或从一点至数个点的无线数据和音

频传输，同时数据传输速度可以达到 1Mbps，通信的中介是电磁波。蓝牙技术可以使局域网上的各种数据设备一起使用，例如电话对讲、数字视频、手机和耳机等，以实现随时随地在不同设备之间进行通信。在实际使用中，蓝牙的问题通常是芯片尺寸的限制，成本较高及抗干扰能力弱。

无线宽带（WiFi）可以理解为无线的互联网访问，是当今使用最广泛的无线网络通信技术之一。实际上，就是将来自有线网络的信号转换为无线信号，并且无线路由器用于接收计算机、平板和电脑等。由于无线宽带传输速度很快，可以满足个人或公司的要求，十分适用于移动办公。

14.3　分布式测控网络技术

在一个大规模的工业测控系统中，常常需要同时对上百个甚至更多的对象进行测量和控制，常规的模拟控制系统和计算机直接数字控制系统很难同时奏效，必须把任务分给多个计算机系统并行工作。不同地理位置和不同功能的计算机之间需要交换信息，如果把它们按照一定的协议连接起来，就构成了计算机分布式测控网络系统。本节主要介绍分布式控制系统、现场总线控制系统和工业控制网络技术。

14.3.1　分布式控制系统

分布式控制
系统 DCS

分布式控制系统（DCS，Distributed Control System）也称为集散控制系统。分布式控制系统综合了计算机技术、控制技术、CRT 显示技术、通信技术，能够实现连续控制、间歇（批量）控制、顺序控制、数据采集处理和先进控制等功能，将操作、管理和生产过程密切结合。分布式控制系统以计算机集成制造/过程系统为目标，以新的控制方法、现场总线智能仪表、专家系统、网络通信等新技术，为用户实现过程控制自动化与信息管理自动化相结合的管控一体化的综合集成系统。

14.3.1.1　DCS 系统的发展历程

自从美国霍尼韦尔（Honeywell）公司于 1975 年首次推出 TDC2000 集散控制系统以来，DCS 的结构和性能日臻完善，已经在炼油、石油化工、电力、钢铁、纺织、食品加工等行业得到了广泛的应用，取得了良好的经济效益。纵观 DCS 发展过程，大致可分为三个阶段。

（1）第一阶段，1975—1980 年，是 DCS 初创阶段。世界各大公司纷纷推出自己的集散型控制系统，例如 Foxboro 的 Spectrum 系统、Yokogawa（横河）的 CENTUM 系统、Bailey 公司的 Network-90 系统、Siemens 的 Teleperm M 系统和肯特公司的 P4000 等。

（2）第二阶段，1980—1985 年，是 DCS 成熟期。一方面是硬件和软件技术不断更新，现场控制站的功能大为增强，操作站采用高分辨率的 CRT 和掩模式控制盘，系统软件水平不断提高，系统自检功能增强，各类大、中、小型具有数、模混合顺序控制功能的集散系统被开发应用；另一方面，开发了高层次的综合信息管理系统，以适应企业发展的需要。由于系统技术不断成熟，通过众多厂家参与竞争，DCS 价格开始下降，DCS 的应用更加广泛。

（3）第三阶段，1985—2000 年，是 DCS 扩展期。这一时期 DCS 的特点是系统功能综合化和系统网络开放性水平不断提高，功能综合化体现在 DCS 的管理功能与控制功能的增强：一方面实现了包括原材料进厂到生产设计、计划进度、质量检查、成品包装、出厂及供销等一系列信息的管理调度，另一方面也实现了过程自动化与顺序控制、机电控制相结合的综合控制。

开放性则体现在改变了过去各个 DCS 的封闭结构，形成了连接规则标准化的开放通信网络，一定程度上实现了不同厂家设备的网络兼容。

（4）第四阶段，2000 年以后，是 DCS 快速发展期。受网络通信技术、计算机硬件技术、嵌入式技术、现场总线技术、各种组态软件技术、数据库技术发展的影响，以及用户对先进的控制功能和管理功能需求的增加，加上大规模工业生产的飞速发展，各 DCS 厂商提升了 DCS 系统的技术水平，并不断地丰富其内容，DCS 得到了快速发展。目前，融合现场总线、网络通信、控制技术等的最新成果，能够方便地接入各式现场智能仪表、输入/输出模块、PLC 及第三方集散控制系统等多种设备，构建异构系统的 DCS 已成为主流。

14.3.1.2　集散控制系统体系结构

典型集散控制系统的体系结构通常为层级结构。第一级为分散过程控制级，第二级为集中操作监控级，第三级为综合信息管理级。各级之间由通信网络连接，级内各装置之间由本级的通信网络进行通信联系。其典型的集散控制系统体系结构如图 14-13 所示，各级功能如图 14-14 所示。

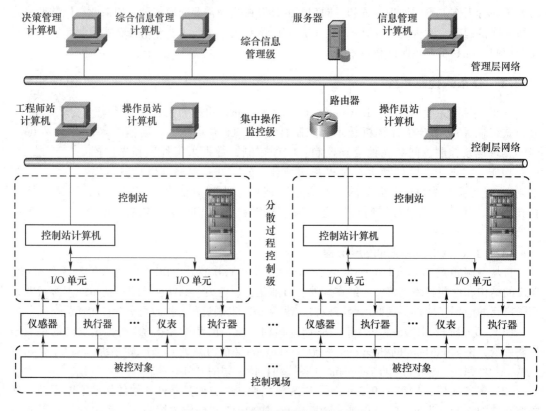

图 14-13　集散控制系统的体系结构

（1）分散过程控制级。过程控制级是集散控制系统的基础，是实现生产过程分散控制的关键，包括现场仪表、传感器、执行器、控制站等。控制站有现场控制计算机、可编程控制器、智能控制器和其他测控装置。分散过程控制级主要完成生产现场的实时数据采集和实时控制。

（2）集中操作监控级。集中操作监控级的主要功能是过程操作、监视、优化过程控制和数据存档等。该级是面向操作员和控制系统工程师的，因此配有技术手段齐备、功能强的计算

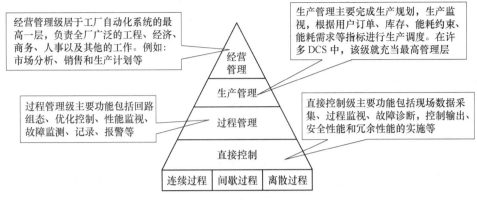

图 14-14　DCS 各级功能

机系统及各类外部装置，特别是 CRT 显示器和键盘，以及需要较大存储容量的存储系统支持；另外，还需要功能强的软件支持，确保工程师和操作员对系统进行组态、监视和操作，对生产过程实行高级控制策略、故障诊断、质量评估，其具体组成包括工程师站、操作员站、服务器及其他功能站。

（3）综合信息管理级。这一级由管理计算机、办公自动化系统、工厂自动化服务系统构成，从而实现整个企业的综合信息管理。综合信息管理主要包括生产管理和经营管理。生产管理级可根据订货、库存和能源等情况来规划产品结构和生产规模，并可根据市场情况重新规划和随机更改产品结构。此外，还可对全厂状况进行观察、产品数量和质量进行监视，并能与经营管理级互相传递数据、报表等。经营管理级的管理范围包括工程技术、商业事务、人事管理及其他方面，这些功能集成在软件系统中。在经营管理级中，通过与公司的经理部、市场部、规划部和人事部等进行对市场的分析、用户信息收集、订货系统分析、合同、接收订货与期限监督、产品制造协调、价格计算、生产与交货期限监督等，以便实现整个制造系统的最优良管理。

（4）DCS 网络。DCS 各级之间的信息传输主要依靠通信网络系统来支持，根据各级的不同要求，通信网络又分成低速、中速、高速通信网络。低速网络面向分散过程控制级，中速网络面向集中操作控制级，高速网络面向高速通信网络管理级。

14.3.1.3　DCS 的功能特点

集散控制系统与传统的仪表控制系统和一般计算机控制系统比较，具有以下几个特点。

（1）分散控制，集中管理。分散控制将控制任务分散到下层的各个过程控制单元（PCU）完成，各过程控制单元独自完成自己的工作，一旦现场控制单元出现故障，仅影响所管辖的控制回路，真正做到了危险分散。分散的含义包括地域分散、功能分散、设备分散和操作分散，这样就提高了设备的可利用率。此外，在集散控制系统中采用了多功能 CRT 工作站，它集中了生产过程全部信息，并以多画面（如工艺流程画面、控制过程画面、操作画面等）方式显示，真正做到了集中管理。

（2）硬件积木化，软件模块化。DCS 采用积木化硬件组装式结构，使得系统配置灵活，可方便地构成多级控制系统。如果要扩大或缩小系统的规模，只需按要求在系统中增加或拆除部分单元，而系统不会受到任何影响。这样的组合方式，有利于企业分批投资，逐步形成一个在功能和结构上由简单到复杂、从低级到高级的现代化管理系统。

DCS 为用户提供了丰富的功能软件，用户只需按要求选用即可，大大减少了用户的开发工作量。功能软件主要包括控制软件包、操作显示软件包和报表打印软件包等，并提供至少一种过程控制语言，供用户开发高级的应用软件。

（3）采用局域网通信技术。分布于各地域的现场控制单元与 CRT 操作站间的数据通信采用了局域网技术，传输实时信息，CRT 操作站对全系统的信息进行综合管理。CRT 操作站对现场控制单元进行操作、控制和管理，保证整个系统协调地工作。由于大多数集散控制系统的局域网采用光纤传输媒介，通信的安全性大大提高，这是集散控制系统优于一般计算机控制系统的重要特点之一。

（4）完善的控制功能。集散控制系统的控制单元具有连续、分散、批量控制等功能，其算法功能模块多达上千种，可实现各种高级控制，例如，串级控制、前馈-反馈控制、Smith 预估控制、自适应控制、推理控制及多变量解耦控制等。

（5）安全可靠性高。由于集散控制系统采用了多微处理器分散控制结构，且广泛采用冗余技术、容错技术，各单元具有自检查、自诊断、自修理和电源保护功能，大大提高了系统的安全可靠性。

（6）高性能/价格比。集散控制系统功能齐全、技术先进、安全可靠，大规模集散控制系统的投资与相同控制回路和功能的传统仪表控制系统相比将更低廉。

14.3.1.4　新型 DCS 构架

随着微电子技术、网络通信技术、计算机硬件与软件技术、嵌入式技术等的发展及其在自动控制领域的应用与推广，特别是自动化软件技术、实时数据库技术的出现与成熟，人们可以使用 PLC、数字控制器、数据采集模块或输入/输出卡、PAC（Programmable Automation Controller）或 Soft-PLC 等设备，代替传统集散系统的控制站来构建分散控制系统，实现"分散控制，集中管理"功能，如图 14-15 所示。

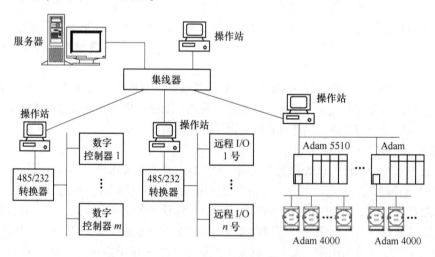

图 14-15　基于 IPC 的新型异构 DCS 系统结构

这种不使用传统 DCS 系统的新构架建立在工业 PC、国际标准的网络协议及通用自动化软件基础上，相比传统意义上的 DCS 系统，具有投资省、开放性好、兼容性强、简单易用等特点，在许多生产工艺简单、小规模、控制回路较少的低成本控制系统中得到了广泛应用。

14.3.2　现场总线控制系统

现场总线控制
系统 FCS

基于现场总线技术（Fieldbus）构建的控制系统称为现场总线控制系统（FCS，Fieldbus Control System），是随着控制、计算机、网络、通信和信息集成技术的发展而产生的。现场总线是指连接智能现场设备（如数字传感器、变送器、仪表和执行机构等）与自动化系统的数字化、双向传输、分散和多分支结构的通信网络。现场总线是用于过程自动化和制造自动化最底层的现场仪表或设备互联的通信网络，是工业控制网络向现场发展的产物。现场总线技术不基于传统的电线、电缆进行通信，使得信号传递更加可靠、经济，各个仪表及装置之间连接更加方便灵活。现场总线不单单是一种通信技术，也不仅仅是数字仪表代替模拟仪表，它是新一代的现场总线控制系统代替传统的分散型控制系统，实现现场通信网络与控制网络的集成。

14.3.2.1　现场总线控制系统的结构与功能

现场总线控制系统结构如图 14-16 所示。现场总线控制系统的各控制节点下放分散到现场，构成一种彻底的分布式控制系统体系结构，用两层结构完成 DCS 中的三层结构功能，降低了系统总成本，提高了可靠性，国际标准统一后可实现真正的开放式互联系统结构。

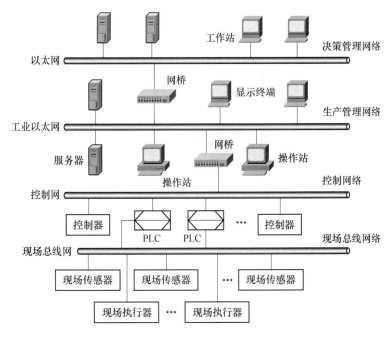

图 14-16　现场总线系统结构

现场总线控制系统 FCS 是在集散控制系统 DCS 的基础上发展而成的，它继承了 DCS 的分布式特点，但在各功能子系统之间，尤其是在现场设备和仪表之间的连接上，采用了开放式的现场总线网络，从而使得系统现场级设备的连接形式发生了根本性的变化，因而具有许多自己所特有的性能和特点。

A　结构方面

FCS 结构上与传统的控制系统不同，图 14-17 给出了 DDC、DCS 和 FCS 三种控制系统的典型结构图。FCS 采用数字信号代替模拟信号，实现一对电线上传输多个信号，现场设备以外不再需要 A/D、D/A 转换部件,简化了系统结构。由于采用了智能现场设备,能够把原先 DCS 系统中处于控制室的控制模块、各输入输出模块置入现场,使现场的测量变送仪表可以与阀门等执行机构传送数据,控制系统功能直接在现场完成,实现了彻底的分散控制。

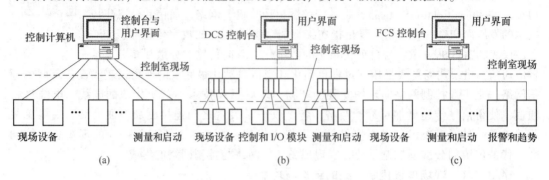

图 14-17 三种典型的控制系统结构比较

(a) DDC;(b) DCS;(c) FCS

B 控制功能方面

(1) 系统的开放性。开放系统是指通信协议公开,各不同厂家的设备之间互联并实现信息交换,现场总线的开发者致力于建立统一的工厂底层网络的开放系统。开放性是指相关标准的一致性、公开性,强调对标准的共识与遵守。一个开放的系统,可与任何遵守相同标准的其他设备或系统互联。

(2) 互可操作性与互用性。互可操作性是指实现互联设备间、系统间的信息传送与沟通。互用性则意味着不同生产厂家的性能类似的设备可实现互相替换。

(3) 现场设备的智能化与功能自治性。将传感测量、补偿计算、过程处理与控制等功能分散到现场设备中完成,仅靠现场设备即可完成自动控制的基本功能,并可随时诊断设备的运行状态。

(4) 系统结构的高度分散性。构成一种新的全分散性控制系统,从根本上改变了原有 DCS 集中与分散相结合的集散控制系统体系,简化了系统结构,提高了测控精度和系统可靠性。

(5) 对现场环境的适应性。现场总线专为现场环境而设计,支持双绞线、同轴电缆、光纤等,具有较强抗干扰能力,采用两线制实现供电和通信,并满足本安防爆要求等。

C 经济方面

(1) 节省硬件数量和投资。FCS 中分散在现场的智能设备能执行多种传感、控制、报警和计算等功能,减少了变送器、控制器、计算单元等数量,也不需要信号调理、转换等功能单元及接线等,节省了硬件投资,减少了控制室面积。

(2) 节省安装费用。FCS 接线简单,一对双绞线或一条电缆上通常可挂接多个设备,因而电缆、端子、桥架等用量减少,设计与校对量减少。增加现场控制设备时,无需增设新的电缆,可就近连接到原有电缆上,节省了投资,减少了设计和安装的工作量。

(3) 节省维护费用。现场控制设备具有自诊断和简单故障处理能力,通过数字通信能将诊断维护信息送控制室,用户可查询设备的运行、诊断、维护信息,分析故障原因并快速排除,缩短了维护时间,同时系统结构简化和连线简单也减少了维护工作量。

14.3.2.2 主流现场总线

现场总线发展迅速,世界上已开发出 40 多种现场总线,由于技术原因和商业利益,使得现场总线暂时无法统一标准，目前较流行的现场总线主要有 FF、LonWorks、CAN、PROFIBUS、HART 五种。

A　基金会现场总线

基金会现场总线（FF，Foundation Fieldbus）是在过程自动化领域得到广泛支持和具有良好发展前景的技术。其前身是以美国 Fisher-Rosemount 公司为首，联合 Foxboro、横河、ABB、西门子等 80 家公司制订的 ISP 协议，以 Honeywell 公司为首，联合欧洲等地的 150 家公司制订的 world FIP 协议。这两大集团于 1994 年 9 月合并，成立了现场总线基金会，致力于开发出国际上统一的现场总线协议。它以 ISO/OSI 开放系统互联模型为基础，取其物理层、数据链路层、应用层为 FF 通信模型的相应层次，并在应用层上增加了用户层。用户层主要针对自动化测控应用的需要，定义了信息存取的统一规则，采用设备描述语言规定了通用的功能块集。

基金会现场总线主要技术内容包括 FF 通信协议；用于完成开放互联模型中第 2～7 层通信协议的通信栈（Communication Stack）；用于描述设备特征、参数、属性及操作接口的 DDL 设备描述语言、设备描述字典；用于实现测量、控制、工程量转换等应用功能的功能块；实现系统组态、调度、管理等功能的系统软件技术及构筑集成自动化系统、网络系统的系统集成技术。

B　LonWorks

LonWorks 是又一具有强劲实力的现场总线技术。它是由美国 Echelon 公司推出并由它与摩托罗拉、东芝公司共同倡导，于 1990 年正式公布而形成的。它采用了 ISO/OSI 模型的全部七层通信协议，采用了面向对象的设计方法，通过网络变量把网络通信设计简化为参数设置，其通信速率从 300bps 至 1.5Mbps 不等，直接通信距离可达 2700m（78kbps，双绞线）；支持双绞线、同轴电缆、光纤、射频、红外线、电力线等多种通信介质，并开发了相应的本质安全防爆产品，被誉为通用控制网络。

它已被广泛应用在楼宇自动化、家庭自动化、保安系统、办公设备、交通运输、工业过程控制等行业。另外，在开发智能通信接口、智能传感器方面，LonWorks 神经元芯片也具有独特的优势。

C　PROFIBUS

PROFIBUS 是德国国家标准 DIN19245 和欧洲标准 EN50170 的现场总线标准。由 PROFIBUS-DP、PPROFIBUS-FMS、SPROFIBUS-PA 组成了 PROFIBUS 系列。DP 型用于分散外设间的高速数据传输，适合于加工自动化领域的应用。FMS 型意为现场信息规范，PROFIBUS-FMS 适用于纺织、楼宇自动化、可编程控制器、低压开关等。而 PA 型则是用于过程自动化的总线类型，它遵从 IEC1158-2 标准，该项技术是由以西门子公司为主的十几家德国公司、研究所共同推出的。其传输介质既可以是双绞线，也可以是光缆，最多可挂接 127 个站点，可实现总线供电与本质安全防爆。

D　CAN

CAN 是控制局域网络（Control Area Network）的简称，最早由德国 BOSCH 公司推出，用于汽车内部测量与执行部件之间的数据通信，其总线规范现已被 ISO 国际标准组织制订为国际标准。由于得到了 Motorola、Intel、Philip、Siemence、NEC 等公司的支持，它广泛应用在离散控制领域。CAN 的信号传输采用短帧结构，每一帧的有效字节数为 8 个，因而传输时间短，受干扰的概率低。当节点严重错误时，具有自动关闭的功能，以切断该节点与总线的联系，使总线上的其他节点及其通信不受影响，具有较强的抗干扰能力。

E　HART

HART 是 Highway Addressable Remote Transducer 的缩写，最早由 Rosemount 公司开发并得到

80 多家著名仪表公司的支持，于 1993 年成立了 HART 通信基金会。这种被称为可寻址远程传感器高速通道的开放通信协议，其特点是在现有模拟信号传输线上实现数字信号通信，属于模拟系统向数字系统转变过程中的过渡性产品，因而在过渡时期具有较强的市场竞争能力，预计生命周期为最近 20 年。

14.3.2.3　现场总线的应用实例

闪速炉是一种强化生产的熔炼炉，具有巨大表面积的粉状物料，在炉内充分与氧接触，在高温下，以极高的速度完成硫化物的可控氧化反应。为保证炉体结构安全，在炉体上安装有大量冷却水套，通过冷却水流流动，快速带走热量。炉体水套温度必须实时监控，炉体水套温度测量的特点是测点特别多，大约有 2000 多个，并且非常集中。如果每个温度点放电缆接信号，需要大量的电缆，预估每个点需要 100m 电缆，按每米电缆 3 元计算，导线费用要 60 多万元。

实际应用时，使用罗斯蒙特 848T Foundation 现场总线温度变送器。每个现场总线温度变送器（848T 卡）可以接 8 个温度测点，然后每 16 个模块用一根通信线串起来，最后总共用了 17 组总线（34 根线）就将数据全部传输上了 DCS 系统，节约大量材料费用，减少工程量，缩短安装工期。848T 模块与接线及现场布置如图 14-18 所示。

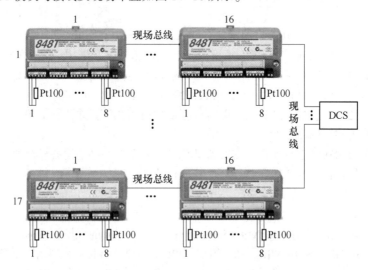

图 14-18　848T 模块与接线及现场布置

14.3.3　网络控制技术

以太网是现实世界中最普遍的一种计算机局域网。采用的是最通用的通信协议标准，组建于 20 世纪 70 年代。经典以太网（Ethernet）是一种传输速率 3 ~ 10Mbit/s 的常用总线型局域（LAN）标准。在以太网中，所有计算机被连接一条同轴电缆上，使用 CSMA/CD（Carrier Sense Multiple Access/Collision Detection，即载波多重访问/碰撞侦测）的总线技术，采用竞争机制和总线型拓扑结构。以太网由共享传输媒体，如双绞线电缆或同轴电缆和多端口集线器、网桥或交换机构成。在星形或总线型配置结构中，集线器/交换机/网桥通过电缆使得计算机、打印机和工作站之间彼此互连。

工业以太网（Industrial Ethernet）是应用于工业自动化领域的以太网技术，是以太网技术和通用工业协议的结合。工业以太网技术上与商用以太网兼容，但在产品设计、材质的选用、产品的强度、适用性，以及实时性、可互操作性、可靠性、抗干扰性和本质安全等方面能满足工业现场的需要。工业以太网基于成熟的以太网技术和 TCP/IP 技术，具有较高的实时性和传输能力，为过程控制提供更为强大的解决方案，有助于降低成本，提高生产力，并简化系统的复杂性，网络控制技术已在越来越多的工厂投入使用。它的优势主要体现在以下几个方面。

（1）解决了协议的开放性和兼容性问题。工业以太网因为采用由 IEEE 802.3 所定义的数据传输协议，是一个开放的标准，从而为 PLC 和 DCS 厂家广泛接受。与现场总线相比，以太网还具有向下兼容性。此外，以太网还允许逐渐采用新技术，可以一步步将整个网络提升。

（2）解决了带宽需求问题。以太网最初的数据传输速度只有 10Mbit/s，随着 1996 年快速标准交换式以太网的发布，以太网的传输速度提高到了 100Mbit/s；1998 年，千兆以太网标准的发布将其速度提高到最初的 100 倍。目前，10G 以太网技术已经非常成熟，其速率比现场总线快很多，完全可以满足工业控制网络不断增长的带宽要求。

（3）资源共享能力强。随着 Internet/ Intranet 的发展，以太网已渗透到各个角落，网络上的用户已解除了资源地理位置上的束缚，在联入互联网的任何一台计算机上就能浏览工业控制现场的数据，实现"控管一体化"，这是其他任何一种现场总线都无法比拟的。

（4）可持续发展潜力大。以太网的引入将为控制系统的后续发展提供可能性，用户在技术升级方面无需独自的研究投入，对于这一点，任何现有的现场总线技术都是无法比拟的。同时，机器人技术、智能技术的发展都要求通信网络具有更高的带宽和性能，通信协议有更高的灵活性，这些要求以太网都能很好地满足。

14.4　计算机控制系统设计与开发实例

14.4.1　被控对象及要求分析

推板窑是一种用于电子陶瓷、化工材料、电子元器件、磁性材料、电子粉体等材料产品生产的连续式加热烧结设备，主要由炉体、加热系统、推进系统、电气控制系统、温度测量控制系统组成。工作时，烧结产品直接或间接放在耐高温、耐摩擦的推板上，推进系统按照产品的工艺要求对放置在推板上的产品进行移动，在炉膛中完成产品的烧结过程。

某新材料公司有两个生产基地，A 地总部有 4 台推板窑，B 地分公司有 6 台推板窑。各推板窑推进系统采用液压推进（设置一个液压站），采用 S7-200PLC 逻辑程序控制，无极变频调速；炉顶排气烟囱及环保等机电设备的控制也由 PLC 完成。推板窑设置 12 个温区，第 1、2 温区只有一个控温点，3~12 温区都有上下两个独立控温点，第 12 温区为冷却温区，一般不控温。每个温区有一个监测点，检测采用 VPR130 型无纸记录仪；温度控制采用 E5EZ 智能控温仪，功率器件为 SSR 模块，测控参数见表 14-1。

表 14-1　某公司推板窑测控参数、设备简表

温区号	参数名称	测控设备	备　注
1~2	巡检温度	VPR130	每台窑 22 个控温点（配 22 台 E5EZ 温控仪），12 个巡检温度点（共用 1 台无纸记录仪）。温控仪与无纸记录仪均支持 485 通信
1~2	下部温度	E5EZ	每台窑 22 个控温点（配 22 台 E5EZ 温控仪），12 个巡检温度点（共用 1 台无纸记录仪）。温控仪与无纸记录仪均支持 485 通信
3~12（12 温区不控温）	上部温度	E5EZ	每台窑 22 个控温点（配 22 台 E5EZ 温控仪），12 个巡检温度点（共用 1 台无纸记录仪）。温控仪与无纸记录仪均支持 485 通信
3~12（12 温区不控温）	巡检温度	VPR130	每台窑 22 个控温点（配 22 台 E5EZ 温控仪），12 个巡检温度点（共用 1 台无纸记录仪）。温控仪与无纸记录仪均支持 485 通信
3~12（12 温区不控温）	下部温度	E5EZ	每台窑 22 个控温点（配 22 台 E5EZ 温控仪），12 个巡检温度点（共用 1 台无纸记录仪）。温控仪与无纸记录仪均支持 485 通信

为了提高公司自动化水平及管理水平，需要将两个基地所有的生产设备进行整合，构建一个分布式数据采集与控制系统，并与公司内部网络相连，以使生产调度、技术研发、财务等部门均能获取各自所需信息。

14.4.2 控制系统设计

14.4.2.1 系统方案的确定

根据系统要求与设备实际情况，采用非典型 DCS 形式的集散系统构架来满足系统需求是最佳方案。将推板窑的 PLC、温控仪及无纸记录仪作为整个公司数据采集与监督控制系统的硬件，不改变推板窑本身的控制逻辑与操作模式，仅按照集散控制系统思路，编制上位监控程序、相关设备的驱动程序，以及与公司现有 MIS 系统的接口程序即可。通过多方面的比较与综合考虑，最后选择使用组态王来开发推板窑 SCADA 系统。

考虑到生产车间推板窑较多，连接温控仪的 485 总线上挂接的设备较多（60 台），数据传输量较大而仪表通信的波特率有限，故在车间安装 Moxa 串口服务器，将串口转换成 TCP/IP 协议网络接口，以保证各智能仪表的传输速度与通信的可靠性。而试验车间只有 1 台窑，通信压力不高，故仅使用 3 个有源 485/232 转换器。每个车间监控室设置一台工控机，工控机通过交换机与企业内部网（Intranet）相连。内网通过公共机房与 Internet 相连，分公司与总部之间的数据交换均通过互联网。系统整体构架如图 14-19 所示。

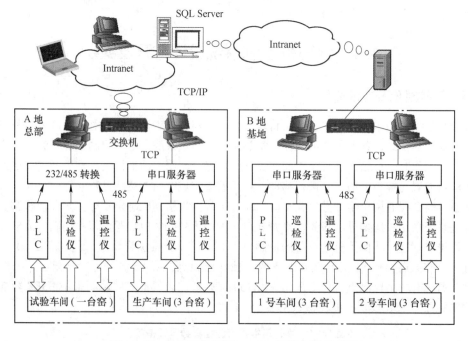

图 14-19　某公司推板窑 SCADA 系统拓扑示意图

14.4.2.2 系统硬件设置与组态

硬件组态包括通信端口地址、通信方式及通信参数等的设置。在本项目中，S7-200 PLC 采用 ModBus RTU 通信方式，通过调用厂家提供的程序功能块来完成 ModBus RTU 功能，并设置好相应的通信参数（包括波特率、数据位与停止位长度、校验方式等）。本例中，所有设备的通信参数设置均是波特率为 9600bps、7 位数据位、2 位停止位、偶校验方式。

　　要使各设备的数据能被上位机得到，还必须在监控软件中对它们进行组态，即设置各设备的通信参数，以便应用软件会根据其设置参数自动调用相应的函数，将温控仪及巡检仪的内部数据提取出来，并将上位机的处理结果传送到温控仪进行控制。按照组态王的设备配置向导进行组态，使上位机通信参数与各仪表内部设置参数相同，试验窑硬件配置部分结果如图 14-20 所示。

图 14-20　试验窑硬件组态结果

14.4.2.3　系统软件开发

　　推板窑 SCADA 系统监控软件功能框图如图 14-21 所示，包括数据采集、输出控制、历史数据管理、报表/日志管理、用户管理等功能模块，系统的核心是数据库。

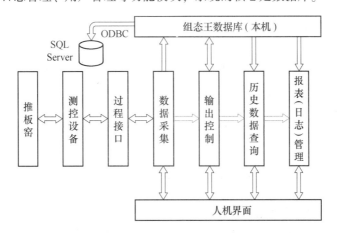

图 14-21　推板窑 SCADA 系统软件框图

过程数据通过数据采集后存入组态王自身数据库中，并以数值、棒图等形式显示处理，同时通过开放数据库连接（ODBC，Open Database Connectivity）将需要的数据存入公司的 SQL Server 数据库；存储在数据库中的数据可在需要时查询、生成报表或者日志文件，同时通过输出控制模块将控制信号送给 PLC 与温控仪对窑炉进行控制。

为了将采集进来的数据需要高效地组织、存储起来，并将处理结果及时地送到控制设备，以满足过程监控、产品试制与工艺改进及科学管理工作的需要，项目引入了数据库技术。组态王本身自带数据库系统，只需在组态王开发版中根据系统过程监控等的需要，进行变量定义即自动建立好数据库管理系统。变量定义包括"基本属性""报警定义"及"记录与安全区"三个部分，图 14-22 所示为试验窑第一温区实际温度的定义图。

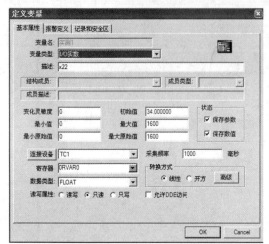

(a)

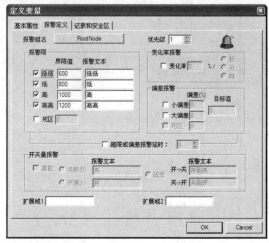

(b)

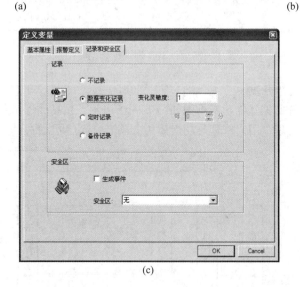

(c)

图 14-22　组态王数据库变量定义

（a）变量基本属性页；（b）变量报警定义页；（c）记录和安全区

14.4.2.4　系统效果与功能特点

推板窑 SCADA 系统的用户界面包括主控窗口、参数显示、参数设置、温度控制、历史数据查询、报表管理及用户管理等，如图 14-23 和图 14-24 所示。其主要功能及特点如下。

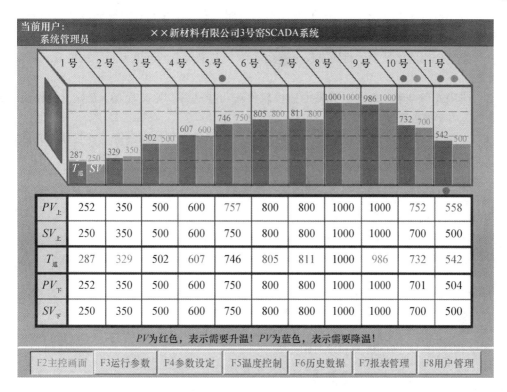

图 14-23 推板窑 SCADA 系统 "主控窗口"

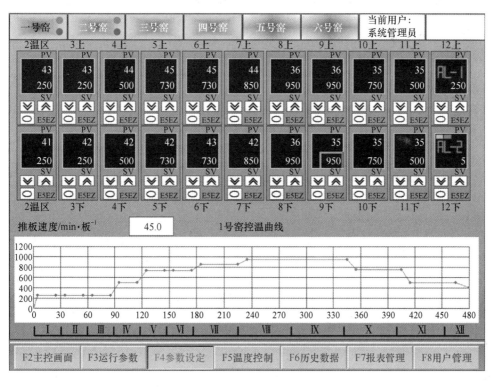

图 14-24 推板窑 SCADA 系统 "参数设定" 窗口

（1）应用层级体系结构，实现推板窑的分层控制，窑炉采用温控仪控制的分散控制技术，而监视则实行上位机的集中管理，具有"集中管理、分散控制"的特点，因而可靠性很高。

（2）系统应用网络技术，将所有仪表连成一体，实现信息的互联互通，投资省，精度高，性能可靠。

（3）应用通用自动化软件，开发的监控软件，功能完备，界面直观、友好，操作简单易学，非常适用于推板窑监控的需要。

（4）采用开放数据库连接，实现 SCADA 系统与公司的管理信息系统等的互联，并通过互联网，实现了研发人员、管理人员对自动空气窑炉的在线远程（异地）监控。

复习思考题

14-1　什么是计算机控制系统，计算机控制的工作过程有哪三个步骤？

14-2　一个典型的计算机控制系统由哪些部分构成？画出其方框图。

14-3　简述计算机控制系统的特点。

14-4　典型应用的计算机控制系统有哪些？

14-5　简述计算机控制系统的发展过程。

14-6　过程通道有哪几种类型，各有何作用，有哪些性能指标？

14-7　什么是直接数字控制系统（DDC），与模拟控制系统相比较有什么主要优点？

14-8　什么是通信协议，常用的通信协议有哪些？

14-9　什么是计算机的总线，计算机的总线分别有哪几种？

14-10　什么是接口，计算机常见的接口有哪些？

14-11　什么是 RS-232 接口，什么是 RS-485 接口？

14-12　无线通信技术的特点是什么，常用的无线通信方式有哪些？

14-13　什么是集散控制系统，与常规仪表控制系统和计算机集中控制系统相比有什么特点，它的高可靠性体现在哪些方面？

14-14　集散控制系统由哪些部分组成，各部分完成什么功能？

14-15　什么是现场总线控制系统？在结构上与技术上，它与 DCS 相比有什么特点？

14-16　常用的现场总线有哪些？

14-17　什么是工业以太网，有什么特点？

14-18　什么是组态软件，有什么特点？举例说明组态软件的应用。

15 典型工业过程控制系统

冶金、能源、电力、化工等复杂生产过程往往由许多不同的过程单元组成,因此,实现整个生产过程的自动化必须首先掌握这些过程单元设备的自动控制方法。过程单元按其物理和化学变化及加工方式来分,主要有动量传递过程、热量传递过程、质量传递过程和化学反应过程,具体来说就是工业生产过程中常见到的换热设备、工业窑炉、流体输送设备及反应器等设备。本章将以这些生产过程中有代表性的几种设备为例,讨论其控制方案的制定过程。

15.1 锅炉设备的控制

锅炉是冶金、电力、石化等工业部门的重要能源、热源动力设备。锅炉种类很多,按所用燃料分类,有燃煤锅炉、燃油锅炉、燃气锅炉,还有利用残渣、残油、释放气等为燃料的锅炉。常见的锅炉设备主要工艺流程如图 15-1 所示。

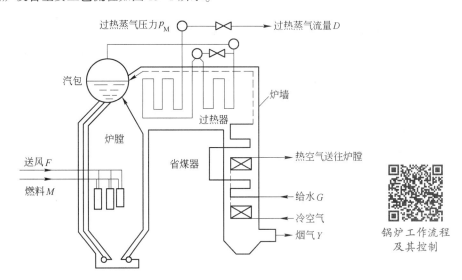

图 15-1 锅炉设备主要工艺流程图

由图 15-1 可知,锅炉由两大部分组成:第一部分为燃烧系统,由送风机、空气预热器、燃料系统、燃烧室、烟道、除尘器和引风机等组成;第二部分为蒸汽发生系统,由给水系统、省煤器、汽包和过热器等组成。工作时,燃料和空气按一定比例进入炉膛燃烧,燃烧释放的热量通过蒸汽发生系统产生饱和蒸汽,再经过热器将饱和蒸汽加热成满足一定质量指标(温度、压力)的过热蒸汽输出,供给生产负荷设备使用。与此同时,燃烧过程中产生的高温烟气经过过热器,将饱和蒸汽加热成过热蒸汽后,经省煤器预热锅炉给水,再经过空气预热器预热锅炉送风,最后引风机送往烟囱排入大气;每经过一个环节,烟气的温度都会有所降低,使燃料燃烧热量得到充分利用。

为保证蒸汽的供给及锅炉的运行安全，锅炉的诸多工艺参数必须严格控制。锅炉系统的被控变量主要有汽包水位、过热蒸气压力、过热蒸汽温度、炉膛负压、燃空配比，控制变量有锅炉给水、燃料量、减温水流量、送风量等。被控参数和控制变量之间相互影响的关系相当复杂。例如，过热蒸汽流量变化会引起汽包水位、蒸气压力和蒸汽温度的变化，而燃料量的变化不仅影响蒸气压力，还会影响汽包水位、过热蒸汽温度、送风量和炉膛负压等参数。为了便于分析处理，工程上一般将锅炉的控制系统划分为汽包水位控制系统、燃烧控制系统和过热蒸汽控制系统，下面分别对这三个控制系统的典型方案进行讨论。

15.1.1　锅炉汽包水位控制系统

汽包水位是锅炉运行的主要指标，是一个非常重要的被控变量，维持水位在一定的范围内是保证锅炉安全运行的首要条件。这是因为：

（1）水位过高，会影响汽包内汽水分离，饱和蒸汽带水过多，会使过热器管壁因结垢而损坏，也会损坏下游的汽轮机叶片。

（2）水位过低，则由于汽包内的水量减少，负荷很大时，水的气化速度加快，因而汽包内的水量变化速度很快，如不及时控制就会使汽包内的水全部气化，导致水冷壁烧坏，甚至引起爆炸。

15.1.1.1　汽包水位的动态特性

锅炉汽包水位对象与其他液位对象的最大不同点是液相中含有气泡。因此，影响汽包水位的因素除了汽包容积、给水流量、锅炉负荷（蒸汽流量）外，还有汽包压力、炉膛热负荷等因素。在诸多影响因素中，给水流量和蒸汽流量变化对汽包水位的影响最大。下面主要讨论这两种因素对汽包水位的影响。

锅炉汽包水位
动态特性

A　给水流量变化对汽包水位的影响（控制通道的动态特性）

图 15-2 所示为给水流量阶跃变化时，汽包水位的响应曲线。如果把汽包和给水看作单容无自衡对象，汽包水位的阶跃响应曲线如图 15-2 中的 H_1 所示。由于给水温度比汽包内饱和水的温度低，所以给水量变化后，使汽包中气泡含量减少，导致水位下降。实际水位响应曲线如图 15-2 中的 H 曲线。当突然加大给水量后，汽包水位一开始不立即增加，而要呈现出一段起始惯性段。用传递函数来描述时，它相当于一个积分环节和纯滞后环节的串联，可表示为：

$$\frac{H(s)}{G(s)} = \frac{\varepsilon_0}{s} e^{-\tau s} \tag{15-1}$$

式中　　ε_0——给水流量作用下，阶跃响应曲线的飞升速度；

　　　　τ——纯滞后时间。

给水温度越低，纯滞后时间 τ 越大。一般 τ 在 15~100s 之间。如果采用省煤器，则由于省煤器本身的延迟，会使 τ 增加到 100~200s。锅炉排污、吹灰等操作对水位也有影响，但这些都是短时间的干扰。

B　蒸汽流量变化对汽包水位的影响（干扰通道的动态特性）

在其他条件不变的情况下，蒸汽用量突然增加，会使汽包的物料平衡发生变化，汽包瞬时流出水量大于流入量，汽包存水量减少。如果不考虑其他因素，汽包存水量瞬时减少必然会使汽包水位下降。图 15-3 中的 $\Delta H_1(t)$ 表示将汽包当作非自衡单容对象看待时，汽包水位对蒸汽流量的阶跃响应曲线。但深入分析汽包内部的水、汽变化过程，当蒸汽流量突然增加时，必将

导致汽包压力 p_b 瞬时下降，在锅炉蒸发管（水冷壁）内的水沸腾突然加剧，水中气泡数量迅速增加，气泡体积增大，使汽包水位升高。这种压力下降而非水量增加（水量实际上在减少）导致汽包水位上升的现象称为"虚假水位"现象。由于汽包压力下降，导致汽包液位上升对应的虚假水位阶跃响应曲线如图 15-3 中的 $\Delta H_2(t)$ 所示。

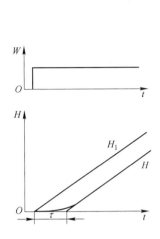

图 15-2　给水流量扰动下汽包
水位的阶跃响应曲线

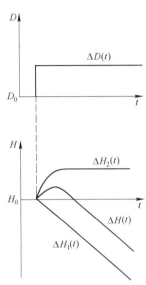

图 15-3　蒸汽流量阶跃干扰下
汽包水位响应曲线

在蒸汽流量增加（ΔD）时，水位变化的实际阶跃响应曲线如图 15-3 中的 $\Delta H(t)$ 所示。由于虚假水位现象，在蒸汽流量增加的开始阶段水位不仅不会下降反而先上升，然后再下降（反之，当蒸汽流量突然减少时，则水位先下降，然后上升）。蒸汽流量 D 突然增加时，实际水位的变化 $\Delta H(t)$ 为 $\Delta H_1(t)$ 与 $\Delta H_2(t)$ 的叠加，即：

$$\Delta H(t) = \Delta H_1(t) + \Delta H_2(t) \tag{15-2}$$

用传递函数来描述可以表示为：

$$\frac{H(s)}{D(s)} = \frac{H_1(s)}{D(s)} + \frac{H_2(s)}{D(s)} = -\frac{\varepsilon_f}{s} + \frac{K_2}{T_2 s + 1} \tag{15-3}$$

式中　ε_f——蒸汽流量作用下，阶跃响应曲线的斜率（飞升速度）；

K_2，T_2——只考虑水面下气泡体积变化所引起的水位变化 $\Delta H_2(t)$ 的放大倍数和时间常数。

虚假水位变化大小与锅炉的工作压力和蒸发量有关。例如，一般蒸发量为 $100\sim230t/h$ 的中、高压锅炉，当负荷突然变化 10% 时，虚假水位可达 $30\sim40mm$。对于这种虚假水位现象，在设计控制方案时必须特别注意。

15.1.1.2　汽包水位控制系统

A　单冲量水位控制系统

如图 15-4 所示为单冲量水位控制系统仪表流程图。这里的冲量指的是变量，单冲量即汽包水位。这种系统的优点是所用设备少，结构简单，参数整定和使用维护方便。

单冲量控制

对于小型锅炉，由于蒸汽负荷变化时虚假水位的现象并不显著，如果再配上相应的一些联锁报警装置，单冲量控制系统能够满足生产的要求，并保证安全生产。但是对于负荷变动较大的大中型锅炉，单冲量控制系统则不能保证水位的稳定，难以满足水位控制要求和生产安全。这是因为当锅炉蒸汽负荷突然大幅度增加时，由于虚假水位现象，调节器不但不及时开大给水阀来增加给水量，反而关小调节阀的开度，减小给水量。这样，由于蒸汽量增加、给水量减小使汽包存水量减少。等到虚假水位消失后，汽包水位会严重下降，甚至会使汽包水位降到危险的程度，以致发生事故。为了克服单冲量水位控制系统的不足，可以在以水位作为主要变量的情况下，参考蒸汽流量和给水流量的变化，来控制给水控制阀，就能收到很好的效果，这就构成了双冲量或三冲量水位控制系统。

B　双冲量水位控制系统

汽包水位的主要干扰是蒸汽流量的变化。如果能利用蒸汽流量变化信号对给水量进行补偿控制，不仅可以消除或减小虚假水位现象对汽包水位的影响，而且使给水控制阀的调节更及时，从而构成双冲量水位控制系统，如图15-5所示。

双冲量控制

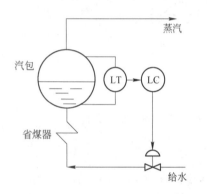

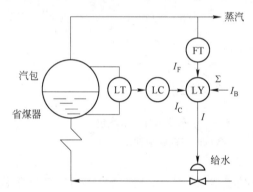

图15-4　单冲量水位控制系统示意图　　　　图15-5　双冲量水位控制系统示意图

相对于单冲量水位控制系统，双冲量水位控制系统中增加了针对主要干扰——蒸汽流量扰动的补偿通道，使调节阀及时按照蒸汽流量扰动进行给水量补偿，而其他干扰对水位的影响由反馈控制回路克服，该方案是一个前馈-反馈复合控制系统。

图15-5所示连接方式中，加法器的输出 I 是：

$$I = C_1 I_C \pm C_2 I_F \pm I_0 \tag{15-4}$$

式中　I_C——水位控制器的输出；

I_F——蒸汽流量变送器的输出；

I_0——初始偏置值，数值等于正常工况下蒸汽流量输出信号 $C_2 I_F$，符号与该信号相反；

C_1，C_2——加法的系数。

注意，双冲量水位控制系统存在两个问题：一是调节阀的工作特性不一定为线性特性，要做到完全静态补偿比较困难；二是给水压力扰动对汽包水位的影响不能及时消除。为此，可在双冲量水位控制系统的基础上，将给水流量作为副参数，构成三冲量水位控制系统。

C　三冲量水位控制系统

如图15-6所示为三冲量水位控制系统。汽包水位是主被控参数，也称为主冲量；给水流量为副被控参数，蒸汽流量是前馈补偿的主要扰动，给水流量与蒸汽流量也称为辅助冲量。这是一个前馈-串级复合控制系统。

三冲量控制

三冲量水位控制系统加法器的运算功能与双冲量汽包水位控制系统加法器的运算功能相同，参数选取方法也完全一样。三冲量水位控制系统的副调节器通过副回路快速消除给水环节的扰动对汽包水位的影响，副调节器一般采用比例（P）调节；主调节器通过副调节器对水位进行校正，使水位保持在设定值上，主调节器一般采用 PI 调节或 PID 调节。

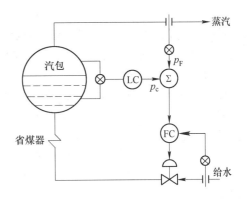

图 15-6　三冲量水位控制系统示意图

有些锅炉系统采用比较简单的三冲量水位控制系统，这种三冲量控制系统只有一台调节器和一台加法器，所以也称为单级三冲量水位控制系统。加法器可连接在调节器之前，如图 15-7（a）所示，也可连接在调节器之后，如图 15-7（b）所示。图 15-7（a）接法的优点是使用仪表少，只要一台多通道调节器即可实现。但如果系数设置不当，不能确保物料平衡，当负荷变化时，水位将有余差。图 15-7（b）的接法，水位无余差，调节器参数的改变不影响补偿通道的整定参数。

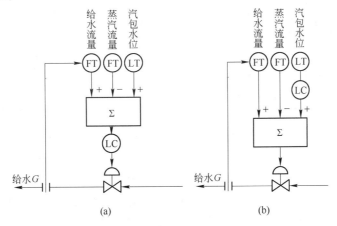

图 15-7　单级三冲量水位控制系统示意图
（a）加法器在调节器之前；（b）加法器在调节器之后

此外，在汽包停留时间较短、负荷变化频繁、蒸汽流量变化幅度大（冲击负荷）的情况下，为避免蒸汽流量突然增加或突然减少时，水位偏离设定值过高或过低造成锅炉停车，可采取在给水流量检测信号通道增加惯性环节、在蒸汽流量检测信号通道增加反向微分环节或在汽包水位检测信号通道增加微分环节等措施，减小水位的波动幅度，提高系统的控制精度。

15.1.2　锅炉燃烧系统的控制

锅炉燃烧控制系统与燃料的种类、燃烧设备及锅炉形式有关，下面以燃油锅炉燃烧控制系统为例进行分析。

锅炉燃烧
系统的控制

15.1.2.1　燃烧控制的任务

锅炉燃烧控制系统的基本任务是使燃料燃烧所产生的热量适应蒸汽负荷的需求，同时保证锅炉的经济、安全运行。第一，为适应蒸汽负荷的变化，应及时调整燃料量；

第二，为完全燃烧，应控制燃料量与空气量的比值，使过剩空气系数满足要求；第三，为防止燃烧过程中火焰或烟气外喷，应控制炉膛负压。这三项控制任务相互影响，应消除或削弱它们的关联。此外，从安全考虑，需设置防喷嘴背压过低的回火和防喷嘴背压过高的脱火措施。

15.1.2.2 燃烧过程的控制

控制方案一：串级-比值控制系统，如图 15-8 所示。该方案包括以蒸气压力为主被控变量、燃料量为副被控变量组成的串级控制系统，以及燃料量为主动量、空气量为从动量的比值控制系统。方案一能够确保燃料量与空气量的比值关系，当燃料量变化时，空气量能够跟踪燃料量变化，但是送入的空气量滞后于燃料量的变化。

控制方案二：串级-串级控制系统，如图 15-9 所示。该方案包括蒸气压力为主被控变量、燃料量为副被控变量组成的串级控制系统，及蒸气压力为主被控变量、空气量为副被控变量的串级控制系统。方案二燃料量与空气量的比值关系是通过燃料控制器和空气控制器的正确动作间接保证的，该方案能够保证蒸气压力恒定。

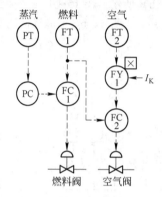

图 15-8 燃烧过程控制方案一

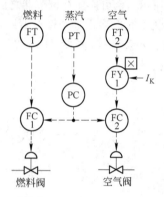

图 15-9 燃烧过程控制方案二

控制方案三：逻辑提量和逻辑减量控制系统，如图 15-10 所示。该方案在蒸汽负荷提量时，能够先提空气量，后提燃料量；负荷减量时能先减燃料量，后减空气量，保证燃料的完全燃烧。该方案既能保证蒸气压力恒定，又可实现燃料的完全燃烧。控制系统的工作原理可参考选择性控制系统的相关内容。

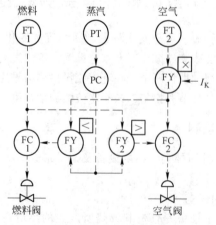

图 15-10 燃烧过程控制方案三

控制方案四：双交叉燃烧控制，如图 15-11 所示。该方案以蒸气压力为主被控变量，燃料和空气并列为副被控变量的串级控制系统。其中，两个并列的副环具有逻辑比值功能，使该控制系统在稳定工况下能够保证空气和燃料在最佳比值，也能在动态过程中尽量维持空气、燃料配比在最佳值附近，因此，具有良好的经济效益和社会效益。该方案可方便地在计算机控制装置或 DCS 中实现，图 15-11 中，HLM 和 LLM 分别是高限限幅器和低限限幅器；HSE 和 LSE 分别是高选器和低选器。

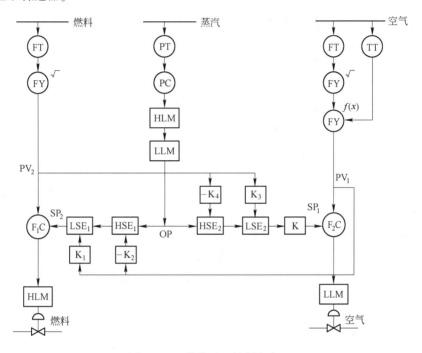

图 15-11　燃烧过程控制方案四

15.1.2.3　烟气氧含量闭环控制系统

燃烧过程控制保证了燃料和空气的比值关系，但并不保证燃料的完全燃烧，燃料的完全燃烧与燃料的质量（含水量、灰分等）、热值等因素有关。不同的锅炉负荷下，燃料量和空气量的最佳比值也会不同，因此，需要有一个检查燃料完全燃烧的控制指标，并根据该指标控制送风量的大小。衡量燃烧过程是否完全燃烧的常用控制指标是烟气中氧含量，烟气中氧含量最优值范围一般为 1.6%~3.0%。

烟气中氧含量控制系统与锅炉燃烧控制系统一起实现锅炉的经济燃烧，如图 15-12 所示。烟气中氧含量闭环控制系统是在原逻辑提量和减量控制系统的基础上，将原来的定比值改变为变比值，比值由氧含量控制器输出。当烟气中氧含量变化时，表明燃烧过程中的过剩空气量发生变化，因此，通过氧含量控制器及时调整燃料和空气的比值，使燃烧过程达到经济燃烧的控制目的。目前，常用氧化锆氧量仪表检测烟气中的氧含量。

15.1.2.4　炉膛负压控制及安全控制系统

为保证锅炉安全运行，必须保证炉膛一定的负压。当炉膛负压过小，甚至为正时，会造成炉膛内热烟气外冒，影响设备和工作人员的安全；当炉膛负压过大时，会使大量冷空气进入炉膛，增加热量损失，降低炉膛的热效率。

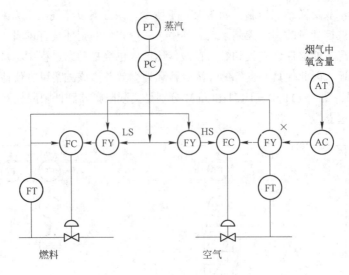

图 15-12　烟气中氧含量闭环控制系统

影响炉膛负压的主要因素为引风机和送风机风量，以及燃烧室的工作状况。在锅炉负荷变化不是很大时，通常锅炉负压控制可以通过控制引风量来实现。但是，当负荷变化比较大时，燃料和送风量均会产生变化，而引风量只有在上述因素引起炉膛负压发生变化时才能控制引风机改变风量，调整负压，这样显然会引起负压的较大波动。为改善控制质量，可设计成炉膛负压前馈-反馈控制系统。图 15-13（a）中用送风控制器输出作为前馈信号，图 15-13（b）中蒸气压力变送器输出作为前馈信号，这样可使引风控制器随着送风量协调动作，使炉膛负压保持恒定。

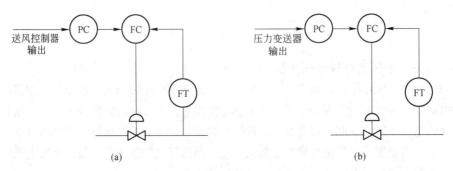

图 15-13　炉膛负压前馈-反馈控制系统
（a）送风控制器输出；（b）压力变送器输出

炉膛负压控制系统可防止炉膛内火焰或烟气的外喷。此外，当燃料压力过高或过低，喷嘴发生堵塞等情况下，也会发生事故，因此还需设置有关的安全联锁控制系统。

（1）防止回火的联锁控制系统。当燃料压力过低，炉膛内压力大于燃料压力时，会发生回火事故，为此，采用压力开关 PSA。当压力低于下限设定值时，使联锁控制系统动作，切断燃料控制阀的上游切断阀，防止回火；也可采用选择性控制系统，将喷嘴背压的信号送背压控制器，与蒸气压力和燃料量串级控制系统进行选择控制。正常时，由蒸气压力和燃料量组成的串级控制系统控制燃料控制阀，一旦喷嘴背压低于设定值，则背压控制器输出增大，经高选器后取代原有串级控制系统，根据喷嘴背压控制燃料控制阀。

（2）防止脱火的选择性控制系统。当燃料压力过高时，由于燃料流速过快，易发生脱火事故，为此，设置燃料压力和蒸气压力的选择性控制系统。正常时，燃料控制阀根据蒸汽负荷的大小调节，一旦燃料压力过高，燃料压力控制器 PC2 的输出减小，被低选器选中，由燃料压力控制器 PC1 取代蒸气压力控制器 PC2，防止脱火事故发生，如图 15-14 所示。

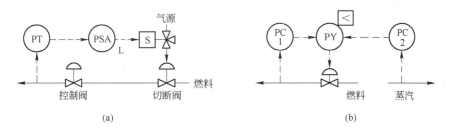

图 15-14　锅炉的安全控制系统
（a）防止回火的联锁控制系统；（b）防止脱火的选择控制系统

15.1.3　蒸汽过热系统的控制

蒸汽过热系统包括一级过热器、减温器、二级过热器。蒸汽过热系统自动控制的任务是使过热器出口温度维持在允许范围内，并且保护过热器使管壁温度不超过允许的工作温度。

影响过热蒸汽温度的扰动因素很多，如蒸汽流量、燃烧工况、引入过热器蒸汽的热焓（即减温水量）、流经过热器的烟气温度和流速等的变化都会影响过热蒸汽温度。在各种扰动下，气温控制过程动态特性都有时滞性和惯性，且较大，这给控制带来一定困难，所以要选择好操纵变量和合理控制方案，以满足工艺要求。

目前，广泛选用减温水流量作为控制气温的手段，但是该通道的时滞和时间常数太大。如果以气温作为被控变量，控制减温水流量组成单回路控制系统往往不能满足生产上的要求。因此，设计成如图 15-15 所示的串级控制系统，这是以减温器出口温度为副被控变量的串级控制系统。对于提前克服扰动因素是有利的，这样可以减少过热气温的动态偏差，以满足工艺要求。此外，也可采用双冲量控制系统，如图 15-16 所示，该控制方案实际上是串级控制的变形。

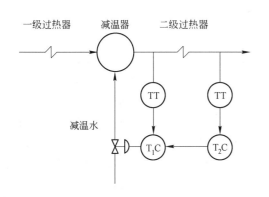

图 15-15　过热器温度串级控制系统

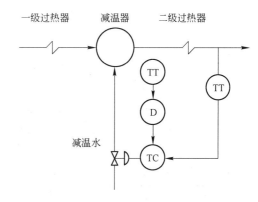

图 15-16　过热器温度双冲量控制系统

15.2　传热设备的控制

在许多工业生产过程中，均需要根据具体的工艺要求，对物料进行加热或冷却来维持一定的温度。实现冷热两流体换热的设备称为传热设备，或称为换热器。传热过程是工业生产过程中极其重要的组成部分，对传热设备的控制是过程控制的一个重要方面。

15.2.1　换热器结构与工作机制

换热器有直接与间接换热两种方式，直接换热是指冷热两流体直接混合，而间接换热是冷热流体通过隔开它们的管子、板的间壁进行热交换。在工业过程中，间接换热（或称间壁换热）较为普遍，常见结构形式如图 15-17 所示。

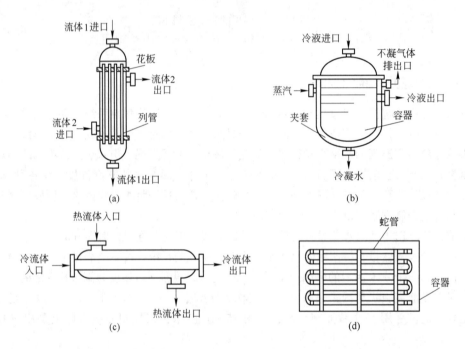

图 15-17　换热设备的结构类型
（a）列管式换热器；（b）夹套式换热器；（c）套管式换热器；（d）蛇管式换热器

热量的传递方向是由高温物体传向低温物体，两物体之间的温度差是传热的推动力，温差越大，传热速率（单位时间内传递的热量）也就越大。热量传递有导热（heat conduction）、对流（convection）和热辐射（thermal radiation）三种基本方式。其中，导热是指依靠分子、原子及自由电子等微观粒子的热运动而产生的热量传递，对流是指由于流体的宏观运动引起的热量传递，热辐射是指电磁波（辐射能）的发射与接收导致的热量传递。

在实际进行的传热过程中，很少是以一种传热方式单独进行，而是由两种或三种方式综合而成的，这不仅表现在互相串联的几个换热环节中，而且同一环节也常是如此。例如，在工业过程中常用的间壁式换热器，一般温度不太高，这时候就可忽略热辐射的影响，则传热过程就是对流和热传导的组合。而在管式加热炉的辐射室中，由于温度很高，这时就以热辐射为主，辐射室的有效传热量大致为全炉总热负荷的 70%～80%，但在管式加热炉的对流室中，传热方式却又以对流传热为主。

传热设备是典型的多容对象，带有较大的滞后，且具有较明显的时变性、非线性及分布参数的特点。这样的对象较难控制，性能指标通常不尽如人意，因此在设计其控制系统时，必须根据生产工艺要求，具体问题具体分析。在工业生产中，进行换热的目的主要有下列四种：

（1）使工艺介质达到规定的温度，以使工艺过程能很好地进行。

（2）在生产过程中加入吸收的热量或除去放出的热量，使工艺过程能在规定的温度范围内进行。

（3）某些工艺过程需要改变物料的相态。

（4）回收热量。

由于换热目的的不同，其被控变量也不完全一样，控制方案也不一样。下面仅介绍工业生产中常用的换热器控制方案，实际上这些方案的制订也是完全符合前述章节中关于控制系统设计等有关原则的。

15.2.2　被控量与操纵量的选取

由于传热设备的特点和工艺条件的不同，换热器控制系统中的被控变量与操纵量的选择也不一样。被控变量可以选温度、流量、压力、液位等参数，但用得最多的还是温度。至于操纵量的选择，则要视具体传热设备的特点和工艺条件而定。对于大部分蒸汽加热器的操纵变量是采用载热体即加热蒸汽；而在某些场合，当被加热工艺介质的出口温度较低，采用低压蒸汽作载热体，传热面积裕量又较大时，为了保证温度控制平稳及冷凝液排除畅通，往往以冷凝液流量作为操纵变量，调节传热面积，以保持出口温度恒定。

如图 15-18 所示的蒸汽加热器，为了使被加热的工艺介质达到规定的温度，分别选取出口温度与加热蒸汽流量（亦可为蒸气压力）作为被控变量。图 15-18（a）所示系统以换热器出口温度为被控量，与工艺要求一致，更具有一般性。而图 15-18（b）所示的流量单回路定值控制系统，则仅适用于被加热的工艺介质流量比较平稳且对出口温度要求一般的场合。

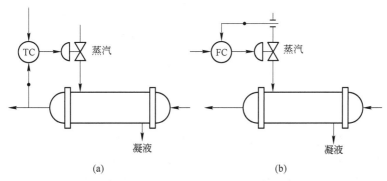

（a）　　　　　　　　　　　　（b）

图 15-18　蒸汽加热器的控制系统

（a）出口温度为被控变量；（b）加热蒸汽流量为被控变量

15.2.3　换热器控制的常用方案

为保证出口温度平稳，满足工艺生产的要求，必须对传热量进行调节，传热量调节方法不同，也就决定了控制方案。调节传热量有以下途径。

（1）调节载热体的流量。如图 15-18 所示，通过控制载热体流量来调节传热量，使被加热的工质温度满足工艺要求，这种传热设备自动控制方案是最常用的。

（2）调节传热平均温差 ΔT_m，如图 15-19 所示控制系统。通过调节氨气量以改变液氨压力与对应的平衡温度，进而改变间壁两侧流体的平均温差达到控制工艺介质出口温度的目的。这种控制方案滞后较小，反应迅速，应用亦较广泛。

（3）调节传热面积，如图 15-20 所示。这种方案通过控制凝液排出量，从而改变了浸泡在凝液中的发热管换热面积，实现传热量的调节。但是这种方案滞后较大，只有在某些必要的场合下采用。

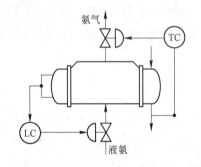

图 15-19　调节传热平均温差的方案

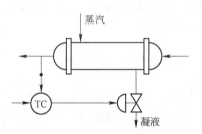

图 15-20　调节传热面积的方案

（4）将工艺介质分路，如图 15-21 所示。该方案是一部分工艺介质经换热器，另一部分走旁路。该方案实际上是一个混合过程，所以反应迅速及时，但载热体流量一直处于高负荷下，这在采用专门的热剂或冷剂时是不经济的。然而，对于某些热量回收系统，载热体是某种工艺介质，总流量本来不好调节，这时便不成为缺点了。

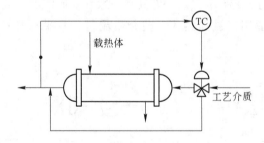

图 15-21　将工艺介质部分旁路的方案

大多数情况下，当工艺介质较稳定时，采用单回路控制就能满足要求，若还满足不了工艺要求，则可以从方案着手，引入复杂控制系统，如串级、前馈等。以图 15-18（a）所示的蒸汽加热系统为例，当蒸汽阀前压力波动较大时，可采用工艺介质出口温度与蒸汽流量或蒸气压力组成的串级控制系统，如图 15-22 所示。当主要扰动是生产负荷变化时，引入前馈信号组成前馈-反馈控制系统是一种行之有效的方案，可获得更好的控制品质。图 15-23 以变比值串级控制方式引入了工艺介质流量的前馈信息，一方面前馈作用可大大减少生产负荷变化对出口温度控制质量的影响，另一方面可克服控制通道增益随负荷变化所造成的非线性，从而更好地满足工艺生产的要求。

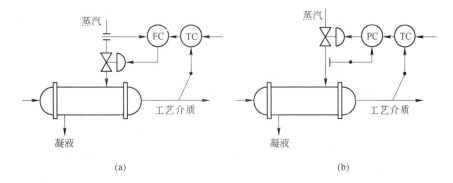

图 15-22　换热器出口温度串级控制方案

（a）出口温度与蒸汽流量串级控制系统；（b）出口温度与蒸气压力串级控制系统

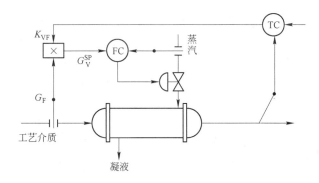

图 15-23　换热器出口温度的变比值串级控制方案

根据传热设备滞后较大的特点，控制器选型中引入微分作用是有益的，而且有时也是必要的，这样相对地可以改善控制品质。同时由于传热设备非线性较大，为补偿对象非线性的影响，在调节阀选型上一般采用对数特性阀。

15.3　加热炉燃烧过程控制

加热炉是钢铁、冶金等行业广为应用的加热设备。在加热炉的许多控制系统中，燃烧控制是最主要的。

15.3.1　加热炉燃烧过程分析

加热炉内燃料燃烧过程满足能量平衡条件。发热量为 H_C、质量流量为 F_F 的燃料燃烧所产生的热流量为：

$$Q = F_F H_C \tag{15-5}$$

这个热流量必须等于燃料流量 W_F 和空气流量 W_A 升高到火焰温度 T 所需的热流量，公式如下：

$$Q = F_F C_F (T - T_F) + F_A C_A (T - T_A) \tag{15-6}$$

式中 C_F, T_F——燃料的平均比热和入口温度；

C_A, T_A——空气的平均比热和入口温度。

为了保证安全燃烧，必须根据燃烧的化学成分，选好空气和燃料的比值 K_A，用 K_A 代替 F_A/F_F，就可以从式（15-5）和式（15-6）解出火焰温度：

$$T = \frac{H_C + C_F T_F + K_A C_A T_A}{C_F + K_A C_A} \tag{15-7}$$

式（15-7）只有在没有过量燃料的情况下才能认为是正确的。由于燃料比空气贵得多，而且不完全燃烧会产生烟灰和一氧化碳，因此，燃烧一般都是在过量空气下进行的。很显然，只有燃料和空气都在不过量的情况下，火焰温度才能达到最大值。式（15-7）也指出了空气温度对火焰温度的影响。当然，空气中氮气不仅不参与燃烧，还要起一种稀释的作用，从而降低了火焰的温度。如果用氧气代替空气，K_A 值就减少 4/5，这将对火焰温度产生相当大的影响。

因为燃烧所含的能量中，有一些用在使燃烧物发生离解上，所以用式（15-7）计算火焰的温度要比实际测定值高，离解的程度随温度的增高而加大。但是，当离子充分冷却重新结合为分子时，能量又得到恢复。

由于空气过量或不足均会使火焰温度下降，因此，火焰温度不是一个特别好的被调量，最常用的燃烧效率指标是燃烧产物中的氧含量。为保证完全燃烧所需要的过量空气取决于燃料的性质，例如，天然气只需要 5% 的过量空气（即 0.9% 的过量氧），油需要 6% 的过量空气（1.1% 的过量氧），而煤则需要 10% 的过量空气（1.9% 的过量氧），这是燃料的性质和燃烧状态不一样的缘故。

因为辐射传热量与火焰的绝对温度的四次方成正比，所以炉子的最高效率总是在火焰温度最高的情况下才能出现。热量的分配也是很重要的，增加过量空气将使火焰温度降低，从而减小喷射器附近的传热率。由于进入系统的净热流量没有变化，因而在远离喷射器的地方，传热率将要增加。

从安全考虑，对于燃料-空气控制系统必须采取某些预防措施。空气不足会使燃料在炉子中积聚起来，而一旦点燃就可能发生爆炸。因此，必须确保燃料流量不超过一定的空气流量下所允许的数值。燃料流量和空气流量两者都可以用一个主燃烧率调节器加以设定，但要达到上述安全性要求，还需要有自动选择控制及限幅控制。

以燃料燃烧加热的炉子里，实际使用的空气量与理论空气量之比，即空气过剩率 μ 为：

$$\mu = \frac{实际空气量}{理论空气量} \tag{15-8}$$

为了使燃料得到充分的燃烧，空气过剩率 μ 常大于 1，一般 $\mu = 1.02 \sim 1.50$。空气过剩率与燃烧效率、节能、防止公害有很大的关系，其关系曲线如图 15-24 所示。

由图 15-24 可见，当空气量不足而不完全燃烧的热损失曲线很陡，随 μ 的增大而空气过剩较多时，由排烟带走的热损失增加，燃烧生成的 NO_2 和 SO_2 含量增加，会腐蚀设备，污染空气。其中有一最优燃烧区，在 $\mu = 1.02 \sim 1.10$ 之间，这时热效率最高，污染公害最小。

在热效率最高的区域是低 O_2 含量燃烧区。经常保持在这个区域内运转，可望实现：减少排烟所含过量空气带走的热损失，达到节能的目的；减少燃烧空气量和排风量，可以节省通风机的动力费用；降低 NO_2 的生成，减少空气污染；降低 SO_2 生成，防止设备腐蚀；降低灰分，使除尘器小型化并节省维护费用。

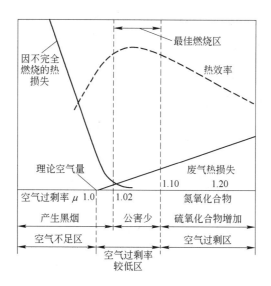

图 15-24　空气过剩率与热损失、热效益、公害关系图

15.3.2　比值串级控制

为了保证燃料与空气有一定的配比关系，一般在燃烧控制中，常用的控制方案是比值串级调节系统，其一般形式如图 15-25 所示。

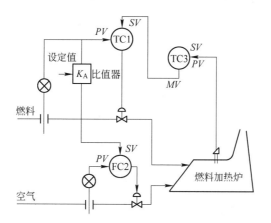

图 15-25　比值串级调节系统

比值系数可以预先设定，在系统稳定运行的情况下，比值系统空燃比值等于 K_A。通过分析烟气中氧含量计算热效率，人工调整比值器的设定值可以使燃烧处于较佳状态。但是，当有干扰出现时，情况则不同。例如，由于负荷增加，炉膛温度下降，调节器使燃料流量增大。又由于空气是从变量，其响应有一段滞后，如图 15-26 中燃料流量曲线 1 增加或减少的一段过渡过程中，实际空气流量曲线 3 与理想空气流量和燃料流量成比例变化曲线 2 之间不相重合。实际空气流量变化滞后于曲线 2。在燃料流量增加的动态过程中，会出现缺氧燃烧，产生黑烟，热效率急剧下降。当负荷减少时，燃料流量就减少滞位，则会出现过氧燃烧，热效率也会降低。可见，在动态过程中，串级比值调节不能保持适当的空气燃料比。因此，它仅适用于稳态

情况下燃烧控制方式。由于实际生产过程的负荷不可能始终处于稳定状态，就要寻求更好的燃烧控制方式，交叉限幅调节就是一种较好控制方案。

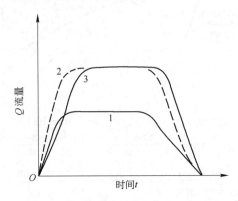

图 15-26　流量变化过程示意图

15.3.3　交叉限幅串级控制

图 15-27 中表示加热炉的两个燃烧调节系统，它是交叉限幅的一种形式。在稳态时，这个系统实质上是一个具有两个并联副回路的串级调节系统。其中，温度回路作为主回路，燃料流量回路和空气流量回路并联作为副回路。交叉限幅部分（见图 15-27 中虚线框内）为的是改善系统动态特性，使得在动态过程中系统也能在一定范围内维持空气-燃料比。

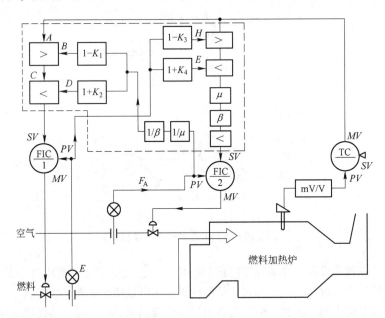

图 15-27　加热炉燃烧交叉限幅控制系统

15.3.3.1　燃料流量调节回路

图 15-27 左半部分中，高值选择器和低值选择器有两个重要的选择比较参数 B、D，是根据实测空气流量信号 F_A 计算出来的。其中，D 是不出现缺氧燃烧，燃料流量的上限值为：

$$D = F_A \frac{1}{\mu\beta}(1 + K_2) \qquad (15-9)$$

B 是不出现过氧燃烧，燃料流量的下限值为：

$$B = F_A \frac{1}{\mu\beta}(1 - K_1) \qquad (15-10)$$

式中 μ ——空气过剩率。μ 由手动设定，或者通过燃烧效率计算和测定进行修正，通过含氧
           分析来校正，由动态自动寻优控制系统来设定。

         β 是理论空气量校正系数为：

$$\beta = \frac{F_{Fmax}A_0}{F_{Amax}} \qquad (15-11)$$

式中 β —— 系数，$\beta = 0.8 \sim 1.0$；
      A_0 ——单位燃料所必需的理论空气量；
     F_{Fmax} ——燃料流量测定范围的最大值；
     F_{Amax} ——空气流量测定的最大值；
  K_1，K_2 ——系数，取值均为 5% 左右。

    图 15-27 中炉膛温度调节器 TC 输出是系统要求的燃料流量信号 A。A 和 B 经高值选择器
得出信号 C，C 和 D 再经低值选择器得出信号 E。这就是对应于要求的燃料流量信号 A，为了
维持最佳燃烧，根据实测空气流量算出的容许燃料流量信号 E。要特别强调的是，这里出现了
"要求燃料流量信号 A" 和 "容许燃料流量信号 E"，这两者在稳态时是相同的，在动态时是不
同的，这正是交叉限幅控制方式的独特之点。下面分析这两个信号间的相互关系。

    燃料流量控制回路的信号选择关系如图 15-28 所示。

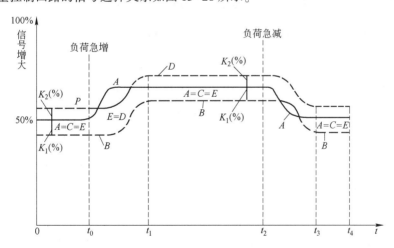

图 15-28   燃料流量控制回路信号选择关系图

    在正常状态下，$B < A < D$（图 15-28 中 0～t_0 段），则燃料流量设定值 $E = A$，要求燃料流
量信号本身就成为燃料流量设定值，这时系统处于常规的串级调节方式。

    当负荷急增时，要求燃料流量的设定值 E 按不出现缺氧燃料时燃料流量的上限值 D 而缓慢
上升，见图 15-28 中的 $t_0 \sim t_1$ 段，从而维持了适当的空气-燃料比。

    当负荷稳定时，空气流量重新适应，于是又恢复正常状态 $B < A < D$，$E = A$，见图 15-28
中的 $t_1 \sim t_2$ 段。

348

假如负荷急减时，要求燃料流量信号 A 立即下降，仍由于空气流量响应迟缓，使 $A < B$。在高值选择器的选择下，燃料流量的设定值 E 按不出现过氧燃烧时燃料流量的下限值 B 而缓慢下降，见图 15-28 中的 $t_2 \sim t_3$ 段，从而维持了适当的空气-燃料比。

当负荷稳定后，系统又恢复到正常状态，见图 15-28 中的 $t_3 \sim t_4$ 段。

由上述分析可知：系统在正常工作时，就是一般的串级调节系统；一旦发生扰动，由于高、低值选择器的限幅作用，使得系统能在一定范围内维持空气-燃料比，克服了一般比值调节方式的局限性。

交叉限幅调节方式不但根据实测空气流量对燃料流量进行上、下限幅，而且还根据实测燃料流量对空气流量进行上、下限幅，这就构成了所谓的"交叉限幅"。燃料流量和空气流量按给定的关系互相制约的结果，就更能确保在动态过程中，使空气-燃料比维持在恰当的范围。在常规的比值调节中，空气流量仅仅是被动地跟随燃料流量而变化，不可能依据当时的空气流量对燃料流量进行限制。相比之下，"交叉限幅"的优点就十分明显了。

15.3.3.2 空气流量调节回路

空气流量调节回路见图 15-27 右半部分。这里也有两个重要的参数 F、H，是根据实测燃料流量信号 F_F 计算出来的。其中，F 是不出现过氧燃烧时空气流量的上限值，计算公式为：

$$F = (1 + K_4) \times F_F \tag{15-12}$$

H 是不出现缺氧燃烧时空气流量的下限值，计算公式为：

$$H = (1 - K_3) \times F_F \tag{15-13}$$

式中　　K_3，K_4——系数，取值均为 5% 左右。

该系统的工作原理与燃料流量调节回路是相同的，其信号选择关系示于图 15-29 中。

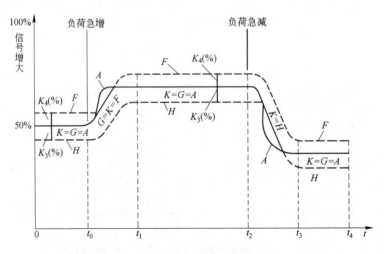

图 15-29　信号选择关系

综上所述，交叉限幅调节的基本思路是使燃料流量和空气流量调节回路参照各自对应的实测流量，在容许的范围内变化，达到动态时维持适当空气-燃料比的目的。因此，交叉限幅调节不但在稳定时能保持适当的空气-燃料比，而且在动态时也能维持适当的空气-燃料比。可以这样说，常规的比值调节是静态比值调节，而"交叉限幅调节"则是动态比值调节。

15.4　流体输送设备的控制

用于输送流体和提高流体压头的机械设备称为流体输送设备，其中输送液体并提高压力的机械称为泵，而输送气体并提高压力的机械称为风机和压缩机。在工业生产过程中，对流体输送设备的控制，实质是实现物料平衡的流量、压力控制及为保护输送设备安全的控制。

15.4.1　离心泵的控制

离心泵是使用最广的液体输送机械。泵的压头 H 和流量 Q 及转速 n 间的关系，称为泵的特性，特性曲线如图 15-30 所示，也可由经验公式（15-14）近似得出。

$$H = k_1 n^2 - k_2 Q^2 \tag{15-14}$$

式中　　k_1，k_2——比例系数。

当离心泵装在管路系统时，泵所提供的流量与压头，应与管路所需的流量与压头相一致。如图 15-31 所示，泵的出口压力必须与以下压头与阻力相平衡：

（1）将液体提升到一定高度所需的压头，即升扬高度 h_L，这项是恒定的。

（2）管路两端静压差相应的压头 h_P，等于 $(p_2 - p_1)/\gamma$，其值也较为平稳。

（3）管路摩擦损耗的压头 h_f，这项与流量的平方几乎成比例。

（4）控制阀两端的压头 h_V，在阀门的开启度一定时，也与流量的平方值成比例，同时还取决于阀门的开启度。

设 $H_L = h_L + h_P + h_f + h_V$，则 H_L 和 Q 的关系称为管路特性。

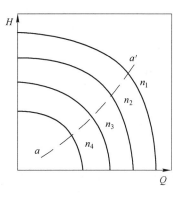

图 15-30　离心泵的特性曲线
aa'—相应于最高效率的工作点轨迹；
$n_1 > n_2 > n_3 > n_4$

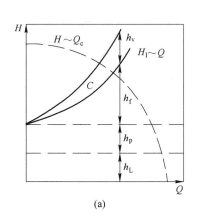

(a)

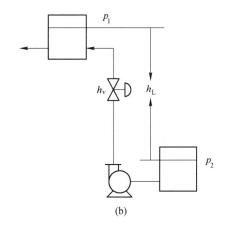

(b)

图 15-31　管路特性
（a）流量特性；（b）控制方案

当系统达到平衡状态时，泵的压头 H 必然等于 H_L，这是建立平衡的条件。从特性曲线上看，工作点 C 必然是泵的特性曲线与管路特性曲线的交点。工作点 C 的流量应符合预定要求，它可以通过以下方案来控制。

（1）改变控制阀开启度，直接节流。如图 15-32 所示，通过改变控制阀的开启度，即改变流了管路阻力特性，图 15-32（a）所示表明了工作点变动情况。这种方案的优点是简便易行，缺点是在流量小的情况下，总的机械效率较低。

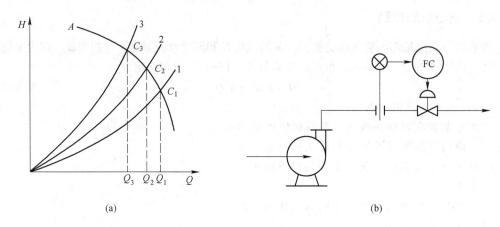

(a) 　　　　　　　　　　　　　　　　　(b)

图 15-32　直接节流

（a）流量特性；（b）控制方案

（2）通过旁路控制。旁路阀控制方案如图 15-33 所示，可用改变旁路阀开启度的方法，来控制实际排出量。这种方案简单，而且控制阀口径比较小。但也不难看出，对旁路的部分液体来说，由泵供给的能量完全消耗于控制阀，因此总的机械效率较低。

（3）改变泵的转速。泵的转速有了变化，就改变了特性曲线形状，图 15-34 表明了工作点的变动情况，泵的排出量随着转速的增加而增加。采用这种控制方案时，在液体输送管线上不需要装设控制阀，因此不存在 h_V 项的阻力损耗，相对来说机械效率较高。

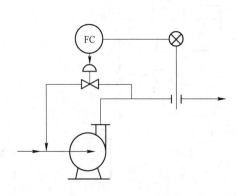

图 15-33　采用旁路控制流量

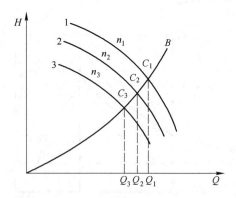

图 15-34　改变泵的转速控制流量

1—泵转速为 n_1；2—泵转速为 n_2；3—泵转速为 n_3；

B—管路特性曲线，$C_1 \sim C_3$—工作点

改变泵的转速以控制流量的方法有：用电动机作原动机时，采用电动调速装置；用汽轮机作原动机时，可控制导向叶片角度或蒸汽流量；利用在原动机与泵之间的联轴变速器，设法改变转速比；采用变频调速器。相对而言，其中变频调速器的方式非常简单，且用于泵与风机时节电率很高，因此得到了广泛使用，已经成为泵与风机流量控制的首选与推荐方案。也正是因为变频调速方案的优异性能，国家出台了限制性政策，新建和扩建工程需要调速运行的风机和水泵，一律不得采用挡板和阀门调节流量。

15.4.2　容积式泵的控制

容积式泵有两类：一类是往复泵，包括活塞式、柱塞式等；另一类是直接位移旋转式，包括椭圆齿轮泵、螺杆式等。由于这类泵的共同特点是泵的运动部件与机壳之间的空隙很小，液体不能在缝隙中流动，所以泵的排出量与管路系统无关。往复泵只取决于单位时间内的往复次数及冲程的大小，而旋转泵仅取决于转速。它们的流量特性大体如图 15-35 所示。

因为排出量与压头 H 的关系很小，所以不能在出口管线上用节流的方法来控制流量，一旦将出口阀关死，将产生泵损、机毁的危险。往复泵的控制方案有以下几种。

（1）改变原动机的转速。此法与离心泵的调转速相同，是首选方案。

（2）改变往复泵的冲程。在多数情况下，这种控制冲程方法机构复杂，且有一定难度，只有在一些计量泵等特殊往复泵上才考虑使用。

（3）通过旁路控制。该方案与离心泵相同，是最简单易行的控制方式。

（4）利用旁路阀控制，稳定压力，再利用节流阀来控制流量（见图 15-36），压力控制器可选用自力式控制器。这种方案由于压力和流量两个控制系统之间的相互关联，动态上有交互影响，为此有必要把它们的振荡周期错开，压力控制系统应该慢一些，最好整定成非周期的控制过程。

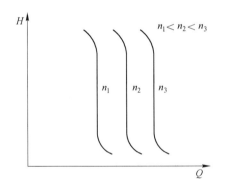

图 15-35　往复泵的特性曲线

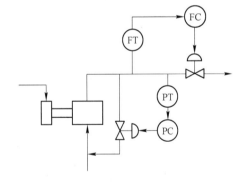

图 15-36　往复泵出口压力和流量控制

15.4.3　压缩机的控制

压缩机是指输送压力较高的气体机械，一般产生高于 300kPa 的压力。压缩机分为离心式和往复式两大类。往复式压缩机适用于流量小、压缩比高的场合，而离心式压缩机的应用范围更加广泛。离心式压缩机控制中的一种重要课题是防喘振，本节重点探讨此问题。

当负荷降低到一定程度时，气体的排送会出现强烈的振荡，因而机身亦剧烈振动，这种现象称为喘振。喘振会严重损坏机体，进而产生严重后果，压缩机在喘振状态下运行是不允许的，在操作中一定要防止喘振的产生。

图 15-37 为离心式压缩机的特性曲线。由该图可知，必须保证压缩机吸入流量大于临界吸入流量 Q_P，系统才会工作在稳定区、不发生喘振。

为了使进入压缩机的气体流量保持在 Q_P 以上，在生产负荷下降时，须将部分出口气体从出口旁路返回到入口或将部分出口气放空，保证系统工作在稳定区。目前工业生产上采用两种不同的防喘振控制方案——固定极限流量（或称为最小流量）法与可变极限流量法。

15.4.3.1　固定极限流量防喘振控制

固定极限防喘振控制方案是使压缩机的流量始终保持大于某一固定值，即正常可以达到最高转速下的临界流量 Q_P，避免进入喘振区运行。显然压缩机不论运行在哪一种转速下，只要满足压缩机流量大于 Q_P 的条件，压缩机就不会产生喘振，其控制方案如图 15-38 所示。压缩机正常运行时测量值大于设定值 Q_P，则旁路阀完全关闭。如果测量值小于 Q_P，则旁路阀打开，使一部分气体返回，直到压缩机的流量达到 Q_P 为止，这样压缩机向外供气量减少了，但可以防止喘振。

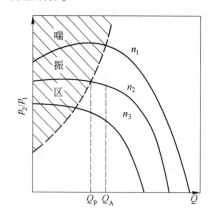

图 15-37　离心式压缩机的特性曲线

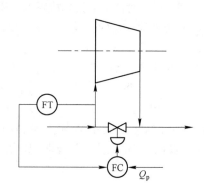

图 15-38　固定极限流量防喘振控制系统图

固定极限防喘振控制系统与一般控制中采用的旁路控制法的主要差别在于检测点位置不一样：防喘振控制回路测量的是进压缩机流量，而一般流量控制回路测量的是从管网送来或是通往管网的流量。

固定极限流量防喘振控制系统方案简单，系统可靠性高，投资少，适用于固定转速场合。但在变转速时，如果转速低到 n_2、n_3 时，流量的裕量过大，能量浪费很大。

15.4.3.2　可变极限流量防喘振控制

为了减少压缩机的能量消耗，在压缩机负荷有可能经常波动的场合，采用可变极限流量防喘振控制方案。

压缩机不产生喘振的条件可描述为：

$$\frac{p_2}{p_1} \leqslant a + \frac{bK_1^2}{\gamma}\frac{p_{1d}}{p_1} \quad \text{或} \quad p_{1d} \geqslant \frac{\gamma}{bK_1^2}(p_2 - ap_1) \tag{15-15}$$

式中　　p_1，p_2——压缩机吸入口与出口压力，绝对压力；

　　　　p_{1d}——入口流量 Q_1 的压差；

　　　　γ——常数，$\gamma = \dfrac{M}{ZR}$；

　　　　M——气体的相对分子质量；

Z——压缩系数；

R——气体常数；

K_1——孔板的流量系数；

a，b——常数。

按式（15-15）可构成如图 15-39 所示防喘振控制系统，这是可变极限流量防喘振控制系统。该方案取 p_{1d} 作为测量值，而 $\dfrac{\gamma}{bK_1^2}(p_2 - p_1)$ 为设定值，这是一个随动控制系统。当 p_{1d} 大于设定值时，旁路阀关闭；当小于设定值时，将旁路阀打开一部分，保证压缩机始终工作在稳定区，这样防止了喘振的产生。

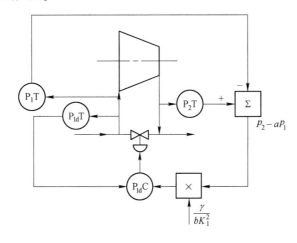

图 15-39　可变极限流量防喘振控制系统图

复习思考题

15-1　换热器对象自动控制的特点与难点是什么？

15-2　如何选择换热器自动控制系统的被控量与操纵量？

15-3　燃烧控制中，为什么要保证空气过剩率？

15-4　交叉限幅控制有何特点，为什么它比一般的比值串级控制系统的效果好？

15-5　锅炉设备主要控制系统有哪些？

15-6　锅炉水位有哪三种控制方案？说明它们的应用场合。

15-7　如图 15-40 所示的三冲量控制方案中，在正常用气量情况下，使水位稳定在要求高度的条件是什

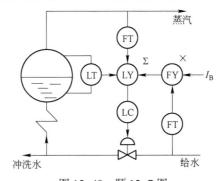

图 15-40　题 15-7 图

么？如果冲洗等用水连续以 200kg/h 流出，蒸汽和给水变送器量程为 0～40t/h，正常用气量为 18t/h 时，则电动乘法器 I_B（信号为 4～20mA）应为多少？

15-8　试述锅炉燃烧系统的控制方案。

15-9　画出锅炉设备控制中逻辑提量和减量比值控制系统的原理图，说明其工作原理。

15-10　什么是泵特性，什么是管路特性？

15-11　泵的各种流量控制方案各有何特点？

15-12　什么是喘振，如何防止喘振？

附　录

附录1　常用热电偶分度表

附表1-1　铂铑₁₀-铂热电偶分度表

分度号：S　　　　　　　　　　　　　　　　　　　　　　　　　　　（自由端温度0℃）

工作端温度/℃	0	10	20	30	40	50	60	70	80	90
	热电动势/mV									
0	0.000	0.055	0.113	0.173	0.235	0.299	0.365	0.433	0.502	0.573
100	0.646	0.720	0.795	0.872	0.950	1.029	1.110	1.191	1.273	1.357
200	1.441	1.526	1.612	1.698	1.786	1.874	1.962	2.052	2.141	2.232
300	2.323	2.415	2.507	2.599	2.692	2.786	2.880	2.974	3.069	3.164
400	3.259	3.355	3.451	3.548	3.645	3.742	3.840	3.938	4.036	4.134
500	4.233	4.332	4.432	4.532	4.632	4.732	4.833	4.934	5.035	5.137
600	5.239	5.341	5.443	5.546	5.649	5.753	5.857	5.961	6.065	6.170
700	6.275	6.381	6.486	6.593	6.699	6.806	6.913	7.020	7.128	7.236
800	7.345	7.454	7.563	7.673	7.783	7.893	8.003	8.114	8.226	8.337
900	8.449	8.562	8.674	8.787	8.900	9.014	9.128	9.242	9.357	9.472
1000	9.587	9.703	9.819	9.935	10.051	10.168	10.285	10.403	10.520	10.638
1100	10.757	10.873	10.994	11.113	11.232	11.351	11.471	11.590	11.710	11.830
1200	11.951	12.071	12.191	12.312	12.433	12.554	12.675	12.796	12.917	13.038
1300	13.159	13.280	13.402	13.523	13.644	13.766	13.887	14.009	14.130	14.251
1400	14.373	14.494	14.615	14.736	14.857	14.978	15.099	15.220	15.341	15.461
1500	15.582	15.702	15.822	15.942	15.062	16.182	16.301	16.420	16.539	16.659
1600	16.777	16.895	17.013	17.131	17.249	17.366	17.483	17.600	17.717	17.832
1700	17.947	18.061	18.174	18.285	18.395	18.503	18.609			

附表1-2　镍铬-镍硅热电偶分度表

分度号：K　　　　　　　　　　　　　　　　　　　　　　　　　　　（自由端温度0℃）

工作端温度/℃	0	10	20	30	40	50	60	70	80	90
	热电动势/mV									
-0	-0.000	-0.392	-0.778	-1.156	-1.527	-1.889	-2.243	-2.587	-2.920	-3.243
+0	0.000	0.397	0.798	1.203	1.612	2.023	2.436	2.851	3.267	3.682
100	4.096	4.509	4.920	5.328	5.735	6.138	6.540	6.941	7.340	7.739
200	8.138	8.539	8.940	9.343	9.747	10.153	10.561	10.971	11.382	11.795
300	12.209	12.624	13.040	13.457	13.874	14.293	14.713	15.133	15.554	15.975
400	16.397	16.820	17.243	17.667	18.091	18.516	18.941	19.366	19.792	20.218
500	20.644	21.071	21.497	21.924	22.350	22.776	23.203	23.629	24.055	24.480
600	24.905	25.330	25.755	26.179	26.602	27.022	27.447	27.869	28.289	28.710
700	29.129	29.548	29.965	30.382	30.798	31.213	31.628	32.041	32.453	32.865
800	33.275	33.685	34.093	34.501	34.908	35.313	35.718	36.121	36.524	36.925
900	37.326	37.725	38.124	38.522	38.918	39.314	39.708	40.101	40.494	40.885
1000	41.276	41.665	42.053	42.440	42.826	43.211	43.595	43.978	44.359	44.740
1100	45.119	45.497	45.873	46.249	46.623	46.995	47.357	47.737	48.105	48.473
1200	48.838	49.202	49.565	49.926	50.286	50.664	51.000	51.355	51.708	52.060
1300	52.410	52.759	53.106	53.451	53.795	54.138	54.479	54.819		

附表 1-3　铂铑$_{30}$-铂铑$_{6}$ 热电偶分度表

分度号：B　　　　　　　　　　　　　　　　　　　　　　　　　　　　　（自由端温度 0℃）

工作端温度 /℃	0	10	20	30	40	50	60	70	80	90
	热电动势/mV									
0	−0.000	−0.002	−0.003	−0.002	0.000	0.002	0.006	0.011	0.017	0.025
100	0.033	0.043	0.053	0.065	0.078	0.092	0.107	0.123	0.141	0.159
200	0.178	0.199	0.220	0.243	0.267	0.291	0.317	0.344	0.372	0.401
300	0.431	0.462	0.494	0.527	0.561	0.596	0.632	0.669	0.707	0.746
400	0.787	0.828	0.870	0.913	0.957	1.002	1.048	1.095	1.143	1.192
500	1.242	1.293	1.344	1.397	1.451	1.505	1.561	1.617	1.675	1.733
600	1.792	1.852	1.913	1.975	2.037	2.101	2.165	2.230	2.296	2.363
700	2.431	2.499	2.569	2.639	2.710	2.782	2.854	2.928	3.002	3.078
800	3.154	3.230	3.308	3.386	3.466	3.546	3.626	3.708	3.790	3.873
900	3.957	4.041	4.127	4.213	4.299	4.387	4.475	4.564	4.653	4.743
1000	4.834	4.926	5.018	5.111	5.205	5.299	5.394	5.489	5.585	5.682
1100	5.780	5.878	5.976	6.075	6.175	6.276	6.377	6.478	6.580	6.683
1200	6.786	6.890	6.995	7.100	7.205	7.311	7.417	7.524	7.632	7.740
1300	7.848	7.957	8.066	8.176	8.286	8.397	8.508	8.620	8.731	8.844
1400	8.956	9.069	9.182	9.296	9.410	9.524	9.639	9.753	9.868	9.984
1500	10.099	10.215	10.331	10.447	10.563	10.679	10.796	10.913	11.029	11.146
1600	11.263	11.380	11.497	11.614	11.731	11.848	11.965	12.082	12.199	12.316
1700	12.433	12.549	12.666	12.782	12.898	13.014	13.130	13.246	13.361	13.476
1800	13.591	13.706	13.820	—						

附录2　过程检测和控制流程图用图形符号和文字代号摘录

控制系统原理图中的图形符号，是一种设计的语言。了解这些图形符号，就可看出整个控制方案与仪器设备的布置情况。自动控制中的图例及符号，已有统一规定，并经国家批准予以执行。现将其中常用的一部分列出供参考。

（1）控制流程图中常用的图形符号，见附表2-1。

附表2-1　控制流程图中常用图形符号

内　容		符　号	内　容		符　号
常用检测元件	热电偶		仪表安装位置	就地盘内安装	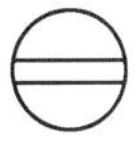
	热电阻		执行机构形式	电磁执行机构	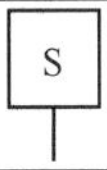 S
	嵌在管道中的检测元件	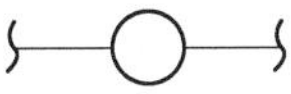		带弹簧薄膜执行机构与手轮组合	
	取压接头（无板孔）			带弹簧的薄膜执行机构与阀门定位器组合	
	孔板		常用调节阀	球形阀、闸阀等直通阀	
	文丘里及喷嘴			角形阀	
执行机构形式	带弹簧的薄膜执行机构			蝶阀、风门、百叶窗	
	不带弹簧的薄膜执行机构			旋塞、球阀	
	电动执行机构	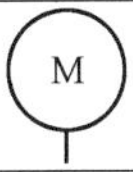 M		三通阀	
	活塞执行机构	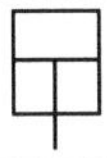		其他形式的阀	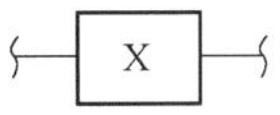 X
仪表安装位置	就地安装	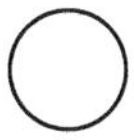	执行机构形式	带弹簧的薄膜执行机构以带转的阀门定位器组合	
	就地安装（嵌在管道中）	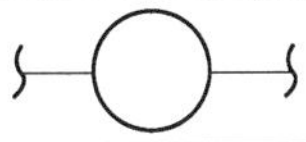		带人工复位装置的电磁执行机构	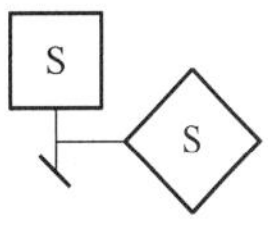 S　S
	盘面安装	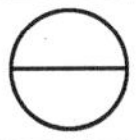			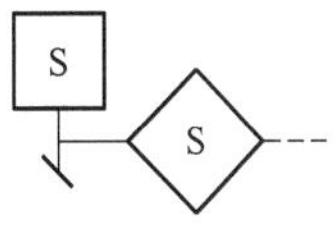
	盘后安装	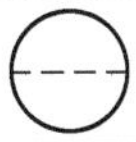		带远程复位装置的电磁执行机构	S　S
	就地盘面安装				

（2）文字符号。表示参数的文字符号见附表 2-2，表示功能的文字符号见附表 2-3。

附表 2-2　表示参数的文字符号

参　数	文字符号	参　数	文字符号
分　析	A	时间或时间程序	K
电导率	C	物　位	L
密度或比重	D	水分或湿度	M
电压（电动势）	E	压力或真空	P
流　量	F	数量或件数	Q
尺度（尺寸）	G	速度或频率	S
电　流	I	温　度	T
功　率	J	黏　度	V
重量或力	W	位　置	Z

附表 2-3　表示功能的文字符号

功　能	文字符号	功　能	文字符号
指　示	I	继动器（运算器等）	Y
控制（调节）	C	开关或联锁	S
记　录	R	报　警	A
积分、累计	Q	比（分数）	F
操作器	K	检测元件	E

（3）仪表位号的编制原则及用法说明。对于自动控制流程中的检测仪表、显示仪表和调节器，用圆并在圆中标注文字符号和数字编号来表示，表示参数及仪表功能的文字符号填在上半圆中，数字编号填在下半圆中，如附图 2-1 所示。其中附图 2-1（a）表示盘面安装仪表，是一台带指示记录的温度调节器；按规定一台仪表如有指示与记录的功能，则只标记录而不标指示；圆下部的数字则是该仪表在控制流程图上的编号。附图 2-1（b）表示一台就地安装的压力指示表，其编号为 102。附图 2-1（c）是一台流量继动器，其功用是作为流量的低值选择，圆右上方 L 字母即代表此继动器 Y 为一低值选择器，此仪表安装在盘后。有关图形符号的使用方法，在国家标准 GB/T 2625—1981 中，均有详细规定，在此从略。

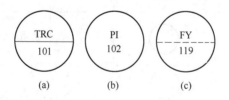

附图 2-1

参 考 文 献

[1] 刘玉长. 自动检测和过程控制 [M]. 4 版. 北京：冶金工业出版社，2010.

[2] 刘玉长. 自动检测与仪表 [M]. 北京：冶金工业出版社，2016.

[3] 张宏建，孙志强. 现代检测技术 [M]. 北京：化学工业出版社，2007.

[4] 费业泰. 误差理论与数据处理 [M]. 北京：机械工业出版社：2015.

[5] 张毅，张宝芬，曹丽，等. 自动检测技术及仪表控制系统 [M]. 北京：化学工业出版社，2012.

[6] 张宏建，黄志尧，周洪亮，等. 自动检测技术与装置 [M]. 3 版. 北京：化学工业出版社，2019.

[7] 王魁汉. 温度测量实用技术 [M]. 2 版. 北京：机械工业出版社，2020.

[8] 王池. 流量测量技术全书 [M]. 北京：化学工业出版社，2012.

[9] 周人，何衍庆. 流量测量和控制实用手册 [M]. 北京：化学工业出版社，2013.

[10] 蔡武昌，应启戛. 新型流量检测仪表 [M]. 北京：化学工业出版社，2006.

[11] 王化祥. 自动检测技术 [M]. 3 版. 北京：化学工业出版社，2018.

[12] 黄素逸，王献. 动力工程测试技术 [M]. 北京：中国电力出版社，2011.

[13] 梁森. 自动检测技术及应用 [M]. 3 版. 北京：机械工业出版社出版，2017.

[14] 康灿，等. 能源与动力工程测试技术 [M]. 北京：科学出版社，2016.

[15] 王玉鑫. 自动检测技术及仪表 [M]. 北京：机械工业出版社，2020.

[16] 方修睦，姜永成，张建利. 建筑环境测试技术 [M]. 2 版. 北京：中国建筑工业出版社，2008.

[17] 愈金寿. 工业过程先进控制技术 [M]. 上海：华东理工大学出版社，2008.

[18] 杨延西. 过程控制与自动化仪表 [M]. 3 版. 北京：机械工业出版社，2019.

[19] 付华，等. 智能仪器技术 [M]. 北京：电子工业出版社，2017.

[20] 戴连奎，等. 过程控制工程 [M]. 北京：化学工业出版社，2020.

[21] 杨根科，谢剑英. 微型计算机控制技术 [M]. 4 版. 北京：国防工业出版社，2016.

[22] 丁建强，等. 计算机控制技术及应用 [M]. 2 版. 北京：清华大学出版社，2017.

[23] 叶小岭，等. 过程控制工程 [M]. 北京：机械工业出版社，2017.

[24] 于海生，等. 计算机控制技术 [M]. 2 版. 北京：机械工业出版社，2016.

[25] 李向舜. 计算机过程控制系统 [M]. 北京：电子工业出版社，2019.

[26] 林敏，等. 自动化系统工程设计与实施 [M]. 北京：电子工业出版社，2016.

[27] 李江全，等. 虚拟仪器设计测控应用典型实例 [M]. 北京：电子工业出版社，2010.

[28] 张早校，王毅. 过程装备控制技术及应用 [M]. 北京：化学工业出版社，2018.

[29] 程德福，等. 智能仪器 [M]. 北京：机械工业出版社，2017.

[30] 王再英，刘淮霞，彭倩. 过程控制系统与仪表 [M]. 2 版. 北京：机械工业出版社，2017.

[31] JJF 1059-2012 测量不确定度评定与表示 [S].

[32] GB/T 16839-2018 热电偶 [S].

[33] 中国标准出版社. 仪器仪表常用标准汇编：工业自动化与控制装置卷 [M]. 北京：中国标准出版社，2017.

冶金工业出版社部分图书推荐

书　名	作　者	定价(元)
冶金专业英语（第3版）	侯向东	49.00
电弧炉炼钢生产（第2版）	董中奇　王　杨　张保玉	49.00
转炉炼钢操作与控制（第2版）	李　荣　史学红	58.00
金属塑性变形技术应用	孙　颖　张慧云　郑留伟　赵晓青	49.00
自动检测和过程控制（第5版）	刘玉长　黄学章　宋彦坡	59.00
新编金工实习（数字资源版）	韦健毫	36.00
化学分析技术（第2版）	乔仙蓉	46.00
冶金工程专业英语	孙立根	36.00
连铸设计原理	孙立根	39.00
金属塑性成形理论（第2版）	徐　春　阳　辉　张　弛	49.00
金属压力加工原理（第2版）	魏立群	48.00
现代冶金工艺学——有色金属冶金卷	王兆文　谢　锋	68.00
有色金属冶金实验	王　伟　谢　锋	28.00
轧钢生产典型案例——热轧与冷轧带钢生产	杨卫东	39.00
Introduction of Metallurgy 冶金概论	宫　娜	59.00
The Technology of Secondary Refining 炉外精炼技术	张志超	56.00
Steelmaking Technology 炼钢生产技术	李秀娟	49.00
Continuous Casting Technology 连铸生产技术	于万松	58.00
CNC Machining Technology 数控加工技术	王晓霞	59.00
烧结生产与操作	刘燕霞　冯二莲	48.00
钢铁厂实用安全技术	吕国成　包丽明	43.00
炉外精炼技术（第2版）	张士宪　赵晓萍　关　昕	56.00
湿法冶金设备	黄　卉　张凤霞	31.00
炼钢设备维护（第2版）	时彦林	39.00
炼钢生产技术	韩立浩　黄伟青　李跃华	42.00
轧钢加热技术	戚翠芬　张树海　张志旺	48.00
金属矿地下开采（第3版）	陈国山　刘洪学	59.00
矿山地质技术（第2版）	刘洪学　陈国山	59.00
智能生产线技术及应用	尹凌鹏　刘俊杰　李雨健	49.00
机械制图	孙如军　李　泽　孙　莉　张维友	49.00
SolidWorks 实用教程30例	陈智琴	29.00
机械工程安装与管理——BIM技术应用	邓祥伟　张德操	39.00
化工设计课程设计	郭文瑶　朱　晟	39.00
化工原理实验	辛志玲　朱　晟　张　萍	33.00
能源化工专业生产实习教程	张　萍　辛志玲　朱　晟	46.00
物理性污染控制实验	张　庆	29.00
现代企业管理（第3版）	李　鹰　李宗妮	49.00